Werner Franke (Hrsg.)

Prüfung von Papier, Pappe, Zellstoff und Holzstoff

Band 1 · Chemische und mikrobiologische Verfahren

Herausgegeben von Thomas Krause

Mit 37 Abbildungen

Springer-Verlag

Berlin Heidelberg New York
London Paris Tokyo
Hong Kong Barcelona Budapest

Prof. Dr. rer. nat. Thomas Krause
Institut für Makromolekulare Chemie
TH Darmstadt
Alexanderstr. 10
6100 Darmstadt

Prof. Dr.-Ing. Werner Franke
BAM – Bundesanstalt für Materialforschung und -prüfung
Unter den Eichen 87
1000 Berlin 45

„Prüfung von Papier, Pappe, Zellstoff und Holzstoff" ist das Folgewerk des zuletzt 1953 von R. Korn und F. Burgstaller herausgegebenen „Handbuch für die Werkstoffprüfung" Band IV, Papier- und Zellstoffprüfung.

CIP-Titelaufnahme der Deutschen Bibliothek
Prüfung von Papier, Pappe, Zellstoff und Holzstoff / Werner Franke (Hrsg.). – Berlin; Heidelberg; New York; London; Paris; Tokyo; Hong Kong; Barcelona; Budapest: Springer.
NE: Franke, Werner [Hrsg.]
Bd. 1. Chemische und mikrobiologische Verfahren / hrsg. von Thomas Krause. – 1991

ISBN-13: 978-3-642-48379-0   e-ISBN-13: 978-3-642-48378-3
DOI:10.1007/ 978-3-642-48378-3

NE: Krause, Thomas [Hrsg.]

Softcover reprint of the hardcover 1st edition 1991

68/3020-543210 – Gedruckt auf säurefreiem Papier

Beitragsautoren

G. Cerny, Dr.
Fraunhofer-Institut für Lebensmitteltechnologie und Verpackung
Schragenhofstr. 35, 8000 München 50

A. Gürtler, Dr.
Joachimstr. 25, 4000 Düsseldorf

J. Hollaender, Dr.
Fraunhofer-Institut für Lebensmitteltechnologie und Verpackung
Schragenhofstr. 35, 8000 München 50

Th. Krause, Prof. Dr.
Institut für Makromolekulare Chemie, Abt. Cellulose- und Papierchemie,
Alexanderstr. 10, 6100 Darmstadt

E. Petermann
Verband Deutscher Papierfabriken, Adenauerallee 55, 5300 Bonn 1

W. Schempp, Dr.-Ing.
Institut für Makromolekulare Chemie, Abt. Cellulose- und Papierchemie,
Alexanderstr. 10, 6100 Darmstadt

O. Töppel, Prof. Dr.
Schwaiger Waldweg 10, 8200 Rosenheim

J. Weigl
Papiertechnische Stiftung, Heßstraße 130A, 8000 München 40

Vorwort

Das mehrbändige Gesamtwerk „Prüfung von Papier, Pappe, Zellstoff und Holzstoff" ist als das Nachfolgewerk des Bandes IV des Handbuches für Werkstoffprüfung „Papier- und Zellstoffprüfung" konzipiert, das zuletzt im Jahre 1953 unter der
Herausgeber- und Autorenschaft von Prof. Dr.-Ing. R. Korn und Dr.-Ing. F. Burgstaller erschienen ist; der Autor und Herausgeber der 1. Auflage des Handbuches
„Papierprüfung" im Jahre 1888 war Prof. Dr. Herzberg, ihr folgten insgesamt sieben
weitere aktualisierte Auflagen.

Seit der Herausgabe dieses Handbuches hat die Produktion an Papierfaserstoff-
erzeugnissen weltweit beachtlich zugenommen, und die Produktpalette hat eine große Erweiterung erfahren. Neue Einsatzgebiete dieser Erzeugnisse initiierten neue
und weitergehende Anforderungen hinsichtlich verschiedener neuer bzw. veränderter
Eigenschaften, die durch die Anwendung modifizierter Faserstoffe und durch den
Einsatz einer erweiterten Palette von verschiedenen Hilfsstoffen und Veredelungsmitteln ermöglicht werden.

Dadurch entstand das Erfordernis für die Entwicklung neuer oder auch verbes-
serter Prüfmethoden zur Ermittlung der Werkstoffeigenschaften. So haben seit der
letzten Ausgabe einerseits bestehende Prüfverfahren zahlreiche Änderungen erfahren und andererseits hat ihre Anzahl beträchtlich zugenommen.

Eine Neuausgabe des Handbuches für Werkstoffprüfung auf diesem Materialbe-
reich wurde daher dringend erforderlich. Die große Anzahl bestehender, sehr unterschiedlicher Prüfverfahren (chemische, mikrobiologische, mikroskopische, physikalische und technologische Methoden) führte zu einer Aufteilung des Gesamtwerkes in
mehrere Bände, die zeitlich versetzt aufeinanderfolgend erscheinen werden.

Die so kurz wie möglich gefaßten Ausführungen sollen sowohl dem praktisch
Prüfenden als auch dem wissenschaftlich Tätigen ausreichende Informationen ver-
mitteln.

Zur Begrenzung der Ausführungen im Rahmen des vorgegebenen Umfanges
wird nur über in der Praxis angewendete Verfahren berichtet, die nationale und oft
auch internationale Anerkenntnis gewonnen haben; so finden sowohl genormte als
auch nicht genormte Prüfverfahren aus dem Werkstoffbereich Papier, Karton, Pappe und den dafür verwendeten Faserstoffen und Hilfsstoffen Erwähnung.

Mit Hilfe der zitierten Fachliteratur wird dem Leser die Möglichkeit vermittelt,
sich je nach Interessenlage mit speziellen Themen ausführlicher zu befassen.

Wenn auch die jeweiligen Ausführungen, wegen des vorgegebenen Umfanges in
Anbetracht der Fülle des publizierten Wissens auf diesem Fachgebiet, nicht den Anspruch auf absolute Vollständigkeit erheben können, so hoffen die Herausgeber und

Autoren jedoch, daß die Nutzer dieses Werkes trotzdem ausreichende, aktuelle Informationen erhalten, die zur Beantwortung einschlägiger Fragen hilfreich und für die Fachwelt von besonderem Interesse sind.

Allen Mitwirkenden an dieser gemeinsamen Aufgabe sei für ihr persönliches Engagement und ihre gewissenhafte Tätigkeit gedankt; dies waren wesentliche Voraussetzungen für die Herausgabe dieses Werkes in der vorliegenden Ausführung.

Abschließend sei zugleich den vorausgegangenen Generationen von Herausgebern und Autoren gedankt, die durch ihr allgemein anerkanntes Wirken die Voraussetzungen für die Kontinuität der Herausgabe dieses Handbuches hinsichtlich der verschiedenen Auflagen geschafft haben.

Berlin, Frühjahr 1991   Werner Franke

Vorwort zu Band 1

Chemische Prüfungen können einmal dazu dienen, die Zusammensetzung eines Materials zu analysieren und daraus Schlüsse auf während des Produktionsprozesses ablaufende Vorgänge sowie auf seine Endeigenschaften zu ziehen, sie können zum anderen den Zweck verfolgen, bestimmte Komponenten − oft in allergeringsten Mengen − zu bestimmen, die z. B. Umweltverträglichkeit oder Weiterverarbeitbarkeit des betreffenden Materials beeinflussen. Aus chemischen Prüfungen gewonnene Erkenntnisse sollten nicht zuletzt auch dazu verwendet werden, Wege zur Verbesserung der Qualität des Endprodukts aufzuzeigen. Um den höchstmöglichen Nutzen der vorliegenden Methodensammlung zu jedem dieser Aspekte sicherzustellen, wurden Autoren gewonnen, die anerkannte Kompetenz auf den von ihnen bearbeiteten Gebieten besitzen. Unter diesem Gesichtspunkt mußte in Kauf genommen werden, daß Stil und Darstellungsweise der einzelnen Kapitel nicht einheitlich sein konnten, und daß die Texte neben den fachlichen Inhalten auch durch die Individualität des jeweiligen Autors geprägt sind. Differenzierungen sind selbstverständlich auch darauf zurückzuführen, daß Analysenmethoden, wie sie z. B. in der Zellstoffprüfung angewandt werden, in ihren Grundzügen z. T. eine jahrzehntelange Tradition aufweisen, während die Papieranalytik, geprägt besonders durch umweltrelevante Aspekte, ein Gebiet darstellt, das sich sowohl vom Umfang als auch von der Methodik her in rasanter Entwicklung befindet. Da eine Trennung physikalischer und chemischer Prüfmethoden heute in vielen Fällen nicht mehr eindeutig möglich ist, wurden in diesen Band auch die Kapitel „Prüfung von Füllstoffen und Pigmenten" sowie „Prüfung auf korrosionsbegünstigende Eigenschaften" integriert. Das Kapitel „Mikrobiologische Prüfung" fand im Titel seine berechtigte Erwähnung.

Mein Dank gilt den beteiligten Autoren, die alle neben ihrer verantwortungsvollen beruflichen Tätigkeit die Strapazen einer intensiven Literaturrecherche auf sich genommen und deren Ergebnisse sowie ihre eigenen Erfahrungen in dieses Werk eingebracht haben. Der Herausgeber hofft, daß nach langer Unterbrechung der durch den „Korn-Burgstaller" begründeten Tradition dieser erste Band der Reihe dem Benutzer wieder zu einem verläßlichen Ratgeber auf dem Gebiet der chemischen und mikrobiologischen Analytik wird.

Darmstadt, Frühjahr 1991 Thomas Krause

Inhalt

Literatur

1 Chemische Prüfung von Zellstoff
Chemical Testing of Pulp

TH. KRAUSE, W. SCHEMPP

1.1 Einleitung
Introduction

Die chemische Prüfung von Zellstoffen dient vorwiegend drei Zwecken:
- Kontrolle der Prozeßabläufe in der Zellstoffabrik;
- Ausgangs- und Eingangsprüfung von Zellstoffen, die der chemischen Weiterverarbeitung dienen und
- Darstellung der Ergebnisse wissenschaftlicher Arbeiten.

Zellstoffe, die zur Papierherstellung dienen — und das sind ca. 95% der Weltzellstoffproduktion — werden vom Verarbeiter nur in seltenen Fällen, wenn es sich um bestimmte Spezialpapiere handelt, mit chemischen Methoden untersucht. Die Verwendung von Zellstoffen für die chemische Weiterverarbeitung, d.h. zur Herstellung von Fasern und Folien aus Regeneratcellulose, von Celluloseethern und Celluloseestern, hat eine lange Tradition, und die weitaus meisten chemischen Prüfverfahren wurden gemäß den Bedürfnissen dieser Verwendungszwecke entwickelt. Schon sehr früh setzte auch die Normung auf diesem Gebiet ein, die sich zunächst in nationalen Normvorschriften niederschlug, jedoch in jüngerer Zeit in Form der International Standards der ISO (International Organisation for Standardisation) Bedeutung erlangte. Von deutscher Seite aus war es der Fachausschuß IV „Chemische Zellstoff- und Papierprüfung" des Vereins der Zellstoff- und Papier-Chemiker und -Ingenieure (Verein Zellcheming), der gemeinsam mit dem Arbeitsausschuß 421 „Chemische Prüfverfahren für Papier und Zellstoff" im Normenausschuß Materialprüfung (NMP) des DIN sowohl in der nationalen als auch in der internationalen Normungsarbeit erhebliche Beiträge geleistet hat. Selbstverständlich sind bei weitem nicht alle chemischen Prüfverfahren, die auf Zellstoff angewandt werden, normungsbedürftig. Das hat seinen Grund vor allem darin, daß eine Reihe von Methoden zwar für die Aufklärung bestimmter Eigenschaften bzw. Reaktionsweisen von großer Bedeutung sein kann, daß diese Methoden jedoch in der Praxis der Routinekontrolle nicht oder nur äußerst selten angewandt werden und sich somit der erhebliche Aufwand, der zur Erstellung einer Norm führt, nicht lohnt. Sofern es sich nicht um den Einsatz neuer apparativer Möglichkeiten handelt, beruhen jedoch auch diese Methoden auf Entwicklungen, die zumeist eine jahrzehntelange Vorgeschichte haben.

1.2 Erläuterungen
Comments

Die Darstellung der hier beschriebenen Prüfverfahren erfolgt nach drei Kategorien:

— Verfahren, deren Durchführung in internationalen (ISO) und/oder nationalen (DIN) Normen festgelegt ist. Da diese Normen einmal die derzeit optimale und dem neuesten Stand der Verwendung darin vorkommender Begriffe entsprechende Form darstellen und zum anderen eine Abschrift rechtlich nicht zulässig ist, werden nur Hinweise zum Zweck und Anwendungsbereich sowie eine Kurzbeschreibung gegeben. In jedem Fall muß bei sachgerechter Anwendung dieser Methoden auf die entsprechenden Originale (in der Regel DIN-Normen) zurückgegriffen werden.

— Verfahren, die nicht genormt oder zumindest nicht in den oben genannten Normenvorschriften enthalten sind, die jedoch nach Ansicht der Autoren wichtige Aussagen zur Charakterisierung von Zellstoffen zulassen. Diese Verfahren werden — selbstverständlich unter Hinweis auf die benutzte Literatur — als vollständige Rezeptur wiedergegeben.

— Verfahren, die entweder veraltet und durch neuere oder bessere ersetzt sind oder deren Benutzung nur in außerordentlich seltenen Fällen Bedeutung haben könnte. Solche Verfahren finden nur kurze Erwähnung unter Verweis auf die Originalliteratur.

Neben der Beschreibung der einzelnen Verfahren enthalten die jeweiligen Abschnitte Hinweise auf ihre Anwendungs- und Aussagemöglichkeiten, ihre Einschränkungen und — wo angebracht — auf wünschenswerte Weiterentwicklungen bzw. Abänderungen.

Es ist darauf hinzuweisen, daß die in den Abschn. 1.5 „Bestimmung des Aufschlußgrades" und Abschn. 1.6 „Bestimmung des Lignin-Gehalts" angeführten Verfahren sinnvoll nur auf ungebleichte bzw. nicht vollständig gebleichte und/oder veredelte Zellstoffe anwendbar sind. Voll gebleichte und/oder veredelte Zellstoffe enthalten kein Lignin im Sinne der Definition dieser Substanz. Wenn an solchen Zellstoffen dennoch niedrige Meßwerte ermittelt werden, so sind diese auf die in den betreffenden Abschnitten erwähnten unvermeidlichen Nebenreaktionen zurückzuführen.

Nur für gebleichte und/oder veredelte Zellstoffe sollten die in den Abschn. 1.9–1.13 (mit Ausnahme der im Abschn. 1.10.1 beschriebenen Prüfmethoden angewandt werden, da die ermittelten Werte sinngemäß nur auf den Polysaccharid-Anteil (Cellulose, Hemicellulosen) bezogen sind und die Gegenwart von Restlignin zu unkontrollierbaren Verfälschungen der Ergebnisse führt. Soll eine Beurteilung ungebleichter Zellstoffe mit Hilfe dieser Analysenmethoden erfolgen, so sollte eine schonende Delignifizierung nach einer der in Abschn. 1.10.1 beschriebenen Methode vorausgehen. Allerdings sind auch hierbei Veränderungen des Polysaccharid-Anteils kaum zu vermeiden, die die Ergebnisse z.T. erheblich beeinflussen können.

Auf ungebleichte und gebleichte Zellstoffe sind die in den Abschn. 1.3, 1.4, 1.7, 1.8 und 1.14 angeführten Prüfverfahren anwendbar.

Die Analyse der anorganischen Bestandteile (Asche und alle aus der Asche zu bestimmenden Substanzen) sowie die Analyse wäßriger Extrakte wird in Kap. 3 dieses Bandes behandelt.

1.3 Probenahme
Sampling of test material

Die Gewinnung einer Durchschnittsprobe aus einem Bestand von Zellstoff in Ballenform wird in DIN 54351 [1.1] beschrieben. Das Verfahren beruht auf der Entnahme von Einzelproben aus ausgewählten Probeballen, wobei jeweils Bögen bzw. Keile nach dem beschriebenen Verfahren entnommen werden. Diese Form der Probenahme ist laut Norm zunächst für die Bestimmung des Trockengewichts von Zellstoff in Ballen gedacht, kann jedoch, sofern der zu untersuchende Zellstoff in Ballen vorliegt, auf jede andere Prüfung angewandt werden. Sehr häufig wird, gerade bei chemischen Prüfungen, eine kleinere Menge als Gesamtmaterial vorliegen, aus der dann eine repräsentative Probe nach Gesichtspunkten entnommen werden muß, die der zur Verfügung stehenden Menge und dem Zweck der Prüfung gerecht werden.

1.4 Bestimmung des Trockengehaltes
Determination of dry matter content

Die Bestimmung des Trockengehalts ist Voraussetzung für jede chemische Prüfung, da die erhaltenen Werte jeweils auf eine bestimmte Masse an ofentrockenem Zellstoff bezogen werden müssen. Es soll an dieser Stelle nur auf die Bestimmung des Trockengehalts von Laborproben eingegangen werden, die für chemische Prüfungen verwendet werden, nicht jedoch auf die für Zellstoffe in Ballenform zu beachtenden Bedingungen, die in [1.1] festgelegt sind.

Die entsprechenden internationalen [1.2] und nationalen [1.3, 1.4] Normen besagen, daß unter dem Begriff Trockengehalt das Verhältnis von Trockengewicht zu Feuchtgewicht zu verstehen ist, wobei das Trockengewicht durch Trocknen unter festgesetzten Bedingungen bei einer Temperatur von $105° \pm 2°C$ bis zur Gewichtskonstanz erhalten wird. In diesem Trocknungszustand wird die Probe als „ofentrocken (otro)" bezeichnet. Voraussetzung ist, daß der Zellstoff keine weiteren bei dieser Temperatur flüchtigen Bestandteile in Mengen enthält, die das Ergebnis verfälschen könnten.

Auswertung

Aus den gefundenen Werten wird der Trockengehalt T nach folgender Zahlenwertgleichung in % berechnet:

$$T = \frac{m_{\mathrm{tr}}}{m_{\mathrm{f}}}\, 100$$

Hierin bedeuten:

m_{tr} Gewicht der Probe in g nach dem Trocknen (Trockengewicht);

m_{f} Gewicht der Probe in g vor dem Trocknen (Feuchtgewicht).

Andere nationale Normen schreiben unterschiedliche Trockentemperaturen [1.6] ($103° \pm 2°C$) vor oder beziehen sich nur auf die Feuchtigkeitsbestimmung von Zellstoffen in Ballenform [1.5]. Die unter den festgesetzten Bedingungen gemessenen Werte für den Trockengehalt sind nicht als „absolute" Trockengehalte zu verstehen, da es im allgemeinen nicht möglich ist, Zellstoff in den absolut trockenen Zustand zu überführen. Das hat seine Ursache darin, daß die polysaccharidischen Bestandteile (Cellulose, Hemicellulosen) des Zellstoffs hygroskopische Stoffe sind, die vermittels polarer Hydroxylgruppen geringe Wassermengen außerordentlich fest binden können. Erhöht man die Trockentemperatur, so können die Ergebnisse durch beginnende Oxidationsreaktionen verfälscht werden. Auch Wasserbestimmungen mittels Extraktion mit organischen Lösungsmitteln [1.7] sowie die Titration nach Karl Fischer ergeben keine exakten Werte, da einmal Lösungsmittel in kleinen Mengen irreversibel im Zellstoff gebunden werden können und zum anderen die Reaktionen des Karl Fischer-Reagenzes im Falle der Anwendung auf Zellstoff nicht völlig spezifisch sind.

Der Trockengehalt ist somit eine Größe, deren Messung auf konventionell festgelegten Bedingungen beruht, die unter allen Umständen genau eingehalten werden müssen, da sonst auch Verfälschungen bei Meßergebnissen eintreten können, die auf den ofentrockenen Zellstoff bezogen sind.

1.5 Bestimmung des Aufschlußgrades
Determination of pulping degree

Die Bestimmung des Aufschlußgrades dient vorwiegend zur Abschätzung des Bleichmittelbedarfs ungebleichter Zellstoffe nach dem Aufschluß bzw. des Bleichmittelbedarfs einzelner Bleichstufen. Sofern ungebleichte Zellstoffe in den Handel kommen oder direkt zur Papierherstellung in einer integrierten Fabrik verwendet werden, kann der Aufschlußgrad auch Auskunft über bestimmte Eigenschaften dieser Zellstoffe geben. Es sei in diesem Zusammenhang auf die Begriffe „harter", „weicher" bzw. „extra weicher" Zellstoff hingewiesen, die mit gewissen Einschränkungen zur Beurteilung des Verhaltens dieser Zellstoffe bei der Weiterverarbeitung dienen können, wenngleich hier die direkte Angabe eines Wertes für den Aufschlußgrad in Kombination mit der Kenntnis des Aufschlußverfahrens sowie z. B. der Alkaliresistenz oder -löslichkeit zu weit nützlicheren Erkenntnissen führen dürften.

Da die Bleiche eines Zellstoffs, d. h. die Erhöhung seines Weißgrades, praktisch vollständig von der Entfernung des nach dem Aufschluß noch vorhandenen Restlignins abhängt, beruhen alle Methoden zur Messung des Aufschlußgrades auf einer indirekten Bestimmung des Restligningehaltes. Es werden demzufolge Reagenzien verwendet, die spezifische Reaktionen mit dem Lignin eingehen. Es ist jedoch nicht auszuschließen, daß ein geringer Teil dieser Reagenzien auch mit den Polysacchariden (Cellulose und Hemicellulosen) oder mit den Extraktstoffen des Zellstoffs reagiert. Lassen sich also an einem vollgebleichten oder sogar veredelten Zellstoff noch sehr niedrige Werte für den Aufschlußgrad messen, so ist das in aller Regel wohl nicht auf das Vorhandensein von Lignin zurückzuführen.

Internationale und nationale Normen zur Bestimmung des Aufschlußgrades beschränken sich heute fast ausschließlich auf zwei Methoden:
- der Umsetzung mit Kaliumpermanganat und
- der Umsetzung mit Chlor, das durch Ansäuern einer Hypochlorit-Lösung erzeugt wird.

In welchem Umfang daneben noch betriebsintern andere Methoden Anwendung finden, ist schwer zu übersehen. Im Schrifttum hat sich die Angabe der sog. „Kappa-Zahl", die auf der Umsetzung mit Kaliumpermanganat beruht, durchgesetzt. Diese Methode soll daher auch an erster Stelle behandelt werden.

Die derzeit geltenden Normen [1.8 − 1.12] beruhen auf dem gleichen Prinzip und zeigen, da eine internationale Zusammenarbeit erfolgte, auch praktisch keine Abweichung im Detail. Die Kappa-Zahl ist demnach die auf einen 50%igen Verbrauch der zugegebenen Kaliumpermanganatlösung korrigierte Anzahl von ml an 0,1 N $KMnO_4$-Lösung, die unter den Normbedingungen von 1 g ofentrockenem Zellstoff verbraucht wird. Zur Messung wird die einem Verbrauch von 30 − 70 ml 0,1 N Kaliumpermanganat-Lösung entsprechende Menge Zellstoff in Wasser aufgeschlagen und mit schwefelsaurer 0,1 N Kaliumpermanganat-Lösung im Überschuß versetzt. Die Reaktion wird nach 10 min durch Zugabe von Kaliumjodid-Lösung abgebrochen und das freigesetzte Jod mit Natriumthiosulfat-Lösung zurücktitriert. Daneben wird in einem Blindversuch unter gleichen Bedingungen der Kaliumpermanganat-Verbrauch ohne Zellstoffzusatz gemessen.

Auswertung

Kappa-Zahl

$$K = \frac{a\,d}{m_E} \tag{1}$$

$$a = \frac{(b-c)\,N}{0,1} \tag{2}$$

Hierin bedeuten:
a nach (2) korrigiertes Volumen des Verbrauches an 0,1 N $KMnO_4$-Lösung in ml;
b verbrauchtes Volumen an $Na_2S_2O_3$-Lösung in ml beim Blindversuch;
c verbrauchtes Volumen an $Na_2S_2O_3$-Lösung in ml bei der Bestimmung;
N Normalität der $Na_2S_2O_3$-Lösung auf 0,0005 N;
d Korrekturfaktor für 50% $KMnO_4$-Verbrauch, in Abhängigkeit vom Wert a;
m_E Einwaage der Probe in g, bezogen auf den nach DIN 54352 ofentrockenen Zustand.

Die Korrekturfaktoren für 50%igen Verbrauch sind in den Normvorschriften in Form von Tabellen angegeben. Da der gemessene Wert der Kappa-Zahl sowohl von der Permanganat-Konzentration als auch von der am Ende der Reaktion unverbrauchten Permanganatmenge beeinflußt wird, sind die diesbezüglichen Bedingungen unbedingt einzuhalten. Zu beachten ist weiterhin, daß aus unsortierten Zellstoffen vor der Bestimmung Knoten und Splitter zu entfernen sind, um Fehler, die durch die verminderte Zugänglichkeit sowie durch große Uneinheitlichkeiten des Lignin-Gehalts hervorgerufen werden, zu vermindern.

Vorgeschlagen wurde ein Schnellverfahren zur Bestimmung der Kappa-Zahl [1.13], das es erlaubt, die Reaktionsdauer von 10 auf 5 min herabzusetzen, ohne daß wesentliche Änderungen im Verfahrensablauf vorzunehmen wären. Notwendig ist nur eine Erhöhung der Zellstoffeinwaage um 10−15%. Weiterhin wird in einer „Useful Method" der TAPPI [1.14] die Bestimmung einer Mikro-Kappa-Zahl beschrieben, die es erlaubt, entweder sehr geringe Probenmengen oder Zellstoffe mit einem Lignin-Gehalt bis herunter zu 0,15% zu prüfen. Unterschiede zur konventionellen Kappa-Zahl-Bestimmung bestehen nur in der Wahl kleinerer bzw. genauerer Geräte („Mikro-Behälter", 5 ml anstelle von 10 ml Büretten) und/oder geringerer Konzentration (0,05 statt 0,1 N) der Maßlösungen. Eine weitere Vereinfachung, die allerdings nurmehr eine sehr grobe Beurteilung der Bleichbarkeit erlaubt, besteht in der zeitlichen Verfolgung der Entfärbung einer 0,02 N angesäuerten Kaliumpermanganat-Lösung bei Zugabe zu einer 2 g Zellstoff enthaltenden Suspension [1.15].

Wesentliche Beiträge zur Entwicklung der heute gebräuchlichen Kappa-Zahl-Bestimmung leisteten Tasman und Berzins [1.16−1.18], die den Einfluß der Reaktionsdauer, der initialen Permanganat-Konzentration, der Schwefelsäure-Konzentration sowie der Reaktionstemperatur untersuchten. Diese Autoren stellten auch fest, daß eine lineare Beziehung zwischen dem Lignin-Gehalt des Zellstoffs (gemessen als Klason-Lignin) und der Kappa-Zahl nur bis zu Lignin-Gehalten von ca. 15−20% existiert [1.18], wobei die Steigungen der jeweiligen Geraden allerdings geringe Unterschiede in Abhängigkeit vom Ausgangsrohstoff und Aufschlußverfahren aufweisen können. Bei höheren Lignin-Gehalten sind keine exakten Korrelationen mehr auffindbar, die Kappa-Zahl sinkt sogar teilweise bei steigendem Lignin-Gehalt. Diese Tatsache verhindert natürlich den Gebrauch der Kappa-Zahl als Indiz für die Bleichbarkeit von Zellstoffen mit hohem Lignin-Gehalt und demzufolge hoher Ausbeute. Die Normvorschriften beschränken daher die Anwendung dieses Prüfverfahrens auf Zellstoffe mit Ausbeuten unter 60% bzw. Kappa-Zahlen unter 125 für Sulfat- und unter 100 für Sulfit-Zellstoffe. Als Ursache für die fehlende Linearität kann entweder die mangelnde topologische Zugänglichkeit schlecht aufgeschlossener Zellstoffe oder die unterschiedliche Reaktionsfähigkeit des Restlignins gegenüber Kaliumpermanganat angenommen werden. Erstere Ursache wurde von Tasman und Berzins [1.18] als nicht gravierend angegeben, während von den gleichen Autoren die unterschiedliche Oxidationsfähigkeit des Lignins anhand von Untersuchungen über die Reaktion von Klason-Lignin mit Permanganat als hauptsächlicher Grund angesehen wird. Eingehende Untersuchungen über die Reaktionen von Ligninpräparaten oder Modellverbindungen unter den Bedingungen einer Kappa-Zahl-Bestimmung fehlen bislang. Das vorliegende Material [1.19] bezieht sich ausschließlich auf Arbeiten, die der Strukturaufklärung anhand oxidativer Abbauprodukte dienen. Gefunden wurde, daß bei einer Kaliumpermanganat-Oxidation im alkalischen, neutralen oder schwach sauren Medium eine Reihe von aromatischen Säuren entsteht. Wie sich jeder, der eine Kappa-Zahl-Bestimmung durchführt, selbst überzeugen kann, nimmt der Weißgrad des ungebleichten Zellstoffs zu. Da die Ausbeute dabei nicht oder nur geringfügig abnimmt [1.20], kann angenommen werden, daß, ähnlich wie bei Reaktionen mit Peroxid, eine Beseitigung chromophorer Systeme evtl. unter oxidativer Spaltung des aromatischen Ringes, jedoch ohne wesentliche Delignifizierung eintritt. Es bleibt zu klären, warum ein Teil des Lignins in Zellstoffen mit hohem Restlignin-Gehalt diesen Reaktionen nicht zugänglich ist.

Die Bestimmung des Aufschlußgrades unter Verwendung von Chlor als mit dem Restlignin reagierenden Partner hat einmal den Vorzug, daß Chlor auch heute noch häufig als Bleichmittel in der ersten Bleichstufe eingesetzt wird und somit direkte Rückschlüsse auf den Bleichmittelbedarf möglich sind; zum anderen werden hier lineare Korrelationen zum Lignin-Gehalt auch bei sehr hohen Restlignin-Anteilen gefunden. Ein Nachteil dieser Methode besteht darin, daß mit einem gasförmigen Reagenz und damit unter Verwendung gasdichter Geräte gearbeitet werden muß.

Das wohl älteste dieser Verfahren, die Bestimmung der Roe-Zahl [1.21], beruht auf der direkten Anwendung von gasförmigem Chlor mit allen sich daraus ergebenden apparativen Komplikationen. Dieses Verfahren findet derzeit wohl keine Anwendung mehr. Es wurde sehr bald ersetzt durch Methoden, die anstelle von Chlorgas eine angesäuerte Hypochlorit-Lösung als Chlorquelle benutzten. Diese Arbeitsweise geht auf frühe Untersuchungen von Klauditz [1.22] zurück, die von Colombo [1.23] und Mitarbeitern wesentlich modifiziert und schließlich von Kyrklund und Strandell [1.24, 1.25] eingehend auf Reproduzierbarkeit der Ergebnisse sowie Zusammenhang mit dem Lignin-Gehalt überprüft wurden. Diese Vorarbeiten mündeten schließlich in eine Reihe internationaler und nationaler Normvorschriften [1.26−1.30], die alle auf der gleichen Verfahrensweise beruhen und für den gleichen Anwendungsbereich bestimmt sind. Sie dienen der Bestimmung des Chlorverbrauchs als Maß für den Aufschlußgrad (Delignifizierungsgrad) eines Zellstoffes, wobei sie auf alle Arten von Zellstoff, Halbzellstoff und auch auf Holzstoff anwendbar sind. Unter Chlorverbrauch wird die Menge aktives Chlor verstanden, die unter den in der Norm festgelegten Bedingungen vom Zellstoff verbraucht wird. Angegeben wird der Chlorverbrauch in g Chlor je 100 g ofentrockenen Zellstoffs. Zur Durchführung werden 500 mg Zellstoff (nach [1.29] 0,5−3,0 g, in Abhängigkeit vom Delignifizierungsgrad des Zellstoffs) 15 min lang (nach [1.29] 10 min lang) mit Chlor behandelt, das durch Ansäuern einer Natriumhypochlorit-Lösung erzeugt wird. Das überschüssige Chlor, dessen Anteil mehr als 50% der zugesetzten Gesamtchlormenge betragen soll, wird durch Zugabe von Kaliumjodid-Lösung reduziert und das freigesetzte Jod mit Natriumthiosulfat zurücktitriert. Der Chlorverbrauch wird sodann mit Hilfe von Korrekturfaktoren auf den Verbrauch bei konstanter Konzentration des verfügbaren Chlors umgerechnet. Zur Durchführung wird selbstverständlich ein gasdicht verschlossenes Reaktionsgefäß benötigt, das die Zufuhr der Reagenzien über einen eingeschliffenen Tropftrichter ermöglicht.

Auswertung

Der Anteil c des nicht verbrauchten Chlors wird nach der folgenden Zahlenwertgleichung errechnet

$$c = \frac{V_1}{V_0}$$

Hierin bedeuten:
V_1 Verbrauch an Natriumthiosulfat-Lösung für die Titration des Reaktionsgemisches in ml;
V_0 Verbrauch an Natriumthiosulfat-Lösung für die Blindwertbestimmung in ml.

Falls c kleiner als 0,5 gefunden wird, ist die Bestimmung mit einem größeren Volumen an Natriumhypochlorit-Lösung zu wiederholen.

Falls c gleich oder größer als 0,5 gefunden wird, ist ein Korrekturfaktor f anzuwenden.

Der Chlorverbrauch in g Chlor je 100 g ofentrockenen Zellstoffs wird nach folgender Zahlenwertgleichung errechnet:

$$\text{Chlorverbrauch} = \frac{3,546 f (V_0 - V_1) N}{m}$$

Hierin bedeuten:
f Korrekturfaktor (aus in der Norm enthaltenen Tabelle zu entnehmen);
V_0 Verbrauch an Natriumthiosulfat-Lösung für die Blindwertbestimmung in ml;
V_1 Verbrauch an Natriumthiosulfat-Lösung für die Titration des Reaktionsgemisches in ml;
N Normalität der verwendeten Natriumthiosulfat-Lösung;
m Masse in g der Probeneinwaage berechnet auf ofentrockenen Zustand nach DIN 54352.

Wie bereits oben angemerkt, besteht eine lineare Korrelation des auf diese Weise ermittelten Chlorverbrauchs mit dem Lignin-Gehalt des Zellstoffs, wobei sowohl der gravimetrisch ermittelte als auch der säurelösliche Anteil Berücksichtigung findet [1.25]. Geringe Unterschiede in der Steigung der Geraden, die sich allerdings nur bei höheren Lignin-Gehalten auswirken, wurden für Sulfat- und Polysulfid-Zellstoffe aus Birkenholz gefunden [1.25]. Weiterhin wurde auch ein linearer Zusammenhang mit der Roe-Zahl festgestellt [1.25]. Hingewiesen sei auf die Entwicklung einer Schnellmethode, die eine Reaktionsdauer von nur zwei Minuten empfiehlt [1.31].

Aufgrund der Tatsache, daß Chlor ein in großem Umfang in der Zellstoffindustrie verwendetes, wenn auch nach heutigen Maßstäben nicht unbedenkliches, Bleichmittel ist, sind die Reaktionen des Lignins mit Chlor recht gut erforscht [1.32]. Wenngleich diese Kenntnisse auch großteils auf Untersuchungen an Lignin-Modellverbindungen beruhen, so ist doch aus dem praktischen Einsatz ersichtlich, daß weitgehende Übereinstimmung mit den Reaktionen am Restlignin ungebleichter Zellstoffe besteht. Die am aromatischen Kern erfolgenden Substitutions- und Oxidationsreaktionen laufen sehr schnell ab, so daß ein auf den Restlignin-Gehalt

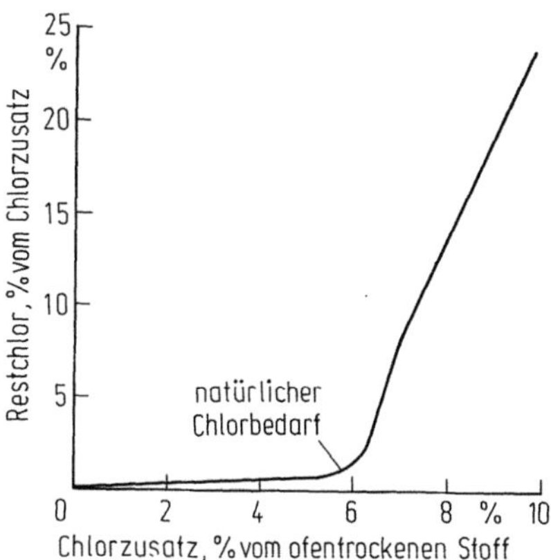

Bild 1.1. Diagramm zur Bestimmung des natürlichen Chlorbedarfs nach Jayme und Rothamel [1.33]

bezogener vollständiger Chlorverbrauch auch bei kurzer Reaktionsdauer sichere Meßwerte liefert.

Sehr viel längere Zeit in Anspruch nehmende Messungen des „natürlichen Chlorbedarfs" [1.33] bzw. des „Chlorbedarfs" [1.34] beruhen auf der stufenweisen Zugabe von steigenden Chlormengen (bezogen auf Zellstoff) in Form von Chlorwasser und der Bestimmung des Knickpunktes in der in Bild 1.1 dargestellten Chlorverbrauchs- (-bedarfs) kurve, der die Chlormenge angibt, den ein Zellstoff im Höchstfalle aufzunehmen vermag, ohne daß ein unwirtschaftlicher Überschuß an Restchlor verbleibt. Trotz ihres praktischen Zusammenhangs mit der Chlorbleiche haben sich diese Methoden nicht durchgesetzt, was einerseits auf ihren Zeitbedarf, andererseits wohl aber auch auf die heute veränderte Bedeutung der Chlorierungsstufe innerhalb einer modernen Bleichsequenz zurückzuführen ist.

Es sei noch auf zwei „Useful Methods" der TAPPI [1.35, 1.36] hingewiesen, die es erlauben, die Bleichbarkeit eines Zellstoffes in einer einstufigen Calciumhypochlorit-Bleiche bzw. einer Hypochlorit-Bleichstufe nach einer Vorbleiche zu beurteilen. Beide Methoden beruhen auf der Messung des Verbrauchs einer 35% aktives Hypochloriton enthaltenden Calciumhypochlorit-Lösung bis zum Erreichen eines bestimmten Weißgrades.

Vorgeschlagene Methoden zur Bestimmung des Bromverbrauchs wie z. B. die Tingle-Zahl [1.37] oder das von Kleinert und Roberge [1.38] publizierte Verfahren lassen keine Vorteile gegenüber der Bestimmung der Chlorzahl erkennen. Einen bemerkenswerten Aspekt bietet eine Arbeit von Kleinert [1.39], worin der nach Kleinert und Roberge [1.38] gemessene, äußerst geringe Bromverbrauch gebleichter Zellstoffe mit deren Methoxylgehalt und damit mit ihrer Verunreinigung durch Lignin-Abbauprodukte in Zusammenhang gebracht wird. Allerdings bedürfen die dort dargestellten Befunde wohl noch einer gründlicheren experimentellen Untermauerung.

Schließlich sei noch darauf hingewiesen, daß alle bisher dargestellten Bestimmungsmethoden keine Rückschlüsse auf Gleichmäßigkeit bzw. Ungleichmäßigkeit eines Aufschlusses zulassen, da ja jedesmal eine repräsentative Probe, d. h. ein Durchschnittswert über viele tausend Fasern, geprüft wird. Beurteilungen der

Gleichmäßigkeit lassen sich nur über mikroskopische Prüfungen unter Anfärbung des Restlignin-Anteils und Betrachtung der Einzelfasern erreichen.

Einen Überblick über die Gesamtproblematik der Bestimmung des Aufschlußgrades gibt Töppel [1.40] in einer detaillierten Darstellung dieses Gebiets der Zellstoffanalytik.

1.6 Bestimmung des Lignin-Gehalts
Determination of lignin content

Im Gegensatz zu den im vorhergehenden Abschnitt beschriebenen Methoden stellen die hier angeführten Verfahren direkte Bestimmungen des Lignin-Gehalts dar. Die gebräuchlichsten dieser Verfahren beruhen auf einer Hydrolyse des Polysaccharid-Anteils (Cellulose, Hemicellulosen) mit konzentrierten Mineralsäuren und einer gravimetrischen Bestimmung des unlöslichen Rückstandes. Aus Gründen, die weiter unten erörtert werden, sollte dieser Rückstand eher die Bezeichnung „hypothetischer Lignin-Gehalt" tragen, da er sicher nicht exakt der Menge an Restlignin entspricht, die vor der Säurebehandlung im Zellstoff vorhanden war. Zu einer vollständigen quantitativen Bestimmung des Restlignins gehört in jedem Fall auch die Bestimmung der mehr oder weniger großen Lignin-Anteile, die in der zur Hydrolyse verwendeten Säure löslich sind. Da diese Verfahren, infolge des Zeitaufwandes für die Totalhydrolyse sowie für die gravimetrischen und spektralphotometrischen Messungen, erheblich mehr Zeit beanspruchen als die für die Bestimmung des Aufschlußgrades erforderlichen titrimetrischen Bestimmungen, haben sie keinen Eingang in die Betriebspraxis gefunden. Ihre Bedeutung liegt in der Möglichkeit, angenähert richtige Werte für den Restlignin-Gehalt ungebleichter Zellstoffe zu erhalten und somit für Forschungszwecke exaktere Charakterisierungen zuzulassen. Anzumerken ist noch, daß diese Art der Lignin-Bestimmung zunächst nur für die Anwendung auf Rohstoffe der Zellstoffherstellung, also vor allem Holz, gedacht war und erst später, durch mannigfache Modifikationen, auch auf Zellstoffe mit niedrigem Restlignin-Gehalt übertragbar wurde. Die heute am häufigsten angewendeten Methoden benutzen konzentrierte Schwefelsäure, ein Phosphorsäure-Schwefelsäure-Gemisch oder ein Gemisch aus rauchender Salzsäure und Schwefelsäure zur Hydrolyse.

Eine, wohl zuerst von Klason [1.41a] beschriebene und dann von Hägglund [1.41b] verbesserte, Methode arbeitet mit 72%iger Schwefelsäure. Der gravimetrisch bestimmte Rückstand wird im allgemeinen heute noch als „Klason-Lignin" bezeichnet.

Ausführung

Die zu untersuchende Probe wird zunächst mit einem Gemisch gleicher Raumteile von Methanol und Benzol in einem Soxhletapparat 6 h lang extrahiert und an der Luft getrocknet. 1−2 g der getrockneten Substanz (genau gewogen) werden in einem Becherglas (3/4 l Inhalt) mit 50 ml 72%iger Schwefelsäure gut angerührt und 48 h lang stehengelassen. Hierauf verdünnt man mit 500 ml Wasser und erhitzt zum Sieden, bis der Niederschlag sich feinkörnig abzusetzen beginnt. Nach dem Erkalten wird der Rückstand durch Dekantieren mit siedendem Wasser gewaschen, schließlich in einen nicht zu feinporigen Porzellanfiltertiegel gebracht und darin säurefrei gewaschen. Zuletzt trocknet man bei 105 °C bis zur Gewichtskonstanz und wägt. Hierauf glüht man und wägt auch den anorganischen Rückstand.

Die Differenz der beiden Wägungen gibt den Gehalt an aschefreiem Lignin an. Zur Umrechnung auf ofentrockenen Stoff ist an einer anderen Probe der Trockengehalt zu bestimmen.

Ein auf der gleichen Grundlage beruhendes Verfahren wird in einer TAPPI-Vorschrift zur Bestimmung des säureunlöslichen Lignins in Holzzellstoffen [1.42] beschrieben, worin allerdings nur eine 2-stündige Einwirkungsdauer der Schwefelsäure vorgesehen ist.

Von Halse [1.43] wurde ein Verfahren entwickelt, das ein Gemisch von Salzsäure und Schwefelsäure benutzt. Dieses Verfahren war ursprünglich zur Bestimmung des Anteils an Holzstoff bzw. ungebleichtem Zellstoff im Papier anhand einer Lignin-Bestimmung gedacht, dürfte aufgrund der vielfältigen Fehlerquellen für diesen Zweck jedoch wenig geeignet sein. Abgesehen von der Unannehmlichkeit, die ein Umgang mit rauchender Salzsäure bereitet, ist es den nur mit Schwefelsäure arbeitenden Verfahren insofern überlegen, als der unlösliche Lignin-Niederschlag oft in besser filtrierbarer und auswaschbarer Form anfällt.

Ausführung

1 g lufttrockener, feingemahlener Zellstoff (genau gewogen), der vorher mit einem Gemisch gleicher Raumteile Methanol und Benzol extrahiert worden ist, wird in einem 250 ml fassenden Weithalsglas (mit Glasstopfen) mit 50 ml hochkonzentrierter Salzsäure übergossen. Nach 15 min setzt man noch 5 ml Schwefelsäure (Dichte: 1,84) hinzu, schüttelt innerhalb 1 h mehrmals um und läßt dann über Nacht stehen. Am folgenden Tage versetzt man den Brei mit etwas Wasser, bringt ihn in ein 800 ml fassendes Becherglas und verdünnt auf 500 ml. Dann kocht man das Ganze 10 min lang und filtriert durch ein vorher gewogenes Filter, dessen absolut trockenes Gewicht durch Trockengehaltsbestimmung an einem gleichartigen Filterpapier ermittelt wurde. Der Filterrückstand wird mit heißem Wasser ausgewaschen, bis im Filtrat Sulfat nicht mehr nachgewiesen werden kann. Filter mit Inhalt werden bei 105 °C getrocknet und gewogen, dann wird die organische Substanz verascht.

Für die Lignin-Berechnung müssen das Filtergewicht und die Asche von der Auswaage abgezogen werden.

Um die Nachteile der oben beschriebenen Verfahren – Arbeiten mit rauchender Salzsäure bzw. Bildung oberflächlich gelierter, schwer auflösbarer Klümpchen und schlechte Filtrierbarkeit beim Arbeiten mit Schwefelsäure – zu vermeiden, wurde von Jayme, Knolle und Rapp [1.44] ein Verfahren entwickelt, bei dem die konzentrierte Schwefelsäure mit Phosphorsäure versetzt wird.

Ausführung

Die Proben werden mit Methanol-Benzol (1 : 1) im Soxhlet-Apparat 6 h lang extrahiert, luftgetrocknet und in der Wiley-Mühle (40 Maschen) gemahlen. In ein 50 ml-Becherglas wird ca. 1 g Zellstoff eingewogen. (Gleichzeitig wird die Einwaage einer Trockengehaltsprobe vorgenommen, die bei 105 °C bis zur Gewichtskonstanz getrocknet wird.)

Zur Hydrolyse benutzt man ein Säuregemisch aus 6 Vol.-Teilen 75%iger H_2SO_4 und 1 Vol.-Teil 89%iger H_3PO_4. Davon werden 15 ml zur Hydrolyse verwendet. Man läßt das Säuregemisch unter Drehen des Becherglases an der Glaswand zu der Probe zufließen, um an der Glaswand haftende Faserteile zu erfassen, und rührt sofort mit einem einseitig abgeplatteten (etwa 8 cm langen) Glasstab schnell um, damit keine Knötchenbildung auftreten kann. Nach kurzer Zeit geliert die Masse. Nun stellt man das Becherglas in einen Thermostaten von 35 °C. Nach 5 min wird die inzwischen dünnflüssig gewordene Lösung nochmal durchgerührt und kleine evtl. entstandene Knötchen mit dem im Becherglas verbliebenen Glasstab zerdrückt. Nach 40 min − vom Beginn der Säurezugabe an gerechnet − wird die Probe aus dem Thermostaten genommen und mit 400 ml dest. Wasser in ein 800 ml-Becherglas übergespült. Die Lösung wird zum Sieden erhitzt und 15 min im Sieden belassen; man läßt sie dann etwa 10 min stehen, damit der Niederschlag sich absetzen kann und filtriert noch heiß durch ein ofentrocken gewogenes Filter in einem Analysenschnelltrichter. Das Filter muß sehr sorgfältig eingelegt werden, damit keine unnötigen Verzögerungen in der Filtration eintreten. Mit heißem dest. Wasser, dem etwas NaCl (etwa 0,5 g/l) als Elektrolyt zugesetzt ist, wird das Lignin im Filter säurefrei gewaschen. Filter mit Inhalt werden bei 105 °C bis zur Gewichtskonstanz getrocknet, gewogen und verascht. Für die Lignin-Berechnungen müssen das Filtergewicht und die Asche von der Auswaage abgezogen werden.

Bei Sulfitlignin läßt sich das Filter nicht so gut säurefrei waschen. Man wäscht deshalb das Filter 1−2 mal nach dem Abfiltrieren des Lignins mit einer Pufferlösung (pH 5,4) und dann erst mit heißem dest. Wasser, dem etwas NaCl als Elektrolyt zugesetzt ist.

Wie bereits erwähnt, sind alle diese Methoden nicht fehlerfrei, sofern man von ihnen eine exakte Aussage über den Lignin-Gehalt erwartet. Fehlerquellen sind in folgenden Umständen begründet:

1. Je nach Ausgangsmaterial (Rohstoff, Aufschlußverfahren) und Höhe des Restlignin-Gehalts ist ein mehr oder weniger großer Anteil des Restlignins in den betreffenden Säuren löslich. Während bei alkalisch aufgeschlossenen Zellstoffen, also insbesondere Sulfat-Zellstoffen, dieser Anteil im allgemeinen vernachlässigbar klein zu sein scheint, kann er bei Sulfit-Zellstoffen im ungünstigsten Fall bis zu 50% betragen. Es ist unerläßlich, diesen Anteil im Filtrat spektralphotometrisch zu bestimmen. Hierfür geeignete Verfahren werden weiter unten beschrieben.

2. Es können neben dem Lignin weitere Verbindungen wie z. B. Furfural oder andere Kohlenhydratabbauprodukte unter Säureeinwirkung in die Ligninstruktur einkondensiert und somit im unlöslichen Rückstand wiedergefunden werden. Nach allen bisherigen Erfahrungen dürfte jedoch diese Fehlerquelle eher ge-

ringfügig sein, zumal wenn die Extraktstoffe vorschriftsgemäß vorher durch Extraktion mit organischen Lösungsmitteln entfernt worden sind.

3. Das durch Behandlung mit konzentrierten Säuren gewonnene unlösliche Produkt hat sicher nicht mehr die gleiche Struktur und daher auch nicht die gleiche Masse wie das Restlignin in ungebleichten Zellstoffen. Dieser Umstand ist schon der Tatsache zu entnehmen, daß auf enzymatischem Wege gewonnenes Restlignin aus ungebleichten Sulfit-Zellstoffen fast vollständig wasserlöslich ist [1.45]. Es ist also anzunehmen, daß zumindest die für die Löslichkeit verantwortlichen Sulfongruppen bei der Säurebehandlung weitgehend abgespalten werden. Es fehlen bislang Untersuchungen, die quantitative Rückschlüsse auf die eintretenden Veränderungen zulassen. Die Bedeutung dieser Fehlerquelle ist somit schwer abzuschätzen.

Die quantitative spektralphotometrische Bestimmung des säurelöslichen Lignins in den Filtraten der Hydrolyse wird von zwei möglichen Fehlerquellen beeinflußt: Zum einen können Kohlenhydrat-Abbauprodukte wie z. B. Furfural im gleichen Spektralbereich absorbieren wie Lignin und zum anderen können die in den Filtraten zu erwartenden Ligninmodifikationen unterschiedliche spezifische Extinktionskoeffizienten haben, so daß es schwierig ist, eine für die jeweilige Untersuchung geeignete Eichsubstanz zu wählen.

In Bild 1.2 sind die Extinktionskurven verschiedener Ligninpräparate im Wellenlängenbereich zwischen 200 und 350 nm aufgetragen. Da das Maximum bei ca. 280 nm, aufgrund der hier vielfältig auftretenden Störungen durch andere Substanzen, zur quantitativen Auswertung nicht geeignet ist, muß die Messung im Bereich von 200–205 nm erfolgen, wo deutliche Intensitätsunterschiede zwischen den verschiedenen Präparaten auftreten. Ein in einer TAPPI-„Useful-Method"

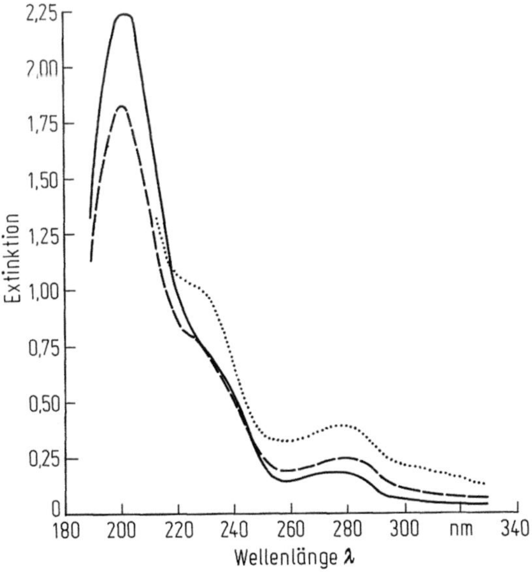

Bild 1.2. Extinktionskurven für verschiedene Ligninpräparate.

——— Lignosulfonat aus der Ablauge eines Sulfitaufschlusses von Buchenholz, Lösungsmittel Wasser; – – – Lignosulfonat aus der Ablauge eines Sulfitaufschlusses von Fichtenholz, Lösungsmittel Wasser; · · · · · „Milled-wood"-Lignin aus Fichtenholz, Lösungsmittel Ethylenglycolmonomethylether

[1.46] beschriebenes Verfahren schränkt diese Fehlerquellen z. B. dadurch ein, daß ein aus der Messung an verschiedenen Lignin-Präparaten gewonnener mittlerer spez. Absorptions-Koeffizient verwendet wird.

Ausführung

Nach der Ausfällung des aus einer der oben beschriebenen Bestimmungsmethoden gewonnenen säureunlöslichen Lignins, jedoch vor dem in diesen Verfahren vorgeschriebenen Sieden, wird ein Teil der überstehenden Flüssigkeit durch einen Filtertiegel in ein trockenes Gefäß dekantiert. Das so gewonnene Filtrat muß völlig klar sein. Im Filtrat wird die Extinktion in einer Küvette mit 10 mm Lichtweg mittels eines geeigneten Spektralphotometers gemessen. Als Blindwert wird die Extinktion einer verdünnten Säure gemessen, die der zur Hydrolyse benutzten Säure bzw. dem Säuregemisch nach dem Verdünnen entspricht.

Auswertung

$$\text{Ligningehalt im Filtrat} = \frac{\text{gemessene Extinktion}}{\text{spez. Extinktions-Koeffizient}} \, F$$

Der spez. Extinktionskoeffizient sollte an einem Ligninpräparat gemessen werden, das dem im Filtrat zu erwartenden Lignin strukturell vergleichbar ist, z. B. bei Bestimmungen an ungebleichtem Sulfit-Zellstoff eines aus der betreffenden Ablauge isolierten Lignosulfonats. F ist der Faktor, mit dem zu multiplizieren ist, um das im Gesamtvolumen des Filtrats enthaltene Lignin zu errechnen.

Sowohl die Bestimmung des säureunlöslichen als auch des säurelöslichen Lignins ist mit Fehlerquellen behaftet, die bei ungenügender Berücksichtigung zu erheblichen Verfälschungen der Ergebnisse führen können. Will man einigermaßen verläßliche Werte für den säurelöslichen Restlignin-Gehalt erhalten, so sollte insbesondere die sinnvolle Wahl eines Eichpräparats überdacht werden, und es sollten die durch die vorangehende Säurehydrolyse bedingten Einwirkungen möglichst gering gehalten werden (z. B. kein Sieden des Filtrats). Von Plonka, Surewicz und Wandelt [1.47] wird die Bestimmung des Gesamtligningehalts in Faserstoffen mit Hilfe einer modifizierten Säurehydrolyse und anschließender gravimetrischer sowie spektralphotometrischer Messung beschrieben.

Selbst bei Berücksichtigung aller Fehlerquellen wird eine völlig befriedigende Bestimmung des Restlignin-Gehalts mit Hilfe dieser Verfahren aus prinzipiellen Gründen kaum möglich sein. Die nach heutigen Erkenntnissen am fehlerfreiesten erscheinende Methode zur Gewinnung gesicherter Werte für den Restlignin-Gehalt in ungebleichten Zellstoffen dürfte wohl ein enzymatischer Abbau der Polysaccharide und eine darauffolgende Isolierung der − löslichen bzw. unlöslichen − Restlignin-Anteile sein [1.45]. Allerdings ist dieses Verfahren, wegen des erheblichen Zeitbedarfs der enzymatischen Hydrolyse, für Routinekontrollen noch weniger geeignet als die vorher beschriebenen Methoden.

Nach Marton [1.48] kann der Lignin-Gehalt von Zellstoff- und Papierproben durch Auflösen der gesamten Probe in Acetylbromid und UV-spektrometrische Bestimmung bei 280 nm in der Lösung erfolgen. Eine Detektion bei 205 nm ist in diesem Falle nicht möglich, da das Lösungsmittel unterhalb 250 nm nicht durchlässig ist. Marton fand, daß der so für Sulfat- und Sulfit-Zellstoffe aus Loblolly-Kiefer ermittelte Lignin-Gehalt eine weitgehend lineare Korrelation zur Kappa-Zahl aufwies. Da auf dieser Methode beruhende Untersuchungen offenbar nicht wiederholt wurden, muß eine Wertung weiterer Nachprüfungen überlassen bleiben. Das gleiche gilt für die von Marton und Sparks [1.49] durchgeführten infrarotspektroskopischen Lignin-Bestimmungen direkt an der festen Probe.

1.7 Bestimmung von Extraktstoffen
Determination of extractives

Unter der Bezeichnung Extraktstoffe wird eine Vielzahl von Zellinhaltsstoffen des Holzes verstanden, die sich mit organischen Lösungsmitteln aus dem Rohmaterial extrahieren lassen. Während des Aufschlusses und der Bleiche wird ein Teil dieser Extraktstoffe entfernt, weitere können chemisch verändert werden; je nach Intensität der Aufschluß- und Bleichbedingungen bleibt jedoch ein mehr oder weniger großer Anteil der Extraktstoffe in der ursprünglichen Form erhalten. Bei diesen Substanzen kann es sich um Harz- und Fettsäuren, deren Metallsalze und Ester, Fette, Wachse, Sterole, Paraffine sowie Oxidations-, Kondensations- und Polymerisationsprodukte dieser Verbindungen und − im Falle gebleichter Zellstoffe − um chlorierte Substanzen handeln. Je nach Art des verwendeten Lösungsmittels bzw. Lösungsmittelgemisches können daneben auch niedermolekulare ligninähnliche Substanzen sowie Kohlenhydrate und deren Abbauprodukte gelöst werden. Menge und Art der extrahierbaren Stoffe hängen dabei weitgehend von der Polarität des Lösungsmittels ab. Mit unpolaren Lösungsmitteln wie z. B. Petrolether, Diethylether, Dichlormethan, Benzol, werden überwiegend unpolare Verbindungen − Fette, Wachse, Harzsäuren, langkettige Fettsäuren − extrahiert, während mit polaren Lösungsmitteln wie Methanol, Ethanol oder gar Wasser auch polare Substanzen − Kohlenhydrate, niedermolekulare Säuren und Alkohole, evtl. Lignin − entfernt werden können. Die mengenmäßig höchsten Extraktfraktionen liefern Lösungsmittelgemische mit einer unpolaren und einer polaren Komponente, wie z. B. Benzol/Methanol- oder Benzol/Ethanol-Mischungen. Die Wahl des Lösungsmittels wird sich also nach dem jeweils angestrebten Zweck der Extraktion richten.

Die Anwesenheit von Extraktstoffen kann vielerlei, überwiegend unangenehme, Auswirkungen auf die Zellstoff- und Papierherstellung sowie auch die chemische Weiterverarbeitung haben. Die wohl gravierendste Wirkung ist die Bildung klebriger Ablagerungen, die zu erheblichen Störungen des Produktionsablaufs und der Produktqualität, insbesondere bei der Papierherstellung, führen kann. Auf diese Eigenschaft der Extraktstoffe sowie auf Möglichkeiten zu ihrer quantitativen Beurteilung wird weiter unten noch eingegangen.

Die quantitative Bestimmung der mit irgendeinem Lösungsmittel extrahierbaren Anteile läßt in aller Regel noch keinen Rückschluß auf die schädlichen Wirkungen der Extraktstoffe zu. In manchen Fällen kann jedoch erfahrungsgemäß auf ein erhöhtes Risiko geschlossen werden, wenn bestimmte Obergrenzen des Extraktanteils überschritten werden. Auf diese Beurteilungsmöglichkeit stützt sich wohl auch in der Hauptsache die Anwendung genormter Methoden zur Bestimmung des Extraktgehalts. Da eine eindeutig von theoretischen Erwägungen bestimmte Wahl eines Extraktionsmittels kaum möglich ist, hat man sich sowohl in der nationalen [1.50−1.53] als auch in der internationalen [1.54] Normung aus praktischen Gründen (nicht feuergefährlich, explosionssicher) für Dichlormethan entschieden. Daneben sind auch Extraktionen mit anderen Lösungsmitteln wie Alkohol/Benzol-Gemische [1.52] und Ethanol [1.55] genormt, wobei die gleichen Geräte wie für die Dichlormethanextraktion benutzt werden können.

Bestimmung des Dichlormethanextrakts

10 g Zellstoff werden in einem Soxhlet-Gerät mit Dichlormethan unter festgelegten Bedingungen extrahiert. Nach 24 Extraktionsumläufen wird der Hauptteil des Lösungsmittels verdampft, der Rest wird in ein Wägeglas überführt, der Rückstand bei $105° \pm 2°C$ (nach [1.53] und [1.54] bei $103° \pm 2°C$) bis zur Gewichtskonstanz getrocknet und gewogen.

Auswertung

$$\text{Dichlormethanextrakt } X(\%) = \frac{100\,(m_2 - m_1)}{ET}\,100$$

Hierin bedeuten:
m_1 Gewicht in g des leeren Wägeglases;
m_2 Gewicht in g des Wägeglases mit Rückstand;
E Gewicht in g der Einwaage der Probe;
T Trockengehalt der Probe nach DIN 54 352 in Gew.-%.

Werden brennbare und/oder toxische Lösungsmittel (z. B. Ether oder Benzol) verwandt, so sind entsprechende Sicherheitsvorkehrungen zu beachten. Nicht erfaßt werden bei diesen Verfahren solche Extraktstoffe, die unter den beschriebenen Bedingungen (Trocknung) flüchtig sind. Dieser Anteil dürfte jedoch in Zellstoffen in aller Regel vernachlässigbar klein sein.

Wird eine weitergehende Analyse der extrahierten Substanzen angestrebt, so wird man auf die Verfahrensweisen zurückgreifen müssen, die üblicherweise in der Holzchemie angewandt werden. Eine eingehende Beschreibung liefert Browning [1.56]. An anderer Stelle [1.57] wird eine verbesserte Methode zur Analyse der Extraktstoffe und ihre Anwendung auf Nadelholz (Jack Pine) beschrieben. Bei zunehmender Verwendung von Laubholz-Zellstoffen hat sich gezeigt, daß auch deren Extraktstoffe durchaus störende Einflüsse ausüben können. Untersuchungen über ihre Zusammensetzung und Beschreibungen der angewandten Analysenmethoden wurden u. a. von Mutton [1.58], Levitin [1.59], Kahila und Rinne [1.60] sowie Paasonen [1.61] publiziert. Die beiden letztgenannten Autoren befassen sich ausschließlich mit Extraktstoffen aus Birkenholz und Birkensulfit- [1.60] sowie -sulfat-Zellstoffen [1.61].

1.8 Bestimmung von „schädlichem Harz"
Determination of pitch

Die Erkenntnis, daß die quantitative Bestimmung der extrahierbaren Anteile kaum Hinweise auf die schädlichen Wirkungen der extrahierten Substanzen liefert, führte schon frühzeitig zur Suche nach geeigneten Methoden, die eine entsprechende Beurteilung erlauben. Für die Ablagerung klebender Partikel ist nicht nur die Zusammensetzung der Extraktstoffe, sondern auch die Beschaffenheit der betroffenen Oberflächen, die Bedingungen im wäßrigen System (Temperatur, pH-Wert, Art und Menge zugesetzter Hilfsmittel) sowie die darin auftretenden Scherkräfte verantwortlich. Nach Allen [1.62] können zur Bildung von Ablagerungen fähige Extraktstoffe in folgenden Erscheinungsformen auftreten:
– als dünner, über die Faseroberfläche verschmierter Film,
– im Innern von Parenchymzellen,
– als kolloidal verteilte Tröpfchen und
– gelöst als verseifte Harz- und Fettsäuren.

Die den Harzabscheidungen zugrunde liegenden Mechanismen werden von Back [1.63] und Allen [1.64] dargestellt.

Mit einer Ausnahme [1.65] beruhen alle Methoden zur Bestimmung von „schädlichem Harz" auf dem Prinzip der Abscheidung klebender Bestandteile aus einer Fasersuspension an in dieser Suspension befindlichen, bewegten oder ruhenden, zumeist metallischen Oberflächen und einer anschließenden gravimetrischen oder spektralphotometrischen Messung der abgeschiedenen Substanzmenge. Im einfachsten Fall können Labormahlgeräte für diese Bestimmung verwendet werden. So unterwerfen Kress und Nethercut [1.66] den Zellstoff einer Aufschlagung im Valley-Beater; nach Edge [1.67] wird der Zellstoff in einer Lampén-Mühle gemahlen und die Harzabscheidung an den Metalloberflächen gravimetrisch bestimmt. Farrington [1.68] benutzt einen in der Zellstoffsuspension rotierenden Siebzylinder zur Abscheidung der klebenden Substanzen.

Im folgenden sollen die von Gustafsson [1.69], Back [1.63], Ogait [1.65] und Mehnert [1.60] entwickelten Methoden näher beschrieben werden.

Methode nach Gustafsson

Es wird ein 8 l fassendes Kupfergefäß mit einem Kupferrührer benutzt (s. Bild 1.3). Der Rührer wird mit 1440 Umdrehungen/min betrieben. Das Gefäß kann mit einem Kupferdeckel, der mit einer Öffnung für den Rührerschaft versehen ist, verschlossen werden. 200 g des zu prüfenden Zellstoffs werden über Nacht in destilliertem Wasser gequollen. Der Zellstoff wird in das Gefäß überführt und auf insgesamt 6 l mit destilliertem Wasser aufgefüllt. Zuvor wird das Kupfergefäß und der Propeller mit Ethanol, Leitungswasser, verdünnter Salzsäure (5 – 15 ml HCl konz. in ca. 6 l H_2O), wiederum Leitungswasser und schließlich destilliertem Wasser gereinigt. Nach der Beschickung wird der Propeller in Bewegung gesetzt und 2 h lang gerührt. Zum Konstanthalten eines gewünschten pH-Wertes sollen in bestimmten

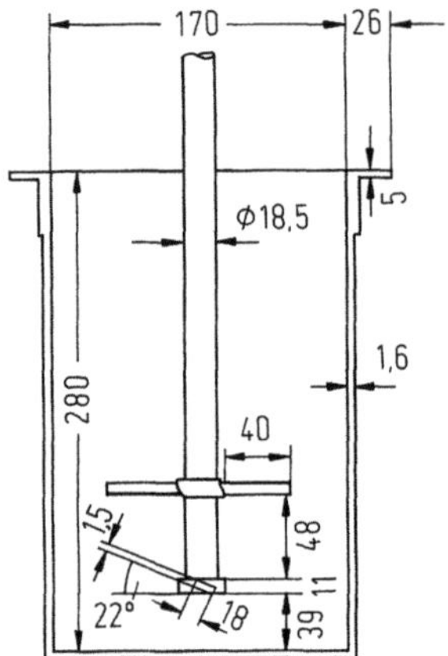

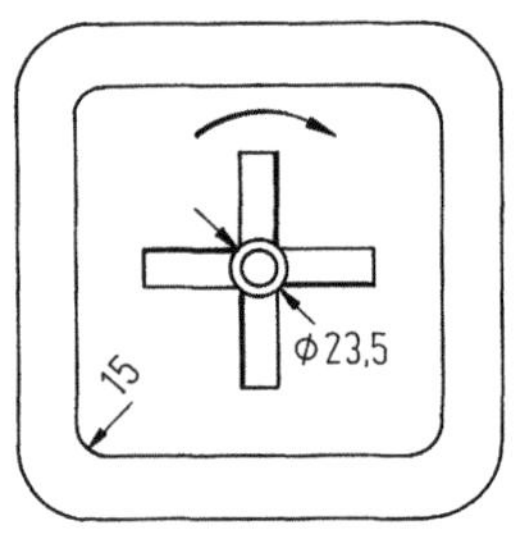

Bild 1.3. Apparatur zur Bestimmung von schädlichem Harz nach Gustafsson [1.69]; Zahlenangaben in cm

Abständen Proben entnommen werden und der pH-Wert mit 0,25 N Natronlauge bzw. Salzsäure nachgestellt werden. Nach 2 h wird das Rühren eingestellt und die Stoffsuspension ausgegossen. Zur Entfernung anhaftender Fasern werden Gefäß und Propeller mit Wasser nachgewaschen. Der an der Wand des Gefäßes und am Propeller haftende Extraktstoffanteil wird mittels eines mit Ether getränkten Wattebausches gesammelt. Die Watte wird mit Ether extrahiert und die etherische Lösung mit Natriumsulfat getrocknet, filtriert und der Ether verdampft. Der Rückstand wird vakuumgetrocknet und gewogen, das Resultat als mg Harz bezogen auf 200 g ofentrockenen Stoff angegeben. Von Larkin [1.71] wurde die Methode dahingehend modifiziert, daß Gefäß und Rührer direkt mit 250 ml Ethanol abgespült werden. Danach wird eingedampft, getrocknet und gewogen.

Back [1.63] schlägt eine Rührerform vor, die aufgrund der von ihm untersuchten Mechanismen besonders gut geeignet ist, Ablagerungen zu verursachen.

Nach der von diesem Autor angewandten Methode wird ein Glasgefäß benutzt, das mit Ablenkplatten ausgerüstet ist, an denen, in Abhängigkeit vom verwendeten Material und von der Rührgeschwindigkeit, ein mehr oder weniger großer Anteil der Ablagerungen haften bleibt. Der Rührer wird in Abständen von jeweils 1 h durch einen neuen ersetzt, der zuvor in einem Säurebad geätzt wurde, um eine reproduzierbare Oberflächenbeschaffenheit anzubieten. Der entnommene Rührer wird zur Entfernung von Faserresten sorgfältig mit Wasser abgewaschen, bei 105°C getrocknet und gewogen, danach mit Chloroform gereinigt, getrocknet und wiederum gewogen. Die Gewichtsdifferenz gibt die Menge des schädlichen Harzes an. Bei den durchgeführten Versuchen wurde eine Rotationsgeschwindigkeit von 1060 Upm und eine Stoffdichte von 4 bzw. 4,5% angewandt.

Nach Ogait [1.65] erfolgt die Abscheidung des schädlichen Harzes durch Flotation. Das abgeschiedene Harz wird sodann durch Trübungsmessung quantitativ bestimmt.

Apparatur

Die Flotation wird in einem Rohr aus Jenaer Glas von 6,5–7 cm Durchmesser, 85–90 cm Länge und 2 mm Wandstärke vorgenommen, das am oberen Ende mit einem Schliff versehen ist, welcher zur Aufnahme von etwa 10–12 cm langen – ebenfalls mit Schliff versehenen – Glasaufsätzen dient, die während der Bestimmung ausgewechselt werden können. Die Apparatur hat bei diesen Maßen ein Fassungsvermögen von 3–3,5 l. Das untere Ende des Rohres ist mit einem doppelt durchbohrten Gummistopfen verschlossen. Durch eine Bohrung wird eine 17cG3-Eintauchnutsche (G2 gibt zu große Luftblasen, G4 leistet einen zu großen Widerstand) zur Verteilung der Luft und durch die andere ein Glasrohr mit ausreichend großem Hahn oder einer Schlauchklemme zum Ablassen der Stoffsuspension nach der Bestimmung geführt (Bild 1.4).

Zum Anwärmen der Stoffsuspension dient ein großer Bunsenbrenner mit Zündflamme, dessen Gaszufuhr zwecks Konstanthaltung der Temperatur durch ein Gasrelais mit Hilfe eines in die Stoffsuspension eingetauchten Kontaktthermometers geregelt wird. Um Serienbestimmungen durchführen zu können, ist es vorteilhaft, mehrere solcher Apparaturen nebeneinander in einem zweckentsprechend konstruierten Gestell unterzubringen.

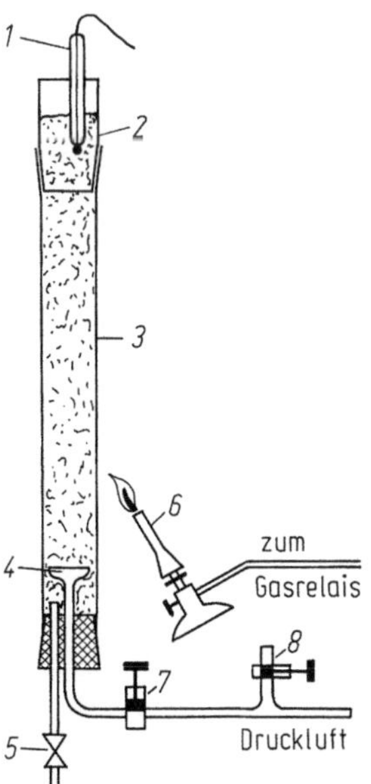

Bild 1.4. Schematische Skizze einer Apparatur zur Bestimmung von schädlichem Harz mittels Flotation nach Ogait [1.65]. *1* Kontaktthermometer, *2* Glasaufsatz, *3* Flotationsrohr, *4* Eintauchnutsche zur Feinstverteilung der Luft, *5* Ablaßrohr mit Hahn oder Schlauchklemme, *6* Großer Bunsenbrenner mit Zündflamme, *7* Regulierung der Luftzufuhr, *8* Ablassen des Luftüberschusses

Die Druckluft muß sorgfältig von Öl befreit werden, das sich mit dem schädlichen Harz abscheiden und höhere Werte vortäuschen kann. Dazu leitet man sie zweckmäßig durch ein z. B. 30 cm langes und 4–5 cm weites Glasrohr, das nicht zu locker mit Watte gefüllt ist.

Chemikalien

- 1%ige Lösung von Calciumchlorid (wasserfrei gedacht).
- 1%ige Lösung von Natriumcarbonat. Diese Lösungen werden nur benötigt, wenn kein geeignetes Leitungswasser zur Verfügung steht (s. weiter unten).
- 1%ige Lösung von Tetranatriumpyrophosphat ($Na_4P_2O_7$, wasserfrei gedacht).
- Verdünnte Salzsäure, hergestellt durch Verdünnen von 1 Vol. konz. Salzsäure mit 9 Vol. Wasser.

Standardlösung für die Trübungsmessung, enthaltend 1,26 g eines Gemisches aus gleichen Teilen reiner Abietin- und Ölsäure, gelöst in 1000 cm^3 Dioxan. Da die flüssige Ölsäure sich in kleinen Mengen schwer genau einwägen läßt, verfährt man am besten so, daß man zunächst 6,3 g derselben und 6,3 g Abietinsäure getrennt einwägt, beide Substanzen gemeinsam in 100 cm^3 Dioxan auflöst (Meßkolben) und von dieser Lösung 10 cm^3 mit Dioxan zu einem Liter auffüllt. Die Standardlösung ist vor Licht geschützt aufzubewahren.

Durchführung der Bestimmung

Zunächst wird ein für die vorgesehene Anzahl von Bestimmungen ausreichendes Quantum von geeignetem Wasser bereitgestellt. Steht ein Leitungswasser mit 10–20° Gesamthärte (davon mindestens 5° temporärer Härte) oder ein härteres, das man mit destilliertem Wasser entsprechend verdünnt, zur Verfügung, so verwendet man am einfachsten dieses. Ist das nicht der Fall, so benutzt man destilliertes Wasser, dem man pro l 30 cm^3 der 1%igen Calciumchlorid-Lösung und 15 cm^3 der 1%igen Natriumcarbonat-Lösung hinzufügt.

6–8 g vom ofentrocken gedachten Zellstoff werden sodann in ca. 0,5 l solchen Wassers verteilt bzw. knotenfrei defibriert (Blitzmischer) und die Stoffsuspension in das Flotationsrohr gefüllt. Danach wird die Luftzufuhr angestellt und so viel des vorher auf 60°–70°C angewärmten Wassers eingegossen, daß der Schliffaufsatz nicht ganz bis zur Hälfte gefüllt ist. Die Luftmenge ist so zu bemessen, daß die Stoffsuspension gut durchwirbelt wird (ca. 2–3 l pro min). Die Temperatur der Stoffsuspension wird mit Hilfe der durch das Kontaktthermometer gesteuerten Heizvorrichtung auf etwa 60°C gehalten. Der pH-Wert stellt sich, wie schon erwähnt, während des Flotationsvorgangs infolge Kohlensäureverlustes durch die Belüftung und Erwärmung von selbst auf 8–8,5 ein (Phenolphthalein wird schwach rot). Um ein Abspülen des bereits abgesetzten schädlichen Harzes durch Ansteigen des Flüssigkeitsspiegels zu vermeiden, ist die Luftzufuhr möglichst konstant zu halten.

Bei Zellstoffen mit hohem Gehalt an schädlichem Harz beginnt dessen Abscheidung (neben feinsten Teilchen von Calciumcarbonat und geringen Mengen kleinster Fasern) an der Wand des Glasaufsatzes dicht über dem Flüssigkeitsspiegel bereits nach wenigen Minuten. Setzen sich außerdem – was besonders bei ungebleichten Stoffen vorkommen kann – längere Fasern ab, die die Abscheidung des schädlichen Harzes stören können, so ist das meist auf ungenügende Auswaschung des Zellstoffes zurückzuführen. Diesem Übelstand kann dadurch abgeholfen werden, daß man den Zellstoff vor der Bestimmung etwas auswäscht. Nach etwa 30–60 min Belüftungsdauer wird die Luftzufuhr abgestellt, der Glasaufsatz abgenommen, durch einen anderen ersetzt, von neuem belüftet und nach Ablauf von weiteren 30–60 min die gleiche Manipulation wiederholt. Das Wechseln der Aufsätze hat den Zweck, die Vollständigkeit der Abscheidung des schädlichen Harzes zu kontrollieren, da eine quantitative Abscheidung desselben angestrebt wird. Nach beendeter Flotation wird der Glasaufsatz abgenommen und zusammen mit den beiden anderen behandelt, wie weiter unten angegeben. Zwecks Vorbereitung für die nächste Bestimmung wird die Stoffsuspension abgelassen und das Rohr mit etwas Wasser nachgespült.

Die drei Aufsätze werden sodann in einem passenden Becherglas (z. B. 600 cm^3, breite Form) nacheinander mit im ganzen 50–100 cm^3 der verdünnten Salzsäure behandelt, wobei das Becherglas geneigt und gedreht und der Ansatz unter Zuhilfenahme eines am Ende mit einem Stück Gummischlauch überzogenen Glasstabs und durch Nachspülen mit destilliertem Wasser quantitativ in das Becherglas befördert wird. Das nach kurzem Stehen und Schwenken zurückbleibende Gemisch von Harz und feinsten Fasern wird mit Hilfe eines möglichst kleinen Büchnertrichters oder noch besser eines kleinen Hirschtrichters auf einem Papierfilter abgesaugt und mit destilliertem Wasser säurefrei gewaschen.

Zur Vorbereitung für die Trübungsmessung wird das Filter mit dem Harz-Faser-Gemisch mit etwa 50 cm^3 (Meßzylinder) der 1%igen Tetranatriumpyrophosphat-Lösung ungefähr 5 min gekocht, wobei das Harz in Lösung geht. Diese Manipulation wird in dem gleichen Becherglas vorgenommen, das vorher zum Herauslösen des Calciumcarbonats benutzt wurde, um etwa an den Wandungen haften gebliebene Reste von Harz mit zu erfassen. Das Filter wird danach mit einer Pinzette erfaßt, mit etwas destilliertem Wasser abgespült und verworfen. Die schwach opaleszente Lösung des schädlichen Harzes wird sodann zwecks Abtrennung von den Fasern durch ein grobporiges Papierfilter auf einem kleinen Büchnertrichter abgesaugt und mit so viel Wasser nachgewaschen, daß das Gesamtvolumen 100–140 cm^3 beträgt.

Zur Trübungsmessung wird die abgekühlte Tetraphosphat-Harz-Lösung mit 10 cm^3 der verdünnten Salzsäure versetzt, auf 150 cm^3 aufgefüllt und nach Ablauf von etwa 15 min die Lichtabsorption im lichtelektrischen Kolorimeter bestimmt. Diese Wartezeit muß eingehalten werden, da erst danach die volle Trübung eingetreten ist. Auch längeres Stehenlassen (über 1/2 h) ist zu vermeiden, weil durch allmähliches Ausflocken des Harzes die Lichtabsorption zurückgehen kann. Ergibt die Messung mehr als 5 mg Harz in 100 cm^3, so verdünnt man die Lösung mit soviel destilliertem Wasser, daß sie 3–5 mg in 100 cm^3 enthält. Eine stärkere Verdünnung ist möglichst zu vermeiden, da dadurch das Volumen der Lösung unnötig vergrößert wird und die Genauigkeit der Bestimmung beeinträchtigt werden kann. Der Harzgehalt der Lösung wird aus der für jedes Kolorimeter aufzustellenden Eichkurve abgelesen. Beim Ansetzen der zur Aufstellung derselben benutzten Vergleichslösung wird analog verfahren wie beim schädlichen Harz, indem man die jeweils verwendeten 1, 2, 3, 4 und 5 cm^3 der Standardlösung zunächst mit 50 cm^3 der Tetranatriumpyrophosphat-Lösung versetzt, unter Zusatz von 10 cm^3 der verdünnten Salzsäure auf 100 cm^3 auffüllt und nach 1/4-stündigem Stehen die Lichtabsorption mißt. Im übrigen ist zu empfehlen, sich vor jeder Messung mit Hilfe der Standardlösung von dem ordnungsgemäßen Funktionieren des Kolorimeters zu überzeugen. Steht kein geeignetes Kolorimeter zur Verfügung, so ist eine grobe Schätzung der Menge an schädlichem Harz auch durch bloßen Vergleich der zu untersuchenden Lösung mit nach obiger Vorschrift aus der Standardlösung hergestellten Vergleichslösungen möglich.

Die Berechnung erfolgt nach der Gleichung

$$H_s = \frac{h_s V}{1000 e}$$

Hierin bedeuten:

H_s % schädliches Harz im Zellstoff;
h_s mg schädliches Harz in 100 cm^3 der untersuchten Lösung;
V Volumen der untersuchten Lösung in cm^3;
e Einwaage ofentrocken.

Eine sehr viel unkompliziertere Methode wird von Mehnert [1.70] beschrieben. Sie beruht letztendlich auf der spektralphotometrischen Bestimmung des Harzsäureanteils in einer an einem Kupferrührer abgeschiedenen Harzmenge. Da Laubholz-Zellstoffe keine Harzsäuren enthalten, ist dieses Verfahren nur auf Nadelholz-Zellstoffe anwendbar.

Durchführung

8 g ofentrockener Zellstoff werden in einem 500 ml-Glasstutzen bei einer Stoffdichte von 3,5% (destilliertes Wasser) 2 h bei 40°C mit einem Kupferpropeller mit einer Umdrehungszahl von 500 U/min gerührt. Dabei ist folgendes zu beachten:
- Der Rührer muß vor jeder Bestimmung 10 sec mit 2,5-prozentiger Salzsäure behandelt und anschließend mit destilliertem Wasser abgespült werden.
- Die Temperatur muß während der Rührung konstant sein.
- Die Rührgeschwindigkeit muß konstant sein.
- Der Rührer muß sich bei jeder Bestimmung in der gleichen Lage befinden. Durch ein Zeichen an der Rührerwelle kann man die Einstellung jedesmal gleichmäßig vornehmen.

Nach genau 2 h Rührzeit wird der Rührer aus der Suspension entfernt und mit destilliertem Wasser abgespült. Zum Trocknen läßt man ihn 10 sec in der Luft laufen.

In ein 100 ml-Becherglas gibt man etwas Glaswolle und ungefähr 12 ml Ethanol, 96%ig. Man erwärmt das Gefäß in einem Wasserbad und wäscht den Propeller sorgfältig mit dem warmen Alkohol ab, indem man mit Hilfe einer Pinzette und der Glaswolle sämtliche Stellen der Oberfläche des Propellers und der Welle abwäscht. Das Abwaschen wiederholt man dreimal und gießt jedesmal die Waschflüssigkeit durch eine G3-Glasfritte in einen 500 ml-Meßkolben. Man füllt bis zur Marke und entnimmt dem Kolben 6−7 ml dieser Lösung zur Bestimmung der Extinktion bei 240 nm. Aus der Eichkurve kann man die Menge des schädlichen Harzes ablesen. Als Eichlösung verwendet man eine Lösung von Gesamtharz des betreffenden Zellstoffes in Alkohol.

Erwähnt sei noch eine dünnschichtchromatographische Methode [1.72], die auf einen Vergleich von Chromatogrammen, die aus bereits erfolgten Ablagerungen genommen wurden, mit solchen von Zellstoffextrakten abzielt. Auf den mikroskopischen Nachweis von „Harz" in Zellstoffen wird im Kapitel 5 hingewiesen.

Der Aussagewert aller Methoden zur Bestimmung von „schädlichem Harz" hängt selbstverständlich in erster Linie davon ab, ob und in welchem Umfang ein Zusammenhang der gemessenen Werte mit tatsächlich im Betrieb auftretenden Harzschwierigkeiten feststellbar ist. Dieser Zusammenhang wird umso mehr gegeben sein, je besser eine Annäherung der Untersuchungsbedingungen an die betrieblichen Gegebenheiten erfolgen kann. Da eine völlige Übereinstimmung beider Systeme keinesfalls erreichbar ist, bleiben exakte, unter allen Bedingungen zutreffende Voraussagen von Harzschwierigkeiten wohl ein Wunschtraum. Als Zielvorstellung kann allenfalls eine graduelle Beurteilung der „Schädlichkeit" bei Änderung möglichst nur einer Variablen im Gesamtsystem gelten.

Es sei noch darauf hingewiesen, daß die Bezeichnung „Harz" im chemisch einwandfreien Gebrauch eigentlich nur auf die vorwiegend Harzsäuren enthaltenden Extraktstoffe der Nadelholz-Zellstoffe angewendet werden sollte. Mit steigendem Einsatz von Laubholz-Zellstoffen hat sich jedoch herausgestellt, daß auch diese Stoffe mitunter „Harz"-Schwierigkeiten verursachen können. In diesem Zusammenhang ist weiterhin bemerkenswert, daß auch Sulfat-Zellstoffe, bei denen ein großer Anteil der Extraktstoffe zunächst verseift und damit wasserlöslich wird, noch Verbindungen enthalten können, die klebrige Ablagerungen verursachen.

Die Umstände, die das Abscheiden klebriger Partikel in einem Papiermaschinensystem bewirken, sind oft so komplexer Natur, daß eine zweifelsfreie Definition der eigentlichen Verursacher auch bei großem analytischen Aufwand in manchen Fällen nicht möglich ist, zumal dann, wenn Hilfsstoffe zugegen sind, deren chemische Struktur derjenigen der Extraktstoffe ähnlich oder gar gleich ist.

1.9 Bestimmung der Alkaliresistenz und Alkalilöslichkeit
Determination of alkali resistance und alkali solubility

1.9.1 Alkaliresistenz

Die Bestimmung der Alkaliresistenz ist wohl die älteste chemische Prüfmethode für Zellstoffe. Mit der Einführung von gebleichtem Holzzellstoff als Ersatz für die zunächst ausschließlich in der Viskosefaserindustrie eingesetzten Baumwollinters entstand das Bedürfnis nach einer Methode zur Beurteilung der Ausbeute eines Zellstoffes, die nach dem ersten Verfahrensschritt, der Alkalisierung (Mercerisierung), zu erwarten ist. Von Cross und Bevan [1.73] wurde bereits 1912 der Begriff „Alpha-Cellulose" für die in der Alkalisierlauge unlöslichen Anteile eines Zellstoffs geprägt. Auf die von den gleichen Autoren stammenden Begriffe „Beta" und „Gamma-Cellulose" für unterschiedlich wieder ausfällbare Bestandteile des gelösten Anteils wird später noch eingegangen. Eine Vorschrift zur Bestimmung der Alpha-Cellulose wurde erstmals von Jentgen [1.74] veröffentlicht. Es setzte nun eine, sich über 2 Jahrzehnte hinziehende, Diskussion über die Bedingungen ein, die die Reproduzierbarkeit der Messungen gewährleisten sollten. Neben Fragen, die die Probenvorbereitung (Zerkleinerung), Durchführung der Natronlauge-Behandlung in bezug auf Temperatur, Dauer und mechanischer Einwirkung während dieser Behandlung betrafen, war ein zentraler Diskussionspunkt das Auswaschen der Natronlauge aus dem behandelten Zellstoff. Ausgehend von einer 17,5%igen Natronlauge, deren Konzentration in Anlehnung an diejenige der damals industriell üblichen Mercerisierlaugen gewählt worden war, wird bei einer Wäsche mit Wasser ein Konzentrationsbereich (ca. 10%ige Natronlauge) im Faserkuchen durchlaufen, der eine höhere Lösekraft als die Ausgangslauge besitzt. Je nach Einwirkungsdauer dieser Lauge werden zusätzlich mehr oder weniger große Anteile des Zellstoffs gelöst, was zu unkontrollierbaren Differenzen der Ergebnisse führt.

Ein erstes Merkblatt zur Bestimmung der Alpha-Cellulose wurde durch die Faserstoff-Analysen-Kommission des „Vereins der Zellstoff- und Papier-Chemiker und -Ingenieure" unter Federführung von Professor Schwalbe [1.75, 1.76] erarbeitet. Unter Berücksichtigung aller zu dieser Zeit im In- und Ausland vorgeschlagenen und veröffentlichten Methoden erfolgte 1951 die Herausgabe eines weiteren Merkblattes [1.77], das sowohl die z. T. noch übliche Bestimmung der Alpha-Cellulose unter Auswaschen des Faserkuchens mit Wasser beinhaltet als auch einen neuen Weg aufzeigt, der das unmittelbare Absäuern des noch unverdünnte Lauge enthaltenden Faserkuchens mit 10%iger Essigsäure vorsieht. Letztere Arbeitsweise wurde dann in einer Reihe von Normvorschriften [1.78 – 1.81] festgeschrieben. Zur weiteren Vereinheitlichung wurde anstelle der zur Alpha-Cellulose-Bestimmung üblichen 17,5%igen Natronlauge eine 18%ige Lauge oder alternativ eine Behandlung mit 10- oder 5%iger Lauge [1.80] vorgesehen. Eine Mischform dieser Methoden stellt der TAPPI-Standard [1.81] dar, der eine Behandlung mit 17,5%iger Lauge, Verdünnung auf 8,3%ige Lauge und Absäuerung mit Essigsäure vorschreibt. Eine weitere TAPPI-Methode [1.82] beschreibt die Anwendung heißer 1%iger Natronlauge auch zur Behandlung von Holz und ungebleichten Zellstoffen. Die Ergebnisse sollen Rückschlüsse auf den Zustand von Hackspänen und ungebleichten Natron- und Sulfitzellstoffen zulassen.

Kurzbeschreibung des Verfahrens (nach [1.79])

Die Zellstoffprobe wird unter den in der Norm festgelegten Bedingungen in Natronlauge vereinbarter Konzentration zerfasert. Der unlösliche Anteil wird abfiltriert, mit Natronlauge gleicher Konzentration und Temperatur wie beim Zerfasern ausgewaschen, mit Essigsäure angesäuert und danach mit Wasser gewaschen, getrocknet und gewogen. Beträgt der Aschegehalt der Probe mehr als 0,1%, so ist auch der Aschegehalt des unlöslichen Anteils zu bestimmen.

Auswertung

$$R_c = \frac{100m}{ET} \, 100$$

Hierin bedeuten:

R_c Resistenter Anteil bei Laugekonzentration c in %;

m Gewicht in g des bei $105° \pm 2°C$ getrockneten unlöslichen Anteils der Probeneinwaage;

E Einwaage der Probe in g;

T Trockengehalt der Probe.

Ausdrücklich muß darauf hingewiesen werden, daß Genauigkeit und Reproduzierbarkeit der Methode in hohem Maß von der Einhaltung der vorgeschriebenen Bedingungen abhängen. Geringfügige Abweichungen des Verteilungszustands der Proben, bei der mechanischen Beanspruchung während der Laugebehandlung, der Temperatur oder der Dauer der Behandlung und Nachbehandlung können sich zu gravierenden Fehlern summieren.

Der Zwang zur genauesten Befolgung der festgelegten Bedingungen ergibt sich aus dem Umstand, daß die Bestimmung der Alkaliresistenz auf Konventionen beruht, die, wie weiter unten erläutert wird, nicht auf chemisch exakt definierbare Reaktionsmechanismen bzw. Trennvorgänge zurückführbar sind.

Die Einbeziehung 10%iger Natronlauge ergibt sich aus der Beobachtung, daß Natronlauge in diesem Konzentrationsbereich die größte Lösekraft gegenüber Cellulosefasern besitzt. Auf daraus sich ergebende Schlüsse für den gelösten Anteil wird bei der Erörterung der Beta- und Gamma-Cellulose-Bestimmung noch näher eingegangen.

Es sei schon an dieser Stelle darauf hingewiesen, daß keine der Methoden zur Bestimmung der Alkaliresistenz mit einer exakten Bestimmung des Hemicellulosen-Gehalts im Zellstoff gleichzusetzen ist [1.83]. In vielen Fällen, insbesondere bei der Anwendung auf veredelte Zellstoffe für die chemische Weiterverarbeitung, kann zwar die Menge der gelösten Anteile dem Gehalt an Hemicellulosen recht nahe kommen, im allgemeinen ist eine solche Gleichsetzung jedoch unzulässig.

Eine Modifikation der Bestimmung des alkaliresistenten Anteils, die sog. „Rayon-Cellulose-Methode", wurde von Charles [1.84] publiziert. In diesem Fall wird nicht nur, wie unter Abschn. 1.9.2. beschrieben, der alkalilösliche Teil durch Oxidation mit Dichromat-Schwefelsäure bestimmt, sondern es wird auch in gleicher Weise mit dem nicht gelösten Anteil verfahren. Vorbedingung ist eine geringere Zellstoffeinwaage (0,3 g gegenüber 2,5 bzw. 3 g in [1.77−1.81]). Diese Methode wurde zur Bestimmung des gegen 21,5- [1.84], 35-, 50- und 73%ige [1.85] Natronlauge resistenten Anteils benutzt.

1.9.2 Alkalilöslichkeit

Der in Natronlauge einer bestimmten Konzentration lösliche Anteil der Polysaccharide kann durch Oxidation mit Kaliumdichromat im schwefelsauren Medium und Rücktitration des überschüssigen Dichromats bestimmt werden. Diese Verfahrensweise wurde von Porrvik [1.86] bereits 1928 im Rahmen einer Arbeit über die Bestimmung von Alpha-, Beta- und Gamma-Cellulose und später von Améen [1.87] einer eingehenden Untersuchung unterzogen. Derzeit liegen sowohl national

[1.88 – 1.91] als auch international [1.92] genormte Verfahren zu dieser Arbeitsweise vor. Als Maß für die Alkalilöslichkeit gilt demnach der in Natronlauge einer bestimmten Konzentration lösliche und mit Kaliumdichromat oxidierbare Anteil einer Zellstoffprobe. Dieser Anteil wird unter Verwendung eines empirisch ermittelten Faktors als Cellulose berechnet. Da die gelösten Anteile jedoch im Falle von Zellstoffen nicht nur aus Cellulose, sondern oft überwiegend aus nichtcellulosischen Polysacchariden (Hemicellulosen) bestehen, wird nur ein näherungsweiser Wert berechnet, dessen „Richtigkeit" vorwiegend von der gewählten Laugekonzentration und der Polysaccharid-Zusammensetzung des Zellstoffs abhängt. Aus diesen und anderen Gründen ist auch nicht zu erwarten, daß sich die gravimetrisch bei gleicher Laugekonzentration ermittelten Resistenzwerte und die titrimetrisch ermittelten Löslichkeitswerte zu 100% addieren.

Kurzbeschreibung des Verfahrens (nach [1.88])

Die Zellstoffprobe wird unter den in der Norm festgelegten Bedingungen mit Natronlauge vereinbarter Konzentration 1 h lang bei $20° \pm 0{,}2\,°C$ behandelt und die alkalische Suspension anschließend filtriert. In einem Teil des Filtrats werden die oxidierbaren Bestandteile mit Kaliumdichromat im Überschuß in schwefelsaurer Lösung oxidiert. Der Überschuß an Kaliumdichromat wird mit Ammoniumeisen-(II)-sulfat-Lösung rücktitriert.

Auswertung

Die Alkalilöslichkeit S_c (S = solubility) in % wird nach folgender Zahlenwertgleichung errechnet:

$$S_c = \frac{10 \cdot 6{,}85(b-a)NV_1}{m_E V_2 T}$$

Hierin bedeuten:

a Verbrauch in ml an 0,1 N Ammoniumeisen(II)-sulfat-Lösung bei der Titration der Probenlösung;

b Verbrauch in ml an 0,1 N Ammoniumeisen(II)-sulfat-Lösung bei der Blindtitration;

N Normalität der Ammoniumeisen(II)-sulfat-Lösung gerundet auf 4 Dezimalstellen nach dem Komma;

V_1 Volumen in ml der zum Aufschluß der Probe eingesetzten Natronlauge;

V_2 Volumen in ml des zur Naßoxidation entnommenen Anteils des Filtrats;

m_E Einwaage der Probe in g;

T Trockengehalt der Probe nach DIN 54352 in %;

6,85 Empirischer Faktor zur Umrechnung von mg-äquivalent Dichromat in mg Cellulose. 1 mg-äquivalent Dichromat entspricht theoretisch 6,75 mg Cellulose oder Hexosan-Hemicellulosen oder 6,60 mg Pentosan-Hemicellulosen. Da im allgemeinen die alkalilöslichen Bestandteile von Zellstoff weniger an Oxidationsmittel verbrauchen als theoretisch zu erwarten ist, wird international für die Berechnung der etwas höhere empirische Faktor 6,85 verwendet.

Erwähnenswerte Abweichungen von dieser Arbeitsweise beinhaltet der TAPPI-Standard [1.91], der eine Natronlaugebehandlung bei 25 °C vorschreibt, sowie der internationale Standard [1.92], der neben der Titration mit Ferroin als Indikator auch einen Diphenylaminosulfonat-Indikator vorsieht.

Die Bestimmung des in 5%iger Natronlauge bei 20 °C löslichen Anteils ist in einem gesonderten Merkblatt [1.93] unter dem historisch begründeten Begriff „Holzgummizahl" beschrieben.

Unter der Bezeichnung „Holzgummi" verstand man in den Anfängen der Chemie der Cellulose und ihrer Begleiter den Xylananteil. Diese Methode kann in ihrer frühen Entwicklung als ein Vorläufer der heute üblichen Bestimmung der Alkalilöslichkeit gelten. Da sie sich, zwar nicht im Prinzip, jedoch in Details der experimentellen Durchführung von der Bestimmung der Alkalilöslichkeit etwas unterscheidet, ist eine genaue Übereinstimmung der Prüfergebnisse nicht gegeben. Sie sollte nach Möglichkeit durch die genannten Verfahren zur Bestimmung der Alkalilöslichkeit in 5%iger Natronlauge ersetzt werden.

1.9.3 Beta- und Gamma-Cellulose

Wie der Begriff Alpha-Cellulose wurden auch die Begriffe Beta- und Gamma-Cellulose erstmals von Cross und Bevan [1.73] verwendet. Mit Beta-Cellulose wurde von ihnen die Substanz bezeichnet, die bei Neutralisierung des alkalischen Filtrats der Alpha-Cellulose-Bestimmung ausfällt; Gamma-Cellulose ist der Anteil, der auch nach Neutralisation in Lösung bleibt. Nach der TAPPI-Standard-Methode [1.81] werden Beta- und Gamma-Cellulose zunächst gemeinsam im Filtrat der Alpha-Cellulose durch Oxidation mit Kaliumdichromat und Rücktitration des überschüssigen Dichromats bestimmt; nach Neutralisieren und Abscheiden der Beta-Cellulose wird auf gleiche Weise die Gamma-Cellulose bestimmt. Der Beta-Cellulose-Anteil ergibt sich aus der Differenz von Beta- und Gamma-Cellulose und Gamma-Cellulose.

Durchführung der Bestimmungen

Das Filtrat der Alkaliresistenzbestimmung nach [1.81] bzw. [1.77−1.80] wird vor dem Absäuern mit Essigsäure quantitativ gesammelt und auf 500 ml mit destilliertem Wasser aufgefüllt. 50 ml des Filtrats werden in einen 500 ml-Erlenmeyerkolben pipettiert und 10 ml einer 0,4 N Kaliumdichromat-Lösung sowie vorsichtig 90 ml konz. Schwefelsäure zugesetzt. Es wird gerührt und 10 min lang bei einer Temperatur von 127° ±2 °C einwirken gelassen. Diese Behandlung erfolgt am besten unter Rückfluß. Danach wird auf Raumtemperatur abgekühlt und 500 ml destilliertes Wasser zugesetzt. Es werden ca. 2 g festes Kaliumjodid zugegeben und 5 min stehen gelassen. Danach wird mit 0,1 N $Na_2S_2O_3$-Lösung unter Zusatz von Stärkeindikator zum Endpunkt (Umschlag von tiefblau nach hellgrün) titriert. Daneben wird eine Blindtitration mit 50 ml einer 0,5 N Natronlauge durchgeführt.

$$\text{Beta- und Gamma-Cellulose} = \frac{(V_2 - V_1)\,N\,6{,}85}{W}$$

Hierin bedeuten:

V_1 Verbrauch in ml an $Na_2S_2O_3$-Lösung zur Titration des Filtrats;
V_2 Verbrauch in ml an $Na_2S_2O_3$-Lösung zur Titration der Blindprobe;
N Normalität der $Na_2S_2O_3$-Lösung;
W Einwaage der zur Alkaliresistenz-Bestimmung benutzten Zellstoffprobe in g;
6,85 Empirischer Faktor zur Umrechnung von mg-äquivalent Dichromat in mg Cellulose.

Zur Bestimmung der Gamma-Cellulose werden 190 ml des alkalischen Filtrats vor dem Absäuern entnommen und in einen mit Schliffstopfen versehenen, 250 ml fassenden, graduierten Meßzylinder überführt. Es werden einige Tropfen Methylorange zugegeben und mit 6 N Schwefelsäure auf 240 ml aufgefüllt. Der Zylinder wird verschlossen und der Inhalt durch mehrmaliges Umdrehen gut gemischt. Sollte der Umschlag nach sauer noch nicht erreicht sein, so wird weitere Schwefelsäure zugesetzt. Nach Abkühlen wird mit destilliertem Wasser auf 250 ml aufgefüllt und bis zum Absetzen der Beta-Cellulose stehengelassen. Dieser Vorgang erfordert in der Regel ca. 16 h. Die überstehende klare Lösung wird vorsichtig über einen trockenen Filter in ein 250 ml-Becherglas dekantiert. Die ersten 50 ml werden verworfen. 50 ml des dekantierten, angesäuerten Filtrats werden wie oben beschrieben unter Zusatz von 10 ml Kaliumdichromat-Lösung und Schwefelsäure oxidiert und titriert. Parallel dazu wird wiederum ein Blindwert gemessen.

$$\text{Gamma-Cellulose} = \frac{(V_2 - V_1)\,N\,6{,}85\,X}{W}$$

Hierin bedeuten:

V_1 Verbrauch in ml an $Na_2S_2O_3$-Lösung zur Titration des Filtrats;
V_2 Verbrauch in ml an $Na_2S_2O_3$-Lösung zur Titration der Blindprobe;
N Normalität der $Na_2S_2O_3$-Lösung;
W Einwaage der zur Alkaliresistenz-Bestimmung benutzten Zellstoffprobe in g;
6,85 Empirischer Faktor zur Umrechnung von mg-äquivalent Dichromat in mg Cellulose;
X Aliquotfaktor zur Umrechnung auf die benutzten Volumenanteile des Filtrats.

Eine Modifikation der auf Oxidation der Polysaccharide mit Dichromat beruhenden Verfahren, nach der die entstehenden Chrom(III)-Ionen kolorimetrisch bei 600 nm bestimmt werden, wurde von Ohlsson [1.94] beschrieben.

Anhaltspunkte für die Zusammensetzung der Polysaccharide der Alpha-, Beta- und Gamma-Fraktion von Nadelholz-Sulfat- und -Sulfit-Zellstoffen gibt eine Arbeit von Simmons [1.95], der den Xylan- und Mannangehalt in den einzelnen Fraktionen bestimmte. Er kommt zu dem Schluß, daß die Alpha-Fraktion hauptsächlich aus Cellulosen mit geringen Anteilen an restlichen Hemicellulosen besteht; die Beta-Fraktion enthält abgebaute Cellulose und mehr oder weniger große Anteile von Glucomannan und Xylan, während die Gamma-Fraktion praktisch vollständig aus Hemicellulosen besteht. Zu einem mit diesen chemischen Untersuchungen weitgehend übereinstimmenden Resultat kommt Rånby [1.96] aufgrund elektronenmikroskopischer und röntgenographischer Untersuchungen.

Zusammenhänge zwischen der Löslichkeit in Natronlauge verschiedener Konzentration und den Anteilen der Alpha-, Beta- und Gamma-Fraktionen sowie daraus folgende Bewertungsmöglichkeiten für Zellstoffe zur chemischen Weiterverarbeitung, insbesondere zur Herstellung von Cellulose-Regeneratfasern (Reyon), zeigen Arbeiten von Wilson et al. [1.97] sowie von Iwanow und Hahn [1.98] auf.

Aus der Differenz zwischen dem – höheren – in 10%iger Natronlauge und dem – niedrigeren – in 18%iger Natronlauge löslichen Anteil eines Zellstoffs kann mit einiger Sicherheit auf den Grad des Abbaus der Cellulose geschlossen werden. Die hierfür notwendige Voraussetzung, daß in 18%iger Lauge überwiegend Hemicellulosen gelöst werden, während in 10%iger Lauge sowohl Hemicellulosen als auch kurzkettige Cellulosebruchstücke löslich sind, dürfte, zumindest im Fall von Zellstoffen für die chemische Weiterverarbeitung, weitgehend zutreffen. Daß aus der Differenz dieser beiden Löslichkeitswerte auch Schlußfolgerungen auf die Aufschluß- und Bleichbedingungen von Papierzellstoffen sowie auf deren papiertechnische Eigenschaften gezogen werden können, wurde von Sadler und Trantina [1.99] gezeigt.

1.10 Bestimmung der Polysaccharid-Zusammensetzung
Determination of polysaccharide composition

Kenntnisse über die Zusammensetzung der Polysaccharide sowohl in ungebleichten als auch in gebleichten und veredelten Zellstoffen können zum einen Aufschlüsse über das Verhalten von Cellulose und Hemicellulosen während des Aufschlusses, der Bleiche und Veredlung geben und zum anderen eine Beurteilung im Hinblick auf den Einfluß bestimmter Polysaccharide bei der chemischen Weiterverarbeitung oder bei der Papierherstellung erlauben. In Bild 1.5 sind die schematisierten Strukturformeln der drei wichtigsten nichtcellulosischen Polysaccharide (Hemicellulosen) sowie die Formeln der darin vorkommenden Monosaccharide bzw. deren Derivate dargestellt.

Wie im Abschn. 1.9 bereits angedeutet wurde, kann mittels einer Bestimmung des in 18%iger Natronlauge löslichen Anteils eines Zellstoffs nur mit größter Zurückhaltung auf den Hemicellulose-Gehalt geschlossen werden. Einerseits sind, insbesondere in Sulfat-Zellstoffen, oft größere Mengen alkaliresistenter Hemicellulosen vorhanden, die so fest in die Faserstruktur eingebunden sind, daß sie im unlöslichen Anteil verbleiben, andererseits können, vorzüglich in weit heruntergekochten und unter stark oxidierenden Bedingungen gebleichten und veredelten Zellstoffen, abgebaute Celluloseanteile bereits in 18%iger Lauge gelöst werden. Die einzige Möglichkeit, die Anteile an Cellulose und nichtcellulosischen Polysacchariden (Hemicellulosen) mit befriedigender Genauigkeit zu bestimmen, besteht in der hydrolytischen Spaltung der Polysaccharide in ihre monomeren Bausteine und der anschließenden Trennung und quantitativen Bestimmung der verschiedenen Monosaccharide. Da die Zusammensetzung der wichtigsten Hemicellulosen aus ihren monomeren Bausteinen bekannt ist, kann man mit Hilfe dieser Daten

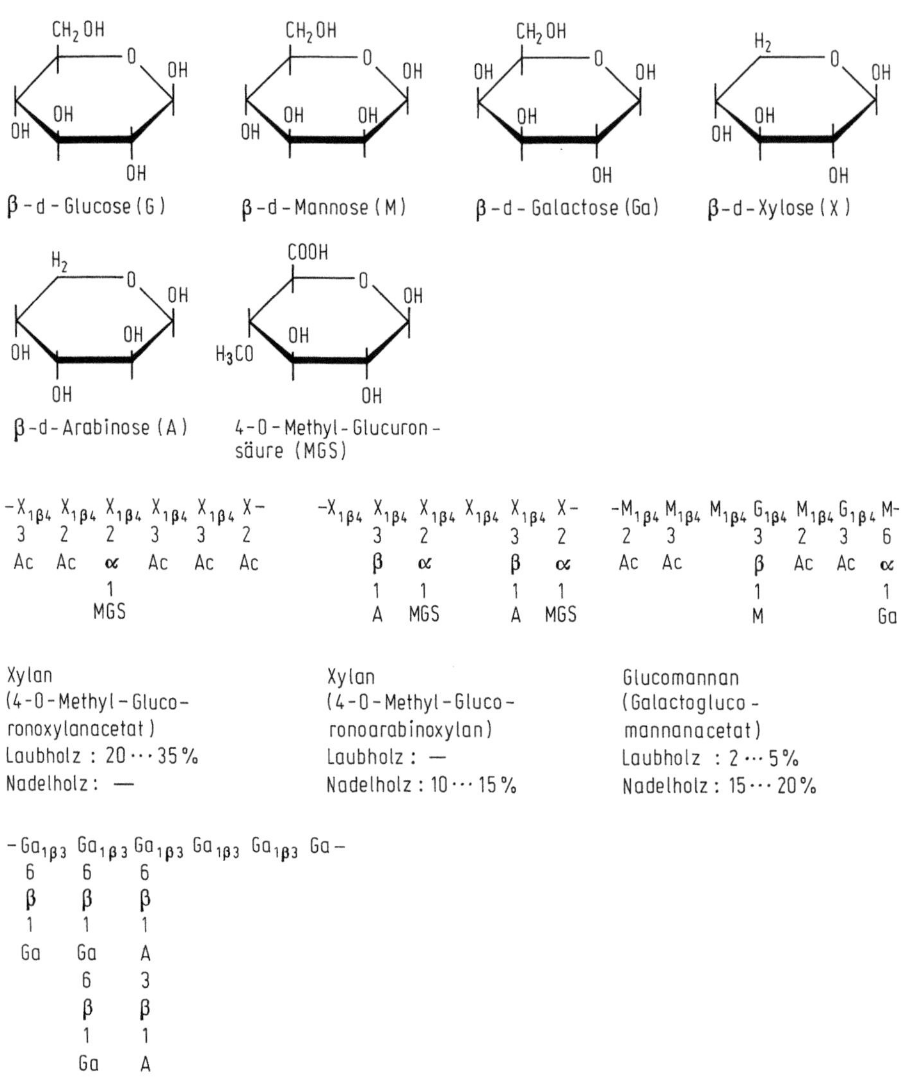

Bild 1.5. Monosaccharide und daraus aufgebaute Hemicellulosen

aus der quantitativen Zuckerbestimmung die mengenmäßige Zusammensetzung der Polysaccharide berechnen.

Zunächst sollen jedoch noch Verfahren Erwähnung finden, nach denen man die Cellulose mit mehr oder weniger großer Reinheit isolieren kann und andere Methoden, die eine quantitative Bestimmung der Pentosen — vorwiegend also des Xylananteils der Hemicellulosen — gestatten.

1.10.1 Isolierung von Cellulose

Die hier angeführten Methoden sind, mit einer Ausnahme, für die Isolierung von Cellulose aus Holz entwickelt worden. Sie beinhalten als ersten Schritt eine möglichst schonende Delignifizierung. Das daraus gewonnene Produkt enthält in der Regel neben den Polysacchariden (Cellulose und Hemicellulosen) noch geringe Anteile an Restlignin. Präparate dieser Art werden mit „Holocellulose" bezeichnet. Als zweiter Schritt erfolgt eine Herauslösung der Hemicellulosen und des restlichen Lignins durch mehrmalige Extraktion mit Alkalien. Wenn beide Verfahrensschritte unter Bedingungen erfolgen, die einen Abbau der Cellulose zu alkalilöslichen Bruchstücken verhindern, so bleibt die gesamte Masse der Cellulose im Präparat erhalten, wobei allerdings mit gewissen Strukturveränderungen (Kettenabbau, oxidative Veränderungen) zu rechnen ist. Es ist bislang kein Verfahren bekannt, das ein vollständiges Entfernen der Hemicellulosen im Extraktionsschritt ermöglicht, ohne auch Celluloseanteile zu lösen. Die Endpräparate enthalten also, wenn die Cellulose erhalten bleiben soll, immer Hemicellulosereste, deren Menge vom Ausgangsrohstoff und den Behandlungsbedingungen abhängt.

Die wohl älteste Verfahrensweise, die sog. Cross- und Bevan-Methode, beruht auf der mehrmals wiederholten Behandlung der Probe mit Chlorgas und anschließender Wäsche mit schwefliger Säure und Natriumsulfit-Lösung. Dieses Verfahren wird als TAPPI- „Suggested-Method" [1.100] für die Bestimmung der Cellulose in Zellstoff und Holzstoff vorgeschlagen; es beruht auf einer bereits 1932 als TAPPI-Standard vorgelegten Norm und dürfte heute wohl für die praktische Anwendung völlig bedeutungslos sein.

Die z. Zt. gebräuchlichste Methode zur Präparation von Holocellulose aus Holz, Holzstoff oder ungebleichtem Zellstoff beruht auf der Verwendung von angesäuerter Natriumchlorit-Lösung als Delignifizierungsmittel. Die eigentlich delignifizierende Wirkung übt dabei das als Reaktionsprodukt entstehende Chlordioxid aus. Das Verfahren wurde von Jayme [1.101] beschrieben und von Wise et al. [1.102] verbessert.

Durchführung

Das in einer Schlagkreuzmühle oder einer ähnlichen Apparatur zerkleinerte Material wird einer Extraktion mit Dichlormethan oder Methanol/Benzol unterzogen. Eine 5 g ofentrockenen Materials entsprechende Einwaage wird zur Bestimmung der Holocellulose verwendet. In einem Erlenmeyerkolben von 250 ml Inhalt wird die Substanz mit 150 ml einer 70 °C warmen wäßrigen Lösung von 1,5 g Natriumchlorit und 10 Tropfen Eisessig übergossen. Das Reaktionsgefäß wird mit einem kleinen, umgestülpten Erlenmeyerkölbchen lose verschlossen und in einen Thermostaten (Wasserbad) von 70 °C eingestellt. Von Zeit zu Zeit wird der Kolben vorsichtig umgeschwenkt. Nach 1 h gibt man weitere 10 Tropfen Eisessig und dann aus einer Bürette die Menge einer konzentrierten Natriumchlorit-Lösung zu, die 1,5 g festem 100%igem Natriumchlorit entspricht. Dieses Vorgehen wird nach Ablauf von je 1 h noch dreimal wiederholt, so daß die gesamte Reaktionszeit 5 h beträgt. Nach Beendigung der Behandlung kühlt man die Mischung durch Einstellen des Reaktionsgefäßes in Eiswasser ab und filtriert sie sodann durch einen vorher gewogenen Glasfiltertiegel grober Sinterung. Der Filterrückstand wird zuerst mit Eiswasser (5 · 40 ml) und schließlich mit 50 ml Aceton gewaschen. Tiegel und Inhalt werden sodann im Vakuumexsikkator bis zur Gewichtskonstanz getrocknet.

Je nach Restlignin-Gehalt des Zellstoffs wird die Holocellulose noch Ligninanteile enthalten. Eine drastischere Chloritbehandlung kann jedoch zum Abbau der Cellulose zu alkalilöslichen Bruchstücken führen. Aus Holocellulose, die bei höheren Temperaturen getrocknet wurde, sind die Hemicellulosen durch alkalische Extraktion noch unvollständiger zu entfernen als aus vakuumgetrockneter.

Verbesserungen der Methode in bezug auf das Konstanthalten des pH-Wertes zwischen 3,2 und 3,8 durch Zusatz von Natriumacetatpuffer sowie durch Verkürzung der Intervalle zwischen den Chloritzusätzen und Erhöhung der Anzahl der Behandlungszyklen wurden von Erickson [1.103] und Uprichard [1.104] vorgeschlagen.

Zur Präparation von Holocellulose aus Holz [1.105] sowie aus Holzstoffen und Hochausbeute-Zellstoffen [1.106] wurde auch Peressigsäure als schonendes Delignifizierungsmittel verwendet. Weitere Verfahrensweisen, die entweder Präparate mit hohem Alpha-Cellulose-Gehalt durch Behandeln des Materials mit Lösungen von Chlor und Stickstoffdioxid bzw. Schwefeldioxid in Dimethylsulfoxid ergeben [1.107] oder die Darstellung sog. „Reincellulose" durch Behandlung von vorher mercerisiertem Holz mit Salpetersäure [1.108] bzw. Behandlung von Holzspänen mit einem Gemisch von Acetylaceton, Dioxan und Salzsäure [1.109] erlauben, sind wohl unter den in der betreffenden Literatur angeführten Bedingungen nur auf Holz anwendbar. Da für die Charakterisierung von ungebleichten Zellstoffen offensichtlich kein Bedarf an entsprechenden Analysenverfahren vorliegt, dürften Versuche zur Modifizierung solcher Methoden auch kaum sinnvoll sein.

Soll die Cellulose isoliert werden, so muß als zweiter Schritt bei allen Verfahren, aus denen Holocellulosepräparate resultieren, eine alkalische Extraktion zur Entfernung der Hemicellulosen erfolgen. Wie diesbezügliche Untersuchungen zeigen, ist eine vollständige Extraktion der Hemicellulosen weder mit Natrium-, Kalium- und Lithiumhydroxid aus Holz-Holocellulosen [1.110, 1.111] noch mit Natronlauge aus mit Chlorit schonend delignifizierten Zellstoffen [1.112] möglich.

Unter Berücksichtigung aller Unsicherheiten sowohl bei der experimentellen Durchführung als auch bei der Bewertung der Ergebnisse werden Versuche zur Isolierung der Cellulose aus Zellstoffen bzw. zur Beurteilung von Zellstoffen mit Hilfe der genormten Methoden wohl weitgehend unbefriedigend bleiben. Weitaus exaktere Daten, wenngleich auch unter z. T. erheblich größerem apparativen Aufwand, erhält man bei der Anwendung der im Abschn. 1.10.3 beschriebenen Verfahren.

1.10.2 Pentosanbestimmung

Polysaccharide der Faserwand, an deren Aufbau überwiegend Pentosane beteiligt sind, liegen in den Xylanen der Laub- und Nadelhölzer vor. Daneben kommt, wenn auch in viel geringerem Maße, Arabinose als Baustein bestimmter Hemicellulosen vor. Die quantitative Bestimmung der Pentosane, insbesondere in Zellstoffen für die chemische Weiterverarbeitung, kann in manchen Fällen wichtige Hinweise auf die Eigenschaften solcher Zellstoffe für ihre Weiterverarbeitung geben. Die Bestimmungsmethode beruht auf einer von Stone und Tollens [1.113] bereits 1888 beschriebenen Arbeitsweise. Dabei wird aus den Pentosanen unter dem Einfluß heißer Mineralsäuren Furfural gebildet, das dann quantitativ bestimmt wird. Die Umwandlung von Pentosanen in Furfural verläuft jedoch nicht ganz quantitativ. Es können Kondensations- und Zersetzungsreaktionen eintreten, so daß unter Voraussetzung genau eingehaltener Bedingungen der reale Pentosan-Gehalt mit Hilfe empirisch ermittelter Faktoren berechnet werden muß.

Die ursprünglich von Tollens entwickelte Methode beruht auf einer Destillation der Probe mit 12%iger Salzsäure.

Die Destillation unter Verwendung von 13,15%iger Salzsäure wird auch in den gültigen SCAN- [1.114] und TAPPI- [1.115] Methoden vorgeschrieben. Von Jayme und Sarten [1.116] wurde ein Verfahren vorgeschlagen, das eine Destillation mit Bromwasserstoffsäure vorsieht und den Vorteil eines höheren Umwandlungsgrades der Pentosane in Furfural bietet. Diese Arbeitsweise wurde in der DIN- [1.117] sowie ISO/DIS- [1.118] Methode und in einer Methode des „Vereins der Zellstoff- und Papier-Chemiker und -Ingenieure" [1.119] festgeschrieben.

Das gebildete Furfural kann gravimetrisch nach Fällung mit Phloroglucinol, volumetrisch durch bromatometrische Titration, kolorimetrisch nach Reaktion mit Orcinol oder Anilinacetat und direkt spektralphotometrisch bestimmt werden. Vor- und Nachteile verschiedener Bestimmungsmethoden für Furfural bzw. Furfural neben Hydroxymethylfurfural wurden von Wilson und Mandel [1.120] sowie von Bethge et al. [1.121] untersucht. Bethge [1.122] befaßte sich auch mit der Untersuchung von Einflüssen der Destillationsapparatur und des Destillationsverfahrens. Von Jayme und Büttel [1.123] wurden schließlich verschiedene Verfahren, die eine Destillation mit Bromwasserstoff zur Grundlage haben, verglichen.

Kurzbeschreibung des Verfahrens (nach [1.117])

Eine Zellstoffprobe, die etwa 40 bis 150 mg Pentosan enthält, jedoch nicht mehr als 8 g wiegt, wird mit 3 N Bromwasserstoffsäure in einer dafür vorgesehenen Destillationsapparatur (s. Bild 1.6) erhitzt. Die Destillation wird nach zweimaligem Auffüllen mit Wasser fortgeführt, bis 240 ml Destillat erhalten sind. Die Bestimmung des Furfurals im Destillat kann wahlweise spektralphotometrisch oder durch bromatometrische Titration erfolgen.

Auswertung bei spektralphotometrischer Bestimmung

$$\text{Pentosangehalt (\%)} = 0{,}03438 \, \frac{c}{dm} \, 100$$

Hierin bedeuten:
c Furfural-Konzentration des Destillats in mg/l;
d Destillations-Ausbeute-Faktor bezogen auf Xylose (Zahlenwert 0,878);
m Menge der Probe in g.

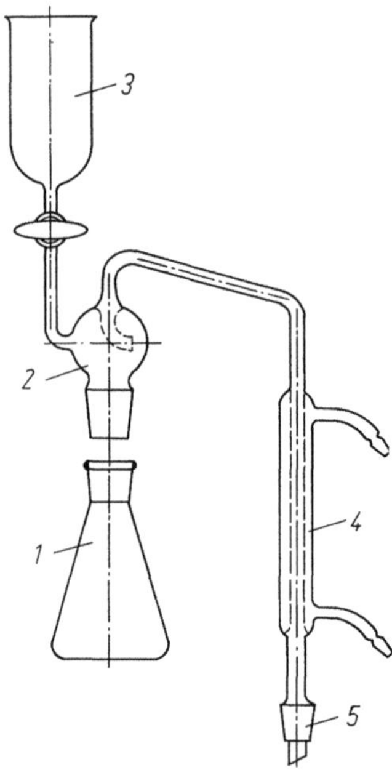

Bild 1.6. Destillationsapparatur zur Bestimmung des Pentosangehalts nach DIN 54361 [1.117]. *1* 500 ml Destillationskolben; *2* Destillationskopf; *3* Tropftrichter; *4* Kühler; *5* Kernschliff BNS 19/26 (DIN 12242)

Auswertung bei bromatometrischer Bestimmung

$$\text{Pentosangehalt (\%)} = \frac{33{,}03(b-a)N}{dm} \cdot 100$$

Hierin bedeuten:

a Verbrauch an Natriumthiosulfat-Lösung bei der Probentitration in ml;

b Verbrauch an Natriumthiosulfat-Lösung bei der Blindtitration;

N Normalität der Natriumthiosulfat-Lösung;

d Destillations-Ausbeute-Faktor, bezogen auf Xylose mit dem Zahlenwert 0,878;

m Menge der Probe in g, berechnet auf Trockensubstanz.

Die SCAN- [1.114] und TAPPI- [1.115] Vorschrift fordern abweichend von DIN- und Zellcheming-Merkblatt eine Destillation mit 13,15%iger Salzsäure und eine kolorimetrische Bestimmung des Furfurals im Destillat nach Reaktion mit Orcinol.

Daneben bestehen Abweichungen in bezug auf die Destillationsapparatur, die Bedingungen der Destillation, die Probeneinwaage u. a. m.

1.10.3 Bestimmung der Zucker nach Hydrolyse der Polysaccharide

Diese Verfahrensweise stellt die heute exakteste Möglichkeit dar, die Polysaccharid-Zusammensetzung eines Zellstoffs zu bestimmen. Die als erster Schritt durchzuführende Totalhydrolyse der Polysaccharide birgt sicher Fehlerquellen, die zwar abschätzbar, jedoch nicht völlig berechenbar sind. Sieht man von diesen, im Normalfall nicht allzu gravierenden Unsicherheiten ab, so sind Genauigkeit und Geschwindigkeit der Zuckerbestimmung im Hydrolysat im wesentlichen abhängig von der zur Verfügung stehenden apparativen analytischen Ausrüstung und der Erfahrung der Mitarbeiter im Gebrauch dieser Ausrüstung.

Hydrolyse

Die derzeit wohl gebräuchlichste Form ist eine zweistufige Hydrolyse, wie sie von Saeman et al. [1.124] vorgeschlagen wurde und Eingang in die TAPPI-Provisional Methods zur papierchromatographischen [1.125] und gaschromatographischen [1.126] Zuckeranalyse gefunden hat.

Nach dieser Methode werden ca. 0,3 – 0,35 g der Zellstoffprobe mit 3 ml 72%-iger Schwefelsäure versetzt und mittels eines Glasstabes gerührt bzw. geknetet, bis die Probe beginnt in Lösung zu gehen. Die Mischung wird 1 h bei 30 °C stehengelassen. Sodann wird mit 84 ml destilliertem Wasser in einer 250 ml-Weithals-Glasflasche gewaschen. Auf eine vollständige Überführung muß dabei geachtet werden. Die Flasche wird mit einem Uhrglas bedeckt und in einen vorgeheizten Autoklaven gestellt. Mittels direkter Dampfzufuhr wird 4 h bei Siedetemperatur geheizt (gesättigter Wasserdampf bei Atmosphärendruck). Nach Abkühlen auf Raumtemperatur wird das Hydrolysat durch Titration mit Bariumhydroxid-Lösung auf einen pH-Wert von ca. 5,5 gebracht. Das gebildete Bariumsulfat wird abzentrifugiert und die überstehende klare Lösung zur Zuckerbestimmung verwendet.

Die erste Hydrolysenstufe kann auch bei 20 °C über 2 h erfolgen. Die zweite Stufe kann bei Erhöhung der Autoklaventemperatur auf 115°– 120 °C auf 1 h reduziert werden. Vermieden werden sollte eine Rückflußkochung in der zweiten Stufe wegen der damit verbundenen Konzentrationsänderungen im Hydrolysat.

Von Saeman et al. [1.124] wurden „Überlebenswerte" (survival values) für Glucose (97,4%), Mannose (96,2%), Galactose (97,2%), Arabinose (95,3%) und Xylose (91,2%) nach der Hydrolyse experimentell ermittelt. Berücksichtigt man diese Zuckerverluste bei der quantitativen Analyse, so kann zwar der durch die Hydrolyseverluste bewirkte Faktor verkleinert, jedoch nicht vollständig vermieden werden. Die Hydrolyseverluste wurden durch Behandlung der Monosaccharide ermittelt; bei der Hydrolyse von Zellstoffen hat man es jedoch mit Polysacchariden in komplexen übermolekularen Strukturen zu tun, die zudem durch Aufschluß und Bleiche insbesondere oxidative Veränderungen erfahren haben, die unter den Bedingungen der Totalhydrolyse durchaus zu höheren Verlusten an Monosacchariden führen können. Da eine Überprüfung dieser Verluste unter realen Bedingungen nicht möglich ist, kann eine Abschätzung nur durch Summation der letztendlich gefundenen Menge an Monosacchariden (berechnet als Anhydrozucker) und Vergleich mit der eingesetzten Menge an Zellstoff erfolgen. Infolge der unterschiedlichen Stabilität der Polysaccharide und ihrer Abbauprodukte gegenüber der Hydrolyse sowie bei der eigentlichen Zuckeranalyse auftretender Fehlerquellen ist eine völlig befriedigende Lösung dieses Problems wohl nicht zu erreichen. Da es jedoch in vielen Fällen nicht so sehr auf die Ermittlung sehr genauer Absolutwerte, sondern auf relative Änderungen der Polysaccharid-Zusammensetzung als Folge unterschiedlicher Herstellungsbedingungen der Zellstoffe ankommt, ist die heute erreichbare Genauigkeit als zufriedenstellend zu bezeichnen.

Hydrolyse mit Trifluoressigsäure [1.127, 1.128]

Ausführung

Intensive Hydrolyse (vorwiegend für die Bestimmung von Mannose und Glucose, aber auch für Gesamtanalyse).

Zwischen 2 und 50 mg Substanz werden in einen 50 ml-Schliffkolben eingewogen und mit 5 – 6 g wasserfreier Trifluoressigsäure versetzt. Das Gemisch bleibt zur Vorquellung über Nacht bei Raumtemperatur stehen oder wird 2 h auf 60 °C erwärmt. Danach wird 1 h am Rückfluß gekocht. Es erfolgt eine Verdünnung auf 80 Gew.-%ige TFE. Nach weiteren 15 min Kochen wird auf 30 Gew.-%ige TFE verdünnt und nochmals 2 h gekocht. Danach wird durch eine A-2-Porzellanfritte filtriert und die Lösung anschließend im Vakuum-Rotationsverdampfer zur Trockene eingedampft. Der Rückstand wird mit 10 ml Wasser aufgenommen und wieder eingedampft. Letzterer Vorgang ist noch ein- bis zweimal zu wiederholen. Der Rückstand wird schließlich in einer definierten Wassermenge (abhängig von der anschließenden Analysenmethode) aufgenommen und zur Analyse der Zucker verwendet. Die dabei erhaltenen Werte müssen durch die entsprechenden Verlustfaktoren (Tabelle 1.1) dividiert werden.

Schonende Hydrolyse (nur für die Bestimmung von Rhamnose, Arabinose, Galactose und Xylose).

Einwaage und Vorquellung erfolgen wie bei obiger Methode. Danach wird auf 20 Gew.-%ige TFE verdünnt und 3 h am Rückfluß gekocht. Anschließend wird zur Trockene eingedampft und wie oben weiter verfahren.

Auch bei dieser Art von Hydrolyse können beträchtliche Verluste an Monosacchariden eintreten, wie aus der Tabelle hervorgeht. Durch Einsetzen eines Verlust-

Tabelle 1.1. Verlustfaktoren der Zucker bei intensiver und bei schonender Hydrolyse mit Trifluoressigsäure (TFE).

Zucker	Verlustfaktor	
	intensiv	schonend
Rhamnose	0,68	0,95
Arabinose	0,80	0,88
Xylose	0,63	0,85
Galactose	0,89	0,92
Mannose	0,85	[a]
Glucose	0,95	[a]

[a] Unvollständige Hydrolyse der entsprechenden Polysaccharide

faktors können die experimentell bestimmten Werte zwar korrigiert werden, es bleiben jedoch die schon bei der Schwefelsäure-Hydrolyse genannten Bedenken. Ein Vorteil dieser Methode ist, daß die Verfahrensschritte der Neutralisation und Abtrennung der dabei entstandenen Nebenprodukte entfallen.

Papier- und dünnschichtchromatographische Zuckeranalyse

Die älteste und den geringsten Aufwand erfordernde Methode zur chromatographischen Trennung der in Zellstoffhydrolysaten auftretenden Zucker (Glucose, Mannose, Galactose, Arabinose, Xylose) ist die Papierchromatographie. Da, bei geringfügig größerem Aufwand, heute der dünnschichtchromatographischen Trennung der Vorrang zu geben ist, soll hier auf eine detaillierte Beschreibung papierchromatographischer Verfahren verzichtet werden. Genaue Anleitungen finden sich bei Saeman [1.124] sowie in einer TAPPI-Provisional Method [1.125]. Browning [1.129] gibt eine Übersicht über die Entwicklung der Methode sowie über die gebräuchlichsten Lauf- und Entwicklungsmittel und Anwendungsbeispiele.

Eine in Anlehnung an die von Wolfrom, Lederkremer und Schwab [1.130] entwickelte Verfahrensweise für die dünnschichtchromatographische Trennung und quantitative Bestimmung wurde in unseren Laboratorien mit Erfolg angewandt.

Ausführung

Es wurden Glasplatten benutzt, die mit einer phosphatgepufferten Kieselgurschicht (Schichtdicke 250 μ) beschichtet waren (diese Beschichtung erwies sich der in [1.130] empfohlenen Schicht aus mikrokristalliner Cellulose zumindest gleichwertig). Im Abstand von etwa 1,5 cm vom unteren Plattenrand entfernt werden im Abstand von je 2 cm Einstichpunkte markiert. Auf die ersten Markierungspunkte werden mit Hilfe einer Mikropipette (Fassungsvermögen 50 μl), bzw. bei sehr genauem Arbeiten, mit einer Mikrometersyringe (Ablesungsgenauigkeit ±0,005 μl) jeweils 1, 2, 3 und 4 μl einer 0,7%igen Lösung des zu bestimmenden Zuckers als Referenzsubstanz aufgetragen. Auf den 5. Punkt werden 5 μl des nach dem Neutralisieren eingeengten und auf 250 ml aufgefüllten Zellstoffhydrolysats aufgetragen. Der Durchmesser der Startflecken soll möglichst klein gehalten werden. Falls ein mehrmaliges Auftragen erforderlich ist, läßt man dazwischen antrocknen, was durch Gebrauch eines Föns beschleunigt werden kann. Die Platten werden sodann in eine geeignete Glaskammer, die mit einem Deckel verschlossen werden kann, gestellt. Der Boden der Kammer ist 0,5 – 1 cm hoch mit dem Laufmittel bedeckt. Nach Erprobung einer Reihe in der Literatur empfohlener Laufmittel wurde eine bislang nicht zur Zuckerbestimmung angewandte Mischung von Butylacetat/Ethanol/Pyridin/Wasser (8:2:2:1) benutzt, die eine Trennung der fünf wichtigsten Monosaccharide in befriedigender Weise gestattete. Die Laufstrecke beträgt 10 – 20 cm. Um eine zur späteren quantitativen Bestimmung nötige Trennschärfe zu erzielen, muß der Trennvorgang viermal wiederholt werden. Nach Entnahme aus der Trennkammer wird das Chromatogramm zunächst mit Hilfe eines Föns vorgetrocknet, sodann mit Anilinphtalat, als Nachweisreagenz für reduzierende

Zucker, besprüht und 10 min lang bei 105 °C im Trockenschrank getrocknet. Hexosen (Glucose, Mannose, Galactose) ergeben braune, Pentosen (Xylose, Arabinose) rote Flecken. Die Zucker werden in der Reihenfolge Xylose-Arabinose-Mannose-Glucose-Galaktose ausgehend von der Startlinie getrennt. Bei zu großen Auftragsmengen, insbesondere an Glucose (aus der Cellulose) kann eine ausreichende Trennung nicht mehr erzielt werden.

Zur quantitativen Bestimmung werden die Flecken des zu bestimmenden Zuckers auf der Dünnschicht mit einem spitzen Messer rechteckig umrandet, wobei sich die Größe der einzuritzenden Rechtecke, die alle dieselbe Größe haben müssen, nach dem größten Fleck richtet. Mit einem Spatel werden die umrandeten Teile der Schicht von der Glasplatte quantitativ abgeschabt und in 50 ml-Enghalsfläschchen überführt. Danach setzt man je 1 ml Anilinphtalat zu und stellt die Fläschchen 1 h bei 105°–110 °C in den Trockenschrank. Nach dem Abkühlen fügt man je 3 ml eines Elutionsmittels (hergestellt aus 4 ml konz. Salzsäure und 100 ml Aceton) hinzu, verschließt die Fläschchen mit einem Stopfen und läßt sie unter gelegentlichem Schütteln stehen. Nun überführt man den Inhalt der Fläschchen in geeignete Zentrifugengläschen mit Schliffstopfen, zentrifugiert etwa 5 min bei 2000 U/min und gibt die Lösung in Küvetten von 0,5 oder 1 cm Schichtdicke, worauf sich die Messung der Extinktionen am UV-Spektrometer bei einer Wellenlänge von 440 nm anschließt. Zur Ausschaltung der Eigenabsorption des Lösungsmittels stellt man sich eine Blindprobe her, indem man ein flächengleiches Stück der Dünnschicht ohne Zucker, das der gleichen Entfernung vom Startpunkt entnommen werden muß wie das Stück mit dem zu bestimmenden Zucker, der oben angeführten Behandlung unterwirft. Die Messung der Extinktionen erfolgt gegen den Blindwert. Die Mengen der im Hydrolysat enthaltenen Zucker werden aus vorher aufgestellten Eichkurven für den jeweils zu bestimmenden Zucker entnommen. Bezogen auf die Gesamtmenge der im Zellstoffhydrolysat befindlichen Zucker beträgt die Genauigkeit der Methode etwa ±2%.

Eine Zusammenstellung literaturbekannter Verfahren zur qualitativen und quantitativen dünnschichtchromatographischen Analyse wichtiger Monosaccharide geben Poller und Unger [1.131, 1.132]. Die bibliographische Übersicht zählt 45 Laufmittelgemische und 17 Sprühreagenzien zur Sichtbarmachung der Flecken auf. Neben der klassischen quantitativen Bestimmung durch Abschaben oder Eluieren der Zuckerflecken von der Platte, wurde von Kringstad [1.133] eine direkte densitometrische Bestimmung auf der Dünnschichtplatte beschrieben.

Gaschromatographische Zuckeranalyse

Zur gaschromatographischen Trennung müssen die Monosaccharide in Verbindungen überführt werden, die im gewählten Temperaturbereich flüchtig, jedoch nicht zersetzlich sind. Derzeit werden zwei Verfahren praktiziert. Das eine Verfahren beruht auf der Trennung der in ihre Trimethylsilylderivate überführten Zucker. Zur Derivatisierung werden die in Pyridin gelösten Zucker mit Trimethylchlorsilan und Hexamethyldisilazan umgesetzt. Die Derivatisierung ist leicht durchführbar, jedoch erscheinen auf dem Chromatogramm für jeden Zucker mindestens zwei Peaks (α- und β-Anomere), was die Auswertung erschwert. Beispiele für die Anwendung des Verfahrens auf Zellstoff, Holz sowie Zuckermischungen finden sich in [1.134–1.137]. Nach dem zweiten Verfahren werden die Zucker im Hydrolysat mit Natriumborhydrid zu den entsprechenden Alditolen reduziert, die sodann vollständig acetyliert werden. Die Präparation der Alditolacetate ist zeitaufwendig, die Chromatogramme liefern jedoch nur jeweils einen Peak für jeden Zucker [1.138–1.140]. Die gaschromatographische Trennung und quantitative Bestimmung der Alditolacetate ist auch Grundlage einer TAPPI- „Provisional-Method" [1.126], die durch Verbesserungsvorschläge [1.141–1.143] auf den neuesten Stand gebracht wurde.

Zuckeranalyse mittels Ionenaustauschchromatographie

Dem jüngsten Stand der apparativen Analysentechnik entspricht die automatisierte Trennung und quantitative Bestimmung der Zucker aus Hydrolysaten an Kationen- und Anionenaustauschersäulen [1.144–1.147], die auch in Form einer Hochdruck-Flüssigchromatographie (HPLC) ausgeführt werden kann [1.137, 1.148].

Sowohl die Gas- als auch die Ionenaustauschchromatographie erfordern eine relativ kostspielige apparative Ausstattung und den Einsatz qualifizierter Mitarbeiter. Es dürfte demzufolge nur in seltenen Fällen möglich sein, derartige Analysen routinemäßig in Fabrikslaboratorien durchzuführen, wenngleich die Resultate in vielen Fällen wesentliche Hinweise sowohl für die Kontrolle des Herstellungsprozesses als auch für die Weiterverarbeitung geben könnten.

1.11 Bestimmung von Carbonyl- und Carboxylgruppen
Determination of carbonyl and carboxyl groups

Zellstoffe sind im Laufe ihrer Herstellung vielfältigen oxidierenden Reaktionen unterworfen. Das gilt insbesondere für den alkalischen Aufschluß und für fast sämtliche Stufen der Bleiche. Wenngleich diese Reaktionen auch hauptsächlich Abbau und Lösung des Lignins bewirken, so ist doch zu erwarten, daß sowohl Cellulose als auch Hemicellulosen oxidativ verändert werden. Diese Veränderungen machen sich in der Einführung von Carbonylgruppen der verschiedensten Typen und von Carboxylgruppen bemerkbar. Daneben sind in den Hemicellulosen noch Carboxylgruppen in Form von Uronsäuren vorhanden, sofern diese Aufschluß und Bleiche überstanden haben. Carbonylgruppen bewirken in der Regel eine Destabilisierung der Polymerstruktur. Ihr Vorhandensein kann als Hinweis auf eine erhöhte Neigung zum Kettenabbau gewertet werden. Carboxylgruppen wirken hingegen stabilisierend, da sie die Endstufe von möglichen Oxidationsreaktionen am Makromolekül darstellen. Trotz langjähriger Forschungsarbeit ist es bislang nicht gelungen, restlos befriedigende Methoden für die quantitative Bestimmung dieser beiden Gruppierungen zu entwickeln.

1.11.1 Carbonylgruppen

Der exakten quantitativen Bestimmung von Carbonylgruppen in Cellulosefasern stehen einige Einschränkungen prinzipieller Art entgegen:
— Unterschiedliche Zugänglichkeit der Faserstrukturen für die benutzten Reagenzien;
— Bestimmte Reaktionsbedingungen bei der Analyse, wie z. B. heißes alkalisches Medium, können zur Neubildung von Carbonylgruppen führen;
— Es existieren eine Reihe unterschiedlicher Typen von Carbonylgruppen: Aldehydgruppen am Kohlenstoffatom 1 (C1) der Polysaccharidkette (reduzierende Endgruppe), Aldehydgruppe an C2 oder C3 bzw. C2 und C3 (im letzteren Fall unter Ringspaltung), Aldehydgruppe an C6, Ketogruppe an C2 oder bzw. und C3. Schließlich können die Aldehydgruppen mit benachbarten Hydroxylen intra- und intermolekulare Hemiacetalbindungen sowie mit gleichzeitig vorhandenen Carboxylgruppen intramolekulare Lactonverbindungen eingehen. Es ist nicht zu erwarten, daß alle Typen von Carbonylgruppen gleich oder mit gleicher Geschwindigkeit reagieren.

Die wohl älteste Methode zur Bestimmung reduzierender Carbonylgruppen ist die Kupferzahl. Die Kupferzahl ist diejenige Menge an zweiwertigem Kupfer, die von einer bestimmten Menge an Zellstoff unter bestimmten Bedingungen zu einwertigem Kupfer reduziert wird. Die Anwendung dieser, ursprünglich für die Bestimmung reduzierender Zucker entwickelten, Methode auf Cellulosefasern geht auf Arbeiten von Schwalbe [1.149] zurück, der Fehlingsche Lösung (Kupfersulfat und Seignettesalz) benutzte. Eine zweite Methode, bei der die Reduktion des Kupfer(II)-Sulfats in einer Carbonat-Pufferlösung erfolgt, wurde von Braidy [1.150] beschrieben. Das Schwalbe-Verfahren wurde von Hägglund [1.151] modifiziert. Beide Methoden haben Eingang in die Normung gefunden [1.152−1.154].

Methode nach Schwalbe-Hägglund beschrieben nach [1.152]

Eine etwa 1 g ofentrockenem Zellstoff entsprechende Probe wird auf 0,005 g genau eingewogen. Je 20 ml Fehlinglösung I (60 g Kupfersulfat in Wasser gelöst zu 1 l) und II (200 g Kalium-Natrium-Tartrat und 100 g Natriumhydroxid mit Wasser zu 1 l gelöst) werden mittels Vollpipetten in einem 150 ml-Becher oder Erlenmeyerkolben gemischt und zum Sieden erhitzt. Hierauf wird die Zellstoffprobe in die siedende Lösung eingetragen und genau 3 min in starkem Sieden gehalten.

Die Behandlungsdauer wird mit der Stoppuhr kontrolliert. Die Temperatur der siedenden Lösung soll zwischen 100° und 101°C liegen. Nach Ablauf von 3 min wird der Faserbrei sofort durch Filtration von der Lösung getrennt und mit je 500 ml heißem und kaltem Wasser auf dem Filter gewaschen.

Der gut abgesaugte Faserfilz wird vorsichtig mit dem Filter zusammengerollt und in das ausgespülte Becherglas zurückgegeben. Er wird sodann mit 25 ml einer Ammoniumeisen(III)-Sulfat-Lösung (100 g Ammoniumeisen(III)-Sulfat-12-Hydrat und 140 ml konz. Schwefelsäure in Wasser zu 1 l gelöst) übergossen.

Diese muß bis zur völligen Lösung des Cu^I-Oxids einwirken, was daran zu erkennen ist, daß der Stoffbrei frei von rot bis schwarzblau gefärbten Partikeln ist.

Der Stoffbrei wird auf einem neuen Filter nochmals abgesaugt und mit 500 ml dest. Wasser erschöpfend ausgewaschen. Filtrat und Waschwasser werden in einer sauberen Saugflasche aufgefangen und unter Zusatz einiger Tropfen Ferroin-Indikatorlösung mit 0,1 N Kaliumpermanganat-Lösung von orange nach grün titriert.

Auswertung

$$\text{Kupferzahl} = \frac{n \cdot 100 \cdot 0,00636}{ET}$$

Hierin bedeuten:

n Verbrauch an 0,1 N $KMnO_4$-Lösung in ml;
E Einwaage der Probe in g;
T Trockengehalt der Probe nach Merkblatt IV/42/67.

Anmerkung. 1 ml verbrauchter 0,1 N $KMnO_4$-Lösung entspricht 0,00636 g Kupfer[1].

Nach den in [1.153] und [1.154] festgehaltenen, an das Braidy-Verfahren angelehnten, Methoden wird die Reduktion des Kupfer(II)-Sulfats in einer heißen alkalischen Pufferlösung (Natriumcarbonat/-bicarbonat-Puffer) durchgeführt. Nach diesen Vorschriften benötigt man eine Reaktionszeit von 3 h im Gegensatz zur nur 3-minütigen Reaktionsdauer nach [1.152]. Einem Vergleich beider Methoden sowie einer dritten, die einen Natriumcitratpuffer als alkalisches Medium vorschreibt, ist zu entnehmen, daß die Braidy-Methode zwar die sensitivste ist, jedoch alle drei Methoden in etwa die gleichen Resultate liefern [1.155].

Die Kupferzahl ist zwar, im Vergleich zu den weiteren beschriebenen Carbonylbestimmungen, eine einfach durchzuführende Prüfung, deren Ergebnisse jedoch keine genau definierbaren Aussagen zulassen. Es reagieren alle vorhandenen Gruppierungen, die unter den gegebenen Bedingungen in der Lage sind, Kupfer(II)-Sulfat zu Kupfer(I)-Oxid zu reduzieren. Daneben besteht die Gefahr, daß im heißen alkalischen Milieu zusätzliche Carbonylgruppen gebildet werden. Die Anwendung der Kupferzahl ist also nur dann zu empfehlen, wenn erfahrungsgemäß ein Zusammenhang zwischen den Ergebnissen und produktions- oder anwendungsbezogenen Charakteristiken des Zellstoffs besteht.

Von den zur Carbonyl- bzw. Aldehydgruppenbestimmung zur Verfügung stehenden Methoden sollen hier vier beschrieben werden, deren Anwendung bislang die vertrauenswürdigsten Ergebnisse geliefert haben:
- die Reduktion mit Natriumborhydrid;
- die Hydrazinmethode;
- die Oximierung;
- die Oxidation mit Natriumchlorit.

Es sei vorausgeschickt, daß eine Überprüfung der Methoden häufig an mit Perjodat oxidierten Baumwollcellulosen durchgeführt wurde, um Präparate mit einer einigermaßen gut quantifizierbaren Anzahl aldehydischer Carbonylgruppen vorliegen zu haben. Der Einfluß vorhandener Lactongruppen wurde in einigen Fällen ausgeschaltet. Eine exakte Definition der in technischen Zellstoffen bei Anwendung dieser Methoden reagierenden Carbonyle ist jedoch bislang nicht möglich und dürfte wohl auch aus prinzipiellen Gründen kaum erreichbar sein.

Unter Verzicht auf die Erörterung historischer Entwicklungen soll hier jeweils nur die z. Zt. für technische Zellstoffe optimalste Anwendungsform beschrieben werden.

Borhydrid-Methode nach Lindberg et al. [1.156, 1.157]

Eine Probe, die weniger als 0,4 mmol Wasserstoff verbrauchen sollte (für Zellstoff nicht mehr als 150 mg), wird in die mittlere Kammer eines Reaktionsgefäßes (s. Bild 1.7) gegeben, zusammen mit 3 ml einer 0,1 M Borsäurelösung. Weiterhin wird ein glasummantelter Magnetrührer in das Gefäß gegeben. In die Seitenkammern werden 3 ml einer Natriumborhydrid-Lösung in 0,1 N Natronlauge bzw. 1 ml 2 N Schwefelsäure gefüllt. Ein pH-Wert von 9–9,5 im Reaktionsgemisch muß unbedingt eingehalten werden; sollte der pH-Wert zu hoch sein, so muß er mittels Borsäurelösung eingestellt werden. Das Reaktionsgefäß und ein gleichermaßen beschicktes Gefäß für die Blindprobe werden mit 50 ml-Glasbüretten verbunden und die Borhydridlösung wird durch Kippen des Gefäßes in die Reaktionskammer überführt. Die magnetische Rührung wird in Gang gesetzt und nach vollständiger Reduktion (3 h für Zellstoffproben) wird die Schwefelsäure in die Reaktionskammer eingebracht. Nach Beendigen des Rührens wird das Gefäß in ein Wasserbad von Raumtemperatur eingehängt und unter mehrmaligem Schütteln 30 min belassen. Das Volumen des freigesetzten Wasserstoffs wird gemessen und auf Standardbedingungen umgerechnet. Ein mmol Wasserstoff entspricht einem mmol reduzierter Carbonylgruppen.

Bei Anwendung der Bestimmung auf Perjodat-Oxicellulosen mit definiertem Perjodatverbrauch ergaben sich Meßwerte, die im Mittel 4% unter dem theoretisch berechneten Aldehydgruppen-Gehalt lagen [1.157].

Vergleiche der Borhydridmethode mit der Kupferzahl, die sowohl für niedermolekulare oxidierte Kohlenhydrate sowie Oxi- und Hydrocellulosen [1.158] als auch für gebleichte Zellstoffe und Linters [1.159] durchgeführt wurden, zeigten, daß eine lineare Korrelation zwischen diesen Werten besteht, die jedoch unterschiedlich für jedes Material, in Abhängigkeit von dessen Zugänglichkeit und der Art der vorhandenen Carbonylgruppen, ist.

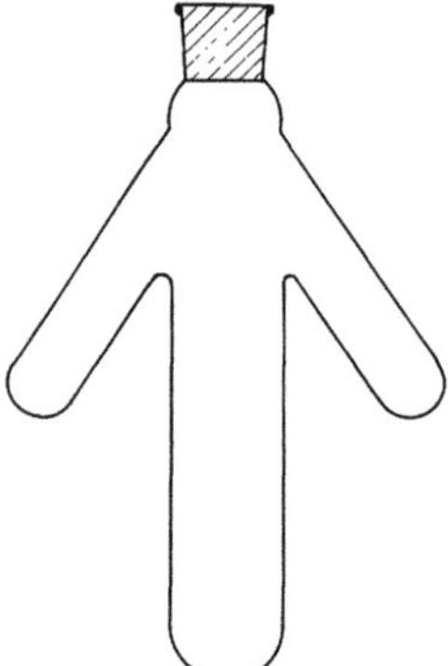

Bild 1.7. Reaktionsgefäß zur Bestimmung von Carbonylgruppen mittels Borhydrid-Reduktion nach Lindberg und Misiorny [1.156]

Hydrazinmethode [1.160]

Die Methode beruht auf der Bildung des Hydrazons und anschließender Freisetzung und quantitativen spektralphotometrischen Bestimmung des gebundenen Hydrazins.

Handelsüblicher Zellstoff in Blattform wird zerfasert und ein Laborblatt daraus hergestellt. 20–40 mg des lufttrockenen Blattes werden in einen 50 ml-Erlenmeyerkolben gegeben und mit 15 ml einer 0,01 M Natriumhydroxid-Lösung, die 25 g Natriumchlorid/l enthält, vermischt. Zur Zerfaserung wird der Zellstoff mit einem Glasstab zerstoßen. Die Mischung wird etwa 3 h stehengelassen. Diese Behandlung dient der Spaltung von Lactonen. Es werden sodann 15 ml einer 0,5 M Hydrazin-Dihydrochlorid-Lösung, die 10 g Borsäure/l enthält, zugesetzt. Die Reaktionsmischung wird mindestens 20 h bei Raumtemperatur stehengelassen. Die Suspension wird in einen Plexiglasfilter mit entfernbarem porösen Teflonboden (Bild 1.8) gegeben und die Fasern durch Absaugen abgetrennt. Es wird 20 sec lang mit 20–25 ml dest. Wasser und sofort darauf mit 1 M Natriumacetat-Lösung gewaschen. Nach dem Waschen wird der Teflonboden mit den darauf befindlichen Fasern aus dem Plexiglaszylinder gedrückt und in einen 50 ml-Erlenmeyerkolben gegeben. Die Probe wird in 4 ml 70%iger Schwefelsäure suspendiert und der Kolben 1 h bei 35°C in ein Wasserbad gestellt. Die Lösung wird mit 10 ml Wasser verdünnt und in einen 100 ml-Meßkolben überführt. Erlenmeyerkolben und der darin befindliche Teflonfilter werden mehrmals mit Wasser nachgespült. In den Meßkolben werden 40 ml einer p-Dimethylaminobenzaldehyd-Lösung (16 g gelöst in 800 ml Ethanol und 80 ml konz. Salzsäure) gegeben und zur Marke mit Wasser aufgefüllt. Nach Thermostatisierung auf 20°C wird die Absorption bei 458 nm gegen eine Blindprobe (Reagenzien ohne Zellstoff) gemessen.

Die Eichkurve wird unter Verwendung einer Hydrazinsulfat-Lösung, die etwa 1 ppm Hydrazinsulfat in 1 M Salzsäure enthält, erstellt. Die Absorption wird in Konzentrationsintervallen von 0,06–0,07 ppm gemessen.

Ein Vergleich der Hydrazinmethode mit der Carbonylgruppenbestimmung durch Oximierung ergab gut übereinstimmende Werte. Es wurde ein linearer Zusammenhang mit der Kupferzahl [1.161] festgestellt.

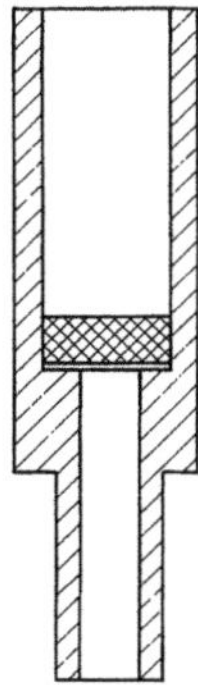

Bild 1.8. Filtergerät zur Carbonylgruppenbestimmung nach Norstedt und Samuelson [1.160]

Oximierung [1.162]

Nach dem im folgenden beschriebenen Verfahren wird der Einfluß der Carboxyl- und Lactongruppen durch Vor- und Nachbehandlung mit Zinkionen ausgeschaltet.

2 g lufttrockener Zellstoff (Trockengehalt wird separat bestimmt) werden im 300 ml-Erlenmeyerkolben in ca. 100 ml 0,02 N Zinkacetat-Lösung aufgeschlagen, der Rührer mit Zinkacetat-Lösung abgespült und dann der Kolben verschlossen. Nach 2 h (bei lactonreichen Oxicellulosen besser nach 6 h) wird abgesaugt, der Kolben zweimal mit neuer Zinkacetat-Lösung gespült und hiermit der Stoff jedesmal auf der Fritte gut aufgeschwemmt. Der feuchte Zellstoff wird sofort quantitativ in den Kolben zurückgegeben und dann in 100 ml Oximierungslösung (35 g Hydroxylaminhydrochlorid, 55 g Zinkacetat, 160 ml Natronlauge und 1,6 ml Eisessig im l) durch vorsichtiges Schütteln suspendiert. Nach 20stündigem Stehen bei Raumtemperatur wird über die gleiche Fritte wie vorher abgesaugt, der Kolben mit dest. Wasser zweimal ausgespült und der Zellstoff damit in der Fritte gewaschen. Nach dem Absaugen wird im gleichen Kolben in ca. 100 ml 0,02 N Zinkacetat-Lösung suspendiert, nach 2 h abgesaugt, der Kolben mit weiterer Zinkacetat-Lösung gespült und das Oximierungsprodukt mindestens zweimal in der Fritte aufgeschwemmt. Das feuchte Oximierungsprodukt wird nach kurzem Absaugen sofort mit einer Pinzette quantitativ in einen 250 ml-Kjeldahl-Kolben überführt, in den vorher 1 g Selenreaktionsgemisch (nach Wieninger-Merck) und Siedesteine gegeben wurden. Nach Zusatz von 20 ml konz. Schwefelsäure erfolgt der Aufschluß bei schräger Stellung des Kolbens unter dem Abzug 10 min lang mit kleiner, anschließend mit mäßiger Flamme. Er ist nach ca. 90–120 min beendet, nämlich dann, wenn der Kolbeninhalt klar und von hellgrüner Farbe erscheint. Als Vorlage für die anschließende Destillation dient ein 300 ml-Erlenmeyerkolben, der 10 ml 0,005 N Schwefelsäure enthält. Bei Oxicellulosen werden 0,01 oder 0,1 N Schwefelsäure vorgelegt. Das Destillat wird potentiometrisch mit 0,005 N Natronlauge auf einen bestimmten pH-Wert, zweckmäßigerweise 6,0 bzw. den entsprechenden mV-Wert titriert. Der fein ausgezogene Bürettenauslauf muß bei dieser Titration bis fast auf den Grund des Kolbens geführt werden, damit keine Umsetzung der 0,005 N Natronlauge mit Kohlendioxid erfolgen kann. Das Rühren während der Titration geschieht vorteilhaft mit einem Magnetrührgerät.

Zur Blindwertbestimmung werden 2 g nicht oximierter Zellstoff mit Zinkacetat-Lösung wie beschrieben behandelt und mindestens viermal mit Zinkacetat-Lösung zur Entfernung von adsorptiv gebundenem Ammoniak nachbehandelt. Der feuchte Stoff wird wie zuvor beschrieben der Kjeldahl-Bestimmung unterworfen.

Auswertung

$$\text{mmol Carbonyl}/100\,\text{g} = \frac{b-a}{E2}$$

Hierin bedeuten:

b Verbrauch in ml 0,005 N NaOH beim Blindwert;
a Verbrauch in ml 0,005 N NaOH bei Bestimmung;
E Einwaage ofentrocken in g.

Störend wirkt bei technischen Zellstoffen der hohe Blindwert, der bis zu 65% des
N-Gehaltes im Oximierungsprodukt betragen kann. Bei sorgfältigem Arbeiten und
paralleler Ausführung von Blindwert und Bestimmung (kein NH_3 in der Raum-
luft, kein Stickstoff in den Reagenzien) sind die Ergebnisse aber auch bei technischen Zellstoffen mit geringem Carbonylgehalt zufriedenstellend reproduzierbar.

Eine exaktere Bestimmung der geringen Stickstoffmengen in der oximierten
Probe kann besser nach dem im Zellcheming-Merkblatt IV/54.2/81 [1.163] beschriebenen Verfahren durch fotometrische Messung nach dem Kjeldahl-Aufschluß erfolgen.

Während mit den bisher behandelten Methoden wahrscheinlich alle Typen von
Carbonylgruppen erfaßt werden, beschreibt Ströle [1.164] ein auf Arbeiten von
Wilson und Padgett [1.165] zurückgehendes Verfahren, das eine selektive Bestim-
mung der aldehydischen Carbonylgruppen zuläßt.

Durchführung

Von der zu untersuchenden Probe werden drei verschiedene Einwaagen, z. B. am
bequemsten 0,1, 0,2 und 0,3 g, angesetzt in je 100 ml gepufferter Natriumchlorit-
Lösung (z. B. 0,05 N, pH 3,5); dazu kommt eine 100 ml-Probe ohne Einwaage als
Blindlösung. Man läßt diese vier Proben gemeinsam eine definierte Zeit reagieren,
z. B. 16 h bei Zimmertemperatur. Nach Ablauf der Reaktionsdauer wird mit Eis
gekühlt. Man bläst Stickstoff durch die Lösung, entfernt das in der Lösung vorhandene Chlordioxid und titriert dann den verbliebenen Gehalt an Chlorit (jodo-
metrisch z. B. mit 0,025 N Thiosulfat). Zur quantitativen Auswertung trägt man
entweder die Titrationswerte in Abhängigkeit von der Einwaage auf und ermittelt
daraus graphisch den Verbrauch je Gewichtseinheit oder man bildet rechnerisch
die entsprechenden Mittelwerte. Auf diese Weise wird der Einfluß der Selbstzerset-
zung der Lösung ausgeschaltet.

1.11.2 Carboxylgruppen

Die zahlreichen literaturbekannten Methoden zur Bestimmung von Carboxylgruppen in Cellulosefasern lassen sich in folgende Gruppen einordnen:
1. Direkte Titration der vorher „entsalzten", d. h. in die Säureform überführten,
   Carboxylgruppen [1.166].
2. Ionenaustausch mit kationischen Farbstoffen (Methylenblau, Kristallviolett)
   bzw. ein- oder zweiwertigen Kationen (Na^+, Mg^{++}) und quantitative Bestimmung der gebundenen Farbstoffmoleküle bzw. Kationen nach deren Wiederab-
   spaltung [1.167−1.172].
3. Ionenaustausch mit ein- oder zweiwertigen Kationen (Na^+, Ca^{++}, Zn^{++})
   bzw. kationischem Farbstoff (Methylenblau) und anschließende indirekte Bestimmung der gebundenen Kationen aufgrund der Konzentrationsabnahme in
   der Behandlungslösung bzw. über die beim Ionenaustausch freigesetzten
   H^+-Ionen [1.173−1.176].

Eine weitere Gruppe von Bestimmungsmethoden, die auf einer Decarboxylierung und Messung des freigesetzten Kohlendioxids beruht, ist nach den heutigen Erkenntnissen für Zellstoffe nicht anwendbar, da unter den Decarboxylierungs-Bedingungen auch Kohlendioxid aus Nebenreaktionen freigesetzt werden kann.

Nach Durchsicht der verschiedene Methoden vergleichenden Literatur [1.177–1.179] wurden zwei Methoden zur näheren Beschreibung ausgewählt, die 1. relativ schnell und mit geringem Aufwand durchführbar sind, 2. vergleichbare und gut reproduzierbare Werte liefern, und 3. den Einfluß von Lactongruppen durch deren Spaltung weitgehend ausschließen. Da es keine Möglichkeit gibt, die absolute „Richtigkeit" einer Carboxylgruppenbestimmung in Cellulosefasern zu überprüfen, muß es genügen, solche Methoden auszuwählen, die den bestmöglichen Ausschluß etwaiger Fehlerquellen gewährleisten.

Methode nach Karin Wilson [1.176]

2 g der Zellstoffprobe werden in Wasser zerfasert und in einen mit Filterfritte ausgestatteten Trichter (s. Bild 1.9) überführt. Es wird zuerst mit 0,1 N Salzsäure mindestens 10 min lang und dann mit 50 ml dest. Wasser gewaschen. Zur Beschleunigung des Waschvorgangs kann abgesaugt werden. Danach wird mit 0,01 N Natronlauge 30 min lang behandelt. Eine Lösung, die 0,1 N an Natriumchlorid und 0,01–0,02 N an Natriumhydrogencarbonat ist (pH 7,5–8,0), wird auf den Zellstoff gegeben und solange damit behandelt, bis der pH-Wert des Filtrats gleich dem der aufgegebenen Lösung ist. Dieser Vorgang dauert etwa 30–60 min. Es wird soviel wie möglich von dieser Lösung durch Absaugen entfernt und der Trichter mit dem feuchten Zellstoff gewogen, um das Volumen der darin verbliebenen Lö-

Bild 1.9. Apparatur zur Carboxylgruppenbestimmung nach Wilson [1.176]. Größenangaben in mm

sung zu bestimmen. Es wird mit 150 ml mit Kohlendioxid gesättigtem Wasser langsam (30–60 min) gewaschen. Das Filtrat wird in einem Erlenmeyerkolben gesammelt und mit 0,01 N Salzsäure gegen Methylrot als Indikator titriert. Wenn der erste, nicht sehr scharfe, Endpunkt erreicht ist, wird die Lösung zur Entfernung des Kohlendioxids ausgekocht und zu einem neuen Endpunkt titriert. Wenn auch dieser noch unscharf ist, muß die Prozedur wiederholt werden.

Wenn Lactone nicht in die Bestimmung eingeschlossen werden sollen, so unterbleibt die Behandlung mit 0,01 N Natronlauge.

Berechnung

$$\text{Carboxylgehalt (mequiv/kg Zellstoff)} = \left(\frac{(a-v)\,b}{100}\right)\frac{1000\,N}{G}$$

mit $v = m_1 - m_2$.

Hierin bedeuten:

G Gewicht der ofentrockenen Zellstoffprobe in g;
m_1 Gewicht des leeren Trichters in g;
m_2 Gewicht des Trichters mit Zellstoff und verbleibender Lösung in g;
a Verbrauch an 0,01 N HCl in ml;
b Verbrauch an 0,01 N HCl für 100 ml NaCl/NaHCO$_3$-Lösung;
N Normalität der HCl-Lösung.

Methode nach Davidson [1.173] in der von Philipp, Rehder und Lang [1.179] modifizierten Form

0,5 g nicht entsalzter, in einer Schlagkreuzmühle zu Watte zerkleinerter Zellstoff wird in einen 100 ml-Erlenmeyerkolben mit Schliffstopfen eingewogen. Zum Zellstoff werden genau 25 ml einer wäßrigen Methylenblauchlorid-Lösung (300 mg/l) und 25 ml Boratpuffer-Lösung mit 1,24 g Borsäure und 21 ml N/10 NaOH pro l für pH 8,5 gegeben. Nach einstündigem Stehenlassen unter häufigem kräftigem Schütteln bei 20°C wird durch eine Glasfritte filtriert, ein aliquoter Teil (5 oder 10 ml) in einen 100 ml-Meßkolben abpipettiert, mit 10 ml 0,1 N HCl versetzt, mit Wasser aufgefüllt, und die Extinktion dieser Lösung im Kolorimeter gemessen. Zur Auswertung der Extinktion dient eine Eichkurve, die vorher mit Lösungen bekannten Methylenblau-Gehaltes aufgestellt wurde, und folgende Gleichung:

$$\text{mmol COOH/kg absolut trockener Zellstoff} = \frac{(7,5-m)\,3,13}{E_1\,(T/100)}$$

Hierin bedeuten:

m mg ungebundenes Methylenblauchlorid, aus der Extinktion über eine Eichkurve erhalten;
E_1 lufttrockene Einwaage in g;
T Trockengehalt in %.

Pipetten, Fritten, Erlenmeyerkolben usw. werden vor der Verwendung 2 h mit der gepufferten Methylenblau-Lösung behandelt, um eine Adsorption von Methylenblau durch das Glas während der Analyse zu verhindern. Diese Geräte werden nur mit Wasser gereinigt und getrocknet, da eine Behandlung mit Säure das Methylenblau vom Glas ablöst.

Beide hier beschriebenen Methoden sind in etwas abgeänderter Verfahrensweise Bestandteil einer TAPPI-Suggested-Method [1.180].

1.12 Bestimmung der Viskosität und des Polymerisationsgrades
Determination of viscosity and degree of polymerisation

Cellulose als Hauptbestandteil gebleichter bzw. veredelter Zellstoffe stellt chemisch ein aus Anhydroglucose-Einheiten aufgebautes kettenartiges Makromolekül dar. Die Grundeinheiten sind dabei β-1,4-glucosidisch miteinander verbunden. Die Gesamtzahl der Grundeinheiten einer Cellulosekette, der sog. Polymerisationsgrad, steht, wie bei allen Makromolekülen, auch bei der Cellulose in z. T. engem Zusammenhang mit technisch wichtigen physikalischen Eigenschaften von Zellstoffen. Dies betrifft vor allem das Löse- und Viskositätsverhalten von Zellstoffen für die chemische Weiterverarbeitung bei der Herstellung und Anwendung von Celluloseregeneraten und Cellulosederivaten. Bei Papier-Zellstoffen kann eine weitgehende Kürzung der Kettenlänge, hervorgerufen durch zu starken Abbau während Aufschluß und Bleiche, zu einer Verschlechterung von mechanischen Eigenschaften führen.

1.12.1 Ermittlung „absoluter" Polymerisationsgrade

Zur Bestimmung von „absoluten" Polymerisationsgraden stehen prinzipiell mehrere Methoden zur Verfügung, die alle auf der Messung bestimmter physikalischer Eigenschaften von Lösungen des Zellstoffs oder polymerhomologer Cellulosederivate beruhen. So liefert die Lichtstreuung einen Gewichtsmittelwert P_w, die Messung des osmotischen Drucks einen Zahlenmittelwert P_n und die Sedimentationsmessung mittels Ultrazentrifuge das sog. Z-Mittel P [1.181].

Diese Verfahren erfordern einen erheblichen apparativen und zeitlichen Aufwand, so daß sie zur Routineprüfung von Zellstoffen nicht infrage kommen.

1.12.2 Viskositätsmessungen

Das einfachste Verfahren, in der betrieblichen Praxis zu Maßzahlen zu kommen, die mit dem Polymerisationsgrad in direktem Zusammenhang stehen, ist die Messung der Viskosität von Cellulose- bzw. Zellstofflösungen mit Hilfe von Kapillarviskosimetern. Die Maßzahl ist dabei die sog. Grenzviskositätszahl $[\eta]$ (Staudinger-Index, intrinsic viscosity), die durch folgenden Ausdruck definiert ist:

Tabelle 1.2. Genormte Lösungsmittel zur Viskositätsmessung von Cellulose und Zellstoffen

Bezeichnung	Formel	Zellcheming-Merkblatt	ISO	TAPPI	SCAN	ASTM
Cuoxam	$Cu(NH_3)_4(OH)_2$	IV/30/62		T206 os-63 UM 227	CCA16 (44)	D 539
Cuen (Cupriethylendiamin CED)	$Cu(en)_2(OH)_2$	IV/36/62	5351/1/81	T230om-82	C15:62 C16:62	D1795-62
EWNN (Eisen-Wein-säure-Natrium)	$Fe(tar)_3Na_6$	IV/50/69	5351/2/81	–	–	–

$$[\eta] = \lim_{c \to 0} \frac{\eta_{spez.}}{c}$$

Die spezifische Viskosität $\eta_{spez.}$ wird bestimmt durch Messen der Viskosität η einer Zellstofflösung der Konzentration c in g/ml und der Viskosität η_0 des verwendeten Lösungsmittels:

$$\eta_{spez.} = \frac{\eta - \eta_0}{\eta_0} \text{ bzw. } \frac{t - t_0}{t}$$

mit t und t_0 als den Auslaufzeiten von Lösung und Lösungsmittel im Viskosimeter. η spez./c („reduzierte Viskosität") ist konzentrationsabhängig.

Um die konzentrationsunabhängige Größe $[\eta]$ zu erhalten, wird η spez./c entweder bei verschiedenen Konzentrationen bestimmt und graphisch auf die Konzentration $c = 0$ extrapoliert oder aber bei nur einer Konzentration gemessen und unter Benutzung geeigneter Gleichungen auf $c = 0$ umgerechnet.

Lösungsmittel für Cellulose

Das „klassische" Lösungsmittel für Cellulose bzw. Zellstoff ist das Tetramin-Kupfer(II)-hydroxid $[Cu(NH_3)_4(OH)_2 \cdot 3\,H_2O]$. Es wurde schon 1857 von M.E. Schweizer entdeckt (Schweizers Reagens, Cuoxam). Bis heute sind zahlreiche Ein- und Mehrkomponentensysteme bekannt geworden, mit denen es prinzipiell möglich ist, Cellulose zu lösen und Grenzviskositätszahlen bzw. Polymerisationsgrade zu messen. Eine umfangreiche Zusammenstellung dieser Lösungsmittel stammt von E. und R. Gruber [1.182]. Von den dort aufgeführten anorganischen und organischen Verbindungen haben sich zur Viskositätsmessung praktisch nur drei Metallkomplexlösungsmittel durchgesetzt, die in Tabelle 1.2 unter Angabe nationaler und internationaler Normen zusammengestellt sind.

1.12.3 Bestimmung der Cuoxam-(Kupfer-)Viskosität

Die schnellste und deshalb in Zellstoffabriken am häufigsten angewandte Methode zur Viskositätsmessung basiert auf der Auflösung einer konstanten Menge des getrockneten, zerkleinerten Zellstoffs in Cuoxam mit anschließender Bestimmung der Auslaufzeit der erhaltenen Lösung in einem Kapillarviskosimeter bei 20°C.

Nach Zellcheming-Merkblatt IV/30/62 [1.183] enthält 1 l Lösungsmittel 13 g Kupfer, 200 g NH_3 und 1 g Traubenzucker (Glucose). Bei der Cuoxam-Herstellung wird von Kupfersulfat-Lösung $CuSO_4 \cdot 5\,H_2O$ ausgegangen, woraus mit Ammoniak zunächst Kupferhydroxid ausgefällt wird, welches dann nach sorgfältigem Auswaschen mit dest. Wasser in konzentriertem Ammoniak gelöst wird. Zur Auflösung des Zellstoffs gibt man in eine braune Pulverflasche (Fassungsvermögen etwa 110 ml) eine genau 1,000 g ofentrockenem Zellstoff entsprechende Menge der zerkleinerten Probe, setzt 30 g Kupferstücke (von je ca. 1,5 g) zu, läßt 100 ml Cuoxam einfließen und füllt die Flasche mit soviel weiteren Kupferstücken auf, daß nach Verschließen der Flasche mit einem Glasstopfen nur wenig Luft (etwa 3 ml) zurückbleibt.

Der Zusatz metallischer Kupferstücke hat folgende Bedeutung: Da Zellstofflösungen in Cuoxam sauerstoffempfindlich sind (oxidativer Abbau der Cellulosemoleküle), soll zum einen möglichst wenig Luft bzw. Sauerstoff im Lösegefäß vorhanden sein, zum anderen vermag elementares Kupfer in Gegenwart von Ammoniak noch vorhandenen Restsauerstoff chemisch zu binden. Weiterhin wird durch die Kupferstücke die Scherintensität beim Schütteln der Lösung verstärkt, wodurch die Auflösung des Zellstoffs beschleunigt wird.

Die Flasche wird mit der Hand geschüttelt und kurz in einem Wasserbad bei 20°C stehengelassen. Dieses abwechselnde Schütteln und Stehenlassen wird wiederholt, bis sich der Zellstoff restlos gelöst hat. Bei mittel- und niedermolekularen Zellstoffen beträgt die Lösedauer nur wenige (5 – 10) Minuten, während hochmolekulare Zellstoffe oder Linters längeres Schütteln (am besten in einer Schüttelmaschine) erfordern.

Zur eigentlichen Viskositätsbestimmung wird die auf 20°C temperierte Zellstofflösung durch Hochdrücken oder Hochsaugen aus der Flasche in ein Kapillarviskosimeter eingefüllt, worauf die Auslaufzeit gemessen wird (in sec). Die Berechnung der sog. Kupfer-Viskosität geschieht dadurch, daß die Auslaufzeit t mit einer Konstanten F multipliziert wird, welche wiederum das Produkt aus der Viskosimeterkonstanten k und der Dichte der 1%igen Zellstofflösung (0,94 g/ml) darstellt. Die Viskosimeterkonstante ist entweder vom Lieferanten angegeben (meist auf dem Viskosimeter aufgedruckt) oder wird mit Hilfe von Eichölen (oder anderen Newtonschen Flüssigkeiten bekannter Viskosität) bestimmt, wofür folgende Beziehung gilt:

$$k = \frac{\eta_{\text{Öl}}}{d_{\text{Öl}} \cdot t_{\text{Öl}}}$$

Hierin bedeutet:
d Dichte der Eichflüssigkeit.

Die Kupferviskosität ergibt sich also wie folgt:

$$\eta = F \cdot t \text{ in mPas}$$

Bei betrieblichen Routinekontrollen begnügt man sich häufig mit der Angabe der reinen Auslaufzeit t, da bei Verwendung desselben Viskosimeters bei konstanter Zellstoffkonzentration die Auslaufzeit der Viskosität direkt proportional ist.

Um bei hochviskosen cellulosischen Lösungen (wie z. B. diejenigen von Linters oder schonend aufgeschlossenen und gebleichten Zellstoffen) zu hohe Auslaufzeiten zu vermeiden, wird z. T. mit niedrigeren Zellstoffkonzentrationen (0,5- statt 1%ige Lösung) oder mit Viskosimetern gearbeitet, die einen größeren Kapillardurchmesser aufweisen. In solchen Fällen müssen natürlich die k- und F-Werte jeweils neu bestimmt bzw. berechnet werden.

Eine Modifikation besonders bezüglich der Zusammensetzung des Lösungsmittels stellt die „Useful Method 227" [1.193] der TAPPI dar, die auf der älteren TAPPI-Norm T 206 [1.194] basiert. Hier wird eine Kupferkonzentration von 10 (statt 15) g/l sowie eine Ammoniakmenge von 175 (statt 200) g/l vorgeschlagen. Statt eines Kapillarviskosimeters wird ein Kugelfallviskosimeter verwendet. Als Vorteil dieser Methode wird die schnellere Durchführung der Viskositätsmessung genannt.

1.12.4 Bestimmung der Grenzviskositätszahl in Kupferethylendiamin (Cuen)

Traube [1.184] fand schon 1911, daß im Cuoxam-Komplex der Ligand NH_3 durch Ethylendiamin ($H_2N-CH_2-CH_2-NH_2$) ersetzt werden kann. Strauss und Levy [1.185] schlugen dann 1942 vor, bei Viskositätsmessungen in der Zellstoff-Industrie Cuoxam durch Cuen zu ersetzen, weil sich in diesem Lösungsmittel gelöste Cellulosen als weniger sauerstoffempfindlich erwiesen und deshalb die Werte weniger streuten. Dieser entscheidende Vorteil führte dazu, daß diese Methode nicht nur national, sondern seit 1981 auch international zur Normung gelangte (s. Tabelle 1.2). Im Gegensatz zur Messung in Cuoxam wird als Resultat nicht die Auslaufzeit bzw. eine „Absolutviskosität" angegeben, sondern die oben beschriebene Grenzviskositätszahl.

Das Lösungsmittel Kupferethylendiamin ist 1,0 M an Kupfer bei einem Ethylendiamin-Kupfer-Verhältnis von 2,00. Es wird hergestellt durch Auflösen von entsprechenden Mengen Kupferhydroxid $Cu(OH)_2$ in Ethylendiamin.

Hinsichtlich der eigentlichen Prüfung der Grenzviskositätszahl in Cuen sind in der verbindlichen Norm (ISO 5351/1) [1.186] folgende Alternativen vorgesehen:
1. Bestimmung bei geringen Cellulosekonzentrationen.
2. Bestimmung bei reproduzierbarem Geschwindigkeitsgefälle.

Dies ist im Zusammenhang damit zu sehen, daß die Viskosität von Cuen-Lösungen deutlich von dem bei der Messung im Kapillarviskosimeter herrschenden Geschwindigkeitsgefälle (als Maß für die wirksamen Scherkräfte) abhängt, und zwar umso stärker, je höher der Polymerisationsgrad und die Konzentration der gelösten Proben sind. Bei der Alternative 1 wird die Einwaage und damit die Zellstoffkonzentration so gewählt, daß das Produkt $[\eta]\, c = 1-1,5$ beträgt, einem η/η_0-Verhältnis von 2,3 – 3,4 entsprechend. Bei dieser niedrigen Konzentration kann der Einfluß des Geschwindigkeitsgefälles vernachlässigt werden, weshalb zur Bestimmung der Auslaufzeit von Lösung und Lösungsmittel dasselbe Viskosimeter verwendet werden kann.

Bei der Alternative 2 soll das Produkt $[\eta]\, c = 3{,}0 \pm 0{,}4$ betragen, mit η/η_0 zwischen 6 und 10. Hier wird ein reproduzierbares Geschwindigkeitsgefälle von $200 \pm 30\,\mathrm{s}^{-1}$ vorgegeben, was die Verwendung zweier Viskosimeter (für Lösung und Lösungsmittel) verlangt. Bei Grenzviskositätszahlen unter 1000 ml/g führen beide Alternativen zu gleichen Resultaten, während bei darüber hinausgehenden Werten aufgrund des niedrigeren Geschwindigkeitsgefälles die Alternative 1 etwas höhere Werte liefert als Alternative 2.

Die für beide Alternativen als Funktion von $[\eta]$ zu wählenden Einwaagen sind jeweils tabellarisch wiedergegeben, geeignete Viskosimeter werden ebenfalls beschrieben.

Die Zellstofflösung wird hergestellt, indem man zu der in eine 50 ml-Flasche (z. B. aus Polyethylen) eingewogenen Probe zunächst 25 ml dest. Wasser sowie einige Kupferstücke gibt, worauf solange geschüttelt wird, bis der Zellstoff vollständig desintegriert ist. Anschließend setzt man 25 ml Cuen-Lösung zu, verdrängt die restliche Luft aus der Flasche und schüttelt auf einer Schüttelmaschine 2 h lang. Nach Temperierung auf $25° \pm 0{,}1°\mathrm{C}$ wird die Auslaufzeit t in dem entsprechenden Kapillarviskosimeter gemessen, desgleichen die Auslaufzeit t_0 des im Verhältnis $1:1$ mit dest. Wasser verdünnten Lösungsmittels.

Bestimmung der Grenzviskositätszahl

Der Quotient t/t_0 entspricht η/η_0, also der relativen Viskosität. Mit diesem Wert liest man in einer zur Norm gehörenden Tabelle den dazugehörigen Wert von $[\eta]\,c$ ab, woraus sich bei bekanntem c (Zellstoffkonzentration in g/ml) $[\eta]$ in ml/g ergibt.

Die in der Tabelle angegebenen Werte von $[\eta]\,c$ als Funktion von η/η_0 sind mit Hilfe der Martins-Gleichung

$$\lg[\eta] = \lg\frac{\eta - \eta_0}{\eta_0\, c} - \mathrm{k}\,[\eta]\,c$$

berechnet, mit k als einer empirischen Konstanten, die für das System Cellulose/Cuen den Wert von 0,13 hat.

Eine modifizierte Cuen-Methode stellt der TAPPI-Standard T 230 om-82 [1.187] dar. In Anlehnung an das Cuoxam-Verfahren wird hier mit konstanter Zellstoffeinwaage gearbeitet (0,5%ige Lösungen). Zur Viskositätsmessung werden Kapillar-Viskosimeter vom Typ Cannon-Fenske verbindlich vorgeschlagen, deren Dimensionierung so zu wählen ist, daß die Auslaufzeiten der zu messenden Lösungen im Bereich zwischen 100 und 800 sec liegen. Lösungsmittel, Probenvorbereitung und Temperatur entsprechen der oben beschriebenen ISO-Vorschrift. Als Auflösedauer wird ca. 15 min genannt.

Anmerkungen zur Cuen-Methode

– Cuen ist ätzend und giftig und kann zu Allergien führen. Das Pipettieren mit dem Mund, das Einatmen der Dämpfe sowie Hautkontakte sollten vermieden werden.

– Einige Zellstoffe (z. B. hochviskose ungebleichte Zellstoffe) sind in Cuen schwer löslich (Auflösedauer bis zu 90 min). Das Auflösen kann dadurch beschleunigt werden, daß man nach dem Dispergieren in 25 ml Wasser das Cuen nicht auf einmal, sondern in Teilmengen von 5 ml einträgt und schüttelt.

– Da auch Cuen-Lösungen etwas sauerstoffempfindlich sind (Celluloseabbau), muß die freie Luft im Lösegefäß entweder durch Zusammendrücken der PE-Flasche oder durch Einleiten von Stickstoff verdrängt werden.

1.12.5 Bestimmung der Grenzviskositätszahl in EWNN$_{mod\ NaCl}$

1954 berichteten Jayme und Verburg [1.188] erstmalig über ein neues Lösungsmittel für Cellulose, einen Eisen(III)-Weinsäure-Natrium-Komplex, gelöst in freier Natronlauge. Vor allem eine später von Jayme und El-Kodsi [1.189] beschriebene Modifikation, das aus Eisen(III)-Chlorid, Natriumtartrat und Natronlauge hergestellte sog. EWNN$_{mod\ NaCl}$, erwies sich im Gegensatz zu Cuoxam und Cuen als praktisch sauerstoffunempfindlich in bezug auf den Abbau darin gelöster cellulosischer Materialien. Dieser und einige weitere Vorteile (u. a. direkte sehr einfache Herstellung, praktisch unbegrenzte Haltbarkeit, geringer Einfluß des Geschwindigkeitsgefälles [1.190]) führten dazu, daß EWNN$_{mod\ NaCl}$ in der Folgezeit verstärkt zur Messung von Grenzviskositätszahlen bzw. DP-Werten herangezogen wurde und national sowie international zur Normung gelangte [1.191, 1.192]. Als Nachteil im Vergleich zu Cuoxam und Cuen muß seine geringere Lösekraft angesehen werden, was vor allem bei höherviskosen cellulosischen Materialien verlängerte Lösezeiten erfordert.

Zur Herstellung von 1 l EWNN werden 81,1 g FeCl$_3 \cdot 6\,H_2O$ p. a., 217,1 g Na$_2$(C$_4$H$_4$O$_6$)$\cdot 2\,H_2O$ (Natriumtartrat reinst), 96,0 g Natriumhydroxid p. a. sowie 1,0 g Sorbit (C$_6$H$_{14}$O$_6$) benötigt. Durch einfaches Zusammengeben der Einzelkomponenten lassen sich in etwa 40 min mehrere Liter herstellen. Das fertige EWNN ist hellgrün gefärbt und durchsichtig klar.

Bei der Herstellung der Cellulose-EWNN-Lösungen ist die Probenmenge so zu wählen, daß die relative Viskosität η/η_0 bzw. t/t_0 zwischen 1,1 und 1,5 liegt, was Einwaagen im Bereich von 15–20 mg entspricht. Die abgewogenen Proben werden in 50 ml-Steilbrustflaschen mit Kunststoffstopfen gegeben, mit 50 ml EWNN übergossen und zunächst einige Sekunden kräftig mit der Hand geschüttelt. Anschließend werden die Flaschen in eine Schüttelmaschine eingespannt und bis zur vollständigen Auflösung des Zellstoffs geschüttelt. Die Temperatur während des Schüttelns sollte nicht über 18 °C ansteigen. Günstiger sind noch niedrigere Temperaturen. Bei Grenzviskositäts-Werten unter 1000 ml/g genügt meist eine Schütteldauer von etwa 2 h. Hochviskoses cellulosisches Material erfordert längere Lösezeiten. Hier hat es sich bewährt, die Proben über Nacht (ca. 16 h) in der Schüttelmaschine zu belassen.

Die Auslaufzeiten von Lösung und Lösungsmittel werden mittels eines Kapillarviskosimeters, z. B. Ubbelohde-Viskosimeter Nr. IA, bei 20° ±1 °C bestimmt. Die Berechnung der Grenzviskositätszahl erfolgt mit Hilfe der Schulz-Blaschke-Gleichung:

$$[\eta] = \frac{\eta_{spez.}/c}{1 + k_\eta\ \eta_{spez.}}$$

worin c die Zellstoffkonzentration in g/ml und k_η eine Konstante mit dem Wert 0,339 ist.

1.12.6 Berechnung der Molmasse bzw. des Polymerisationsgrades aus der Grenzviskositätszahl

Wie schon erwähnt, stellen sowohl Viskositätswerte als auch Grenzviskositätszahlen Meßzahlen dar, die im Zusammenhang mit den Molmassen stehen. Eine quantitative Beziehung speziell zwischen Grenzviskositäts-Werten und Polymerisationsgraden bzw. Molmassen stellte erstmals Staudinger auf, der 1930 folgendes Viskositätsgesetz formulierte [1.195]:

$$[\eta] = k_M\ M$$

Hierin bedeuten:
$[\eta]$ Grenzviskositätszahl,
k_M Konstante und
M Molmasse.

Nach späteren Arbeiten von Mark und Houwink wird heute der einfache Zusammenhang zwischen Viskositätserhöhung und Molmasse durch die Staudinger-Mark-Houwink-Gleichung

$$[\eta] = k_M\ M^a$$

beschrieben, wobei der Exponent a den Einfluß der Knäuelgestalt des gelösten Polymeren bewertet.

Die Zahlenwerte der Konstanten k_M und a lassen sich nicht theoretisch ableiten, sie müssen experimentell bestimmt werden, was durch Messung der Molmasse über eine „Absolutmethode" (Lichtstreuung, Ultrazentrifuge) und Aufstellen einer Viskositäts-Molmasse-Eichkurve geschieht [1.196].

Eine umfangreiche Zusammenstellung der in der Literatur angegebenen k- und a-Werte für in verschiedenen Lösungsmitteln gelöste Cellulose bzw. Zellstoff stammt von E. und R. Gruber [1.182]. Eine einfache, aber nicht sehr exakte Möglichkeit, die nach verschiedenen Methoden (Cuoxam, Cuen, EWNN) erhaltenen Viskositätswerte miteinander zu vergleichen und sie in P_w-Werte (Gewichtsmittel des Polymerisationsgrades der Cellulose) umzurechnen, stellt das vom Fachausschuß für Cellulose und Cellulosederivate des Vereins Zellcheming herausgegebene Datenblatt D III/1/72 dar [1.197].

1.13 Bestimmung der Molmassen- bzw. Polymerisationsgrad-(Kettenlängen-)Verteilung (Determination of molecular mass distribution resp. distribution of degree of polymerisation (chain length distribution))

Sowohl native als auch regenerierte Cellulosen sind – wie praktisch alle makromolekularen Stoffe – uneinheitlich in bezug auf ihren Polymerisationsgrad, d. h. sie bestehen aus Ketten unterschiedlicher Länge. Die nach den oben beschriebenen Methoden erhaltenen Molmassen stellen deshalb nur Mittelwerte dar (Gewichts-, Zahlen-, Viskositätsmittel). Wichtige Eigenschaften von Polymeren in Bezug auf ihre Verarbeitbarkeit und die Qualität des Endprodukts hängen jedoch vom Grad der Uneinheitlichkeit der Molmassen bzw. der Kettenlängen ab. Wie Tabelle 1.3 (Beispiel nach Hamann [1.198]) zeigt, können unterschiedliche Molmassenverteilungen zu gänzlich verschiedenen Mittelwerten führen.

Tabelle 1.3. Vergleich von Zahlen- und Gewichtsmittel bei uneinheitlichen Polymeren

	Zahlenmittel der Molmasse	Gewichtsmittel der Molmasse
Polymer 1		
10 Moleküle von M 100	400	850
5 Moleküle von M 1000		
Polymer 2		
5 Moleküle von M 100		
5 Moleküle von M 400	400	500
5 Moleküle von M 700		

Speziell bei Zellstoffen für die chemische Weiterverarbeitung stehen die Alkalilöslichkeit, das Quellungsverhalten, das Film- und Faserbildungsvermögen, die Viskosität bzw. das rheologische Verhalten ihrer Lösungen sowie die Eigenschaften der aus ihnen hergestellten Produkte (Derivate, Regenerate) wahrscheinlich in engem Zusammenhang mit der jeweiligen Kettenlängenverteilung [1.199]. Es gibt prinzipiell zwei verschiedene Wege, eine Information über die Verteilung zu erhalten:

1. Bestimmung mehrerer integraler Parameter der Gesamtprobe und
2. Fraktionierung.

Durch Ermittlung integraler Parameter (z. B. Molmassen-Mittelwerte verschiedener Ordnung M_n, M_w, M_z) kann man einen Hinweis über die Breite der Verteilung erhalten. So definierte Schulz [1.200] die sog. „Uneinheitlichkeit"

$$U = \frac{\bar{M}_\mathrm{w}}{\bar{M}_\mathrm{n}} - 1,$$

die sich aus Lichtstreuungs- oder Sedimentationsmessungen (M_w) sowie aus osmotischen Messungen (M_n) ergibt. Je größer die Unterschiede zwischen Gewichts- und Zahlenmittel, d. h. je größer der Zahlenwert von U, desto uneinheitlicher ist der makromolekulare Stoff. Einzelheiten der Verteilungsfunktion (z. B. mengenmäßiger Anteil einzelner Molmassenbereiche, Vorliegen verschiedener Maxima) lassen sich dadurch aber nicht gewinnen.

Um Informationen hierüber zu erhalten, ist es notwendig, den Stoff in Anteile mit unterschiedlicher Molmasse (Fraktionen) zu zerlegen und von jeder Fraktion Menge und jeweilige Molmasse zu bestimmen (Fraktionierungsmethode).

Ein klassisches Verfahren stellt die sog. Fällungsfraktionierung dar, die darauf beruht, daß die hochmolekularen Anteile eines gelösten Homopolymeren schwerer löslich sind als die niedermolekularen. Praktisch geht man dabei so vor, daß man zu einer Lösung des zu fraktionierenden Polymeren portionsweise ein Fällungsmittel zusetzt, worauf zunächst die hochmolekularen Anteile und dann die niedermolekularen Anteile ausfallen und abgetrennt werden. Von jeder Fraktion wird anschließend die Molmasse bestimmt, wofür generell wiederum die Messung von Viskosität, Lichtstreuung, osmotischem Druck oder Sedimentation in Frage kommt.

Zur Untersuchung cellulosischer Materialien nach diesem Prinzip wurde häufig die Nitratmethode herangezogen. Sie umfaßt die Herstellung eines möglichst hochsubstituierten Cellulosenitrats, die Auflösung in einem geeigneten Lösungsmittel (vorzugsweise Aceton), die stufenweise Fällung der Einzelfraktionen (z. B. durch Kohlenwasserstoffe oder Aceton-Wasser-Gemische) sowie die Molmassenbestimmung (viskosimetrisch, osmometrisch). Ein ausführlicher Literaturüberblick über zahlreiche Varianten dieses Verfahrens stammt von Broughton [1.201]. In späteren Arbeiten [1.202, 1.203] wurde versucht, die mehrfach beschriebenen Nachteile der Nitratmethode, nämlich den Abbau des cellulosischen Materials während der Nitrierung und nach der Auflösung, durch verschiedene präparative Maßnahmen zu vermeiden (z. B. Nitrierung bei 0°C).

Aufgrund der oben erwähnten hohen Stabilität von Celluloselösungen in EWNN lag es nahe, dieses Lösungsmittel direkt, also ohne vorherige Überführung der Cellulose in ein Derivat, einzusetzen. Eine detaillierte Vorschrift zur Durchführung der Fraktionierung stellt das Arbeitsblatt A III/2/73 des Vereins Zellcheming dar [1.204]. Man geht bei dieser Methode von 16 Ansätzen derselben Lösung aus, denen man verschiedene Mengen Fällungsmittel (wäßrige Mannitlösung) zusetzt. Nach Einstellen des Gleichgewichts und Abtrennen der ausgefällten Anteile wird die Viskosität der verbleibenden Lösungen gemessen und daraus die Grenzviskositätszahl berechnet. Hieraus lassen sich wiederum sog. integrale und differentiale Verteilungskurven berechnen, die auf anschauliche Weise die gesamte Verteilungsfunktion wiedergeben. Bei einer späteren Überprüfung der Arbeitsvorschrift im Rahmen eines Rundversuchs ergaben sich allerdings einige derzeit noch ungeklärte Fehlerquellen, die u. a. den Einfluß der Schütteldauer sowie die Abstufung der Fällungsmittelmenge zum Erhalt möglichst gleichmäßiger Einzelfraktionen betrafen [1.205].

Ein genereller Nachteil sämtlicher Fällungsfraktionierungen ist der erhebliche Zeitaufwand, der mit der Aufstellung einer Gesamtverteilungskurve verbunden ist.

Jüngere Arbeiten über die Molmassenverteilung von cellulosischem Material befassen sich deshalb praktisch ausschließlich mit der sog. Gelpermeations-Chromatographie (GPC), die zwar apparativ wesentlich aufwendiger, jedoch einfacher in der Handhabung und deutlich schneller in der Durchführung ist. Sie arbeitet kontinuierlich und kann leicht automatisiert werden.

Die GPC basiert auf folgendem Prinzip: Man gibt die zu untersuchende Lösung eines Polymeren auf Säulen (meist aus Edelstahl) auf, die mit Granulaten aus porösen Materialien abgestufter Porengrößen gefüllt („gepackt") sind. In Poren mit bestimmten Durchmessern (z. B. ≤ 1000 Å) können nun nur diejenigen Anteile des Polymeren eindiffundieren, deren Molekülknäuel einen kleineren Durchmesser haben als die größten dieser Poren. Die größeren Moleküle können nicht in die Poren eindringen und bleiben im freifließenden Lösungsmittel zwischen den Granulatteilchen. Je geringer Molmasse und Durchmesser der Polymermoleküle sind, umso mehr Poren sind ihnen zugänglich und umso länger werden sie demzufolge in der Säule verweilen. Wird nach Gleichgewichtseinstellung die Säule mit reinem Lösungsmittel („Eluat") unter Druck durchspült („eluiert"), so verlassen die Moleküle des Polymeren die Säule in der Reihenfolge abnehmender Molekulargewichte. Durch spezifische Detektoren (meist UV oder Brechungsindex RI) läßt sich kontinuierlich die Menge des Polymeren pro Volumeneinheit der aus der Säule austretenden Lösung („Eluat") registrieren, wodurch sich direkt Verteilungsdiagramme („Elutionsdiagramme") ergeben.

Als Säulenmaterialien werden heute ausschließlich poröse Stoffe in Granulatform eingesetzt. Hauptvorteil der Granulierung ist die starke Erhöhung der wirksamen Oberfläche und die dadurch beträchtlich verminderte Zeit für die Einstellung des Diffusionsgleichgewichts. Chemisch gesehen handelt es sich bei den Granulaten um organische und anorganische Stoffe wie Copolymerisate von Styrol und Divinylbenzol (z. B. „Styragele" von Waters), mittels Epichlorhydrin vernetzte Dextrane („Sephadex" von Pharmacia) oder um Silicagele. Die mittleren Porengrößen handelsüblicher Produkte liegen abgestuft in der Größenordnung zwischen 50 und 10^6 Å.

Wie aus dem oben Gesagten hervorgeht, ist die Gelchromatographie ein reines Trennverfahren, das zunächst weder etwas über die absoluten Molmassen noch über Mittelwerte aussagen kann. Um Informationen darüber zu bekommen, werden Eichbeziehungen benötigt, die wiederum mit Eichstandards aufgestellt werden. Dies sind Polymere mit abgestuften, aber jeweils sehr einheitlichen bekannten Molmassen (Dextrane, Polystyrole u. a.). Eine Alternative zu diesem Vorgehen ist die direkte Bestimmung der Molmasse einzelner Fraktionen des Eluats über eine Absolutmethode, z. B. Lichtstreuung. Über den generellen Zusammenhang zwischen Molmasse und Elutionsvolumen sowie über die universelle Eichung der Gelchromatographie wird in der neueren Literatur vor allem von Glöckner [1.206] berichtet.

Ebenso wie zur Bestimmung von Grenzviskositätszahlen werden für GPC-Untersuchungen von Cellulose verschiedene Lösungsmittel herangezogen. So arbeiteten u. a. Krässig [1.207] und Marx-Figini [1.208] mit in Tetrahydrofuran (THF) gelösten Cellulosenitraten. Als Elutionsmittel wurde ebenfalls THF angewandt, zur Detektion zum einen der Brechungsindex [1.207] und zum anderen UV bei einer Wellenlänge von 254 nm.

In den letzten Jahren häufiger eingesetzt wurden jedoch Tricarbanilate, hergestellt durch Umsetzung cellulosischer Materialien mit Phenylisocyanat in Pyridin. Als Lösungsmittel und Eluent diente hierbei ausschließlich THF. Unterschiede wiesen die publizierten Arbeiten hingegen vor allem in bezug auf Trennsäulen, Art der Detektoren sowie Eichung auf.

Ashmany et al. [1.209] benutzten Glaskörper als Säulenmaterial, den Brechungsindex zur Detektion sowie die Lichtstreuung und Polystyrole zur Molmassenbestimmung bzw. Eichung. Valtasaari und Saarela [1.210] arbeiteten mit Styragelsäulen und der Universaleichung nach Benoit. Von anderen Autoren wurden zur Detektion ein Spektralphotometer (bei 235 nm) [1.211] oder die Kleinwinkel-Laserlichtstreuung [1.212] eingesetzt. Ähnlich arbeiteten in jüngster Zeit Körner et al. [1.213] (UV-Detektion bei 254 nm, Polystyrolstandards, Absolutvermessung durch Kleinwinkel-Laser-Lichtstreu-Photometrie).

Da jede Derivatisierung zeitaufwendig und mit der Gefahr eines partiellen Abbaus des zu untersuchenden Probematerials verbunden ist, hat es nicht an Versuchen gefehlt, Cellulose direkt zu lösen und auf entsprechende Säulen aufzugeben. Eine Einschränkung bestand aber lange Zeit darin, daß für wäßrig-alkalische Lösungen kein geeignetes Füllmaterial zur Verfügung stand, um vor allem im Bereich höherer Molmassen zu einer guten Trennung zu kommen. Eine erste Arbeit unter Verwendung von FeTNa (EWNN) als Cellulose-Lösungsmittel stammt von Valtasaari [1.214]. Die hierbei zur Trennung eingesetzten Sephadexgele erlaubten jedoch nur die Untersuchung relativ niedermolekularer Proben.

Mit neu entwickelten Gelen auf Agarosebasis, die eine verbesserte Stabilität und höhere Ausschlußvolumina aufwiesen, konnten später jedoch auch Gesamtverteilungskurven verschiedener in FeTNa gelöster technischer Zellstoffe aufgenommen werden („Sepharose"-Gele, RI-Detektion, Eichung mit Dextranen) [1.215].

Von Eriksson et al. [1.216] wurde 1967 erstmals auch das Cellulose-Lösungsmittel Cadoxen (Triethylendiamincadmiumhydroxid) zur gelchromatographischen Fraktionierung herangezogen, wobei zunächst Gele auf Polyacrylamidbasis verwendet wurden. Später zeigte sich, daß auch hier Agarosegele zu besseren Trenneffekten führten [1.217].

Mit Cadoxen als Lösungs- und Elutionsmittel arbeiteten in jünster Zeit auch Bobleter und Schwald [1.218]. Als Säulenfüllmaterial diente eine Matrix aus hydrophilen Vinylpolymeren, die Detektion erfolgte über den Brechungsindex, als Standard wurden verschiedene Dextrane herangezogen. Nach Angabe dieser Autoren lassen sich Molmassenverteilungen mit dem von ihnen angewandten System in weniger als 2h ermitteln.

1.14 Methoden zur Beurteilung der übermolekularen Struktur
Methods for evaluation of supermolecular structure

Die hier angeführten Methoden beruhen weitgehend auf physikalischen bzw. physikalisch-chemischen Meßverfahren. Sie benötigen großenteils einen relativ hohen apparativen und/oder zeitlichen Aufwand und werden daher in der Zellstoff- und Papierindustrie wohl nirgendwo als routinemäßige Prüfungen angewandt. Erhebliche Anteile an der Entwicklung und Anwendung dieser Methoden auf dem Gebiet der Faserstoffe stammen aus dem textilen Sektor. Im folgenden Kapitel werden nur diejenigen Methoden abgehandelt, die bereits zur Charakterisierung von Zellstoffen herangezogen wurden, ohne daß dabei Anspruch auf Vollständigkeit erhoben wird. Ihr Nutzen ist vorwiegend darin zu sehen, daß sie Anhaltspunkte über die Zugänglichkeit der Faserwand gegenüber Wasser und wäßrigen Lösungen geben und somit zur Beurteilung der Reaktivität beitragen. Die praktische Anwendung setzt in den meisten Fällen eine intensive Kenntnis sowohl der physikalisch-chemischen Grundprinzipien als auch ihrer apparativen Umsetzung voraus, die nur durch das Studium der Originalliteratur und Arbeiten mit den entsprechenden Geräten gewonnen werden kann.

1.14.1 Ordnungszustand (Kristallinität)

Ein verbreitetes Verfahren zur Bestimmung der Kristallinität cellulosischer und cellulosehaltiger Fasern ist die Röntgenographie. Sie liefert keine exakten Absolutwerte, jedoch bieten die erhaltenen Relativwerte in Form sog. „Kristallinitätsindices" einen brauchbaren Maßstab zum Vergleich unterschiedlicher Proben. Aus der großen Zahl der Arbeiten, die sich mit der röntgenographischen Untersuchung an Cellulosematerialien befassen, seien hier nur die zusammenfassenden Übersichten von Tripp [1.219], Wadsworth und Cuculo [1.220] sowie in neuester Zeit French [1.221] genannt, die sich sowohl mit der Messung von Kristallinitätsindices als auch mit der Strukturanalyse der kristallinen Bereiche befassen. Eine Methode, die sich nach Angabe der Autoren vor allem zur Messung der Kristallinitätsindices von Holzstoffen sowie Halb- und Hochausbeute-Zellstoffen eignet, wurde von Ahtee et al. [1.222] publiziert. Sie beruht auf der vergleichenden Auswertung von Röntgendiagrammen cellulosischer Substanzen mit bekannter Kristallinität, röntgenamorpher Substanzen (verschiedene Ligninpräparate, Xylan und Mannan) und der zu bestimmenden Faserstoffe.

Eine Reihe weiterer instrumenteller Techniken, wie z. B. Infrarot-, Raman- und ^{1}H- bzw. ^{13}C-NMR-Spektroskopie, können wertvolle Aussagen zur übermolekularen Struktur von Cellulosefasern liefern. Solche Erkenntnisse wurden auch hier zumeist an textilen Fasern (Baumwolle, Reyon, Ramie) bzw. an Algencellulose (Valonia u. a.) gewonnen. Sie betreffen vorwiegend die Struktur der kristallinen Bereiche und führen in dieser Hinsicht nicht selten zu widersprüchlichen Resultaten. Übersichtsartikel werden von French [1.221] sowie unter spezieller Berücksichtigung der Infrarot- und Ramanspektroskopie von Blackwell [1.223] und der NMR-Spektroskopie von Philipp et al. [1.224] geboten.

Vergleichende ramanspektroskopische Untersuchungen an Sulfat- und Sulfit-Zellstoffen in bezug auf ihr Verhalten gegenüber Natronlauge führten zu dem Ergebnis, daß die molekulare Beweglichkeit der Celluloseketten in Sulfat-Zellstoffen geringer ist und daher höhere Natronlaugekonzentrationen notwendig sind, um mit Sulfit-Zellstoffen vergleichbare Aktivitäten zu erreichen [1.225]. Mit Hilfe der ^{1}H-NMR-Spektroskopie wurde verschiedentlich der Anteil an „gebundenem" Wasser in Zellstoff und anderen Cellulosefasern bestimmt [1.226, 1.227] sowie dessen Änderung im Verlauf einer Mahlung untersucht [1.228].

Die Anwendung thermoanalytischer Methoden in der Zellstoff- und Papierindustrie wurde von Schneider und Töppel [1.229] in einem Übersichtsreferat beschrieben und an verschiedenen Cellulosematerialien (Linters, Zellstoff) sowie Lignin und veredelten Papieren demonstriert. In neueren Arbeiten wurde die Differential-Scanning-Calorimetrie zur Untersuchung der Wasserbindung [1.230] sowie des Ordnungszustandes [1.231] verschiedener cellulosischer Materialien, u. a. auch Zellstoff, angewandt. Schließlich wurden die aus thermogravimetrischen, infrarotspektroskopischen und röntgenographischen Messungen gewonnenen Kristallinitätsdaten einer Reihe von Cellulosefasern mit unterschiedlich großem kristallinen Anteil miteinander vergleichen und die aufgefundenen Beziehungen diskutiert [1.232].

1.14.2 Porenvolumen und Porengrößenverteilung

Die Wand einer Zellstoffaser ist als teilkristalliner, poröser und quellfähiger Körper anzusehen. Der Hauptteil des Porenvolumens entsteht während des Aufschlusses und der Bleiche im Zuge der Entfernung des Lignins und eines Teils der Hemicellulosen. Nach Aufschluß und Bleiche sind die entstandenen Hohlräume zunächst vollständig mit Wasser gefüllt (initial feuchter Zustand). Bei Trocknung fallen die Poren bis auf einen geringen Rest zusammen („Verhornung"). Der initial gequollene Zustand ist danach auch bei nochmaliger Quellung mit Wasser nicht mehr erreichbar, läßt sich jedoch bei Anwendung anderer Quellmittel (Natronlauge, verdünnte Celluloselösungsmittel) wieder herstellen oder sogar übertreffen. Der Hohlraumstruktur der Faserwand kommt sowohl bei der Papierherstellung (Flexibilität, Plastizität, Fibrillierbarkeit der wassergequollenen Faser) als auch bei der chemischen Weiterverarbeitung (Eindringen von Chemikalien) größte Bedeutung zu. Die hier besprochenen Meßmethoden für das Porenvolumen und die Größenverteilung der Poren beziehen sich auf wassergequollene Zellstoffasern im maximal gequollenen Zustand. Das Faserlumen fällt meßtechnisch nicht unter diesen Porenbegriff, da es für Wasser und wäßrige Lösungen – auch Polymerlösungen – genauso frei zugänglich ist wie die äußere Faseroberfläche.

Eine Möglichkeit zur Bestimmung des gesamten Porenvolumens besteht in der Messung des Wasserrückhaltevermögens (WRV) nach der Schleudermethode. Diese Methode beruht darauf, daß eine Zellstoffprobe mit einem Überschuß an Wasser versetzt, unter definierten Bedingungen gequollen, zerfasert und bei 3000-facher Erdbeschleunigung zentrifugiert wird. Die abgeschleuderte Probe wird gewogen, bei 105 °C getrocknet und zurückgewogen. Es wird also das nach dem Abschleudern noch in der Fasermasse verbleibende Restwasser bestimmt. Dieses Restwasser wird, auf das Gewicht des trockenen Zellstoffs bezogen, in Prozent des Zellstoffgewichts angegeben und als Wasserrückhaltevermögen (WRV) bezeichnet. Bei diesem Wasser dürfte es sich zum überwiegenden Teil um eigentliches Quellwasser handeln, d. h. um Wasser, das sich in den Poren der Faserwand befindet. Es wird angenommen, daß unter Einwirkung einer 3000-fachen Erdbeschleunigung alles an der Faseroberfläche sowie zwischen den Fasern befindliche Wasser entfernt wird.

Aus vergleichenden Messungen des Gesamtporenvolumens nach einer anderen Methode (s. u.) geht hervor, daß der WRV-Wert recht gut dem gesamten Wassergehalt der Faserwandporen einer maximal gequollenen Zellstoffprobe entspricht.

Basierend auf Arbeiten von Jayme und Mitarbeitern [1.233, 1.234] entstand das Merkblatt „Bestimmung des Wasserrückhaltevermögens (Quellwertes) von Zellstoffen" [1.235], das später eine wesentliche Verbesserung durch Verwendung von Nickelsiebkörbchen in Plastikhaltern als Zentrifugeneinsätze erfuhr [1.236].

Mit Hilfe dieser Methode wurde eine Anzahl von Untersuchungen durchgeführt, die unter anderem Zusammenhänge des Wasserrückhaltevermögens mit der Blattfestigkeit [1.237], der Mercerisierbarkeit und dem Ordnungszustand [1.238 – 1.240] sowie mit der Alkalisiergeschwindigkeit [1.241] nachwiesen.

Unter Berücksichtigung einiger Verbesserungsvorschläge [1.242] wurde 1981 eine „Useful Test Method" der TAPPI herausgegeben [1.243]. Weitere Überlegungen führten zu einem von Blechschmidt und Vogel [1.244] publizierten Verfahren, das von Blechschmidt et al. [1.245] unter Berücksichtigung einiger Einflußgrößen zur Charakterisierung von Zellstoffen und Altpapierstoffen angewandt wurde.

Aufbauend auf Arbeiten von Aggebrandt und Samuelson [1.246] wurde von Stone und Scallan [1.247] eine Meßmethode zur Bestimmung des Porenvolumens und der Porengrößenverteilung entwickelt, die auf der Zugänglichkeit bzw. Unzugänglichkeit der mit Wasser gefüllten Poren für definierte Makromoleküle (Dextrane mit relativ enger Molmassenverteilung) beruht („non-solute-water"-Methode). Nach dieser Methode wird eine wäßrige Suspension gequollener Zellstoffasern, deren Wassergehalt einschließlich des in den Faserwänden befindlichen Wasseranteiles genau bekannt sein muß, mit einer Dextranlösung bekannter Konzentration versetzt. Wie Bild 1.10 veranschaulicht, lassen sich hinsichtlich des dann folgenden Geschehens drei Fälle unterscheiden:

1. Die eingebrachten Dextranmoleküle können in alle wassergefüllten Poren eindringen. Die zugesetzte Dextranlösung wird also zum einen durch das außerhalb der Faserwand befindliche Wasser und zum anderen durch das innerhalb der Faserwand befindliche Wasser verdünnt. Dieser Fall beinhaltet die maximal mögliche Verdünnung der zugesetzten Dextranlösung. Die nach abgeschlossenem Verdünnungsvorgang vorliegende Konzentration in der wäßrigen, separierbaren Phase kann einfach aus den bekannten Einsatzmengen von Dextran und Wasser errechnet werden. Sie wird als theoretische Konzentration bezeichnet.

2. Die zugesetzten Dextranmoleküle können auf Grund ihres zu großen hydrodynamischen Volumens in einen Teil der Faserwandporen nicht eindringen. Das darin enthaltene Wasser wird also nicht zur Verdünnung der Dextranlösung beitragen. In der von der Fasersuspension abfiltrierten Lösung wird demzufolge die reale Dextrankonzentration etwas höher sein als die theoretisch berechnete. Aus dem Konzentrationsunterschied kann die Menge des nicht verdünnenden Wassers und damit das für die betreffende Dextranfraktion unzugängliche Porenvolumen berechnet werden.

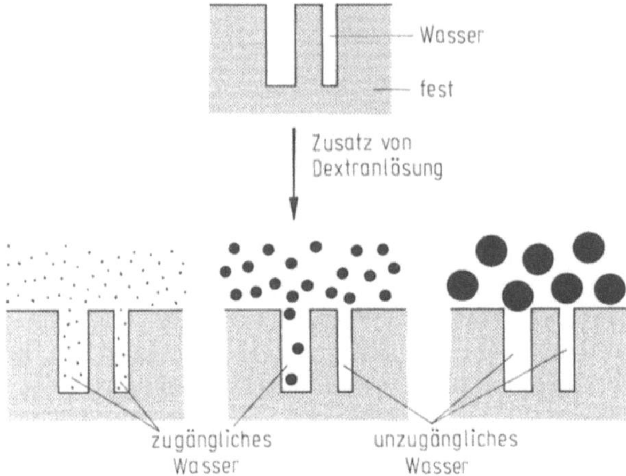

Bild 1.10. Zugänglichkeit der Poren eines gequollenen Körpers für Makromoleküle mit unterschiedlichem hydrodynamischen Durchmesser

3. Wählt man Dextrane, deren hydrodynamischer Durchmesser den Durchmesser der größten Poren übersteigt, so bleibt das gesamte Porenvolumen unzugänglich und das gesamte Porenwasser trägt nicht zur Verdünnung der zugesetzten Dextranlösung bei. Analog zu Fall 2 kann das Gesamtporenvolumen der Zellstoffasern errechnet werden.

Nach dieser Methode können bei Verwendung von Zuckern mit niedrigem Molekulargewicht sowie einer Reihe von Dextranen mit abgestufter Größe Poren mit Durchmessern zwischen wenigen Å und 50–60 nm bestimmt werden.

Die Methode diente u. a. zur Entwicklung eines Modells für die Struktur der Zellwand wassergequollener Zellstoffasern [1.247], zur Untersuchung des Einflusses einer Delignifizierung auf die Porenstruktur von Holzfasern [1.248] sowie zur Aufklärung der Wirkung einer Mahlung auf die innere Fibrillierung der Faserwand [1.249].

Um die zeitraubende Messung sehr kleiner Konzentrationsunterschiede der Dextranlösungen über die Brechungsindex-Inkremente zu umgehen, wurde die Methode dahingehend modifiziert, daß mit Reaktivfarbstoffen gefärbte Dextranfraktionen verwendet wurden, die Konzentrationsbestimmungen mittels Spektralphotometern üblicher Bauart zulassen [1.250].

Mit Hilfe der modifizierten Methode wurden Veränderungen des Porenvolumens während der Bleiche, Alkalisierung und Trocknung von Zellstoffen untersucht [1.250, 1.251]. Ferner konnte gezeigt werden, daß die nach der Schleudermethode gemessenen WRV-Werte gut mit den nach der „non-solute-water"-Methode gewonnenen Werten für das Gesamtporenvolumen übereinstimmen [1.252].

1.14.3 Zugängliche Oberfläche

Das Ausmaß der zugänglichen Oberfläche einer Zellstoffaser ist in erster Linie abhängig vom Zustand der Faser. Bei Fasern, die unter konventionellen Bedingungen getrocknet wurden, wird die zugängliche Oberfläche sich in etwa mit der äußeren Oberfläche decken; d. h., daß bei trockenen Fasern die Poren innerhalb der Faserwand weitgehend geschlossen sind. Die zugängliche Oberfläche von Fasern im maximal gequollenen Zustand hingegen umfaßt auch die „innere" Oberfläche der Faserwandporen. Die Unterschiede der jeweiligen Werte für die zugängliche Oberfläche sind ganz erheblich (ca. $0{,}5-2\,\mathrm{m}^2/\mathrm{g}$ für Fasern in trockenem Zustand, ca. $100-500\,\mathrm{m}^2/\mathrm{g}$ für Fasern im wassergequollenen Zustand).

Die für trockene Fasern wohl am häufigsten angewandte Meßmethode ist die Stickstoffadsorption (B. E. T.-Methode) [1.253]. Für die Messung an Zellstoff geeignete Verfahren und Apparaturen wurden von Haselton [1.254], Merchant [1.255] sowie Stone und Nickerson [1.256] vorgestellt. Um einen bestimmten Quellungszustand der Fasern auch im trockenen Zustand zu erhalten, kann die Präparation über einen Lösungsmittelaustausch vorgenommen werden [1.255, 1.257]. Allerdings kann auf diesem Wege nicht der maximale Quellungszustand konserviert werden, da beim Verdampfen des letzten Lösungsmittels der Austauschreihe ein Teil der Poren kollabiert.

Weitere Möglichkeiten zur Bestimmung der zugänglichen Oberfläche bestehen in der Adsorption von Wasser aus der Dampfphase [1.258, 1.259] oder von Jod [1.260] und Brom [1.261] aus wäßriger Lösung. Auch kann die Zugänglichkeit durch Deuteriumaustausch und ultrarotspektroskopische Bestimmung des Deuteroxylgehalts im Rehydrogenierungswasser gemessen werden [1.262]. Eine Zusammenstellung für nach verschiedenen Methoden gemessene Werte für die „äußere" und „innere" Oberfläche von Cellulosematerialien findet sich bei Stamm [1.263].

2 Chemische Prüfung von Papieren und Pappen. Organische Hilfs- und Veredelungsmittel
Chemical Testing of Paper and Board. Organic Manufacturing and Converting Aids

E. Petermann, A. Gürtler

2.1 Einleitung
Introduction

Die Untersuchung von Papieren, Kartons und Pappen auf organische Bestandteile dient überwiegend der
- Produktionskontrolle in Papierfabriken, aber auch in Papierveredelungs- bzw. in Verarbeitungsanlagen;
- Kontrollmöglichkeit über die Einhaltung gesetzlicher Vorschriften;
- allgemeinen Untersuchung interessierender Bestandteile von Papieren unbekannter Herkunft.

Für die Planung, Durchführung und Auswertung von Untersuchungen gilt das in dem Kapitel „Anorganische Bestandteile" Gesagte.

Die Anwendung der in diesem Kapitel gemachten Analysenvorschläge setzt die Kenntnis des allgemeinen Standes der Analysentechnik, aber auch die qualifizierte personelle Besetzung und die sachliche Ausrüstung der Laboratorien voraus.

Als Reagenzien sind ausschließlich solche des Reinheitsgrades „zur Analyse" und als Wasser ist stets destilliertes Wasser zu verwenden. Im Rahmen der Zusammenstellung sind die Analysenvorschriften nur in groben Zügen erläutert. Es wird daher bei der Bearbeitung von speziellen Problemen oft notwendig werden, die angeführten Literaturstellen heranzuziehen. Als selbstverständlich wird vorausgesetzt, daß eine direkte Analyse – mit wenigen Ausnahmen – auf bestimmte organische Bestandteile nicht möglich ist, dementsprechend müssen die Hinweise für den Ausschluß, bzw. die Extraktions- und Trennverfahren, beachtet werden.

Es wurden überwiegend nur solche Analysenverfahren aufgenommen, die in den meisten Laboratorien von Papierfabriken durchgeführt werden können. Auf Hinweise zur Durchführung von Spurenanalytik, z.B. mit der Massenspektrographie, wurde verzichtet.

An dieser Stelle möchten wir uns bei unseren Kolleginnen und Kollegen bedanken, die durch ihre Arbeit in Ausschüssen und Kommissionen die Zusammenstellung mit ermöglichten.

2.2 Voruntersuchungen
Preliminary tests

2.2.1 Orientierende Vorproben

Wegen der Vielfalt der in Papieren, Kartons und Pappen (im folgenden: Papiere) vorhandenen Papierhilfsmittel ist ein für alle erzeugten Papiere verbindlicher Trennungsgang nicht anwendbar.

Die zu untersuchende Probe muß durch orientierende Vorproben und allgemeine Untersuchungen weitgehend klassifiziert werden. Die Einordnung nach Art und Verwendungszweck des Papiererzeugnisses kann einen Hinweis auf in der Probe anwesende oder abwesende Stoffe geben und bestimmt den Untersuchungsgang. Hilfen hierzu sind die Tabellen 2.1 und 2.2.

Aussehen der zu untersuchenden Probe

Beurteilt werden Art des Produktes, Transparenz, Opazität, Steifigkeit, Griff, Gegenwart von Farbstoffen und Fluoreszenz unter UV-Licht. Eine mikroskopische Betrachtung bei schwacher Vergrößerung ist empfehlenswert. Sie gibt Hinweise auf mineralische Bestandteile, Wachsschuppen, Imprägnierungen, synthetische Faserstoffe etc.

Prüfung auf Striche oder Beschichtungen [2.1–2.4]

Gegenwart von Strichen

Die Papierprobe wird für 2 min in wäßrige Neocarmin-Lösung getaucht, anschließend 5 min mit Wasser gewaschen und getrocknet. Ein gestrichenes Papier färbt sich je nach Strichauftragsmenge hellblau bis bläulich weiß.

Reagenzien

– Neocarmin MS „Fesago", Farbstoff-Reagenz (z. B. Merck Artikel Nr. 6731).

Beschichtungen

Eine Beschichtung ist daran zu erkennen, daß die Eigenstruktur des Papiers vollkommen abgedeckt ist (Hilfsmittel Mikroskop).

Verhalten beim Verbrennen

Hinweise auf die Zusammensetzung der Papiere geben Verhalten (Aussehen der Flamme) und Geruch bei der Verbrennung sowie das Aussehen der Asche; bei Anwesenheit von Füllstoffen entsteht kompakte, bei ungefüllten Papieren leichte, flockige Asche.

Beim anfangs langsamen, im folgenden starken Erhitzen der Probe im Reagenzglas werden wiederholt die sich entwickelnden Dämpfe bzw. Schwaden auf

Tabelle 2.1. Extraktionen mit speziellen Lösungsmitteln

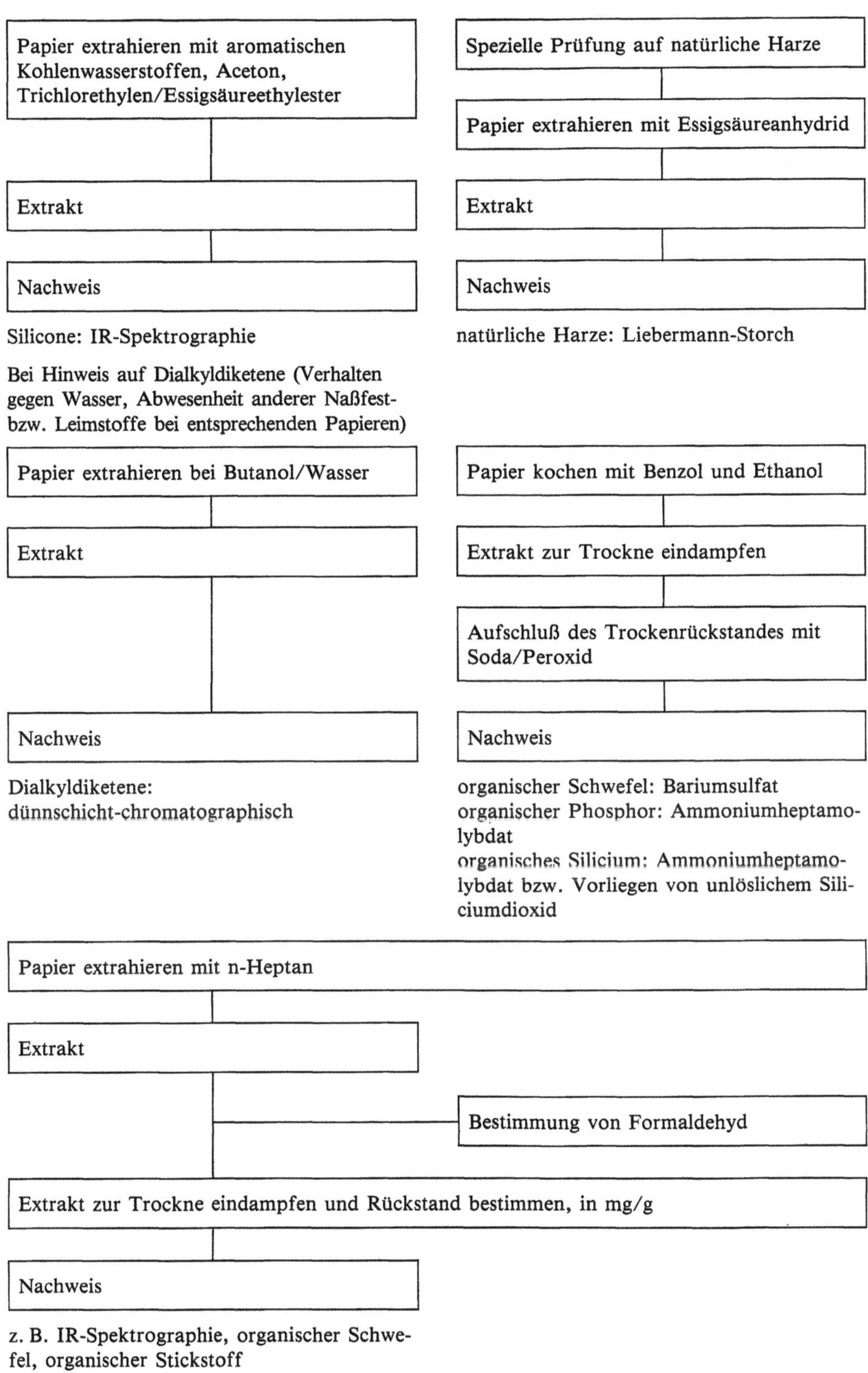

Silicone: IR-Spektrographie

Bei Hinweis auf Dialkyldiketene (Verhalten gegen Wasser, Abwesenheit anderer Naßfest- bzw. Leimstoffe bei entsprechenden Papieren)

natürliche Harze: Liebermann-Storch

Dialkyldiketene: dünnschicht-chromatographisch

organischer Schwefel: Bariumsulfat
organischer Phosphor: Ammoniumheptamolybdat
organisches Silicium: Ammoniumheptamolybdat bzw. Vorliegen von unlöslichem Siliciumdioxid

z. B. IR-Spektrographie, organischer Schwefel, organischer Stickstoff

Tabelle 2.2. Arbeitsanweisung zur qualitativen Untersuchung von Papieren und Pappen

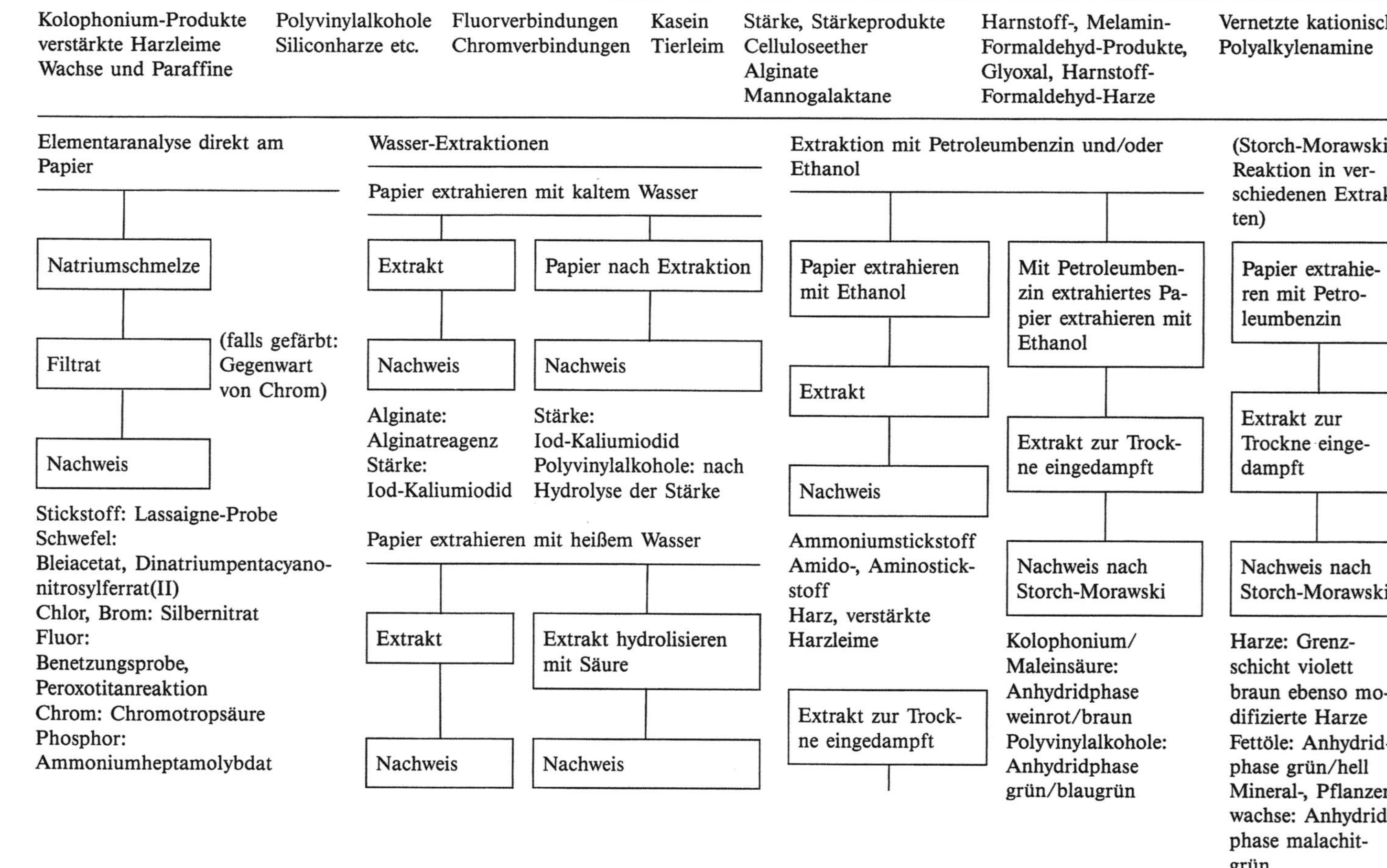

Kolophonium-Produkte verstärkte Harzleime Wachse und Paraffine	Polyvinylalkohole Siliconharze etc.	Fluorverbindungen Chromverbindungen	Kasein Tierleim	Stärke, Stärkeprodukte Celluloseether Alginate Mannogalaktane	Harnstoff-, Melamin-Formaldehyd-Produkte, Glyoxal, Harnstoff-Formaldehyd-Harze	Vernetzte kationische Polyalkylenamine

Elementaranalyse direkt am Papier

Natriumschmelze → Filtrat *(falls gefärbt: Gegenwart von Chrom)* → Nachweis

Stickstoff: Lassaigne-Probe
Schwefel: Bleiacetat, Dinatriumpentacyanonitrosylferrat(II)
Chlor, Brom: Silbernitrat
Fluor: Benetzungsprobe, Peroxotitanreaktion
Chrom: Chromotropsäure
Phosphor: Ammoniumheptamolybdat

Wasser-Extraktionen

Papier extrahieren mit kaltem Wasser → Extrakt → Nachweis / Papier nach Extraktion → Nachweis

Alginate: Alginatreagenz
Stärke: Iod-Kaliumiodid

Stärke: Iod-Kaliumiodid
Polyvinylalkohole: nach Hydrolyse der Stärke

Papier extrahieren mit heißem Wasser → Extrakt → Nachweis / Extrakt hydrolisieren mit Säure → Nachweis

Extraktion mit Petroleumbenzin und/oder Ethanol

Papier extrahieren mit Ethanol → Extrakt → Nachweis

Ammoniumstickstoff
Amido-, Aminostickstoff
Harz, verstärkte Harzleime

Extrakt zur Trockne eingedampft

Mit Petroleumbenzin extrahiertes Papier extrahieren mit Ethanol → Extrakt zur Trockne eingedampft → Nachweis nach Storch-Morawski

Kolophonium/Maleinsäure: Anhydridphase weinrot/braun
Polyvinylalkohole: Anhydridphase grün/blaugrün

(Storch-Morawski-Reaktion in verschiedenen Extrakten)

Papier extrahieren mit Petroleumbenzin → Extrakt zur Trockne eingedampft → Nachweis nach Storch-Morawski

Harze: Grenzschicht violett braun ebenso modifizierte Harze
Fettöle: Anhydridphase grün/hell
Mineral-, Pflanzenwachse: Anhydridphase malachitgrün

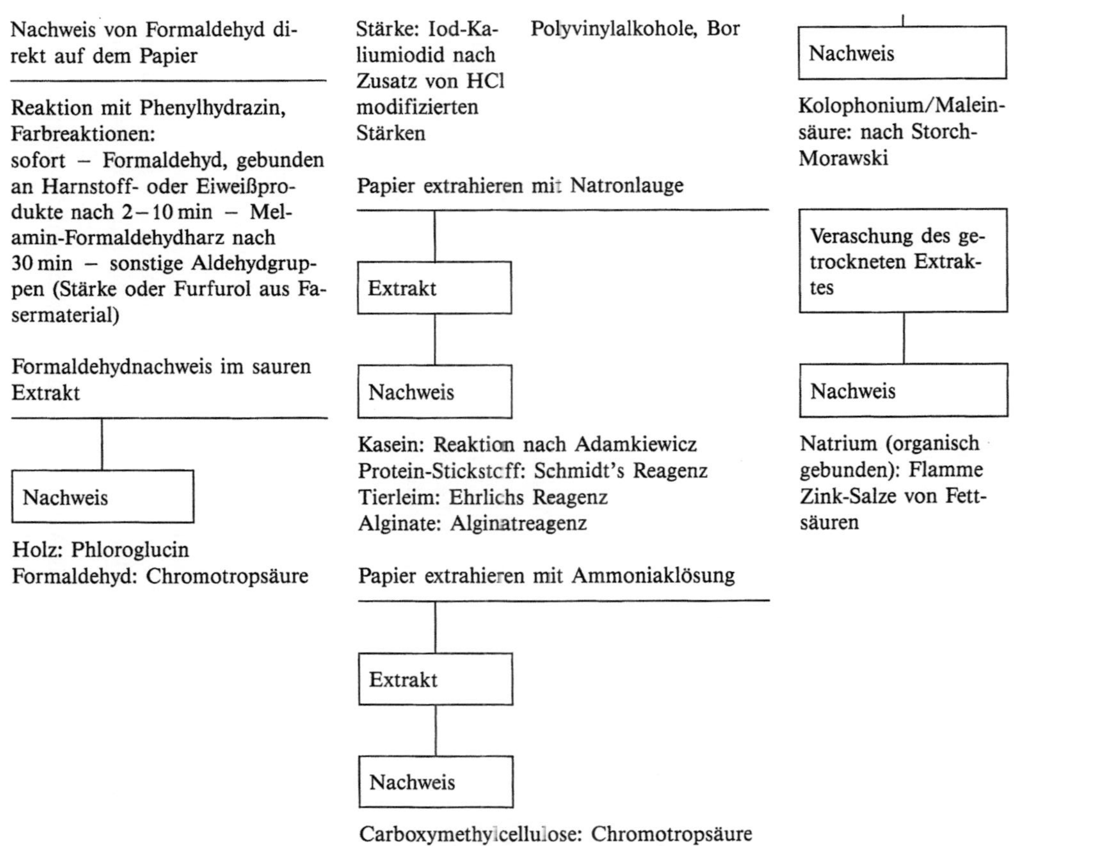

Nachweis von Formaldehyd direkt auf dem Papier

Reaktion mit Phenylhydrazin, Farbreaktionen:
sofort – Formaldehyd, gebunden an Harnstoff- oder Eiweißprodukte nach 2–10 min – Melamin-Formaldehydharz nach 30 min – sonstige Aldehydgruppen (Stärke oder Furfurol aus Fasermaterial)

Formaldehydnachweis im sauren Extrakt

Nachweis

Holz: Phloroglucin
Formaldehyd: Chromotropsäure

Stärke: Iod-Kaliumiodid nach Zusatz von HCl modifizierten Stärken

Polyvinylalkohole, Bor

Papier extrahieren mit Natronlauge

Extrakt

Nachweis

Kasein: Reaktion nach Adamkiewicz
Protein-Stickstoff: Schmidt's Reagenz
Tierleim: Ehrlichs Reagenz
Alginate: Alginatreagenz

Papier extrahieren mit Ammoniaklösung

Extrakt

Nachweis

Carboxymethylcellulose: Chromotropsäure

Nachweis

Kolophonium/Maleinsäure: nach Storch-Morawski

Veraschung des getrockneten Extraktes

Nachweis

Natrium (organisch gebunden): Flamme
Zink-Salze von Fettsäuren

Geruch und ihre Reaktion mit angefeuchtetem Universal-Indikatorpapier geprüft. Charakteristische Gerüche entstehen vor allem beim Vorliegen von Eiweißstoffen, Stärke, Kolophonium, Polyacrylsäureester, Paraffinen und bituminösen Stoffen. Für eine Zuordnung bedarf es geeigneter Vergleichssubstanzen.

Zeigt das Indikatorpapier auf sauer reagierende Zersetzungsprodukte, deutet dies auf Polyvinylchlorid und Mischpolymerisate, Polyvinylidenchlorid, Polyvinylester, Celluloseester und Polyacrylsäureester, während eine alkalische Reaktion auf Harnstoff-Melaminharze und Eiweißstoffe verweist.

Ebenfalls Hinweise gibt das Verbrennen des Rückstandes des Ethanolextraktes. Ca. 1 g Papier wird mit Ethanol extrahiert, abfiltriert und das Filtrat, z. B. im Platintiegel, zur Trockne eingedampft. Der Trockenrückstand des Extraktes wird bis zum Verkohlen erhitzt. Nach dem Grauwerden der Asche wird abgekühlt und mit einem Tropfen Wasser befeuchtet. Ein Teil dieser Asche wird zum Nachweis von Natrium in der Flamme benutzt, im restlichen Teil wird Alkali zusätzlich mit einem Tropfen Phenolphthalein-Lösung nachgewiesen. Dann wird die Asche weißgeglüht. Eine gelbe Färbung, die beim Abkühlen verschwindet, deutet auf das Vorliegen von fettsauren Zinksalzen. Die Asche wird mit Salzsäure aufgenommen und auf Sulfationen geprüft.

Reagenzien

- Ethanol
- Phenolphthalein-Lösung
- Salzsäure ($\rho = 1,16$ g/ml).

Verhalten gegen Wasser

Wassertropfentest

Die Eindringgeschwindigkeit eines Wassertropfens gibt Hinweise auf eine Oberflächenbehandlung, Hydrophobierung durch Leimung oder Imprägnierung und den Mahlungszustand der Faser. Dabei ist zu beachten, daß auch naßfeste Papiere saugfähig sein können. Ein nur wenig gemahlenes, nicht oder schwach geleimtes Papier nimmt den Tropfen i. allg. sofort auf.

Befeuchten mit Wasser

Lösen sich beim leichten Reiben des befeuchteten Papiers mit den Fingern nur wenige Fasern ab, so deutet dies auf die Anwesenheit von Naßfestmitteln, möglicherweise auch auf gehärtete Eiweißstoffe oder gehärteten Tierleim. Ist das Papier naßfest, können Melaminharze, Harnstoffharze, Epichlorhydrin-Harze und/oder Polyethylenimin vorliegen. Bei Gegenwart solcher Naßfestmittel läßt sich das Papier meist zerfasern, wenn es mit Aluminiumsulfat-Lösung und dann mit Natronlauge gekocht wird.

Einen guten Hinweis auf das Ausmaß der Naßfestigkeit gibt der Zugversuch an gewässerten Proben nach DIN 53 112, Teil 2 [2.5].

Reagenzien

- Aluminiumsulfat (5% Masse m/Volumen v)
- Natronlauge (5% m/v).

Vorproben mit Lösungsmitteln

Die Einteilung der nachzuweisenden Stoffe in vier Hauptgruppen beruht auf der Löslichkeit in den selektiven Lösungsmitteln (Extraktanalyse):
- Petroleumbenzin
- Ethanol
- destilliertes Wasser
- spezielle Lösungsmittel, z. B. für Polymere.

Eine quantitative Trennung und Bestimmung der Extraktionsrückstände kann durch stufenweise Extraktion und zwischengeschaltete Trocknung mit den angegebenen Lösungsmitteln vorgenommen werden. Der Lösungsmittel-Trennungsgang muß entsprechend den Ergebnissen der orientierenden Analyse ausgewählt werden. Die spezifischen Nachweisreaktionen nach Abschn. 2.2.2 setzen die Abtrennung störender Substanzen in der vorhergehenden Extraktionsstufe voraus.

Folgende Stoffe werden durch Extraktion mit dem angeführten Lösungsmittel herausgelöst:

Petroleumbenzin (Siedebereich 40 – 60 °C)

- freie Harzsäuren
- Harzsäureester
- Fettsäuren
- Paraffine
- Wachse
- Mikrowachse
- Fettsäureester (teilweise)
- siliconhaltige Paraffindispersionen,

d. h. es werden überwiegend Leimungsstoffe und Stoffe zur Oberflächenveredelung erfaßt.

Ethanol (wasserfrei)

- Harz- und Fettsäuren (Extraktion unter Zusatz von Salzsäure)
- verstärkte Harzleime
- Glyoxal
- oberflächenaktive Stoffe
- Glycerin
- Polyethylenglykole
- Harnstoff- und Melaminharze (nur teilweise löslich)
- Polyvinylacetat (aus PVA)
- Methylcellulose, Ethylcellulose

- Sorbinsäure
- höhere aliphatische Alkohole
- Fettsäureester,

d. h. es werden überwiegend Leimungsstoffe, Naßverfestigungsmittel sowie Schaumverhütungs-, Feuchthaltemittel und oberflächenaktive Stoffe erfaßt.

Wasser

- lösliche anorganische Salze
- hydrophile Kolloide: Carboxymethylcellulose, Hydroxyethylcellulose, Stärke, Dextrin, Alginate, Mannogalaktan (alk. Medium)
- Zucker
- Proteine: Tierleim, Kasein (alk. Medium)
- Tannin
- Ameisensäure, Benzoesäure und Aluminium-Formiat
- Harnstoff (nur heiß löslich)
- p-Hydroxybenzoesäureethyl- und/oder -propylester (alk. Medium)
- Ethylendinitrilotetraessigsäure (sehr schwach löslich)
- Polyvinylpyrrolidon
- Polyethylenimin
- Polyacrylate, Methacrylate,

d. h. es werden überwiegend Leimungsstoffe, hydrophile Kolloide, Konservierungs-, Retentions-, Fällungs- und Fixiermittel erfaßt.

Spezielle Lösungsmittel

- Benzol: für nicht vernetzte Silicone
- Butanol/Wasser: für nicht vernetzte Alkylketendimere
- Cyclohexan: für Pentachlorphenol, 4-Chlor-3-methylphenol
- Ether, Chloroform: für bromhaltige Schleimbekämpfungsmittel
- n-Heptan: für oliophile Verbindungen, allgemein.

Eine kleine Papierprobe wird mit einem der Lösungsmittel im Reagenzglas, je nach Löslichkeitsverhalten kalt oder heiß behandelt, oder es wird ein Wattebausch mit einem der vorgeschlagenen Lösungsmittel getränkt und hiermit bei oberflächenbehandelten Papieren die Papieroberfläche abgerieben (Zellstoffwatte nach DAB 8). Die mit dem Wattebausch aufgenommene Oberflächenpräparation wird mit dem eingesetzten Lösungsmittel aus der Watte extrahiert, einer Vorprobe unterworfen oder durch IR-Spektrographie identifiziert.

Nach Ermittlung des geeigneten Lösungsmittels wird eine größere Papierprobe mit diesem extrahiert, der Extrakt weitgehend eingeengt und IR-spektrometrisch untersucht. Bei beidseitigen aber unterschiedlichen Oberflächenpräparationen des Papiers muß jede Seite mit einem Wattebausch behandelt und jeder Extrakt untersucht werden.

Bei einiger Erfahrung kann mit dieser Vorprobe, in Verbindung mit den Ergebnissen der im folgenden beschriebenen orientierenden Analyse, bereits eine weitgehende Aussage erzielt werden (falls häufig Papiere gleicher oder ähnlicher Herstellungsbedingungen und gleicher Anwendungszwecke untersucht werden, empfiehlt es sich, eine Sammlung von IR-Vergleichsspektren anzulegen bzw. IR-Karteien zu verwenden).

2.2.2 Durchführung der orientierenden Analyse [2.3, 2.6 – 2.9]

Elementaranalysen

Für den Aufschluß werden etwa 100 mg der fein zerkleinerten Papierprobe zusammen mit einem erbsengroßen Stück Natrium in ein Reagenzglas gegeben, das auf kleiner Flamme bis zur Schmelze des Natriums erhitzt wird. Nach Abkühlen gibt man weitere 50 mg der zerkleinerten Papierprobe und ein weiteres Stück Natrium zu und verschließt mit einem Glaswollestopfen. Beginnend von der Mitte des Reagenzglases nach unten, erhitzt man langsam bis zur Rotglut und hält diese für 2 – 3 min. Zur Vermeidung von Stickstoffverlusten soll beim Erhitzen keine starke Gasentwicklung entstehen. Nach Abkühlen des Reaktionsgemisches wird das nicht umgesetzte Natrium mit Methanol gebunden. Das Reagenzglas wird in einem Becherglas mit 12 – 15 ml Wasser zerstoßen, das Reaktionsgemisch aufgekocht und filtriert. Bei richtig durchgeführter Schmelze ist das Filtrat farblos. Eventuell auftretende Färbungen deuten auf die Anwesenheit von Chrom.

Reagenzien

– Natrium
– Methanol.

Stickstoff (Lassaigne-Probe)

1 ml der filtrierten Aufschlußlösung wird in einem Reagenzglas mit wenigen Tropfen Eisen(II)-sulfat versetzt und aufgekocht. Es bildet sich Kaliumcyanoferrat(II). Das Reaktionsgemisch wird auf Zimmertemperatur abgekühlt und tropfenweise Salzsäure bis zur sauren Reaktion zugegeben. Das Cyanoferrat reagiert mit Eisen(III)-chlorid unter Bildung von Berliner Blau. Enthält das Papier viel Stickstoff, fällt Berliner Blau als Niederschlag aus, bei Anwesenheit geringer Stickstoffmengen entsteht nur eine grünblaue Färbung. Die Reaktion ist besonders gut zu erkennen, wenn man einige Tropfen der gut durchgeschüttelten Lösung auf Filtrierpapier gibt. Enthält das Papier Schwefel, entsteht Eisen(II)-sulfid.

Reagenzien

– Eisen(II)-sulfat-Lösung, gesättigt
– Salzsäure ($\rho = 1,16$ g/ml).

Schwefel

1 – 2 ml der filtrierten Aufschlußlösung werden mit einigen Tropfen einer Dinatriumpentacyanonitrosylferrat(II)-Lösung versetzt. Bei Anwesenheit von Schwefel

tritt Violettfärbung auf. Da dieser Schwefelnachweis äußerst empfindlich ist und keinen Aufschluß über die Menge an Schwefel geben kann, empfiehlt sich 1 ml der filtrierten Aufschlußlösung mit Blei(II)-acetat-Lösung zu versetzen und mit Essigsäure anzusäuern. Je nach Schwefelgehalt der Probe bildet sich nur eine dunkle Trübung oder ein mehr oder weniger starker Niederschlag von Blei(II)-sulfid.

Reagenzien

- Blei(II)-acetat-Lösung
- Essigsäure (c = 2 mol/l)
- Dinatriumpentacyanonitrosylferrat(II)-Lösung (1 % m/v): kurz vor der Bestimmung ansetzen.

Chlor, Brom

1 ml der filtrierten Aufschlußlösung wird mit Salpetersäure angesäuert und die beiden Halogene werden mit Silbernitrat-Lösung nachgewiesen. Bei Anwesenheit von Stickstoff muß man vor der Fällung mit Silbernitrat die entstandene Blausäure durch Erhitzen auf dem Wasserbad austreiben.

Chlor kann sehr schnell mit der sogenannten Beilstein-Reaktion nachgewiesen werden. Hierzu wird auf einem Kupferlöffel, einem Stück Kupfernetz oder mittels eines blanken Kupferdrahtes eine Probe der Lösung in die nichtleuchtende Gasflamme gehalten. Beim Vorliegen von Chlor färbt sich die Flamme leuchtend grün. Intensität und Dauer der Färbung geben Aufschluß über die Menge.

Reagenzien

- Salpetersäure (ρ = 1,40 g/ml)
- Silbernitrat-Lösung (c = 0,1 mol/l).

Fluor

Benetzungsprobe

0,5 ml Schwefelsäure werden in einem ungebrauchten Reagenzglas mit 1 ml der filtrierten Aufschlußlösung versetzt, eine Spatelspitze Kaliumdichromat wird zugegeben und kräftig geschüttelt. Die Glaswandung benetzt sich. Man erhitzt vorsichtig und schüttelt erneut. Bei Anwesenheit von Fluor wird die Wandung des Glases nicht mehr benetzt.

Entfärbung des orangegelb gefärbten Peroxotitan-Komplexes

Zu 1–2 ml der mit Schwefelsäure angesäuerten, filtrierten Aufschlußlösung werden ca. 5 Tropfen des Titanreagenzes zugegeben. Die gleiche Anzahl von Tropfen wird einer Blindprobe von 1–2 ml einer mit Schwefelsäure angesäuerten Natronlauge zugesetzt. Fluor ist vorhanden, wenn der Peroxotitan-Komplex beim Zusatz zur Probelösung entfärbt wird, bei der Blindprobe jedoch gelb bleibt.

Reagenzien

- Schwefelsäure ($p = 1,84$ g/ml)
- Kaliumdichromat
- Natronlauge (c = 0,1 mol/l)
- Titanreagenz: 20 ml Schwefelsäure (c = 2,5 mol/l) werden mit 50 ml Titan(IV)-oxisulfat-Lösung (c = 0,05 mol/l) versetzt. Zu dieser Lösung werden kurz vor der Prüfung auf Fluor 1–2 Tropfen Wasserstoffperoxid zugegeben.

Chrom

Farbreaktion mit Chromotropsäure

2 ml der filtrierten Aufschlußlösung werden mit etwas Natriumperoxid oder Ammoniumperoxodisulfat versetzt und 5 min gekocht, um das überschüssige Peroxid zu beseitigen. Der abgekühlten Lösung werden 1 Tropfen o-Phosphorsäure und 10 Tropfen Schwefelsäure sowie 1 Tropfen einer wäßrigen Lösung von Chromotropsäure Dinatriumsalz zugegeben. Bei Anwesenheit von Chrom entsteht eine hellrote Färbung. Titan stört die Reaktion durch Bildung einer blutroten Färbung. Für diesen Fall wird auf den Nachweis von Chrom(VI) mit 1,5-Diphenylcarbazid verwiesen. Die Aufschlußlösung wird mit Salzsäure stark angesäuert und mit 1,5-Diphenylcarbazid-Lösung versetzt. Violettfärbung zeigt Chrom(VI) an.

Reagenzien

- Natriumperoxid
- o-Phosphorsäure ($\varrho = 1,71$ g/ml)
- Schwefelsäure ($p = 1,84$ g/ml)
- Chromotropsäure-Dinatriumsalz(4,5-Dihydroxynaphtahlin-2,7-Disulfonsäure)-Lösung (1 % m/v)
- Salzsäure ($p = 1,12$ g/ml)
- 1,5-Diphenylcarbazid-Lösung: 0,25 g 1,5-Diphenylcarbazid werden in 100 ml Aceton gelöst.

Phosphor

2 ml der filtrierten Aufschlußlösung werden mit Salpetersäure angesäuert, aufgekocht und mit 1 ml Ammoniumheptamolybdat-Lösung versetzt. Eine gelbe Trübung bzw. Fällung verweist auf Phosphor.

Reagenzien

- Salpetersäure (c = 2 mol/l)
- Ammoniumheptamolybdat-Lösung: 5 g Ammoniumheptamolybdat werden in 100 ml Wasser gelöst und mit 35 ml Salpetersäure ($p = 1,40$ g/ml) versetzt.

2.2.3 Direkte Nachweise im Papier bzw. im Extrakt

Ammonium und Amidostickstoff

Eine in Ethanol extrahierte Papierprobe wird in einem Reagenzglas mit Natronlauge gekocht. Ammoniakentwicklung kann mit feuchtem Lackmuspapier festgestellt werden.

Bei undeutlicher Lackmusreaktion kann das Vorhandensein von Ammoniak mit Neßlers Reagenz nachgewiesen werden: ein Reagenzglas wird mit einem durchbohrten Stopfen und einem winklig gebogenen Glasrohr versehen. Die mit Ethanol extrahierte Papierprobe wird eingegeben und nach dem Verschließen mit Natronlauge erwärmt, die austretenden Gase werden in Wasser eingeleitet, das einige Tropfen Neßlers Reagenz enthält. Es entsteht eine gelbbraune Lösung, aus der sich nach einiger Zeit braune Flocken abscheiden.

Reagenzien

- Ethanol
- Natronlauge ($\rho = 1,22$ g/ml)
- Lackmuspapier, neutral
- Neßlers Reagenz: 6 g Quecksilber(II)-chlorid werden in 50 ml Wasser gelöst und mit 7,4 g Kaliumiodid, gelöst in 50 ml Wasser, versetzt. Das ausgefällte Quecksilber(II)-iodid wird dreimal mit Wasser gewaschen und nach dem letzten Waschen dekantiert. 5 g Kaliumiodid werden zugefügt. Es bildet sich Kaliumtetraiodomercurat(II). Nun werden 20 g Natriumhydroxid, gelöst in wenig Wasser, zugesetzt und mit Wasser auf 100 ml aufgefüllt. Eventuell auftretende Trübungen können durch Dekantieren entfernt werden.

Organisch gebunden: Silicium, Schwefel und Phosphor

Etwa 0,2 g Papier werden 5 min am Rückflußkühler mit 10 ml Toluol extrahiert und dann dem Toluol entnommen. Die extrahierte Papierprobe wird anschließend mit 10 ml Ethanol am Rückflußkühler zum Sieden gebracht, dem Ethanol entnommen und verworfen. Toluol- und Ethanolextrakt werden filtriert und gemeinsam in einem Platintiegel zur Trockne eingedampft. Dem Rückstand setzt man 1 g Natriumcarbonat und 0,1 g Natriumperoxid zu, schmilzt und glüht bei 700 °C. Nach Auflösen der Schmelze in Salzsäure werden nachgewiesen:
- SO_4^{2-} mit Bariumchlorid-Lösung
- PO_4^{3-} mit Ammoniumheptamolybdat-Lösung
- SiO_2 mit Ammoniumheptamolybdat-Lösung bzw. als unlösliches SiO_2.

Durchführung des SiO_2-Nachweises

1 ml Probe wird mit 1 ml Ammoniumheptamolybdat-Lösung in einem Reagenzglas versetzt, erwärmt und abgekühlt. Nach Zugabe von je einem Tropfen 4,4′-Diaminodiphenyl-Lösung (Benzidin-Lösung) und Natriumacetat-Lösung zeigt die entstehende blaue Färbung SiO_2 an. Ein qualitativer Nachweis von organisch gebundenem SiO_2 ist infrarotspektrometrisch, direkt aus dem Toluolextrakt möglich.

Reagenzien

- Toluol
- Ethanol
- Natriumcarbonat
- Natriumperoxid
- Salzsäure ($c = 0,1$ mol/l)
- Bariumchlorid-Lösung ($c = 1$ mol/l)

- Ammoniumheptamolybdat-Lösung
- gesättigte Natriumacetat-Lösung
- 4,4'-Diaminodiphenyl-Lösung: 50 mg 4,4'-Diaminodiphenyl werden in 10 ml Essigsäure (50% v/m) gelöst und mit Wasser auf 100 ml aufgefüllt.

Formaldehyd (Methanal) (in Melamin- und Harnstoffharzen und Anlagerungsprodukten an Kolophonium) sowie sonstige Aldehyde (z.B. Glyoxal) und Aldehydgruppen (z.B. in modifizierten Stärken)

Durch Spaltung organischer Holzinhaltsstoffe können die nachfolgenden Reaktionen auf Formaldehyd, auch bei Abwesenheit von Formaldehyd, schwach positiv ausfallen.

Reaktion mit Phenylhydrazin

Man verteilt 2 Tropfen Phenylhydrazin-Lösung auf der Papieroberfläche und läßt sie 30 sec einwirken. Danach setzt man 1 Tropfen Eisen(III)-chlorid-Lösung zu.

Tritt nach Zugabe der Eisen(III)-chlorid-Lösung eine sofortige Färbung auf, verweist sie auf Formaldehyd, gebunden an Harnstoff- oder Eiweißprodukte, nach 2–10 min auf Melamin-Formaldehydharz; wenig ausgeprägte Färbung nach ca. 30 min verweist auf sonstige Aldehydgruppen (Stärke oder Furfurol aus Fasermaterial).

Reagenzien

- Eisen(III)-chlorid-Lösung (10% m/v)
- Phenylhydrazin-Lösung: In 98 g Schwefelsäure (ρ = 1,18 g/ml) werden 2 g Phenylhydrazin gelöst.

Reaktion mit Chromotropsäure

Ca. 0,1 g einer Papierprobe werden mit 3–5 ml Schwefelsäure in einem Reagenzglas aufgekocht, das Papier wird abfiltriert. Dem abgekühlten Extrakt fügt man 5 ml Chromotropsäure-Reagenz zu und erhitzt für 10 min im Wasserbad bei ca. 50 °C. Die Anwesenheit von Formaldehyd zeigt eine rotviolette Färbung an.

Reagenzien

- Schwefelsäure (c = 2 mol/l)
- Chromotropsäure-Reagenz: 1 g 4,5-Dihydroxynaphthalin-2,7-Disulfonsäure Dinatriumsalz-Dihydrat wird in 100 ml Wasser gelöst, filtriert, 300 ml Schwefelsäure (ρ = 1,84 g/ml) werden zugegeben und mit Wasser wird auf 500 ml aufgefüllt. Bei Aufbewahren in brauner Flasche ist die Lösung ca. 3 Wochen haltbar.

Reaktion mit Schiffs Reagenz

Zu einer Papierprobe gibt man im Reagenzglas 5 ml Schiffs Reagenz. Färbt sich die Probe nach 10–30 min rot bis violett, ist Aldehyd vorhanden.

Reagenzien

- Schiffs Reagenz: Einleiten von SO_2 in Säurefuchsin-Lösung (1% m/v; Säurefuchsin C.I. Nr. 42685) bis zur nahezu vollständigen Entfärbung. Es empfiehlt sich, Schiffs Reagenz fertig zu beziehen.

Harz und verstärkte Harzleime (Addukte aus Kolophonium und Maleinsäure)

Nachweis nach Storch-Morawski (im Extrakt)

Ca. 1 g Papier wird mit Petroleumbenzin und/oder Ethanol am Rückflußkühler zum Sieden gebracht. Der Extrakt wird über eine Glasfilternutsche vom Papier abfiltriert und zur Trockne eingedampft. Der Rückstand wird mit ca. 10 ml Essigsäureanhydrid etwa 30 sec gekocht. Ist die heiße Lösung klar, trübt sich aber beim Abkühlen unter fließendem Wasser, so sind Mineralöle, Paraffine oder Mikrowachse vorhanden. Diese müssen abfiltriert werden. Dem Filtrat setzt man in einem Reagenzglas 2–3 Tropfen Schwefelsäure so vorsichtig zu, daß sich deutlich zwei Schichten bilden. Beobachtet werden die Färbung der Grenzschicht und die der Essigsäureanhydridphase sofort nach Zugabe der Schwefelsäure.

Farbreaktionen

Im Petroleumbenzinextrakt gibt violette bis braune Färbung Hinweis auf Harz oder modifizierte Harze; im Ethanolextrakt bei weinroter in braun übergehender Färbung der Anhydridphase auf addukte Kolophonium/Maleinsäure; bei hellgrüner bis dunkelgrüner Farbe der Anhydridphase auf Öle, Mineralwachse oder Pflanzenwachse.

Reagenzien

- Petroleumbenzin (Siedebereich 40°–60 °C)
- Ethanol
- Essigsäureanhydrid
- Schwefelsäure ($\rho = 1{,}84$ g/ml).

Nachweis nach Liebermann-Storch

Ca. 1 g Papier wird in einem 50 ml-Erlenmeyerkolben mit 5 ml Essigsäureanhydrid gekocht bis 4/5 der Lösung verdampft sind, es wird abgekühlt und in ein Reagenzglas filtriert. 1 Tropfen Schwefelsäure wird vorsichtig an der Wandung des Reagenzglases entlang zugegeben und gegen einen weißen Hintergrund beobachtet. Eine unbeständige rotviolette Färbung an der Stelle, an der Schwefelsäure und Essigsäureanhydrid zusammentreffen, zeigt die Gegenwart natürlicher Harze an (sehr empfindlicher Test, aber wenig spezifisch).

Reagenzien

- Essigsäureanhydrid
- Schwefelsäure ($\rho = 1{,}84$ g/ml).

Kupferacetat-Test

Ca. 1 g Papier wird mit 10 ml Ethanol am Rückflußkühler zum Sieden gebracht, abgekühlt und in ein Reagenzglas abfiltriert. Zu 2−3 ml dieses Extraktes werden 5 ml einer wäßrigen Kupfer(II)-acetat-Lösung gegeben. Nach Zufügen von 5 ml Wasser und 5 ml Petroleumbenzin läßt man zur Trennung der Schichten stehen. Smaragdgrüne Farbe im Petroleumbenzin zeigt Harz an. Addukte aus Kolophoniumharzen und Maleinsäure (verstärkte Harzleime) geben nur dann einen positiven, jedoch schwächeren Effekt, wenn Freiharzgehalt im Addukt vorliegt. Bei oxidierten Harzen verläuft der Test negativ.

Reagenzien

− Ethanol
− Kupfer(II)-acetat-Lösung (3% m/v)
− Petroleumbenzin (Siedebereich 40°−60°C).

Stärke, Dextrine (abgebaute Stärke) und Polyvinylalkohol

Nachweis im Kaltwasserextrakt

Ca. 0,2 g Papier werden in 10 ml Wasser im Reagenzglas durch Schütteln extrahiert, abfiltriert und dem Filtrat 1−2 Tropfen Iod-Kaliumiodid-Lösung zugesetzt. Braunviolette Färbung, die beim Erhitzen verschwindet und beim Abkühlen wieder erscheint, zeigt Dextrin an.

Nachweis nach der Kaltwasserextraktion im Papier

1−2 Tropfen Iod-Kaliumiodid-Lösung werden direkt auf die Oberfläche der extrahierten Papierprobe aufgebracht. Eine sofort erscheinende blaue Färbung verweist auf Stärke. Der Test kann durch Polyvinyl-Alkohol, der eine braunrote Farbe ergibt, gestört werden.

Nachweis nach Aufkochen der mit kaltem Wasser extrahierten Papierprobe

Eine weitere kalt extrahierte Papierprobe wird 1−2 min in 10 ml Wasser gekocht und in ein Reagenzglas abfiltriert. Bildet sich nach Abkühlen und Zusatz von 1−2 Tropfen Iod-Kaliumiodid-Lösung zum Wasserextrakt sofort eine blaue Färbung, ist Stärke vorhanden.

Nachweis nach Aufkochen des Papiers in salzsaurer Lösung

Ist weder auf dem Papier noch in den Extrakten Blaufärbung aufgetreten, werden ca. 0,2 g Papier 2 min in 10 ml Wasser und 1 ml Salzsäure gekocht. Nach Abkühlen und Zugabe von Iod-Kaliumiodid-Lösung zum Extrakt, deutet eine blaue bzw. blaurote Färbung auf das Vorhandensein von modifizierten Stärken.

Nachweis des ionogenen Verhaltens von Stärke in Papier

Ca. 1 g Papier wird in 100 ml Wasser mit Hilfe eines Aufschlaggerätes suspendiert. Dieser Suspension werden je 30 Tropfen der Lösungen 1, 2 und 3 zugegeben, nach jedem Zusatz wird gut gemischt. Je nach ionogenem Verhalten treten folgende Färbungen auf:
- kationisch: rot bis violett
- anionisch: graublau bis blaugrün.

Die Färbungen kann man vor den eigentlichen Prüfungen mit eindeutig anionischen bzw. kationischen Stärken festlegen und die Farbintensitäten mit einer Verdünnungsreihe ermitteln.

Nachweis von Polyvinylalkohol [2.10]

Ca. 1 g der Probe wird in ein 250 ml-Becherglas gegeben, mit 50 ml Wasser übergossen und zerfasert. Die Probe wird 15 min bei 60 °C gerührt und über ein Glasfaserfilter filtriert. 1 ml des Extraktes wird mit 1 ml Iod-Reagenz versetzt. Färbt sich die Lösung blau, ist Stärke vorhanden, die enzymatisch abgebaut werden muß. Nimmt die Lösung lediglich einen braunen Farbton an, ist anzunehmen, daß sie stärkefrei ist.

In diesem Fall gibt man 1 ml des Extraktes 1 ml Iod-Borsäure-Reagenz hinzu. Bei Anwesenheit von Polyvinyl-Alkohol entsteht, je nach Konzentration, ein grüner bis tiefblauer Farbkomplex.

Reagenzien

- Salzsäure ($\rho = 1,16$ g/ml)
- Iod-Kaliumiodid-Lösung: 5 g Iod werden gelöst in einer Lösung von 7,5 g Kaliumiodid in 10 ml Wasser.
- Farblösung 1: Ethylalkoholische Lösung von Sicophloxinsäure Z (0,1% m/v; halogeniertes Fluorescein). Lieferfirma: G. Siegle & Co. GmbH, Stuttgart-Feuerbach, Sieglestraße 25.
- Farblösung 2: Wäßrige Lösung von Malachitgrün, C.I. Nr. 42000 (0,005% m/v).
- Farblösung 3: Ameisensäure (10% v/v)
- Iod-Reagenz: 1,7 g Kaliumiodid und 1,2 g Iod werden in 1 l Wasser gelöst.
- Amyloglukosidase
- Iod-Borsäure-Reagenz: 0,63 g Iod, 1,0 g Kaliumiodid und 32 g Borsäure werden unter Erhitzen in 1 l Wasser gelöst.

Eiweißstoffe (Kasein, Tierleim, Pflanzliche Eiweißstoffe)

Allgemeiner Protein-Nachweis mit Ninhydrin

Auf die Papieroberfläche sprüht man Ninhydrin-Reagenz auf. Die Probe wird auf einer Heizplatte 2–10 min bis zur Farbreaktion erwärmt. Violette bis blaue Färbung tritt auf bei Gegenwart von Eiweißstoffen, blaurote Färbung bei Anwesenheit von Kasein. Der Test ist sehr empfindlich; er spricht z.B. auch auf mikrobiellen

Schleim an. Eine Blindprobe mit Papieren, deren Proteingehalt bekannt ist, wird daher empfohlen.

Reagenzien

- Ninhydrin-Sprühreagenz: 0,1 g Ninhydrin (2,2-Dihydroxyindan-1,3-dion) werden in 100 ml Aceton gelöst.

Kaseinnachweis nach Adamkiewicz

Ca. 0,1 g Papier werden mit 10 ml Natronlauge 20−30 min gekocht und abfiltriert, der Extrakt wird im Reagenzglas auf 2−3 ml eingedampft. Zu der abgekühlten Lösung werden einige Tropfen Adamkiewicz-Reagenz gegeben. Rotviolette Färbung deutet auf Kasein; Tierleim ergibt keine Reaktion. Die Reaktion ist spezifisch, aber nicht sehr empfindlich. Zu beachten ist, daß sich die Farbe oft erst nach einigen Stunden bildet.

Reagenzien

- Natronlauge (1% m/v)
- Adamkiewicz-Reagenz: 1 Volumteil Schwefelsäure ($\rho = 1,84$ g/ml) und 2 Volumteile Essigsäure ($\rho = 1,05$ g/ml) werden gut gemischt.

Allgemeiner Nachweis auf Proteine mit Schmidts Reagenz (nach TAPPI T 417 os-68 [2.11])

Ca. 0,5 g Papier werden 3−5 min mit 10 ml Natronlauge gekocht. Der Extrakt wird abfiltriert oder dekantiert. Nach Abkühlen wird Phenolphthalein-Lösung zugesetzt und mit Salpetersäure genau neutralisiert. Dann werden 1 Teil Schmidts Reagenz 2 Teile Reaktionsmischung zugegeben. Bei Anwesenheit von Protein-Stickstoff bildet sich ein weißer Niederschlag.

Der Test ist sehr empfindlich; falls kein oder nur ein schwacher Niederschlag auftritt, ist anzunehmen, daß im Papier Eiweißstoffe nur in Spuren vorliegen.

Reagenzien

- Natronlauge (1% m/v)
- Salpetersäure (c = 0,5 mol/l)
- Phenolphthalein-Lösung (1% in Ethanol)
- Schmidts Reagenz: 3 g Ammoniumheptamolybdat werden in 140 ml Wasser gelöst. Eine Lösung von 10 ml Salpetersäure ($\rho = 1,40$ g/ml) und 130 ml Wasser wird hergestellt und zu gleichen Teilen mit der Molybdat-Lösung gemischt. Werden die beiden Stammlösungen getrennt aufbewahrt, sind sie unbegrenzt haltbar.

Weitere Nachweisreaktionen für Kasein sind der Millon-Test für Kasein und Sojaprotein, die Tryptophan-Reaktion (relativ unempfindlich) und die Xanthoprotein-Reaktion (gestört durch Holzfasern) [2.7].

Nachweis von Tierleim mit Ehrlichs Reagenz

Der Nachweis beruht auf der Reaktion mit Hydroxyprolin, das bei der Hydrolyse von Kollagen entsteht. Er ist spezifisch für Tierleim, andere stickstoffhaltige Substanzen stören nicht [2.12].

0,20 ml Natronlauge und 1 cm^2 Papier werden in einem Reagenzglas 10 min in siedendem Wasserbad belassen. Danach wird einige Sekunden unter fließendem Wasser abgekühlt und 1 ml Kupfer(II)-sulfat-Lösung zugesetzt. Nach Vermischen fügt man 0,5 ml Wasserstoffperoxid zu, schüttelt bis die Gasentwicklung nahezu beendet ist und gibt zur Zerstörung des überschüssigen Peroxids zurück ins siedende Wasserbad. Danach wird erneut mit fließendem Wasser gekühlt; 2,5 ml Schwefelsäure werden zugesetzt und diesem Reaktionsgemisch 1,5−2 ml Ehrlichs Reagenz, anschließend wird im Wasserbad auf 80°−90 °C erhitzt. Bei Gegenwart von Tierleim erscheint innerhalb von 10 min eine rosenrote bis rosa Färbung.

Reagenzien

- Natronlauge (c = 12,5 mol/l)
- Kupfer(II)-sulfat-Lösung (c = 0,02 mol/l)
- Wasserstoffperoxid (4% v/v)
- Schwefelsäure (c = 3,0 mol/l)
- Ehrlichs Reagenz: 1 g 4-Dimethylaminobenzaldehyd wird in 20 ml 1-Propanol gelöst. Die Lösung ist einsatzfähig, solange sie farblos oder gelblich bleibt, bei Auftreten einer grünen, braunen oder roten Farbe ist sie zu verwerfen.

Celluloseether

Nachweis von Carboxymethylcellulose (CMC) bzw. Methylcellulose direkt im Papier

Ca. 0,5 g Papier werden mit 5 ml einer Lithiumchlorid-Lösung und 2−3 Tropfen Iod-Lösung in ein Reagenzglas gegeben. Nach 2−3 h zeigt eine blaue Färbung CMC, eine rote Methylcellulose an. Eine sofort auftretende Blaufärbung der Papierprobe kann durch das Fasermaterial verursacht worden sein. In diesem Fall muß der Nachweis im Trockenrückstand eines Heißwasserauszuges vorgenommen werden.

Reagenzien

- Lithiumchlorid-Lösung (gesättigt)
- Iod-Lösung (c = 0,01 mol/l).

Nachweis von CMC im alkalischen Extrakt

Methode 1

Der Extrakt wird mit Schwefelsäure versetzt, aus CMC entsteht Glykolsäure. Diese kann kolorimetrisch mit Naphthalindiol-(2,7) nachgewiesen werden. Zu beachten ist, daß schon Zellstoff allein einen hohen Blindwert bewirken kann.

Ca. 1 g Papier wird mit 25 ml Natronlauge 15 min auf dem Wasserbad behandelt. Der filtrierte Extrakt wird mit Schwefelsäure neutralisiert (Methylorange). Anschließend setzt man soviel Schwefelsäure zu, daß die Probelösung einen Schwefelsäuregehalt von 50% (m/m) hat und erhitzt 1 h am Rückflußkühler. Nach dem Abkühlen gibt man 1 ml des erkalteten Extraktes 10 ml Naphthalindiol-(2,7)-Reagenz zu. Bei Anwesenheit von CMC tritt nach Erwärmen in siedendem Wasser innerhalb von 20 min eine Violettfärbung auf.

Reagenzien

- Natronlauge (6% m/m)
- Schwefelsäure (c = 1 mol/l)
- Methylorange-Lösung
- Schwefelsäure (ρ = 1,84 g/ml)
- Naphthalindiol-(2,7)-Reagenz: 10 mg Naphthalindiol-(2,7) werden in 100 ml Schwefelsäure gegeben.

Methode 2

In stark schwefelsaurer Lösung reagiert Glykolsäure weiter zu Formaldehyd, welcher in bekannter Weise mit Chromotropsäure bestimmt werden kann. Hierbei müssen andere Formaldehyd enthaltende oder abspaltende Stoffe berücksichtigt werden.

Ca. 1 g zerkleinerte Papierprobe wird in einem 100 ml-Becherglas mit 25 ml Natronlauge (6% m/m) 2,5 h gerührt und dann abfiltriert. Das Filtrat wird nach Zusatz von 25 ml Wasser und 36 ml Schwefelsäure 3−4 h am Rückflußkühler gekocht. 10 ml dieser Lösung werden mit 30 ml Wasser verdünnt, aufgekocht, mit Natronlauge (50% m/m) schwach alkalisch eingestellt, filtriert und eventuell mit Aktivkohle entfärbt. 10 ml dieses Filtrates dampft man in einer Porzellanschale ein, trocknet 5 min bei 105 °C im Trockenschrank, gibt einige Kristalle Chromotropsäure Dinatriumsalz und einige Tropfen Schwefelsäure zu und erhitzt 3 min auf dem Wasserbad. Eine violette Färbung zeigt die Anwesenheit von aus CMC entstandenem Formaldehyd an.

Naßfestharze (Formaldehydprodukte) im Papier stören diesen Nachweis. Wurde Formaldehyd aus Naßfestprodukten nachgewiesen, so muß dieser vor dem Nachweis von CMC mit Schwefelsäure (2% m/m) abdestilliert werden.

Reagenzien

- Natronlauge (6% m/m)
- Natronlauge (50% m/m)
- Schwefelsäure (ρ = 1,84 g/ml)
- Aktivkohle
- Chromotropsäure Dinatriumsalz
- Schwefelsäure (2% m/m).

Alginate

Die Extraktion des Papiers kann entweder mit Wasser oder mit Natronlauge vorgenommen werden. Einerseits läßt man ca. 2 g der Papierprobe 1 h in einigen ml Wasser quellen und extrahiert mit 50 ml warmem Wasser, andererseits wird ca. 1 g Papier mit einem Rührwerk in 200 ml Natronlauge aufgeschlagen, und die Fasern werden über Glasfaser-Filter abfiltriert. Es wird mit schwach alkalischem Wasser nachgewaschen.

Der Extrakt wird mit Salzsäure auf pH 8 eingestellt, auf ca. 50 ml eingeengt und abgekühlt. Zu ca. 10 ml gibt man 6 ml einer Magnesiumnitrat-Lösung und schüttelt. Eine eventuell auftretende Fällung trennt man durch Zentrifugieren oder Filtrieren ab. Der Probelösung setzt man 1 Tropfen Schwefelsäure zu, anwesendes Alginat fällt aus. Es wird abfiltriert bzw. zentrifugiert und mit Ethanol neutral gewaschen. Der Niederschlag wird auf dem Filter getrocknet, anschließend im Reagenzglas in 0,15 ml Natronlauge gelöst, mit 1 ml Alginat-Reagenz versetzt und geschüttelt. Nach einigen Minuten (eventuell erst nach einigen Stunden) tritt bei Anwesenheit von Alginat eine purpurrote Färbung auf, bei mehr als 0,5 mg Alginat geht sie in braunschwarz über. Stärke, Pflanzenschleim und Formaldehyd stören die Reaktion nicht.

Reagenzien

- Natronlauge (0,1% m/m)
- Salzsäure (1% m/v)
- Magnesiumnitrat-Lösung (gesättigt)
- Ethanol (75% v/v)
- Schwefelsäure ($\rho = 1{,}84$ g/ml)
- Alginat-Reagenz:
  Einer Eisen(III)-chlorid-Lösung wird im Überschuß Ammoniak zugegeben, Eisen-(III)-hydroxid fällt aus. Der Niederschlag wird abfiltriert, mit kochendem Wasser neutral gewaschen und auf dem Wasserbad getrocknet. Das trockene Eisen(III)-hydroxid versetzt man mit Schwefelsäure und läßt es einige Tage stehen. Die klare Lösung wird dekantiert und als Reagenz für Alginat verwendet.

Silicone

Ergibt die Voruntersuchung der Papierasche einen positiven Si-Befund, so kann dieser sowohl Siliconen als auch mineralischen Si-haltigen Füllstoffen entstammen. Auf nicht vernetzte Anteile von Siliconen kann wie folgt geprüft werden.

Papier wird mit einem Lösungsmittel extrahiert, das jeweilige Lösungsmittel abgedampft, der Rückstand mit Schwefelkohlenstoff aufgenommen, auf eine Kaliumbromidtablette gebracht und IR-spektrographisch untersucht. Als Lösungsmittel werden vorgeschlagen: Benzol, Aceton, Schwefelkohlenstoff, Trichlorethylen/Essigsäureethylester.

Silicon kann auch IR-spektrographisch durch den Einsatz der ATR (Attenuated Total Reflection) [2.13] und FMIR-Technik (Frustrated Multiple Total Reflection) [2.13] direkt auf dem Papier nachgewiesen werden.

Zur qualitativen Bestimmung zieht man die stark ausgeprägte Bande der CH_3-Scherenschwingung bei $\lambda = 7{,}94$ nm (Wellenzahl 1259,4 cm^{-1}) heran. Die Banden sind im Atlas der Polymer- und Kunststoffanalyse [2.14] zusammengestellt.

Reagenzien

- Schwefelkohlenstoff für die Spektroskopie
- Kaliumbromid für die Spektroskopie
- Benzol
- Aceton
- Trichlorethylen/Essigsäureethylester (95:5 v/v).

Dialkyldiketene

Für die Probenlösung werden ca. 5 g. Papier zerkleinert, in 50 ml iso-Butanol/ Wasser mindestens 4 h, besser länger, am Rückflußkühler gekocht und abfiltriert. Der Extrakt wird zur Trockne eingedampft und der Rückstand in 5 ml Tetrachlorkohlenstoff aufgenommen. 5 ml Methanol und 0,1 g 2,4-Dinitrophenylhydrazin werden zugegeben. Es wird am Rückflußkühler 5 min erhitzt. Nach dieser Zeit wird 0,5 ml Salzsäure zugesetzt und eine weitere Minute erhitzt.

Nachweis: Man schneidet einen Streifen Filterpapier von ca. 1,5 × 10 cm und sättigt ihn mit einer Mischung von Aceton und Ethylenglykolmonophenylether. Das Aceton wird weggetrocknet. Die vorbereitete Probelösung wird ca. 1,5 cm vom Rand des Filterpapiers entfernt aufgetragen und in einer geschlossenen Kammer mit n-Hexan aufsteigend chromatographiert. Wenn die Lösungsmittelfront mindestens 5 cm erreicht hat, untersucht man sie auf eine gelbe Bande, die unter UV-Licht bräunlich erscheint. Diese zeigt die Gegenwart von Dialkyldiketenen an [2.15].

Reagenzien

- iso-Butanol/Wasser (95 : 5 v/v)
- Tetrachlorkohlenstoff
- Methanol
- 2,4-Dinitrophenylhydrazin
- Salzsäure ($\rho = 1,16$ g/ml)
- Aceton/Ethylenglykolmonophenylether (2-Phenoxi-ethanol) (90 : 10 v/v)
- n-Hexan.

Stickstoffhaltige Polymere

Eine ausführliche Übersicht über den Nachweis von stickstoffhaltigen Polymeren in Strichen wird in der Literatur von G. Jayme und G. Traser [2.16] dargestellt. Auch diese Autoren bedienen sich der ATR- wie der FMIR-Technik.

Nachweis von Polyacrylsäurcamid, Polyurethanen, Polyamiden, Harnstoff-Formaldehydharzen, Melamin-Formaldehydharzen, Polyacrylnitril, Polyethylenimin, Polyvinylpyrrolidon, Kasein kann mit folgenden Reaktionen durchgeführt werden: Stickstoffhalogenierung, Dinitrophenylierung, Dansylierung [2.17] (Dansylchlorid = Dimethylaminonaphthalinsulfonsäure-(1)-chlorid), Biuret-, Millon-, sowie 2′,3″,5′,5′-Tetrabromphenolphthaleinethylester-Reaktionen.

Stickstoffgrenzwerte

Für eine Vororientierung in bezug auf stickstoffhaltige Verbindungen können Richtwerte angesetzt werden. Im Papier können bei einem üblichen Einsatz an Hilfsstoffen in Gegenwart der in Tabelle 2.3 aufgeführten Stoffe bestimmte Stickstoff-Gehalte vorliegen.

Für die meisten Polymere stehen weitere Untersuchungsmethoden zur Verfügung, so können z. B. Polymethylacrylate qualitativ durch dünnschichtchromatographische Identifizierung nachgewiesen werden. Als Beispiel sei der Nachweis von

Tabelle 2.3. Stickstoffgehalte von Polymeren

Stoffe	Stickstoff-Gehalt in %
Polyamidfasern (Abschätzen durch Mikroskopie)	> 10
Kasein, Tierleim, Eiweißstoffe, Melamin- und Harnstoff-Formaldehyd-Harze in der Masse	0,1 − 2
stickstoffhaltige Hochpolymere als Beschichtung (Vorprüfung mit Neocarmin)	> 10
stickstoffhaltige Entschäumer, Retentionsmittel, Schleimbekämpfungsmittel u. ä.	< 0,1
Epichlorhydrinharze	0,1

Polymethylacrylaten aufgeführt [2.18, 2.19]: 2−4 g Probe werden bei ca. 600 °C pyrolisiert und die entstandenen Dämpfe kondensiert. Zu etwa 0,1 ml Pyrolisat werden 7 ml Methanol und 0,15 g Quecksilber(II)-acetat gegeben und etwa 2 h stehengelassen. Danach fügt man 2,5 ml gesättigte wäßrige Hydrazinsulfat-Lösung zu und filtriert durch ein trockenes Filter. Diese Lösung wird gemäß DIN 53 622 [2.20] chromatographiert. Falls Polymere auf Polymethylacrylat-Basis vorhanden sind, entstehen gelbe Flecken auf violettem Grund.

Reagenzien

− Quecksilber(II)-Acetat
− gesättigte wäßrige Hydrazinsulfat-Lösung.

Farbstoffe

Bei gefärbten Papieren kann man sich einen schnellen Überblick über die vorliegende Farbstoffklasse verschaffen [2.21, 2.22]. Dazu werden Proben mit den angegebenen Lösungsmittelgemischen ausgekocht. Diese Lösungen werden eingedampft und der Farbstoff in Wasser aufgenommen. Die Auffärbeversuche werden aus der gleichen Lösung nacheinander in der Reihenfolge a, b, c durchgeführt (Tabelle 2.4).

Pigmente lassen sich entweder nicht abziehen oder sie können anschließend nicht aufgefärbt werden.

Tabelle 2.4. Abzugs-/Auffärbeschema

		Substantiv	Sauer	Basisch
Lösungsmittel:				
Pyridin/Wasser (1 : 1 v/v)		+	+	+
Ethanol/10%ige Essigsäure (1 : 1 v/v)		−	−	+
Anfärben des Substrats:				
Mercerisiertes Baumwollgewebe	a	+	−	−
Wolle	b	−	+	−
Tannierte Baumwolle	c	−	−	+

2.3 Leimungsmittel
Sizing agents

Bei der Papierherstellung werden Leimungsmittel zur Verringerung der Penetration und Ausbreitung von wäßrigen Flüssigkeiten, dem eigentlichen Leimungseffekt und zur Erhöhung der Oberflächenfestigkeit eingesetzt. Die Zugabe kann in der Masse oder Leimpresse (Oberflächenleimung) erfolgen. Die Masseleimung dient speziell dem Leimungseffekt, die Oberflächenleimung zusätzlich der Erhöhung der Oberflächenfestigkeit.

Als Masseleimungsmittel kommen vor allem Kolophoniumprodukte wie Harzleime und verstärkte Harzleime, z. B. Maleinsäureanhydrid-Addukte, Dialkyldiketene, Alkenylbernsteinsäureanhydride, Polymere aus Styrol, Maleinsäure, Acrylsäure u. a. zur Anwendung. Mittel für die Oberflächenleimung sind vor allem natürliche und abgebaute Stärke, Stärkederivate wie Stärkeether und -ester, Tierleim und Kasein, Paraffin und Wachs, wasserlösliche Celluloseether wie Natriumcarboximethylcellulose und Methylcellulose sowie Polymere auf Acrylester- oder Styrolbasis.

Als Leimungshilfsmittel, die die Wirkung der Leimung unterstützen, kommen z. B. Alginate und Mannogalaktane in Frage.

2.3.1 Kolophoniumprodukte

Die Nachweise von Kolophoniumprodukten in Papier sind in den Voruntersuchungen auf Seite 78 beschrieben. Eine näherungsweise quantitative Bestimmung ist gravimetrisch möglich [2.23, 2.24]. Die Probe (ca. 10 g) wird im Soxhlet mit salzsaurer Ethanol-Lösung extrahiert, der Extrakt zur Trockne eingedampft und in Diethylether aufgenommen. Nach Filtration über Glasfaserfilter wird das Filtrat eingedampft und der Gesamtextrakt ausgewogen. Bei Anwesenheit salzsäurelöslicher Füllstoffe müssen diese vor der Extraktion durch Behandeln mit Salzsäure herausgelöst werden.

Bei Anwesenheit von neutralen Bestandteilen (z. B. Paraffinen) werden diese nach Verseifung des Gesamtextraktes mit ethanolischer Kaliumhydroxid-Lösung durch Extraktion mit Diethylether abgetrennt, ausgewogen und vom Gesamtextrakt abgezogen. Nach Ansäuern der wäßrigen Phase können die Harzsäuren durch Extraktion mit Diethylether auch direkt bestimmt werden.

2.3.2 Dialkyldiketene

Der Nachweis von Dialkyldiketenen in Papier wird in den Voruntersuchungen auf Seite 85 beschrieben. Die quantitative Bestimmung erfolgt nach Hydrolyse zu Dialkylketonen, normalerweise mit Alkylrest R = C-12 − C-14, mittels Hochdruckflüssigkeitschromatographie [2.25]. Dazu wird die Probe (ca. 5 g) mit Natriumcarbonat-Lösung unter Rückflußkühlung erhitzt, am Rotationsverdampfer weitgehend zur Trockne gebracht und in eine Soxhlet-Apparatur übergeführt. Nach Extraktion mit Aceton wird der Extrakt zur Trockne eingedampft. Der Rückstand wird in 10 ml Hexan mit 0,05 % (v/v) Acetonitril aufgenommen und die Lösung auf die HPLC-Säule gegeben. Als definierte Vergleichssubstanz (Keton) wird 16-Hentriacontanon eingesetzt. Die Nachweisgrenze beträgt 0,5 mg Keton pro 10 ml Extrakt.

HPLC-Bedingungen

Gerät: Isokratische HPLC-Apparatur mit Dosierventil;
Säule: Analytische Säule (l = 25 cm, d = 4,6 mm),
      Füllung LiChrospher R Si 100 oder Si 300.

2.3.3 Alkenylbernsteinsäureanhydrid

Ein spezifischer Nachweis für Alkenylbernsteinsäureanhydrid in Papier ist nicht bekannt. Die quantitative Bestimmung erfolgt nach Überführung der durch Verseifung entstehenden Carbonsäuresalze in die Methylester, mittels Gaschromatographie [2.26]. Dazu wird die Probe (ca. 5 g) mit methanolischer Natriumhydroxid-Lösung unter Rückfluß erhitzt, der Extrakt abgetrennt und mit Bortrifluorid-Lösung umgesetzt. Nach Ausschütteln mit Heptan wird das Extraktionsmittel entfernt und die verbleibende Lösung in den Gaschromatographen injiziert. Als Vergleichssubstanz wird Alkenylbernsteinsäureanhydrid, ca. 98 %ig als Mischung aus 46 % C-16, 31 % C-18 und 21 % C-20 eingesetzt. Gehaltsbestimmung gegen Palmitin- oder Stearinsäure als internen Standard. Die Nachweisgrenze beträgt 0,2 mg/kg Papier.

Gaschromatographische Bedingungen

Gerät: Kapillar-Gaschromatograph mit Flammenionisationsdetektor;
Säule: Quarzkapillare (l = 25 cm, d = 0,32 mm);
Temperatur: Injektor 250 °C, Säule 90 °C mit 8 °C/min auf 250 °C, Detektor 280 °C.

2.3.4 Tierleim, Kasein

Der Nachweis von Tierleim in Papier ist in den Voruntersuchungen auf Seite 80 beschrieben. Die Reaktion kann auch für die quantitative Bestimmung genutzt werden [2.8, 2.27, 2.29].

Die Probe wird in einem Extraktionsgerät nach Twisselmann mit Salzsäure extrahiert und der Extrakt hydrolysiert. Die freigesetzte 4-Hydroxypyrrolidin-2-carbonsäure (L-Hydroxyprolin) wird in Gegenwart von Kupfer(II)-salzen mit Wasserstoffperoxid in Pyrrol (A-Pyrrolin-4-hydroxy-2-carbonsäure) übergeführt. Pyrrol gibt mit 4-Dimethylaminobenzaldehyd ein rotes Reaktionsprodukt, das photometrisch bei 560 nm gemessen wird.

Als Vergleichssubstanz wird der in der zu untersuchenden Probe verwendete Tierleim eingesetzt. Ist das nicht möglich, kann entweder Gelatine oder L-Hydroxyprolin verwendet werden. Der durchschnittliche L-Hydroxyprolin-Gehalt ver-

schiedener Leime ist in etwa: Hautleim 12,6%, Knochenleim 11,4%, Gelatine
14,5%.

Der Nachweis von Kasein ist in den Voruntersuchungen auf Seite 80 beschrieben. Falls der Nachweis nicht eindeutig ist, kann zur Absicherung die Probe mit
Salzsäure unter Rückfluß behandelt und die durch Hydrolyse entstandenen Aminosäuren nach den üblichen papier- oder dünnschichtchromatographischen Verfahren identifiziert werden. Zur quantitativen Bestimmung kann die Stickstoffbestimmung nach Kjeldahl, vorausgesetzt es liegen keine anderen stickstoffhaltigen
Verbindungen vor, benützt werden. Als Umrechnungsfaktor auf Kasein wird 6,3
genommen.

2.3.5 Stärke

Der Nachweis von Stärke in Papier ist in den Voruntersuchungen auf Seite 79 beschrieben. Die quantitative Bestimmung kann enzymatisch [2.28 – 2.30] oder photometrisch [2.31] durchgeführt werden.

Bei der enzymatischen Bestimmung wird die Probe mit Dimethylsulfoxid und
Salzsäure aufgeschlossen. Die gelöste Stärke wird durch das Enzym Amyloglukosidase zu Glucose gespalten. Diese wird mit den Enzymen Hexokinase (HK) und
Glucose-6-phosphat-Dehydrogenase (G6P-DH) bestimmt. Dabei wird zuerst die
Glucose mit Adenosin-5-triphosphat (ATP) in Gegenwart von Hexokinase zu Glu-
cose-6-phosphat (G6P) phosphoryliert. G6P wird von Nicotinamidadenin-dinu-
cleotid-phosphat (NADP) in Gegenwart von Glucose-6-phosphat-Dehydrogenase
zu Glukonat-6-phosphat oxidiert, wobei reduziertes NADP (NADPH) entsteht.
Die während der Reaktion gebildete NADPH-Menge ist der durch Hydrolyse der
Stärke gebildeten Glucosemenge proportional. NADPH ist die Meßgröße und
kann auf Grund der Absorption bei 334, 340 oder 365 nm photometrisch bestimmt
werden. Die Nachweisgrenze beträgt 1 mg pro 100 ml Extrakt.

Anmerkung: Die Methode ist für native Stärken anwendbar. Bei modifizierten Stärken werden
Minderbefunde erhalten. In diesen Fällen ist es möglich, durch Untersuchung der zur Herstellung
des Papiers verwendeten Stärke einen Korrekturfaktor zu ermitteln.

Zur photometrischen Bestimmung wird die Stärke mit heißem Wasser aus der
Probe gelöst, der Extrakt mit Iod-Kaliumiodid-Lösung versetzt und die Extinktion
bei 580 nm gemessen. Das Verfahren ist anwendbar für die Bestimmung von nicht-
modifizierten Stärken oder enzymatisch abgebauten Stärken. Es empfiehlt sich,
die zur Papierherstellung verwendete Stärke als Vergleichssubstanz zu benützen.
Das Verfahren ist nicht anwendbar für modifizierte Stärken.

2.3.6 Paraffine, Wachse

Der Nachweis von Paraffinen und Wachsen in Papier ist IR-spektroskopisch nach
Extraktion mit Petroleumbenzin möglich. Zur quantitativen Bestimmung von Paraffin [2.32] wird die Probe mit Tetrachlorkohlenstoff extrahiert und der Extrakt

mit ethanolischer Kaliumhydroxid-Lösung behandelt. Das Paraffin wird in Petroleumbenzin aufgenommen, das Lösungsmittel vertrieben und der Rückstand ausgewogen. Die quantitative Bestimmung von Wachs [2.33] erfolgt durch Differenzwägung der Probe vor und nach Extraktion mit Trichlorethylen.

Die Bestimmungsmethoden sind vorzugsweise geeignet, wenn Paraffine und Wachse in nennenswerter Menge, wie in imprägnierten oder kaschierten Papieren, vorliegen. Sie sind ohne Einschränkung nur auf solche Papiere anwendbar, die keine sonstigen von den genannten Lösungsmitteln extrahierbaren Stoffe enthalten. Die Selektivität der Extraktion kann IR-spektroskopisch überprüft werden.

2.3.7 Celluloseether, Alginate, Mannogalaktane

Die Nachweise von Carboxymethylcellulose (CMC), Methylcellulose und Alginaten sind in den Voruntersuchungen auf Seite 82 beschrieben. Allgemeine Identifizierungs- und Bestimmungsmethoden für diese Polysaccharid-Produkte in Papier sind nicht publiziert. Vorgeschlagen werden daher Verfahren in Anlehnung an die Untersuchung von Lebensmitteln.

Ein gaschromatographisches Verfahren zum Nachweis und zur semiquantitativen Abschätzung u. a. von CMC, Alginaten und Mannogalaktanen ist in [2.34] beschrieben. Die Probe wird mit siedendem Wasser extrahiert. Falls Stärke und Proteine vorhanden sind, werden diese vom Extrakt abgetrennt. Stärke wird enzymatisch mit α-Amylase und Amyloglucosidase abgebaut, Proteine werden mit Sulfosalicylsäure ausgefällt. Die Polysaccharide werden durch Ethanol gefällt und durch Methanolyse mit methanolischer Salzsäure in ihre Zuckerbausteine zerlegt. Die gebildeten Methylglykoside von Zuckern bzw. die Methylglykosid-methylester von Uronsäuren werden nach Trimethylsilylierung gaschromatographisch abgetrennt. Die Auswertung erfolgt anhand von Vergleichssubstanzen.

Gaschromatographische Bedingungen

Gerät: Kapillar-Gaschromatograph mit Flammenionisationsdetektor;
Säule: Quarzkapillare (l = 30 m, d = 0,32 mm) Silikon SE 52;
Temperaturen: Injektor 250 °C, Säule 120°–220 °C mit 4 °C/min Detektor 250 °C.

Weitere Nachweisverfahren mittels Dünnschichtchromatographie auf Kieselgel G [2.35] und mittels IR-Spektroskopie [2.36] sind beschrieben.

2.3.8 Polymere Leimungsmittel

Spezifische Nachweise oder Bestimmungsmethoden für diese Produkte in Papier sind nicht publiziert. Für das Copolymerisat aus Maleinsäureanhydrid, Maleinsäureisopropylhalbester und Diisobutylen wurde vorgeschlagen [2.37] die Probe mit ammoniakalischer Lösung zu behandeln, im Extrakt das Copolymerisat mit Salzsäure auszufällen und IR-spektroskopisch über die cyclische Anhydridbande bei 5,6 µ zu identifizieren.

2.4 Fällungs-, Fixiermittel und Komplexbildner
Precipitation, fixing and complexing agents

2.4.1 Fällungsmittel

Aluminiumformiat

Zum Fällen von Harzleim im pH-Bereich 5−6 kann, um die Papiere möglichst neutral zu halten, Aluminiumformiat ($Al(OOCH)_3$) eingesetzt werden. Die Bestimmung von Aluminium wird in Teil 3, Punkt 3.7.12 und von Petermann, Vetter [2.29] beschrieben. Der Nachweis von Ameisensäure in wäßrigen Papierextrakten kann durch Veresterung der Säure mit 2-Brom-4′-Nitroacetophenon ($C_8H_6BrNO_3$) und weiterer Umsetzung mit Diethylamin in neutraler Lösung erfolgen. Es bildet sich eine violette Färbung.

$$H{-}COOH + Br{-}CH_2{-}CO{-}\langle\!\!\bigcirc\!\!\rangle{-}NO_2 \rightarrow H{-}CO{-}OCH_2{-}CO{-}\langle\!\!\bigcirc\!\!\rangle{-}NO_2 \rightarrow$$

$$\xrightarrow{HN(C_2H_5)_2} H{-}CO{-}OCH_2{-}\overset{\overset{\displaystyle O^{\ominus}}{\displaystyle |}}{C}=\langle\!\!\bigcirc\!\!\rangle= \overset{\oplus}{N}\big\langle\!\!\overset{\displaystyle O^{\ominus}}{\underset{\displaystyle O^{\ominus}}{}}$$

Dieser Nachweis kann durch einige Alkohol- und Imidazolderivate gestört werden [2.38].

Zur quantitativen Bestimmung der Ameisensäure wird die zu untersuchende Probe in wäßriger schwefelsaurer Phase zerkleinert und die Ameisensäure durch Flüssig-Flüssig-Extraktion in Gegenwart von Calciumoxid abgetrennt. Die abgetrennte Ameisensäure wird mit naszierendem Wasserstoff in Formaldehyd übergeführt, der anschließend mit 1,8-Dihydroxynaphthalin-3,6-disulfonsäure umgesetzt wird. Die dabei entstehende Färbung dient zur photometrischen Bestimmung der Ameisensäure [2.39].

Auf die Möglichkeit, Ameisensäure enzymatisch zu bestimmen, wird im Abschnitt 2.7 (Mikrobizide Stoffe) eingegangen.

Tannin

Tannin ist ein uneinheitliches Gemisch aus Glucoseestern der Gallussäure und Digallussäure. Es wird nur noch in wenigen Anwendungsgebieten eingesetzt, z. B. zum Fällen tierischer Leime (Tannin bildet unlösliche Komplexe mit Proteinen) und zum Fixieren basischer Farbstoffe. Durch Säuren oder durch das Enzym Tannin-acyl-hydrolase (EC 3.1.1.20) wird Tannin in Gallussäure und Glucose gespalten (hydrolisiert) [2.40, 2.41]. Zum Nachweis von Tannin wird auf das zu untersuchende Papier eine wäßrige Lösung von Eisen(III)-chlorid aufgetropft. Schwarz-grüne Flecken zeigen Tannin an.

Ein empfindlicherer Nachweis ist durch die Titanreaktion nach Haller möglich. Probestreifen des zu untersuchenden Papiers werden in 0,5% wäßriger Titan(III)-

chlorid-Lösung eingehängt. Bei Anwesenheit von Tannin bildet sich ein orange ge-
färbter Farblack [2.7].

Die quantitative Bestimmung kann z. B. dünnschichtchromatographisch erfolgen. Das zu untersuchende Papier wird ca. 7 h in 6 mol/l Salzsäure gekocht. Nach
dem Abkühlen werden die Fasern durch Filtration abgetrennt, die Lösung wird mit
Essigsäureethylester mehrmals extrahiert und der Extrakt bis zur Trockne eingedampft. Der Rückstand wird mit Ethanol aufgenommen und zur Chromatographie verwendet. Zur Herstellung von Vergleichs-Lösungen wird Tannin ebenso behandelt (hydrolisiert).

Chromatographische Bedingungen

Schicht: Kieselgel
Fließmittel: Chloroform/Ameisensäureethylester/Ameisensäure (50 : 50 : 50 v/v/v).

Nachweis

Frisch bereitete Eisen(III)-chlorid- und Kaliumhexacyanoferrat(III)-Lösung (hergestellt aus 0,5 %
wäßriger $FeCl_3$- und $K_3Fe(CN)_6$-Lösung, 1 : 1 gemischt) wird als Sprühreagenz verwendet.

Auswertung

Diese erfolgt durch Vergleiche der Farbflecken aus der Probe und der Vergleichslösungen. Eine
Auswertung mittels Zweistrahl-Spektral-Photometrie ist möglich. Bestimmt wird die Gallussäure.
Der Tanningehalt wird durch Umrechnung ermittelt [2.42].

2.4.2 Fixiermittel

Kondensationsprodukte aus Harnstoff, Dicyandiamid, Melamin mit Formaldehyd (Methanal)

Die Kondensationsprodukte sind ein kationisches Hilfsmittel und werden zur Fixierung von Zusatzstoffen, z. B. für saure Farbstoffe, Füllstoffe, Harzleim, Stärken
und Carboxymethylcellulose, eingesetzt. Ein spezifischer Nachweis für diese Kondensationsprodukte ist nicht bekannt, zudem auch nur geringe Mengen bei der Papiererzeugung verwendet werden. Hinweise auf das Vorhandensein solcher Kondensationsprodukte werden in Abschnitt 4.2 (Voruntersuchung) aufgeführt. Da sie
abspaltbaren Formaldehyd enthalten, wird eine Formaldehyd-Bestimmung im
wäßrigen Extrakt ihr Vorhandensein anzeigen.

In Papieren, die Kondensationsprodukte mit Formaldehyd wie Naßverfesti-
gungs- oder Fixiermittel enthalten, liegt der Formaldehyd in verschiedenen Bin-
dungsarten vor, die unterschiedliche Hydrolysestabilitäten aufweisen. Dies kann
durch eine gezielte Probenvorbehandlung für unterschiedliche analytische Aussagen genutzt werden. Durch Kaltwasserextraktion kann freier Formaldehyd, durch
saure Hydrolyse der gesamte Formaldehyd erfaßt werden. Zu letzterem wird die
Probe (ca. 10 g) mit Salzsäure unter Rückfluß gekocht, der Extrakt mit 10 ml konzentrierter Schwefelsäure versetzt und der Formaldehyd über Wasserdampfdestillation abgetrennt [2.29]. In beiden Fällen werden wäßrige Lösungen von Formaldehyd erhalten. Zur quantitativen Bestimmung für die hier üblicherweise zu erwar-

tenden Konzentrationen bieten sich vor allem photometrische Methoden an. Die Nachweisgrenze beträgt ca. 3 mg Formaldehyd/kg Papier.

Die in den Voruntersuchungen auf Seite 77 beschriebene Nachweisreaktion mit Chromotropsäure-Reagenz kann zur quantitativen Bestimmung genutzt werden [2.57]. Formaldehyd reagiert mit Chromotropsäure zu einem rotvioletten Hydroxydiphenylmethan-Derivat, das unter Einwirkung von Luftsauerstoff in seine chinoide Form übergeht. Die Extinktion wird bei 570 nm gemessen.

Mit 2-Hydrazono-2,3-dihydro-3-methylbenzothiazol-hydrochlorid (HMBT) wird Formaldehyd zu einem Azin umgesetzt, das durch Oxidation mit Eisen(III)-chlorid einen blauen Farbstoff bildet. Die Extinktion wird bei 670 nm gemessen [2.29].

Formaldehyd reagiert mit Pentan-2,4-dion (Acetylaceton) in Anwesenheit von Ammoniumacetat nach dem Mechanismus einer Aldolkondensation unter Bildung des gelben Farbstoffes 3,5-Diacetyl-1,4-dihydro-lutinidin. Dieser wird mit n-Butanol extrahiert und die Extinktion bei 410 nm gemessen. Die Umsetzung weist eine hohe Selektivität für Formaldehyd auf [2.56].

Kondensationsprodukte aromatischer Sulfonsäuren mit Formaldehyd

Die Kondensationsprodukte, z. B. das Ammoniumsalz einer Naphthalinsulfonsäure mit Formaldehyd, weisen ein hohes Dispergiervermögen gegenüber Harzen, Wachsen und Farbpigmenten auf. Sie dienen der Fixierung von basischen Farbstoffen und Tierleimen.

Auch für diese Verbindungen liegen keine spezifischen Nachweise vor, ihre Anwesenheit kann dünnschichtchromatographisch festgestellt werden. Das zu untersuchende Papier wird mit Chloroform oder Dichlormethan extrahiert. Der Extrakt wird eingedampft, der Rückstand mit wenig Dichlormethan aufgenommen und aufsteigend eindimensional entwickelt (gesättigte Kammer).

Chromatographische Bedingungen

Schicht: Kieselgel F_{254}
Fließmittel: Dichlormethan
Nachweis: Fluoreszenz-Löschung bzw. -Minderung im kurzwelligen UV-Licht (254 nm).

Die Fluoreszenz-Löschung zeigt die Anwesenheit von aromatischen Sulfonsäuren [2.43–2.45]. Es ist notwendig, ein Vergleichschromatogramm mit dem Hilfsmittel mitlaufen zu lassen.

Da auch diese Kondensationsprodukte abspaltbaren Formaldehyd enthalten können, wird auf eine Formaldehyd-Bestimmung nach Abschnitt 110 verwiesen.

2.4.3 Komplexbildner

Diese Verbindungsklasse wird u. a. bei der Holzschlifferzeugung (z. B. Eisen(III)-bindung), im Deinking-Verfahren, zur Wasserenthärtung und zur Behebung von Harzschwierigkeiten (Calcium-Resinat) [2.46–2.49] eingesetzt.

Es handelt sich z. B. um folgende Verbindungen:
Trinatriumsalz der Nitrilotriessigsäure (NTA)

$$N \begin{cases} CH_2-COONa \\ CH_2-COONa \\ CH_2-COONa \end{cases}$$

Tetranatriumsalz der Ethylendiamintetraessigsäure (EDTA)

$$\begin{array}{c} NaOOC-CH_2 \\ NaOOC-CH_2 \end{array} \!\! N-CH_2-CH_2-N \!\! \begin{array}{c} CH_2-COONa \\ CH_2-COONa \end{array}$$

Pentanatriumsalz der Diethylentriaminpentaessigsäure (DTPA)

$$\begin{array}{c} NaOOC-CH_2 \\ NaOOC-CH_2 \end{array} \!\! N-CH_2-CH_2-N-CH_2-CH_2-N \!\! \begin{array}{c} CH_2-COONa \\ CH_2-COONa \end{array}$$
$$\begin{array}{c} | \\ CH_2 \\ | \\ COONa \end{array}$$

Ein Nachweis auf die Anwesenheit dieser Verbindungen kann im Wasserextrakt geführt werden: Ca. 10 g Papierschnitzel werden in 200 ml Wasser verteilt und unter gelegentlichem Umrühren 24 h stehen gelassen [2.50]. Die Faserstoffe werden abfiltriert und im Wasserextrakt die Komplexbildner nachgewiesen.

Der Wasserextrakt wird mit Ascorbinsäure auf pH < 2 eingestellt und mit Bismut-Xylenolorange-Reagenz versetzt. Um schwache Komplexbildner zu maskieren, wird eine Yttrium-Lösung zugegeben. Bismut-Ionen bilden mit Xylenolorange in schwefelsaurer Lösung einen rotgefärbten Komplex. Bei Gegenwart starker Komplexbildner wird der Komplex gestört, es tritt eine Schwächung seiner Farbintensität auf. Die Schwächung kann photometrisch ermittelt werden. Bei einer Extinktionsabnahme von 0,1 und einer Küvettenschichtdicke von 5 cm ($\Delta A > 0{,}1$) ist mit einem Gehalt von $> 0{,}005$ mmol/l zu rechnen [2.51] (NTA = ca. 1 mg/l, EDTA = ca. 2 mg/l).

Reagenzien

- Lösung 1: 35 ml Schwefelsäure ($\rho = 1{,}84$ g/ml) werden in einem 1000 ml-Meßkolben mit 800 ml Wasser verdünnt. Zu dieser Lösung werden 25 g Citronensäure ($C_6H_8O_7 \cdot H_2O$) und 500 mg Xylenolorange gegeben, es wird auf 1000 ml mit Wasser aufgefüllt.

- Lösung 2: 0,3 g Bismut(III)-nitrat (basisch) werden in 10 ml Salpetersäure ($\rho = 1{,}40$ g/ml) gelöst und mit Wasser auf 1000 ml aufgefüllt.

- Lösung 3: 40 ml der Lösung 1 werden mit 10 ml der Lösung 2 gemischt.

Die quantitative Bestimmung der Nitrilotriessigsäure im wässrigen Extrakt kann durch differentialpulspolarographische Bestimmung erfolgen. Dabei wird die im Wasserextrakt enthaltene Nitrilotriessigsäure durch Zugabe von Bismut-Ionen in ihren Bismut-Komplex übergeführt. Um störende organische Inhaltsstoffe zu entfernen wird der Extrakt über eine Adsorberharz-Säule (unpolares Adsorberharz)

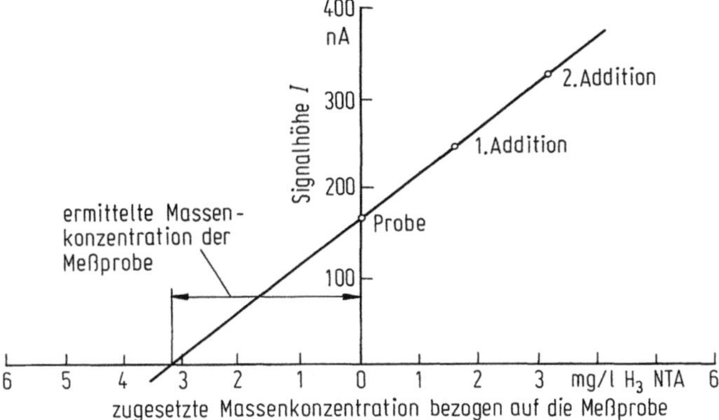

Bild 2.1. Beispiel für die Auswertung nach der Standard-Additionsmethode

und anschließend zum Entfernen störender Kationen über einen stark sauren Kationenaustauscher gegeben. Bei der Messung (Polarographie) soll das Verhältnis der Signalhöhe (Bi-Peak: Bi-Nitrilotriessigsäure-Peak) mindestens 2:1 betragen. Es ist empfehlenswert die Messung mittels Standardaddition durchzuführen. Ein Beispiel für die graphische Auswertung einer polarographischen Messung zeigt Bild 2.1 [2.52]. Die Erfassungsgrenze dieses Verfahrens liegt bei 0,1 mg/l.

Für die quantitative Bestimmung, z.B. von Nitrilotriessigsäure und EDTA, können auch gaschromatographische Verfahren angewandt werden. Ein solches Verfahren wird wie folgt durchgeführt: Der zu untersuchende Wasssrextrakt wird in Gegenwart von Salzsäure bis zur Trockne eingedampft, der trockene Rückstand mit n-Butanol/Acetylchlorid-Gemisch (90:10 v/v) bei ca. 90 °C verestert. Nach der Veresterung wird das Reaktionsgemisch unter Überleiten von Stickstoff erneut zur Trockne eingedampft. Der Trockenrückstand wird mit n-Hexan extrahiert und der Extrakt zur gaschromatographischen Trennung und Mengenbestimmung mit einem stickstoffselektiven Detektor ermittelt.

Als interner Standard kann trans-1,2-Diaminocychlohexan-N,N,N',N'-Tetraessigsäure eingesetzt werden. Für die quantitative Auswertung verwendet man Bezugskurven mit steigendem Gehalt an Komplexbildnern und konstanter Konzentration des internen Standards. Die Erfassungsgrenze dieses Verfahrens liegt bei ca. 1 µg/l [2.53 – 2.55].

2.5 Entwässerungsbeschleuniger, Dispergier-, Flotations- und Schaumverhütungsmittel
Dewatering, disperging, flotation and defoaming agents

Entwässerungsbeschleuniger verbessern das Filtrationsverhalten durch Umladung bzw. durch Brückenbildung zwischen Fasern und Fasern oder Fasern und Füllstoffen [2.61].

Dispergiermittel haben die Eigenschaft, Dispersionen im Papierstoff zu verteilen; Leimungsschwierigkeiten und Harz- wie Kalkablagerungen sind somit weitgehend zu umgehen. Sie verbessern die Fließfähigkeit von Streichmassen und stabilisieren sie rheologisch. Auch werden zur Herstellung hochkonzentrierter Pigmentaufschlämmungen (Slurries) Dispergiermittel eingesetzt. Auf das Färben von Papier wirken Dispergiermittel günstig [2.62].

Als Schaumverhütungsmittel werden spezielle grenzflächenaktive Stoffe, wie z. B. Öle, Alkohole, Phosphorsäureester, Silicone und Oxalkylierungsprodukte verwendet [2.63]. Beim Deinken [2.64] werden ebenfalls grenzflächenaktive Stoffe benötigt.

2.5.1 Alkylsulfonamide ($C_{10} - C_{20}$)

Für den Nachweis dieser nichtionischen Tenside gibt es in der Papierindustrie kein spezifisches Verfahren. Eine Bestimmung kann mit der HPLC-Methode durchgeführt werden. Die Anreicherung dieser Verbindungen aus dem Wasserextrakt kann nach der Ausblasemethode (s. Seite 100), nachdem der wäßrige Extrakt über eine Kationen/Anionen-Austauschsäule gegeben wurde, erfolgen. Vergleichsbestimmungen sind erforderlich. Zur Auswahl und Optimierung der HPLC-Bedingungen wird auf die einschlägige Fachliteratur verwiesen [2.65].

2.5.2 Höhere aliphatische Alkohole ($C_8 - C_{26}$)

Der qualitative Nachweis dieser Verbindungen kann dünnschichtchromatographisch, in Anlehnung an das Untersuchungsverfahren für weichmacherfreies Polyvinylchlorid [2.66], erfolgen.

Die zu untersuchende Papierprobe wird mit Trichlormethan extrahiert und der Extrakt eingedampft. Der Rückstand wird mit Dichlormethan aufgenommen und für die Dünnschichtchromatographie eingesetzt.

Dünnschichtchromatographische Bedingungen

Schicht: Kieselgel
Fließmittel: Dichlormethan (Sandwich-Kammer)
Nachweis: Die Platte wird getrocknet, mit Rhodamin B-Lösung besprüht, wieder vom Lösemittel befreit und anschließend mit Natriumcarbonat-Lösung behandelt. Fettalkohole (Retentionsfaktor Rf = 0,20) zeigen sich als rote Flecken auf rosa Grund.

Reagenzien

- 0,1 % Rhodamin B (C.I. 45 170) in Ethanol
- Natriumcarbonat-Lösung, $c(Na_2CO_3) = 0,1N$.

Für die quantitative Bestimmung dieser Fettalkohole hat sich die Gaschromatographie bewährt. Durch die Verwendung geeigneter Säulen- und Arbeitsbedingungen gelingt auch die Trennung nach Kettenlänge, Verzweigung und Doppelbindungen. Kurzkettige Alkohole können direkt bestimmt, bei Alkoholen mit Kettenlängen über C 12 sollte eine Acetylierung oder Silylierung vor der gaschromatographischen Bestimmung durchgeführt werden [2.67]. Ein Verfahren zur Silylierung wird auf Seite 107 (2-Brom-2-Nitropropandiol (1.3)) beschrieben. Die zu untersuchende Papierprobe wird mit n-Hexan extrahiert, der Extrakt weitgehend auf ein definiertes Volumen eingedampft und für die Gaschromatographie verwendet.

Für die Bestimmung von Fettalkoholen hat sich die Kapillarsäule SE 52, $l_1 = 38$ m, $\varnothing_i = 0{,}25$ mm [2.68] bewährt. Auch mittels HPLC lassen sich aliphatische Alkohole bestimmen. Als Fließmittel wird Acetonitril/Wasser (70 : 30 v/v) vorgeschlagen [2.69].

2.5.3 Natriumpolyacrylat (niedermolekular)

Eine verbindliche Analysenmethode zur quantitativen Bestimmung im Papier liegt für diese Verbindung nicht vor. Eine Möglichkeit auf Polyacrylate (niedermolekular) zu prüfen, besteht darin, die zu untersuchende Papierprobe in Wasser mit einem geeigneten Homogenisator (Ultra-Turrax) zu suspendieren. Die Suspension wird anschließend etwa 2 h unter gelegentlichem Umschütteln stehengelassen, dann über einen Glasfiltertiegel filtriert und der Extrakt über eine Kationenaustauscher-Säule gegeben. Die klare Lösung wird bis zur Trockne eingedampft. Der Rückstand wird mit Kaliumbromid verrieben, zur Tablette verpreßt und IR-spektrometrisch untersucht. Vergleichsspektrogramme sind aus der Literatur zu entnehmen. Es ist empfehlenswert, eigene Vergleichspektrogramme herzustellen.

2.5.4 Ligninsulfonsäure sowie deren Calcium-, Magnesium-, Natrium- und Ammoniumsalze

Ligninsulfonsäure bildet mit langkettigen Trialkylaminen Ammoniumsalze, die sich mit Trichlormethan aus dem Wasserextrakt extrahieren lassen. Im alkalischen Bereich (pH 10) gehen diese Ammoniumsalze wieder in die wäßrige Phase zurück und können dann UV-spektrometrisch gemessen werden.

Zur Bestimmung wird der Kaltwasserextrakt mit Salzsäure auf pH 4,2 eingestellt. Nach Zugabe von Trichlormethan wird 30 min auf der Schüttelmaschine geschüttelt. Die Phasen werden getrennt, die organische Phase wird verworfen.

Die wäßrige Phase wird zweimal mit Trioctylamin in Trichlormethan je 30 min unter mäßigem Rühren extrahiert. Nach jeweils 15 min Stehen wird die organische Phase abgetrennt.

Die vereinigten Extrakte werden filtriert und mit Natronlauge unter regelmäßigem Rühren rückextrahiert.

Die quantitativ abgetrennte wäßrige Phase wird in einem Scheidetrichter ca. 5 min mit Trichlormethan zur Entfernung von Aminspuren geschüttelt und dann die Extinktion der wäßrigen Phase, nach Abtrennung des Trichlormethans, bei 280 nm in Quarzküvetten gegen Natronlauge gemessen. Der Gehalt wird aus einer Vergleichskurve bestimmt [2.70 – 2.73]. Die Nachweisgrenze beträgt 0,0125 mg Ligninsulfonsäure pro dm^2 Papier.

Reagenzien

- Trioctylamin ($C_{24}H_{51}N$) in Trichlormethan (5:95 v/v)
- Als Vergleichssubstanz: Ligninsulfonsäure (z. B. Nr. 2-8998 der Firma Roth GmbH, Karlsruhe).

Hinweis: Die Bestimmung ist eine Gesamtbestimmung. Chemisch lassen sich Ligninsulfonsäuren, die aus dem Zellstoff stammen und zugesetzte Säure nicht unterscheiden. Auch wird vorgeschlagen, Ligninsulfonsäure direkt spektralphotometrisch zu bestimmen [2.74, 2.75].

2.5.5 Organopolysiloxane mit Methyl- und/oder Phenylgruppen (Siliconöl), siliconhaltige Paraffin-Dispersionen

In den Voruntersuchungen wird auf Seite 76 der Nachweis von Silicon-Verbindungen im Papier beschrieben. Bei siliconisierten Papieren kann infrarotspektrographisch mit Hilfe der FMIR-Technik gearbeitet werden [2.76].

Qualitativ wie quantitativ werden Polysiloxane durch Infrarotspektrographie nachgewiesen bzw. bestimmt [2.77].

Die Papierprobe wird mit Toluol im Soxhlet etwa 10 h extrahiert. Der klare Extrakt wird im Rotationsverdampfer bis zur Trockne eingeengt, in Trichlorethylen aufgenommen, tropfenweise auf das NaCl-Fenster gegeben und das Lösemittel mit Hilfe eines IR-Strahlers verdampft (Abzug). Das NaCl-Fenster wird in das IR-Spektrometer eingesetzt und das Spektrum im Bereich von 4000 bis 600 cm^{-1} registriert [2.78].

Es ist wichtig, zusätzlich zu den in der Literatur [2.14] aufgeführten IR-Spektren auch im eigenen Labor erstellte Spektren für die Bestimmung zu verwenden.

Weitere quantitative Methoden (Zerewitinow-Reaktion, Karl-Fischer-Methode) sind in „Untersuchung von Bedarfsgegenständen aus Siliconen" beschrieben [2.77].

Auf die Bestimmung von Paraffin direkt in Papier wird im Abschnitt Leimungsmittel (Seite 89) eingegangen.

2.5.6 Polyvinylpyrrolidone (PVP)

PVPs sind in Wasser gut löslich und haben aufgrund ihrer Konstitution keinen Elektrolyt-Charakter, auch viele organische Lösemittel, wie Alkohole, Ester, Amine, sind anwendbar. Für die Bestimmung werden wäßrige Extrakte eingesetzt, doch wegen der hohen Hydratisierungstendenz der PVPs können sie mit keinem organischen Lösemittel aus Wasser extrahiert werden [2.80].

Der qualitative Nachweis kann im wäßrigen Extrakt erfolgen. PVPs geben in Gegenwart von Bariumchlorid mit Wolframatokieselsäure sofort einen gelben Niederschlag. (Eine ähnliche Reaktion erfolgt bei Polyethylenglykolen; s. Feuchthaltemittel, Seite 118).

Werden der wäßrigen Lösung erst eine gesättigte Kaliumiodid-Lösung und anschließend Iod-Lösung zugesetzt, entsteht bei Anwesenheit von PVP ein braunroter flockiger Niederschlag. Als wichtigste Nachweisreaktion gilt das Infrarotspektrum [2.81]. Zur quantitativen Bestimmung werden folgende Untersuchungsmethoden vorgeschlagen: Zu 10 ml des zu untersuchenden wäßrigen Extraktes werden 5 ml Citronensäure-Lösung $(c(C_6H_8O_7) = 0,2\ mol/l)$ zugegeben. Diese Mischung wird mit 2,0 ml Iod-Lösung versetzt und nach 10 min die Extinktion der Lösung bei 470 nm gegen eine Blindprobe bestimmt. Der Gehalt an PVP wird wie üblich mit Hilfe einer Vergleichskurve ermittelt. Nachweisgrenze: etwa $2\ \mu g$ PVP/ml wäßriger Extrakt.

Reagenzien

- Iod-Lösung, $c(I) = 0,006\ mol/l$: 0,81 g frisch sublimiertes Iod und 1,44 g Kaliumiodid werden in 1000 ml Wasser gelöst.

Ein weiteres spektralphotometrisches Untersuchungsverfahren schlagen Wieczorek und Junge vor [2.82]. Das Verfahren nutzt das Adduktbildungsvermögen der PVP's mit substantiven Farbstoffen. Der zu untersuchende wäßrige Extrakt wird über eine Kieselgelsäule gegeben und anschließend mit Vitalrot-Lösung behandelt. Das gebildete Addukt wird mit NN-Dimethylformamid aus dem Kieselgel gelöst und die Extinktion gegen Dimethylformamid gemessen.

Auf eine Kieselgelsäule $(\varnothing_i = 0,9\ cm, l = 15\ cm,$ etwa 2 g Kieselgel) wird Essigsäure gegeben und unter vermindertem Druck abgesaugt. Anschließend wird der zu untersuchende wäßrige Extrakt (20 ml) aufgegeben und ebenfalls durchgesaugt. Nach dem Nachwaschen mit Essigsäure wird Vitalrot-Lösung aufgegeben und durchgesaugt. Sodann wird mit Natriumtetraborat-Lösung der überschüssige Farbstoff entfernt und die Säule trockengesaugt. Die Aufgabe der einzelnen Lösungen erfolgt unmittelbar, nachdem das gesamte Volumen der vorher aufgegebenen Lösung in die Kieselgelschicht eingedrungen ist. Die gefärbte Kieselgelzone wird in ein Zentrifugenglas übergeführt, 3 ml Dimethylformamid werden zupipettiert, es wird durchgeschüttelt. Nach dem Zentrifugieren wird die gefärbte Lösung für die photometrische Bestimmung eingesetzt. Der Gehalt an PVP wird aus Vergleichskurven ermittelt.

Reagenzien

- Kieselgel, 0,05–0,2 mm
- 0,5% Natriumtetraborat-Lösung
- 40% Essigsäure-Lösung
- 0,02% Ditolyldiazo-3,6-disulfo-β-naphthalamin-β-naphthylamin-6-sulfonsäure-trinatriumsalz-Lösung (Vitalrot): 100 mg Vitalrot werden in 500 ml 0,5% Natriumtetraborat gelöst. Die Lösung wird über eine Kieselgelsäule filtriert. Die ersten 20 ml des Filtrats werden verworfen.

2.5.7 Tributylphosphat und Triisobutylphosphat (TiBP)

Diese Verbindungen können direkt aus dem Papier oder im wäßrigen Extrakt gaschromatographisch bestimmt werden.

Die zu untersuchende Papierprobe wird mit Dichlormethan extrahiert, der Extrakt bei Raumtemperatur eingeengt, der Rückstand in Methanol aufgenommen, an einer Kieselgelsäule gereinigt und zur Gaschromatographie eingesetzt. Als innerer Standard wird 1-Methylnaphthalin ($CH_3C_{10}H_7$) vorgeschlagen [2.83, 2.84]. Die Nachweisgrenze beträgt etwa 1 mg TiBP/kg Papier.

Gaschromatographische Bedingungen

Detektor: Flammenionisationsdetektor FID (ein phosphor-spezifischer Detektor ist nicht erforderlich);
Säule: $l_1 = 10$ m Quarzkapillare, $\varnothing_i = 0,25$ mm, Belegung 0,25 µm Polydimethylsiloxan, 50°–100°C mit 10°C/min, danach 100–220°C mit 6°C/min;
Einspritzblock: Temperatur programmiert, 50°–200°C (ca. 20°C/sec).

Zur Bestimmung von TiBP im wäßrigen Extrakt wird dieser mit Dichlormethan extrahiert und der Extrakt wie beschrieben weiterverarbeitet. Es ist auch möglich, eine Extraktion mit Trichlormethan durchzuführen und die Endbestimmung durch Gaschromatographie mit gepackter Säule und phosphor-spezifischem Detektor vorzunehmen. Eine Anreicherung durch Gel-Permeations-Chromatographie (GPC) wird vorgeschlagen [2.85].

2.5.8 Nichtionische, anionische und kationische Tenside
(als Netz-, Dispergier- und Schaumbekämpfungsmittel)

Nichtionische Tenside, z. B. Fettalkoholpolyethylenglykolether, Oxoalkoholpolyethylenglykolether, Fettalkoholpolyethylenglykolalkylether, Alkylphenolpolyethylenglykolether und Fettsäureester (EO-PO-Addukte).

Anionische Tenside, z. B. Alkyl-aryl-sulfonate, Alkylsulfonate und Natriumlaurylsulfat.

Kationische Tenside, z. B. Tetraalkylammoniumchlorid.

Zur Nomenklatur dieser Verbindungsklassen sei auf die Literatur verwiesen [2.86, 2.87]. Untersuchung ebenso wie Bestimmung kleiner Tensidmengen sind in methodischer Sicht mit Schwierigkeiten verbunden, auch hierauf wird in der umfangreichen Literatur eingegangen. Zur Bestimmung *nichtionogener Tenside* aus dem wäßrigen Extrakt der Papierprobe wird zur Anreicherung dieser Verbindungen das Ausblaseverfahren nach Wickbold empfohlen [2.88–2.90].

Dabei werden die in der Probe enthaltenen nichtionogenen Tenside durch Ausblasen und Lösen im Essigsäureethylester angereichert, isoliert und mit modifiziertem Dragendorffschem Reagenz als n-Tensid-Ba(BiI_4)$_2$-Komplex gefällt. Nach Lösen des Niederschlages wird der dem Gehalt an nichtionogenen Tensiden äquivalente Wismutanteil mit Pyrrolidinthiocarbamat-Lösung potentiometrisch bestimmt (registrierendes Potentiometer, Meßbereich 250 mV, Platin/Kalomelelektrode). Anionenaktive Stoffe bis zur zehnfachen Menge stören nicht; kationenaktive Substanzen müssen vor der Bestimmung durch Ionenaustauscher abgetrennt werden.

Zur Extraktion von Tensiden aus Papier wird ein modifiziertes Wickbold-Ausblasegerät verwendet. In dieses Ausblasegerät werden Natriumchlorid, Natriumhydrogencarbonat und die Probe eingebracht, das Schliffoberteil wird aufgesetzt. Es wird mit Wasser bis zum oberen Ablaßhahn aufgefüllt, 1 h stehengelassen und dann mit Essigsäureethylester überschichtet. Die Waschflasche für die Gasstromleitung muß zu etwa 2/3 mit Essigsäureethylester gefüllt sein. Dann leitet man einen Gasstrom (Stickstoff oder Luft) durch die Apparatur, dessen Gasmenge so bemessen sein muß, daß die Phasen erkennbar getrennt bleiben und an der Phasengrenzfläche keine Turbulenz entsteht. Nach 5 min wird der Gasstrom abgestellt und die organische Phase in einen Scheidetrichter abgelassen.

Die sich im Scheidetrichter eventuell absetzende wäßrige Phase wird in das Ausblasegerät zurückgegeben, der Essigsäureethylester-Extrakt durch einen trockenen Papierfilter in ein Becherglas filtriert. Man gibt erneut Essigsäureethylester in das Ausblasegerät und leitet weitere 5 min Stickstoff oder Luft hindurch. Die organische Phase wird in den zur ersten Abtrennung benutzten Scheidetrichter abgelassen und über das Filter der ersten Essigsäureethylester-Menge zugegeben.

Der Essigsäureethylester-Extrakt wird auf dem Wasserbad zur Trockne eingedampft, der Trockenrückstand mit Methanol aufgenommen, Wasser sowie 3–5 Tropfen Bromkresolpurpur-Lösung werden hinzugefügt, die Lösung wird gerührt (z. B. mit einem Magnetrührer). Unter tropfenweiser Zugabe von verdünnter Salzsäure wird auf einen Indikatorumschlag nach gelb eingestellt. Der so vorbereiteten Lösung wird Fällungsreagenz zugesetzt; es wird weitere 10 min gerührt. Man läßt den entstandenen Niederschlag 5 min absetzen, filtriert durch einen Porzellanfiltertiegel und wäscht mit Eisessig nach. Der im Tiegel befindliche Niederschlag wird in heißer Ammoniumtartrat-Lösung gelöst. Sollte die erhaltene Lösung (durch Essigsäure-Reste) schwach sauer sein, wird sie mit Ammoniak neutralisiert. Nach Zugabe von Puffer-Lösung wird die Platin-Kalomelelektrode eingesetzt. Anschließend titriert man bei eingetauchter Bürettenspitze mit der Carbamat-Lösung bis über den Potentialsprung hinaus. Als Endpunkt gilt der Schnittpunkt der Tangenten, die man an die beiden Äste der Potentialkurve legt. Da jedes nichtionogene Tensid einen von der Länge seiner Ethylenoxid-Ketten abhängigen Eichfaktor hat, bezieht man sich bei der Auswertung auf eine Standardsubstanz. Hierfür ist das Nonylphenol-ethoxylat mit im Mittel 10 Ethylenoxid-Gruppen je Molekül (NP 10) festgelegt [2.91, 2.92].

Die DIN-Vorschrift zur Bestimmung nichtionogener Tenside begrenzt das Verfahren auf den Bereich ab 4–6 Ethylenoxid-Gruppen. Da aber aufgrund der Verteilung der Gruppen immer höher-ethoxylierte Verbindungen vorliegen, ist dieses Verfahren auch für Tenside, die niedriger ethoxyliert sind, anwendbar. Vorversuche sollten über die Anwendbarkeit dieser Methode entscheiden. Die ISO-Vorschrift [2.93] führt eine solche Einschränkung nicht auf. In der erwähnten Vorschrift wird auf eine Modifizierung des Verfahrens hingewiesen. Die Bestimmung des Bismuth kann auch mit der Atomadsorptions-Methode durchgeführt werden.

Da die Fällung kationische Tenside miterfaßt, müssen sie abgetrennt werden. Hierzu wird der Trockenrückstand aus der Extraktion in Methanol aufgenommen, diese Lösung über eine Kationenaustauschsäule (Kationenaustauscher H$^+$, alkoholfest) gegeben und mit Methanol nachgespült. Die methanolische Lösung wird zur Trockne eingedampft und dann, wie beschrieben, weiterverfahren. Kationische Tenside können mit Disulfinblau nach Kunkel nachgewiesen werden [2.94].

Reagenzien

- Fällungsreagenz nach Dragendorff: s. Feuchthaltemittel Seite 119.
- Ammoniumtartrat-Lösung: 12,4 g Weinsäure und 12,4 ml Ammoniak-Lösung (ρ = 0,91 g/ml) werden mit Wasser auf 1000 ml aufgefüllt.
- Standardacetatpuffer-Lösung: 40 g Natriumhydroxid werden in einen 1000 ml-Meßkolben gegeben und in etwa 500 ml Wasser gelöst. Anschließend werden 120 ml Eisessig hinzugefügt. Nach gründlichem Mischen und Abkühlen wird die Lösung mit Wasser bis zur Eichmarke aufgefüllt.
- Carbamat-Lösung (c = $0,5 \cdot 10^{-3}$ mol/l): 103,0 mg Pyrrolidindithiocarbonsäure-Natriumsalz ($C_5H_8NNaS_2 \cdot 2\,H_2O$) werden in einen 1000 ml-Meßkolben gegeben und in etwa 500 ml Wasser gelöst. Nach Zugabe von 10 ml n-Amylalkohol und 0,5 g Natriumhydrogencarbonat wird die Lösung mit Wasser bis zur Eichmarke aufgefüllt.

Eine dünnschichtchromatographische Bestimmung von nichtionogenen Tensiden beschreibt Kunkel [2.95], aber auch hierfür ist die Anreicherung nach dem Ausblaseverfahren notwendig. Die quantitative Auswertung erfolgt mit einem Remissionsspektralphotometer.

Die Bestimmung *anionischer Tenside* beruht darauf, daß Methylenblau mit anionischen Substanzen blaue Verbindungen ergibt, die in Trichlormethan löslich sind. Die Bestimmung erfolgt photometrisch im Absorptionsmaximum bei 650 nm. Liegen im Wasserextrakt neben anionischen Tensiden auch kationische vor, können sich äquivalente Mengen an Anlagerungs-Verbindungen bilden, die sich somit dem analytischen Nachweis entziehen. Auch andere Inhaltsstoffe im Wasserextrakt können zur Trichlormethan-Methylenblau-Reaktion führen und somit falsche Werte ergeben.

Diese Störungen lassen sich durch das bei den nichtionogenen Verbindungen auf Seite 100–101 beschriebene Ausblaseverfahren vermeiden. Zur Bestimmung werden dem klaren Wasserextrakt der Papierprobe, der sich in einem Scheidetrichter befindet, Pufferlösung, neutrale Methylenblau-Lösung und Trichlormethan zugesetzt, dann wird 1–2 min geschüttelt. Die Trichlormethanschicht wird in einen zweiten Scheidetrichter, der Wasser und saure Methylenblau-Lösung enthält, abgelassen und geschüttelt. Der Trichlormethan-Extrakt wird in einen Meßkolben filtriert. Die Extraktion in alkalischer und saurer Lösung sollte dreimal durchgeführt werden. Die Trichlormethan-Extrakte werden vereinigt und die Farbintensität bei 650 nm photometrisch bestimmt [2.96]. Der Gehalt wird aus einer Vergleichskurve ermittelt, als Vergleichssubstanz Dodecylbenzol-Sulfonsäure-Methylester nach Verseifen zum Natriumsalz verwendet.

Reagenzien

- Pufferlösung, pH-Wert 10: 24 g Natriumhydrogencarbonat ($NaHCO_3$) und 27 g Natriumcarbonat (Na_2CO_3) werden in Wasser gelöst; die Lösung wird mit Wasser im Meßkolben auf 1 l aufgefüllt.
- Neutrale Methylenblau-Lösung: 0,35 g Methylenblau (C.I 52015)DAB 8 werden in 1 l destilliertem Wasser gelöst. Die Lösung muß mindestens 24 h vor Aufstellung der Vergleichskurve zubereitet worden sein.
- Saure Methylenblau-Lösung: 0,35 g Methylenblau werden in 500 ml Wasser gelöst; der Lösung werden 6,5 ml Schwefelsäure (H_2SO_4; ρ = 1,84 g/ml) zugesetzt. Danach wird die Lösung mit Wasser auf 1 l aufgefüllt. Die frisch angesetzte Lösung muß mindestens 24 h vor der Herstellung der Vergleichskurve zubereitet worden sein.

- Dodecylbenzolsulfonsäuremethylester (Ester) ($C_{19}H_{32}O_3S$);
- Ethanolische Natronlauge, c(NaOH) = 0,1 mol/l;
- Ethanol (C_2H_5OH), rein;
- Vergleichslösung: Man wägt aus einer Wägepipette 400−450 mg Ester auf 0,1 mg in einen Rundkolben ein und fügt 50 ml ethanolische Natronlauge und einige Siedeperlen hinzu. Nach Aufsetzen eines Rückflußkühlers spült man Kühler und Schliff mit etwa 30 ml Ethanol und gibt diese Spülflüssigkeit zum Kolbeninhalt. Anschließend neutralisiert man die Lösung nach Zusatz einiger Tropfen Phenolphthalein-Lösung mit Schwefelsäure, überführt die neutrale Lösung in einen Meßkolben von 1000 ml, und füllt sie mit Wasser bis zur Marke auf. Von dieser Stammlösung können weitere Verdünnungen hergestellt werden.

Die Bestimmung *kationischer Tenside* erfolgt nach der Disulfinblau-Methode, bei der ähnlich vorgegangen wird wie bei den anionisch aktiven Tensiden (S. 102). Durch Ausblasen werden die Kationtenside in Essigsäureethylester angereichert und von nichttensidischen Störstoffen weitgehend befreit. Nach Schichtentrennung und Abdampfen des Lösemittels werden Aniontenside mittels Anionenaustauscher abgetrennt und die kationischen Tenside mit Disulfinblau photometrisch bei 628 nm bestimmt. Dabei wird der gebildete Farbkomplex aus Trichlormethan-Lösung in Methanol umgelöst, um störende Trübungen zu vermeiden [2.97−2.99]. Als Vergleichssubstanz dient Dodecyldimethylbenzyl-Ammoniumchlorid.

Reagenzien

- 60 mg Disulfinblau VN 150 werden in einem Ethanol-Wassergemisch (10:19 v/v) gelöst und auf 100 ml aufgefüllt.

Extrakt der zu untersuchenden Papierprobe

Zur Trennung der Tenside in anionische und nichtionische bzw. kationische und nichtionische werden Ionenaustauscher (H-Form, OH-Form) verwendet. Die polarographische Bestimmung des Sauerstoffmaximums erfolgt an der langsam tropfenden Quecksilberelektrode. Als Anode wird Bodenquecksilber vorgeschlagen (keine Kalomelelektrode). Die genaue Vorschrift, bei der auf die Fehlermöglichkeiten hingewiesen wird, ist der Literatur zu entnehmen [2.100].

2.5.9 Mineralöle (Kohlenwasserstoffe, Mittelöle)

Verschiedene Schaumbekämpfungsmittel enthalten Mineralöle [2.101]. Zur Bestimmung dieser Anteile direkt im Papier bzw. im wäßrigen Extrakt kann als Extraktionsmittel 1,1,2-Trichlortrifluorethan eingesetzt werden. Mitextrahierte Nicht-Kohlenwasserstoffe werden durch ein polares Adsorbens (Aluminiumoxid, aktiv neutral) aus dem 1,1,2-Trichlortrifluorethan-Extrakt entfernt. Für die quantitative Bestimmung wird ein Infrarot-Spektrogramm aufgenommen. Sollten sich im IR-Spektrum Banden von Heteroatomen ($-C=O$, $-OH$) befinden, muß die Reinigung über Aluminiumoxid wiederholt werden, gelingt dies nicht, ist die vorgeschlagene Methode nicht anwendbar [2.102].

Für den Zusammenhang zwischen den spezifischen spektralen Absorptionsmaßen und den Auswerteformeln für die Konzentrationsbestimmungen wird auf die Literatur verwiesen [2.103, 2.104].

Wegen des geringen Aufwandes läßt sich auch ein dünnschichtchromatographisches Verfahren zur Kohlenwasserstoff-Bestimmung einsetzen [2.105].

2.6 Mikrobizide Stoffe
Microbizides

(Konservierungsstoffe und Mittel zur Verhinderung der Bildung mikrobiologischen Schleims.)

Mittel zur Verhinderung der biologischen Schleimbildung im Wassersystem von Papierfabriken haben die Aufgabe, schleim- bzw. fadenbildende Mikroorganismen abzutöten oder ihre Entwicklung zu hemmen, um Produktionsstörungen zu vermeiden [2.106]. Im Wassersystem von Papierfabriken, vor allem in stark eingeengten Wasserkreisläufen, reichern sich organische Verbindungen an, die das Wachstum der Mikroorganismen begünstigen [2.107]. Weiterhin sind die mikrobiziden Stoffe dazu bestimmt, der Bildung von Geruchsstoffen, ausgelöst durch mikrobiologische Umsetzung, zu entgegnen (z. B. niedrige Fettsäuren, SH_2) und impedorierend zu wirken [2.108]. Da Biozide nicht gleich stark auf die verschiedenen Spezies der Mikroorganismen ansprechen, müssen oft in ihrer chemischen Struktur unterschiedliche Biozide eingesetzt werden (Änderung der biologischen Konkurrenz) [2.109–2.111]. Es können sich in den Schleimablagerungen aber auch anaerobe Zonen bilden, die dann Korrosionen auslösen [2.112]. Ferner werden mikrobizide Stoffe zur Konservierung von Kunststoffdispersionen [2.113], Harzleimdispersionen, Klebstoffen [2.114] (Kaschierklebern), Füllstoffaufschlämmungen und Streichmassen angewendet. Mikrobizid – insbesondere fungizid – ausgerüstete Verpackungspapiere dienen zum Verpacken von Gütern, die für Feuchtländer bestimmt sind (z. B. Seifeneinwickler, Verpackung für hochwertige optische Geräte). Für eine kurzfristige Konservierung von Nahrungsmitteln (Brot, Käse, Zitrusfrüchte) werden fungistatisch ausgerüstete Einwickler verwendet [2.115]. Auch Hygienepapiere (z. B. Feuchtreinigungstücher) können mit mikrobiziden Stoffen [2.116] konserviert werden.

Die Untersuchung von Papier durch mikrobiologische Verfahren, z. B. die Prüfung auf Zusätze von antimikrobiellen Bestandteilen [2.117, 2.118], wird im Abschnitt „Mikrobiologische Prüfung von Packstoffen" beschrieben. Diese Prüfmethoden entstammen der allgemeinen Mikrobiologie und wurden für die Anwendung in der Papierindustrie modifiziert. Leider können diese Verfahren noch nicht zur quantitativen Bestimmung einzelner Biozide genutzt werden, sie sind aber für einen Summenparameter ausreichend [2.119–2.122].

Die im folgenden beschriebenen Analysenmethoden gelten nur für Biozide und in wenigen Fällen für ihre Umsetzungsprodukte in Extrakten aus Papier. Der überwiegende Teil an Bioziden wird aus anwendungstechnischen Gründen in Form von flüssigen bzw. pulvrigen Mischungen, die z. B. Lösemittel, Emulgatoren, Netzmittel, Stabilisatoren und Komplexbildner enthalten können, eingesetzt. In den Analysenmethoden wird die Erfassung der genannten Hilfsmittel nicht beschrieben.

Ein Beispiel einer Biozidrezeptur sei hier aufgeführt [2.123]:
- 2-Brom-2-nitropropandiol (1,3)   18%
- Natriumbromid   12%
- Propylenglykol   25%
- Wasser   45%.

Zur Voruntersuchung auf Biozide eignen sich besonders dünnschichtchromatographische Verfahren. Aus dem zu untersuchenden Papier werden Methanolextrakte hergestellt. Zur Reinigung wird der Extrakt über einen Anionenaustauscher (Acetat- bzw. Hydroxylform) gegeben, in dem die Biozide festgehalten werden. Sie werden dann mit Essigsäure/Ethanol eluiert, das Eluat wird eingedampft. Mit Hilfe von Vergleichslösungen können die Biozide dünnschichtchromatographisch identifiziert werden. Als Schicht wird Kieselgel F_{254} vorgeschlagen, als Fließmittel Benzol/Methanol (95 : 5 v/v) [2.124, 2.125].

Für die im folgenden beschriebenen Methoden zur Biozid-Bestimmung in Papier ist es Voraussetzung, diese aus Papierproben zu extrahieren. In vielen Fällen werden wäßrige Extrakte angewandt, deren Herstellung an anderer Stelle schon beschrieben ist. Sollten abweichende Extraktionsmittel bzw. Verfahren notwendig sein, werden diese angegeben.

2.6.1 Ameisensäure und deren Salze

Die Bestimmung der Ameisensäure ist in Abschnitt 2.4 („Fällungs- und Fixiermittel, Komplexbildner") aufgeführt. Eine weitere schnell durchzuführende spezifische Analysenmethode bildet ein enzymatisches Verfahren.

Liegt im wäßrigen Extrakt Ameisensäure (Formiat) vor, wird mit Nicotinamidadenin-dinucleotid (NAD) durch eine mit Formiat Dehydrogenase (FDH) katalysierte enzymatische Reaktion quantitativ zu Kohlendioxid oxidiert, wobei NAD zu NADH reduziert wird. Die gebildete NADH-Menge ist der Ameisensäuremenge äquivalent. NADH ist die Meßgröße und kann bei 334, 340 oder 365 nm photometrisch bestimmt werden [2.126]. Die Nachweisgrenze beträgt 1 mg Ameisensäure/ kg Wasserextrakt.

2.6.2 1.2-Benzoisothiazolin-3-on (BIT)

BIT wird aus der Papierprobe mittels Methanol in einer Soxhletapparatur extrahiert. Der Extrakt wird unter Lichtabschluß auf etwa 5 ml eingeengt, mittels Hochleistungsflüssigkeits-Chromatographie (HPLC) an einer Umkehrphase getrennt und mit einem UV-Detektor bestimmt [2.127, 2.128]. Als Fließmittel wird Wasser/Methanol/Eisessig (50 : 50 : 1 v/v/v) eingesetzt. Die Extraktion kann auch mit Wasser durchgeführt werden. Hierbei laufen aber Abbaureaktionen ab, die das Analysenergebnis verfälschen können [2.129]. Die Nachweisgrenze im Methanolextrakt liegt bei 0,05 $\mu g/dm^2$ Papier.

2.6.3 Benzoesäure und deren Natriumsalz

(Sorbinsäure und deren Salze, p-Hydroxy-benzoesäure-methylester, p-Hydroxy-benzoesäure-ethylester und p-Hydroxy-benzoesäure-propylester)

Die Konservierungsstoffe werden mit Hilfe eines Gemisches aus Ammonium-acetat-Lösung, Essigsäure und Methanol aus dem Papier extrahiert. Die Extraktion kann durch kurzzeitige Ultraschallbehandlung bzw. mit einem geeigneten Homogenisator (Ultra-Turrax) unterstützt werden. Die Bestimmung der im Extrakt enthaltenen Stoffe erfolgt durch Trennung mit Hilfe der HPLC an einer Umkehrphasen-Trennsäule und anschließender UV-Detektion (272 nm).

Als Fließmittel wird Ammoniumacetat-Lösung/Methanol (50:40 v/v) eingesetzt. Die Lösung wird mit Essigsäure auf pH 4,5 eingestellt. Die Identifizierung der zu bestimmenden Stoffe erfolgt durch Vergleich mit Standardsubstanzen, die quantitative Auswertung mit Hilfe des externen Standards [2.130, 2.131].

Reagenzien

- Lösung 1: Ammoniumacetat-Lösung (c = 0,01 mol/l).
- Lösung 2: 1000 ml Ammoniumacetat-Lösung werden mit 1,2 ml Essigsäure (ρ = 1,05 g/ml) versetzt.
- Extraktionslösung: 60 ml der Lösung 2 werden mit 40 ml Methanol gemischt.

2.6.4 Benzylalkohol

(Addukt aus 70% Benzylalkohol und 30% Formaldehyd)

Die Formaldehyd-Bestimmung wird im Abschnitt 2.3 („Leimungsmittel"), ein weiteres Verfahren in diesem Abschnitt beschrieben. Benzylalkohol wird gaschromatographisch aus dem Cyclohexanextrakt mit Flammenionisations-Detektor ermittelt. Für den Extrakt wird die zu untersuchende Papierprobe in eine Injektionsflasche eingewogen, mit wasserfreiem Natriumsulfat und Cyclohexan versetzt und verschlossen. Die so vorbereitete Probe extrahiert man 24 h bei 20 °C unter gelegentlichem Umschütteln. Der Extrakt kann ohne weitere Vorbehandlung für die gaschromatographische Bestimmung eingesetzt werden. Die Nachweisgrenze beträgt $1 \cdot 10^{-8}$ g Benzylalkohol [2.132] im Papier.

2.6.5 Biphenyl-2-ol (o-Phenylphenol)

Aus dem Kaltwasserextrakt wird das gelöste Biphenyl-2-ol mit Cyclohexan extrahiert und am Rotationsverdampfer auf ca. 1 ml eingeengt. Nach Zugabe von Phthalsäurediethylester als innerem Standard wird diese Lösung für die gaschromatische Bestimmung eingesetzt.

Auch aus dem Papier kann Biphenyl-2-ol direkt durch Extraktion mit Cyclohexan gewonnen werden. Eine Extraktionszeit von 1 h unter Rückfluß ist ausreichend; dann wird, wie schon beschrieben, für die gaschromatographische Bestimmung weiterbehandelt [2.133]. Die Nachweisgrenze beträgt ca. 0,2 mg Biphenyl-2-ol im Papier.

2.6.6 2-Brom-4'-hydroxyacetophenon

Diese Verbindung hydrolisiert während der Papierherstellung quantitativ zu
2,4'-Dihydroxyacetophenon unter Abspaltung von Bromwasserstoff. Für die Bestimmung von 2,4'-Dihydroxyacetophenon wird der Kaltwasserextrakt mit Dichlormethan extrahiert und der Dichlormethanextrakt im Rotationsverdampfer
zur Trockne eingedampft. Der Rückstand wird mit Dichlormethan aufgenommen
und für die dünnschichtchromatographische Bestimmung eingesetzt [2.134]. Die
Nachweisgrenze beträgt 0,1 mg/dm^2 Papier.

Dünnschichtchromatographische Bedingungen

Schicht: Kieselgel
Fließmittel: Dichlormethan/Dimethylketon (80:20 v/v)
Nachweis: 2,4'-Dinitrophenylhydrazin
Auswertung: Mitlaufende Standardlösungen verschiedener Konzentration dienen als Vergleich.

Reagenzien

— 0,4 g 2,4'-Dinitrophenylhydrazin werden in 100 ml Salzsäure (c = 6 mol/l) gelöst.

2.6.7 2-Brom-2-nitropropandiol (1,3)

Dem Wasserextrakt der zu untersuchenden Probe wird eine definierte Menge
2-Nitrophenol zugegeben und dann am Rotationsverdampfer zur Trockne eingedampft. Der Rückstand wird in Acetonitril aufgenommen, in einen 5 ml-Meßkolben übergeführt, mit 0,5 ml Triethylamin und 0,5 ml N-Methyl-N-(trimethylsilyl)-2,2,2-trifluoracetamid versetzt und zur Umsetzung 10 min stehengelassen. Das
Umsetzungsprodukt wird mit Acetonitril bis zur Marke aufgefüllt und zur Gaschromatographie eingesetzt. Der gebildete Siliconether kann mit dem Flammenionisationsdetektor bestimmt [2.135] werden. Die Nachweisgrenze beträgt 2,5 µg
2-Brom-2-nitropropandiol (1,3)/dm^2 Papier.

2.6.8 β-Brom-β-nitrostyrol
(sowie dessen Umsetzungsprodukte Benzaldehyd und Bromnitromethan)

Zur Ermittlung dieser Verbindung sowie ihrer Umsetzungsprodukte wird ein n-He-
xan-Extrakt herangezogen. Die Papierprobe wird mit n-Hexan unter Lichtabschluß 1 h extrahiert. Der Extrakt wird, ebenfalls unter Lichtabschluß, am Rotationsverdampfer auf ca. 5 ml eingeengt, an einer analytischen Kieselgelsäule mittels HPLC getrennt und durch UV-Detektion bestimmt. Als Fließmittel wird n-He-
xan/Essigsäureethylester (97:3 v/v) eingesetzt. Der Massegehalt an 2-Brom-2-ni-
tropropandiol (1,3), Benzaldehyd und Bromnitromethan wird durch die Methode
des externen Standards ermittelt [2.136].

Nachweisgrenzen

2-Brom-2-nitropropandiol (1,3) 0,06 mg/kg Papier
Benzaldehyd   0,04 mg/kg Papier
Bromnitromethan   2,0 mg/kg Papier.

2.6.9 N-(2-p-Chlorbenzoyl-ethyl)-hexaminchlorid

Diese Verbindung zerfällt unter den Bedingungen der Papierfabrikation in 2-(p-Chlorbenzoyl)-ethylamin und Formaldehyd. Die Formaldehyd-Bestimmung ist in diesem Abschnitt auf S. 110 beschrieben. Aus der zu untersuchenden Probe wird für die Bestimmung von 2-(p-Chlorbenzoyl)-ethylamin der dünnschichtchromatographische Nachweis wie folgt geführt.

Die Papierprobe wird zerkleinert und auf der Schüttelmaschine 1 h mit 95 ml Methanol und 5 ml Ammoniak ($\rho = 0{,}91$ g/ml) behandelt. Nach Filtration wird der Faserrückstand in 75 ml Methanol aufgenommen, 30 min geschüttelt und erneut filtriert. Die vereinigten Filtrate werden am Rotationsverdampfer im Vakuum bis auf ca. 1 ml eingeengt und anschließend in 40 ml Trichlormethan aufgenommen. Zur Reinigung wird die Trichlormethan-Lösung einmal mit Wasser ausgeschüttelt. Nach Phasentrennung engt man den Trichlormethan-Extrakt am Rotationsverdampfer im Vakuum (Spitzkolben) bis auf 1 ml ein. Dieser Extrakt wird zweidimensional chromatographiert.

Chromatographische Bedingungen

Schicht: Kieselgel F_{254}
Fließmittel 1: Benzol/Essigsäureethylester/Methanol (90:9:1 v/v/v)
Fließmittel 2: Ethanol/Ammoniak ($\rho = 0{,}91$ g/ml; 4:1 v/v)
Nachweis: Fluoreszenzlöschung in UV-Licht (254 nm).

Die Chromatographie in der ersten Laufrichtung dient der weitgehenden Trennung anderer im Extrakt vorhandener Papierinhaltsstoffe [2.137]. Die Nachweisgrenze beträgt bei Anwendung von 20 µl Extrakt 0,2−0,5 µg.

2.6.10 5-Chlor-2-methyl-4-isothiazolin-3-on und 2-Methyl-4-isothiazolin-3-on

Zur Bestimmung dieses Biozidgemisches werden zwei Verfahren vorgeschlagen, im ersten erfolgt der Nachweis photometrisch.

Die im Wasserextrakt vorliegenden Verbindungen 5-Chlor-2-methyl-4-isothiazolin-3-on und 2-Methyl-4-isothiazolin-3-on werden an Ionenaustauschharz gebunden, auf der Adsorptionssäule mit Natriumborhydrid reduziert und anschließend mit Methanol eluiert. Das Eluat wird mit 2,2′-Dinitro-5,5′-dithiodibenzoesäure versetzt und die entstehende gelbe Verbindung photometrisch bestimmt [2.138]. Die Nachweisgrenze beträgt 0,0025 mg/dm^2 Papier.

Reagenzien

- Lösung 1: 14 g Dinatriumhydrogenphosphat werden in 1000 ml Wasser gelöst und mit Salzsäure auf pH 8 eingestellt.
- Lösung 2: 0,025 g 2,2'-Dinitro-5,5'-dithiodibenzoesäure werden in 25 ml Lösung 1 gelöst. Das Reagenz ist immer frisch anzusetzen.

Die zweite Methode nutzt die Gaschromatographie. Ein aliquoter Teil (200 ml) des Kaltwasserextraktes wird am Rotationsverdampfer auf ca. 10 ml eingeengt, es werden 10 ml o-Phosphorsäure zugesetzt, dann wird 1 h gerührt (Magnetrührer). Aus dieser Lösung werden die freigesetzten Heterocyclen mit Dichlormethan extrahiert. Der Dichlormethan-Extrakt wird mit wasserfreiem Natriumsulfat getrocknet und am Rotationsverdampfer auf 2 ml eingeengt. Dieser Extrakt wird gaschromatographisch (Schwefel-Flammen-Detektor) untersucht. Die Vergleichslösungen werden aus einem Heterocyclenstandard, wie beschrieben (Umsetzung mit o-Phosphorsäure), hergestellt [2.139]. Die Nachweisgrenze beträgt 0,00012 mg Heterocyclengemisch/dm^2 Papier.

2.6.11 1,2-Dibrom-2,4-dicyanobutan

Aus dem Wasserextrakt wird 1,2-Dibrom-2,4-dicyanobutan mit Trichlormethan extrahiert. Der Trichlormethanextrakt wird am Rotationsverdampfer eingeengt und für die gaschromatographische Bestimmung verwendet. Im Einspritzblock wird die Substanz debromiert. Das gebildete Methylenglutardinitril wird mit Flammenionisationsdetektor bestimmt. Aus Papier läßt sich die Verbindung mit n-Heptan extrahieren und kann dann direkt aus dem Heptan-Extrakt ermittelt werden [2.134]. Die Nachweisgrenze beträgt 0,02 mg 1,2-Dibrom-2,4-dicyanobutan/kg Wasserextrakt.

2.6.12 2,2-Dibrom-3-nitril-propionamid

Diese Verbindung wird mit HPLC direkt aus dem Wasserextrakt an einer Umkehrphase (G 18) bestimmt. Als Fließmittel dient Methanol/Wasser (10 : 90 v/v) mit Tri-Ammoniumphosphat auf pH 4,6 eingestellt [2.141]. Die Nachweisgrenze beträgt 1 mg/kg Wasserextrakt.

2.6.13 4,5-Dichlor-1,2-dithiol-3-on

Die Papierprobe wird mit Ethanol unter Rückflußkühlung bei Siedehitze extrahiert. Dieser Extrakt kann ohne weitere Vorbehandlung zur gaschromatographischen Untersuchung eingesetzt werden (Elektroneneinfangdetektor). Die Nachweisgrenze beträgt 0,1 g 4,5-Dichlor-1,2-dithiol-3-on/kg Papier [2.142].

2.6.14 Dithiocarbamat- und Thiuramdisulfid-Biozide

Aliphatische Dithiocarbamate und Thiuramdisulfide werden häufig gleichzeitig oder als Mischungen eingesetzt. Die Ermittlung eines speziellen Biozides ist schwierig, daher wird in der Regel ein Summenparameter herangezogen. Die Bestimmung wird ohne Extraktion am zu untersuchenden Papier vorgenommen. Aus der genannten Verbindungsklasse wird durch Hydrolyse Schwefelkohlenstoff freigesetzt, bei gleichzeitiger Luftdurchströmung abdestilliert, mit Bleiacetat-Lösung und Natronlauge gereinigt und anschließend in einer ethanolischen Kupfer(II)-acetat-Lösung und Diethanolamin aufgefangen. Der sich bildende gelbe Kupfer-N,N-bis(2-hydroxyethyl)-dithiocarbamat-Komplex wird spektralphotometrisch bestimmt. Als Vergleichslösung dient Schwefelkohlenstoff in Ethanol. Die Vergleichsgerade ist bis 50 µg Schwefelkohlenstoff linear. Werden Werte unterhalb 50 µg gemessen, ist eine quantitative Auswertung nicht möglich. Die Analyse muß mit einer höheren Einwaage wiederholt werden [2.143].

2.6.15 3,5-Dimethyl-tetrahydro-1,3,5-thiadiazin-2-thion

Diese Verbindung wird, wie in Abschnitt 2.6.14 beschrieben, ermittelt. Bei der hydrolytischen Zersetzung mit Schwefelsäure spaltet sich Schwefelkohlenstoff ab, der als Kupfer-N,N-bis(2-hydroxyethyl)-dithiocarbamat photometrisch gemessen wird. Die Vergleichsgerade wird in diesem Fall mit der zu bestimmenden Verbindung erstellt und verläuft linear [2.144]. Die Nachweisgrenze beträgt 20 µg 3,5-Dimethyl-tetrahydro-1,3,5-thiadiazin-2-thion/kg Papier.

Reagenzien

– 4,0 mg Kupfer(II)-acetat-1-hydrat werden in einem 250 ml-Meßkolben in 10 ml Methanol und 25 ml Bis-(2-hydroxyethyl)amin gelöst und mit Methanol bis zur Marke aufgefüllt.

2.6.16 Formaldehyd (Methanal)

Für diese Verbindung wird ein weitgehend spezifisches Bestimmungsverfahren mittels HPLC vorgeschlagen. Ein aliquoter Teil des wäßrigen Extraktes wird mit einer salzsauren Lösung von 2,4-Dinitrophenylhydrazin versetzt. Die aus den im wäßrigen Extrakt vorliegenden Carbonyl-Verbindungen gebildeten 2,4-Dinitrophenylhydrazone werden mit einem Dichlormethan/n-Hexan-Gemisch extrahiert, das Extraktionsmittel wird im Vakuum abgedampft und der Rückstand in einem Wasser/Methanol-Gemisch aufgenommen. Die in diesem Gemisch vorliegenden Hydrazone werden durch HPLC voneinander getrennt und die eluierten Verbindungen mit einem UV/VIS-Photometer bei 360 nm detektiert. Eine Zuordnung des Elutionspeaks, der durch die Umsetzung des Formaldehyds mit 2,4-Dinitrophenylhydrazin gebildeten Verbindung, erfolgt über die Retentionszeit. Die Kalibrierung wird mit Formaldehyd-Standard-Lösungen durchgeführt, die in der gleichen Weise wie der wäßrige Extrakt derivatisiert und extrahiert werden [2.145, 2.146].

2.6.17 Glutardialdehyd (Pentandial)

Ein Aliquot des Kaltwasser-Extraktes wird mit 2,4-Dinitrophenylhydrazin-Lösung umgesetzt. Glutardialdehyd wird dabei ins 2,4-Dinitrophenylhydrazon-Derivat übergeführt. Das Derivat wird mit Dichlormethan extrahiert, der Extrakt durch HPLC an einer mittelpolaren chemisch gebundenen Nitrilphase getrennt und mit einem UV-Detektor quantifiziert [2.147].

Als Fließmittel wird Methanol/Dichlormethan/Hexan (0,7 : 20 : 80 v/v/v) verwendet. Die Nachweisgrenze beträgt 0,3 mg Glutardialdehyd/kg Kaltwasser-Extrakt.

2.6.18 p-Hydroxy-benzoesäure-methylester, p-Hydroxy-benzoesäure-ethylester, p-Hydroxy-benzoesäure-propylester

Das Bestimmungsverfahren ist in diesem Abschnitt auf S. 106 beschrieben. Qualitativ können die Ester mit Millons-Reagenz nachgewiesen werden. Das zu untersuchende Papier wird alkalisch extrahiert, der Extrakt ausgeethert, der Ether abgedampft und der Rückstand mit Ethanol aufgenommen. Nach Zusatz von Millons-Reagenz tritt bei Anwesenheit von PHB-Estern Rotfärbung auf. Die Reaktion wird durch Eiweißverbindungen gestört.

Reagenzien

– Millons-Reagenz: 1 ml Quecksilber wird in 9 ml Salpetersäure (p = 1,4 g/ml) gelöst. Diese Lösung wird mit 10 ml Wasser verdünnt.

2.6.19 Kalium-N-hydroxymethyl-N'-methyl-dithiocarbamat

Da die Alkyldithiocarbamate nicht stabil sind, wird der im Vakuum eingeengte Kaltwasser-Extrakt auf die Zersetzungsprodukte Thioharnstoff, Imidazolindin-2-thion und N,N'-Dimethylthioharnstoff untersucht. Das Substanzgemisch wird dünnschichtchromatographisch aufgetrennt und die einzelnen Substanzen werden durch Fluoreszenzminderung und Anfärben mit Grotes Reagenz sichtbar gemacht [2.148]. Die Nachweisgrenze beträgt 0,005 µg Thioharnstoff/dm^2 Papier.

Chromatographische Bedingungen

Schicht: Kieselgel F_{254}
Fließmittel: Trichlormethan/Methanol (90 : 10 v/v)
Nachweis: Fluoreszenz-Löschung und Grotes Reagenz

Reagenzien

– Grotes Reagenz: 0,5 g Dinatriumpentacyanonitrosylferrat(II) werden in einem 25 ml-Meßkolben in 10 ml Wasser gelöst. Diese Lösung wird mit 0,5 g Hydroxylammoniumchlorid und 1 g Natriumhydrogencarbonat versetzt. Nach Beendigung der Gasentwicklung gibt man 2 Tropfen Brom zu und füllt mit Wasser bis zur Marke auf.

2.6.20 Methylen-bis-thiocyanat

Die Papierprobe wird ca. 6 h im Soxhlet mit Methanol extrahiert und der Extrakt
unter leichtem Vakuum eingedampft. Der Rückstand wird mit Methanol aufgenommen und mit Natriumtrisulfid versetzt. Bei Anwesenheit von Methylen-bis-
thiocyanat bildet sich Thiocyanat, das sich mit Eisen(III)-chlorid in intensiv rotge-
färbtes Eisen(III)-thiocyanat umsetzt und photometrisch bei 510 nm bestimmt
wird [2.149, 2.150]. Die Nachweisgrenze beträgt 2 mg/kg Papier.

Reagenzien

- 80,5 g Natriumsulfid ($Na_2S \cdot 9H_2O$) werden in 250 ml Wasser gelöst und 21,5 g sublimierter
  Schwefel zugegeben. Nach Lösen des Schwefels wird auf 500 ml aufgefüllt. Die Lösung ist vor
  Gebrauch zu filtrieren.

2.6.21 2-Oxo-2-(4'-hydroxyphenyl)acethydroximsäurechlorid

Die Papierprobe wird mit Dimethylketon (Aceton) extrahiert, der Extrakt eingedampft und das im Extrakt vorliegende 2-Oxo-2(4'-hydroxyphenyl)acethydroxid-
säurechlorid mit 4(4-Nitrobenzyl)-pyridin umgesetzt. Das rote Reaktionsprodukt
wird photometrisch bei 500 nm bestimmt [2.151, 2.152]. Die Nachweisgrenze beträgt 0,1 mg 2-Oxo-2-(4'-hydroxyphenyl)acethydroximsäurechlorid/kg Papier.

Reagenzien

- 5,0 g 4(4-Nitrobenzyl)-pyridin werden in einem 100 ml-Meßkolben in Dimethylketon gelöst und
  bis zur Marke aufgefüllt.

2.6.22 Pentachlorphenol und seine Alkalisalze

In der Bundesrepublik Deutschland werden diese Verbindungen in der Papierfabrikation nicht mehr eingesetzt [2.153]. Ihre Bestimmung kann nach verschiedenen
Verfahren erfolgen:
   1. Pentachlorphenol bildet mit 4-Amino-2,3-dimethyl-1-phenyl-3-pyrazo-
lin-5-on (4-Amino-Antipyrin) in Gegenwart schwacher Oxidationsmittel (Kalium-
hexacyanoferrat(III)) eine grüne Färbung, die in wäßriger Lösung unbeständig ist.
Sie wird mit Benzol ausgeschüttelt und bei 585 nm photometriert.
   Die Bestimmung erfolgt aus dem Kaltwasser-Extrakt, der mit Salzsäure angesäuert und mit Ether extrahiert wird. Der Etherextrakt wird mit ethanolischer Kali-
lauge alkalisch gestellt und der Ether abdestilliert. Der Rückstand wird in einer
Pufferlösung aufgenommen. Zu dieser Lösung gibt man in einen Scheidetrichter
Benzol, anschließend Kaliumhexacyanoferrat(III)-Lösung und 4-Amino-Antipy-
rin-Lösung und schüttelt kräftig durch. Nach Schichtentrennung wird die Benzol-
schicht gegen Benzol photometriert.
   Die Bestimmung wird durch Biphenyl-2-ol oder andere Verbindungen mit phe-
nolischen Hydroxylgruppen gestört [2.154].

Reagenzien

- Lösung 1: 6,0 g Kaliumhexacyanoferrat(III) werden in 100 ml Wasser gelöst.
- Lösung 2 (Pufferlösung): 14,15 g Borax ($Na_2B_4O_7 \cdot 10\ H_2O$) und 8,17 g Monokaliumphosphat (KH_2PO_4) werden im 100 ml-Meßkolben in Wasser gelöst und bis zur Marke aufgefüllt.
- Lösung 3: 1,5 g 4-Amino-2,3-dimethyl-1-phenyl-3-pyrazolin-5-on werden in 100 ml Wasser gelöst. Diese Lösung ist jeweils frisch herzustellen.

2. Pentachlorphenol, auch 2,4,6-Trichlorphenol und 2,3,4,6-Tetrachlorphenol, können mit der HPLC festgestellt werden.

Die Papierprobe wird in 1000 ml Wasser gegeben, das mit Schwefelsäure auf pH 1 – 2 angesäuert ist. Durch Wasserdampfdestillation werden ca. 500 ml Destillat übergetrieben. Das Destillat wird mit Kaliumhydroxid-Lösung auf pH 8 eingestellt und mit n-Pentan ausgeschüttelt, die organische Phase verworfen. Der Extrakt wird am Rotationsverdampfer eingeengt, mit Schwefelsäure auf pH 3 angesäuert und über eine RP18-Kurzsäule gegeben. Die auf der Säule befindlichen Chlorphenole werden mit Methanol eluiert, das Eluat wird bis zur Trockne eingedampft, der Trockenrückstand mit Eisessig/n-Propanol aufgenommen und für die HPLC-Analyse (C18-Umkehrphase) verwendet. Ein variabler UV-Detektor, mit bevorzugter Meßmöglichkeit bei 210 nm, wird zur Bestimmung vorgeschlagen.

Als Fließmittel wird Phosphorsäurelösung (c = 0,004 g/l)/Methanol (35 : 65 v/v) eingesetzt. Die Nachweisgrenze beträgt 300 µg Pentachlorphenol/kg Papier [2.155].

2.6.23 Peressigsäure

Qualitativ kann Peroxidsauerstoff im essigsauren Extrakt mit Kaliumiodid/Stärke-Lösung (Blaufärbung) nachgewiesen werden [2.156]. Die Bestimmung von Wasserstoffperoxid im wäßrigen Extrakt kann nach zwei Verfahren erfolgen:
1. Das im Kaltwasser-Extrakt vorliegende Peroxid wird bei pH 7 mit Peroxidase umgesetzt, wobei 2,2'-Azino-di-(3-ethylbenzthiazolinsulfonsäure-6) als Wasserstoffdonator dient. Das entstehende grüne Reaktionsprodukt wird im Photometer bei 436 nm gemessen. Da der Extinktionskoeffizient von den Versuchsbedingungen abhängt, wird die gemessene Extinktion auf die Extinktion eines H_2O_2-Standardwertes bezogen [2.157, 2.158].
   Die Nachweisgrenze beträgt 0,5 µg H_2O_2 in 100 ml Wasserextrakt.
2. Wasserstoffperoxid und seine Addukte bilden mit Titan(IV)-salz-Lösung gelb gefärbte Peroxititansäuren, die bei 420 nm photometrisch gemessen werden können. Eigenfärbung stört die Untersuchung. Liegt eine solche vor, wird die Extinktion ohne Titan(VI)-Lösung ermittelt und vom Meßwert abgezogen. Peroxititansäure ist lichtempfindlich, daher sollte möglichst bald am Photometer gearbeitet werden [2.159].

Reagenzien

- 2,5 g Kaliumtitanoxidoxalat-Dihydrat ($KTiO(C_2O_4)_2 \cdot 2H_2O$) im Kjeldahlkolben mit 25 ml Schwefelsäure (ρ = 1,84 g/ml) übergießen, unter Umschwenken in Lösung bringen und bis zum Rauchen der Schwefelsäure erhitzen. 1 ml Schwefelsäure zugeben und erneut die Schwefelsäure zum Rauchen bringen. Nach dem Abkühlen mit Wasser auf 100 ml auffüllen.

Die Essigsäure kann enzymatisch durch eine vorgeschaltete Indikatorreaktion im wäßrigen Extrakt detektiert werden.

Essigsäure wird in Gegenwart von Acetyl-CoA-Synthetase durch Adenosin-5'-triphosphat und Coenzym A (CoA) zu Acetyl-CoA umgesetzt. Das gebildete Acetyl-CoA reagiert mit Oxalacetat in Gegenwart von Citrat-Synthetase zu Citrat. Das für diese Reaktion benötigte Oxalacetat wird aus Malat und Nicotinamid-adenin-dinucleotid in Gegenwart von Malat-Dehydrogenase gebildet. Das hierbei entstehende β-Nicotinamid-adenin-dinucleotid, reduziert, wird bei 334, 340 oder 365 nm photometriert.

2.6.24 Phenol

Phenol wird als Phenol-Index aus dem Wasserextrakt ermittelt. Wie schon unter Pentachlorphenol in diesem Abschnitt beschrieben, bilden Phenole und andere oxidativ-kupplungsfähige Verbindungen, mit 4-Aminoantipyrin in Gegenwart von Oxidationsmitteln, Antipyrinfarbstoffe, die photometrisch bestimmt werden können.

Der Wasserextrakt der Papierprobe wird angesäuert, mit Kupfersulfat versetzt und anschließend mit Pufferlösung auf pH 10 eingestellt. Zu dieser Lösung wird zunächst 4-Aminoantipyrin-Lösung, dann Kaliumperoxodisulfat-Lösung gegeben und gemischt. Der entstandene Farbstoff wird mit Trichlormethan ausgeschüttelt und gegen Trichlormethan bei 460 nm photometriert. Sollte der Wasserextrakt gefärbt sein, wird eine zweite Wasserextraktprobe, wie beschrieben, behandelt, jedoch ohne Zugabe von 4-Aminoantipyrin. Der ermittelte matrixeigne Blindwert wird bei der Auswertung berücksichtigt [2.161–2.163]. Die Nachweisgrenze beträgt 20 µg/l Wasserextrakt.

Reagenzien

- 4-Aminoantipyrin-Lösung (s. S. 113 dieses Abschnitts)
- Pufferlösung, pH-Wert 10:
  34 g Ammoniumchlorid (NH_4Cl), 200 g Kalium-Natrium-Tartrat ($KNaC_4H_4O_6 \cdot 4H_2O$) in 700 ml Wasser lösen, 150 ml Ammoniaklösung ($\rho = 0,91$ g/ml) zusetzen. Die Lösung mit Wasser auf 1 l verdünnen.
- Peroxodisulfat-Lösung:
  0,65 Kaliumperoxodisulfat ($K_2S_2O_8$) in 100 ml Wasser lösen.

2.6.25 Phenyl-(2-chlor-2-cyan-vinyl)sulfon (Phenylsulfonylacetonitril-Abbauprodukt)

Das oben genannte Biozid liegt in einer Lösung folgender Zusammensetzung vor:

- 80% Phenyl-(2-chlor-2-cyan-vinyl)sulfon
- 10% Phenyl-(1,2-dichlor-2-cyan-vinyl)sulfon
- 10% 2-Phenyl-sulfonylpropionitril

Die Verbindungen Phenyl-(2-chlor-2-cyan-vinyl)sulfon bzw. 2-Phenylsulfonylpro-pionitril können mit der Reversed-Phase der HPLC nach der Methode des externen Standards bestimmt werden. Die Papierprobe wird im Soxhlet mit Dichlormethan extrahiert, der Extrakt in einer Destillationsapparatur eingeengt, mit Methanol aufgenommen und chromatographiert.

Als Fließmittel dient Wasser/Methanol (65:35 v/v) [2.164, 2.165]. Die Nachweisgrenzen sind bei Phenyl-(2-chlor-2-cyan-vinyl)sulfon 40 μg/g Papier und bei Phenylsulfonylacetonitril 0,1 μg/g Papier.

2.6.26 Sorbinsäure und ihre Salze

Die Bestimmungsmethode ist auf S. 106 dieses Abschnitts beschrieben.

2.6.27 Tetramethyl-thiuram-disulfid

Eine Bestimmungsmethode für Dithiocarbamate und Thiuramdisulfide wurde in diesem Abschnitt auf S. 110 beschrieben. Eine spezifische Bestimmung mittels HPLC kann an einer C 18-Umkehrphase und UV-Detektion durchgeführt werden. Da Thiuram-disulfid in Wasser hydrolysiert, wird als Extraktionsmittel Methanol eingesetzt. Der Methanol-Extrakt wird am Rotationsverdampfer eingeengt und ohne weitere Aufbereitung für die Chromatographie verwendet [2.166]. Als Fließmittel wird Methanol/Wasser (70:30 v/v) eingesetzt. Die Nachweisgrenze beträgt 10 μg Tetramethyl-thiuram-disulfid/dm^2 Papier. Auch die Umsetzungsprodukte, wie z. B. Dimethydithiocarbamat und Dimethylamin können nach dieser Methode ermittelt werden [2.167].

2.6.28 2-(4'-Thiazoyl-)benzimidazol (Thiabendazol)

Zum qualitativen Nachweis dieser Verbindung werden ca. 10 dm^2 der Papierprobe in ein Reagenzglas gegeben, mit Essigsäureanhydrid versetzt, des öfteren geschüttelt und 10 min stehengelassen. Die Lösung wird abgegossen, Citronensäure-Reagenz zugegeben und 5 min im siedenden Wasserbad erwärmt. Rosarote bis kirschrote Färbung zeigt positive Reaktionen. Ein Blindwert darf höchstens eine schwach schmutzige Färbung annehmen.

Reagenzien

− 0,25 g Citronensäure werden in 10 ml Essigsäureanhydrid unter Erwärmen gelöst.

Zur quantitativen Bestimmung wird die Papierprobe mit Dichlormethan im Soxhlet extrahiert, der Extrakt fast zur Trockne eingedampft und mit Ethanol aufgenommen. Die Lösung wird strichförmig auf eine Dünnschichtplatte aufgetragen und chromatographiert.

Chromatographische Bedingungen

Schicht: Kieselgel F_{254}
Fließmittel: Essigsäureethylester/Ethylmethylketon/Ameisensäure/Wasser
               (50:30:10:10 v/v/v/v).

Die Platte wird getrocknet und die Thiabendazolzone im UV-Licht (350 nm) lokalisiert. Das Thiabendazol wird mit einem kleinen Spatel vom Plattenträger abgekratzt und mit Salzsäure aus dem Kieselgel eluiert. Die Messung der spektralen Absorption der Salzsäure-Lösung erfolgt bei 302 nm. Als Vergleichslösung dient Salzsäure. Die Auswertung wird über eine Vergleichskurve vorgenommen [2.168, 2.169].

2.7 Feuchthaltemittel
Humectants

Feuchthaltemittel, wie z. B. Glycerin, Harnstoff, Sorbit, Saccharose, Glucose, sind hygroskopische Stoffe, die den Zweck haben, Papier, z. B. Echt Pergament, geschmeidig zu machen, indem sie Feuchtigkeit aus der Luft aufnehmen und ein Austrocknen der Cellulosefaser verhindern.

Zum Nachweis der Feuchthaltemittel erfolgt eine Extraktion der Probe: Von der zerschnittenen Probe wird ca. 1 g eingewogen, in ein 250 ml-Becherglas gegeben, mit ca. 50 ml Wasser übergossen und mit einem Aufschlaggerät zerfasert. Die so vorbereitete Probe wird mit einem beheizbaren Magnetrührer 15 min bei 60 °C gerührt. Nach dem Abkühlen wird quantitativ in einen 100 ml-Meßkolben übergeführt und mit Wasser bis zur Ringmarke aufgefüllt. Vor Durchführung der Bestimmung wird die Probe über Glasfaserfilter filtriert, und die klare Probenlösung wird für die Untersuchung eingesetzt [2.170].

2.7.1 Glycerin

Der qualitative Nachweis von Glycerin kann nach *Stahl* [2.171] dünnschichtchromatographisch aus dem Probenextrakt erfolgen.

Chromatographische Bedingungen

Schicht: Kieselgel
Fließmittel: Chloroform/Methanol (7:3 v:v),
               Kammerübersättigung;
Nachweis: Vanillin/Schwefelsäure-Reagenz:
               Die Platte wird mit dem Reagenz besprüht und 30–45 min bei 130 °C im Trockenschrank erhitzt. Glycerin färbt sich hellgrün (Harnstoff orangegelb).

Reagenzien

– 3 g Vanillin ($C_6H_8O_3$) werden in 100 ml Ethanol gelöst und 0,5 ml Schwefelsäure ($\rho = 1,84$ g/ml) zugegeben.

Die quantitative Bestimmung erfolgt enzymatisch. Bei der Bestimmung in der Probelösung wird das Glycerin durch Anwesenheit von Glycerokinase (GK) mit Adenosin-5'-triphosphat (ATP) zu Glycerin-3-phosphat phosphoryliert. Das entstandene Adenosin-5'-diphosphat (ADP) wird durch eine mit Pyruvat-Kinase (PK) katalysierte enzymatische Reaktion mit Phosphoenolpyruvat (PEP), unter Bildung von Pyruvat, wieder in ATP zurückgeführt. In Gegenwart des Enzyms Lactat-Dehydrogenase (LDH) wird das gebildete Pyruvat durch reduziertes Nicotinamidadenindinucleotid (NADH) zu Lactat hydriert, wobei NADH zu NAD oxidiert wird. Die während der Reaktion verbrauchte NADH-Menge ist der Glycerin-Menge äquivalent.

NADH wird photometrisch bei 334, 340 oder 365 nm bestimmt und dient als Meßgröße [2.172].

Die Nachweismenge ist ca. 1 mg Glycerin/kg Extrakt.

2.7.2 Harnstoff

Der qualitative Nachweis des Harnstoffes kann wie folgt durchgeführt werden. Auf das zu untersuchende Papier wird nachfolgend aufgeführte Reagenzlösung aufgebracht und damit eine Fläche von ca. 5 cm^2 benetzt. Bei Vorhandensein von Harnstoff tritt eine deutliche Gelbfärbung ein [2.173].

Reagenzien

– 2 g 4-(Dimethylamino)-benzaldehyd [(CH$_3$)$_2$NC$_6$H$_4$CHO] werden in 10 ml Aceton gelöst und 5 Tropfen Salzsäure ($\rho = 1,2$ g/ml) zugegeben.

Die quantitative Bestimmung des Harnstoffs erfolgt enzymatisch: Der Probelösung (s. Extraktion der Probe) wird das Enzym Urease zugegeben, es spaltet Harnstoff zu Ammoniak und Kohlendioxid. Ammoniak setzt Ketoglutarat in Gegenwart von Glutamat-Dehydrogenase (GlDH) und reduziertem NADH zu L-Glutamat um, wobei NADH verbraucht wird. Die während der Reaktion verbrauchte NADH-Menge ist der Ammoniak-Menge äquivalent.

NADH wird photometrisch bei 334, 340 oder 365 nm bestimmt und dient als Meßgröße [2.174].

Die Nachweisgrenze ist 1 mg Harnstoff/kg Extrakt.

2.7.3 Sorbit

Der qualitative Nachweis kann ähnlich dem unter Glycerin beschriebenen Verfahren dünnschichtchromatographisch erfolgen. Sorbit ergibt auf der Platte mit Vanillin/Schwefelsäure-Reagenz weißlich grüne Flecken. Die quantitative Bestimmung erfolgt enzymatisch: Sorbit wird im Wasserextrakt in Gegenwart von Sorbit-Dehydrogenase (SDH) durch NAD zu Fructose oxidiert, wobei NAD zu NADH reduziert wird. Bei den in der Bestimmung vorliegenden Testbedingungen liegt das Gleichgewicht in der Reaktionsgleichung auf der Seite von Fructose und NADH.

Die während der Reaktion gebildete NADH-Menge ist der Sorbit-Menge äquivalent. NADH ist die Meßgröße und kann aufgrund seiner Adsorption bei 334, 340 oder 365 nm photometrisch bestimmt werden.

Die Nachweisgrenze liegt bei 6 mg Sorbit/kg Extrakt [2.175].

2.7.4 Saccharose, Glucose

Der qualitative Nachweis kann mit Fehlings-Reagenz durchgeführt werden [2.176]. Die Bestimmung erfolgt enzymatisch. In der Probelösung werden Saccharose und Glucose nebeneinander bestimmt, d. h., daß der Glucosegehalt vor und nach der enzymatischen Hydrolyse der Saccharose bestimmt wird. Die Glucose wird bei pH 7,6 mit ATP in Gegenwart des Enzyms Hexokinase (HK) zu Glucose-6-phosphat (G6P) phosphoryliert. G6P wird mit Nicotinamid-adenin-dinucleotidphosphat (NADP) durch eine mit Glucose-6-phosphat-Dehydrogenase (G6P-DH) katalysierte enzymatische Reaktion spezifisch zu G6P oxidiert, wobei reduziertes Nicotinamid-adenin-dinucleotidphosphat (NADPH) entsteht. NADPH ist der Glucosemenge äquivalent und kann aufgrund einer Absorption photometrisch bei 334, 340 oder 365 nm bestimmt werden.

Zur Bestimmung der Saccharose wird der Probelösung das Enzym β-Fructosidase (Invertase) zugegeben, das bei pH 4,6 die Saccharose zu Glucose und Fructose hydrolisiert. Die Glucosebestimmung nach enzymatischer Inversion (Gesamtglucose) erfolgt unter den schon beschriebenen Bedingungen. Aus der Differenz der Glucosekonzentration vor und nach der enzymatischen Inversion wird der Gehalt an Saccharose berechnet.

Die Nachweisgrenze für Saccharose und Glucose liegt bei 2,5 mg/kg Extrakt [2.177, 2.178].

An dieser Stelle sei erwähnt, daß auch das anorganische Feuchthaltemittel Natriumnitrat enzymatisch bestimmt werden kann [2.179].

2.7.5 Polyethylenglykole (PEG)

Zur qualitativen Bestimmung wird die Papierprobe, z. B. mit Aceton bzw. Cyclohexan extrahiert. Der Extrakt wird zur Trockne eingedampft und der Rückstand in ein Reagenzglas mit Ableitungsrohr gegeben. Nach Zugabe von Schwefelsäure ($\rho = 1,84$ g/ml) erhitzt man die Mischung. Ist PEG im Rückstand enthalten, entsteht 1,4-Dioxan ($CH_2CH_2OCH_2CH_2O$), das in Quecksilber(II)-chlorid-Lösung eingeleitet wird. 1,4-Dioxan bildet einen charakteristischen weißen Niederschlag [2.180]. Es ist auch möglich PEG mit einem modifizierten Dragendorff-Reagenz nachzuweisen. Zu dem Rückstand aus der Extraktion gibt man einen Tropfen dieses Reagenzes. Bei Anwesenheit von PEG bildet sich sofort ein kräftiger orangefarbiger Niederschlag (auch PEG-Ketten enthaltende Verbindungen, z. B. Oxethylate, können damit nachgewiesen werden). Das Reagenz ist auch für einen einfachen Tüpfeltest und als Sprühreagenz für die Dünnschichtchromatographie geeignet [2.181].

Reagenzien

- Lösung 1: 1,7 g Bismut(III)-nitrat, basisch, werden in 20 ml Essigsäure (CH_3COOH) ($\rho = 1,05$ g/ml) gelöst. Diese Lösung wird mit Wasser auf 100 ml aufgefüllt.

- Lösung 2: 40 g Kaliumiodid (KI) werden in 100 ml Wasser gelöst.

- Lösung 3: 100 ml der Lösung 1 und 140 g der Lösung 2 werden mit 200 ml Essigsäure (CH_3COOH) ($\rho = 1,05$ g/ml) auf 1000 ml mit Wasser aufgefüllt.

- Lösung 4: 20 g Bariumchlorid ($BaCl_2$) werden in 80 g Wasser gelöst.
- Gebrauchsfertiges modifiziertes Dragendorff-Reagenz: 100 ml der Lösung 3 werden mit 50 ml der Lösung 4 zusammengegeben.

PEGs können auch mit Hilfe der Infrarotspektroskopie nachgewiesen werden. Sie unterscheiden sich nur nach ihrer Hydroxylgruppenkonzentration, die vor allem in der Extinktion der OH-Bande bei etwa 3400 m^{-1} zum Ausdruck kommt [2.182].

Die quantitativen Bestimmungen sind aufgrund des Ethercharakters der PEGs ($HO(CH_2CH_2O)n$) möglich. In den Extrakten lassen sich PEGs mit Wolframato-kieselsäure-Hydrat ($H_4[Si(W_3O_{10})_4] \cdot H_2O$) in Gegenwart von Bariumchlorid bestimmen. Mit dem modifizierten Dragendorff-Reagenz ist auch eine sedimatische Bestimmung möglich. Diese erfolgt durch Sedimentation des Bismut-Komplexes in einem speziellen Zentrifugenröhrchen mit Hilfe einer Zentrifuge und nachfolgender Messung der Sedimathöhe [2.183].

Photometrisch lassen sich im Extrakt PEGs im Molmassenbereich $300-1000$ mit dem in Methylenchlorid löslichen Komplex von PEG mit Ammonium-Cobalt-thiocyanat quantitativ nachweisen [2.184].

Weiter ist die Bestimmung entsprechend der nach *Zeisel* eingeführten Methode zur Etherspaltung mittels Iodwasserstoff nach folgender Gleichung möglich.

$$-(CH_2CH_2O)_n^- + 2nHI \rightarrow n\,I\,CH_2CH_2I + nH_2O$$

$$nICH_2CH_2I \rightarrow n\,CH_2 = CH_2 + nI_2$$

Diese Methode ist in der ASTM-Spezifikation D 2959 beschrieben [2.185] und kann wie folgt durchgeführt werden: In einen 50 ml-Rundkolben mit seitlichem Einleitungsrohr und Rückflußkühler werden ca. $50-100$ mg des Trockenrückstandes aus der Papierextraktion eingewogen, 5 ml Iodwasserstoffsäure ($\rho = 1,7$ g/ml) zugegeben und ein geringer Kohlendioxidstrom durch die Apparatur geführt. Die Mischung wird ca. 60 min erhitzt (sieden). Danach wird der Kühler sorgfältig mit 15 ml 20%iger Kaliumiodid-Lösung in den Kolben ausgespült, zweimal mit 10 ml Wasser nachgewaschen und das Reaktionsgemisch mit Natriumthiosulfat-Lösung ($c = 0,1$ mol/l) bis zum Verschwinden der Iodfarbe titriert. Einen Blindwert bestimmt man in einer zweiten Apparatur.

Von der verbrauchten Thiosulfat-Lösung ist der Verbrauch an Thiosulfat-Lösung aus dem Blindversuch abzuziehen. 1 ml 0,1 N Natriumthiosulfat-Lösung ($c = 0,1$ mol/l) entsprechen 2,1 ml PEG [2.186].

Bei allen vorgeschlagenen Methoden zur PEG-Bestimmung ist zu beachten, daß Oxethylate ähnliche Reaktionen geben. Eine Bestimmung dieser Verbindungen ist daher notwendig (s. Abschn. „Schaumverhütungsmittel"). Neben den genannten Extraktionsmitteln Aceton und Cyclohexan können Methanol, Benzylalkohol und Chloroform zur Extraktion eingesetzt werden. In Benzinkohlenwasserstoffen sind die PEGs nicht löslich.

2.8 Naßverfestigungsmittel
Wet strength agents

Diese Papierhilfsmittel haben die Aufgabe, die Zug-, Reiß-, Berst- und Abriebfestigkeit von nassem Papier zu verbessern. Weiterhin kann die Trockenfestigkeit der Papiere durch diese Hilfsmittel erhöht werden. Sie werden dabei in der Masse oder zur Oberflächenpräparation eingesetzt. Auch zur Förderung der Wasserfestigkeit von Pigmentstrichen werden sie verwendet.

Als Mittel für die Naßverfestigung dienen vor allem höhermolekulare Verbindungen, wie Harnstoff-Formaldehyd- und oder Melamin-Formaldehyd-Kondensate, Polyamin oder Polyamidoamine. Für die Erzeugung temporärer Naßfestigkeit (z. B. in Hygienepapieren) und zur Verbesserung der Naßabriebfestigkeit von Strichen, deren Bindemittel Amino- oder Hydroxylgruppen enthalten (Stärke, Kasein, Polyvinylalkohol), kann Glyoxal eingesetzt werden.

Im folgenden werden die Analysenverfahren für Glyoxal, Harnstoff- bzw. Melamin-Formaldehyd-Kondensate − jedoch nicht für vernetzte kationische Polyalkylenamine − behandelt [2.187].

2.8.1 Glyoxal

Ein spezifischer qualitativer Nachweis ist für Glyoxal nicht bekannt, einen Hinweis kann die Reaktion mit 2-Thiobarbitursäure bringen, bei der aber andere Aldehyde stören können. Einem Aliquot des Wasserextraktes wird das Reagenz zugegeben, gelbe Farbbildung zeigt Aldehyd an [2.188].

Reagenzien

− 0,025 mol Lösung von 4,6-Dihydroxy-2-mercaptopyrimidin (2-Thiobarbitursäure) in o-Phosphorsäure-Lösung (c(H_3PO_4) = 1 mol/l).

Zur quantitativen Bestimmung wird das im Wasserextrakt vorliegende Glyoxal mit 2-Hydrazono-2,3-Dihydro-3-methyl-Benzothiazol (HMBT) in essigsaurer Lösung umgesetzt und der entstandene gelbe Farbstoff photometrisch bestimmt. Das Reaktionsprodukt mit Formaldehyd ist farblos [2.189]. Die Nachweisgrenze beträgt 0,5 µg Glyoxal/250 ml Wasserextrakt.

Dünnschichtchromatographisch ist der Nachweis von Glyoxal neben Formaldehyd möglich. Kaltwasserextrakt, dem HMBT-Lösung zugegeben wurde, wird mit Trichlormethan ausgeschüttelt und der Trichlormethanextrakt chromatographiert.

Dünnschichtchromatographische Bedingungen

Schicht: Kieselgel
Fließmittel: Hexan/Eisessig (80 : 20 v/v)
Nachweis: Besprühen mit 0,2%iger Ammoniumcer(IV)-sulfat-Lösung in 0,4%iger Schwefelsäure. Die gelbe Farbe des Glyoxalreaktionsproduktes schlägt nach grün um. Formaldehyd tritt als blauer Fleck hervor.

2.8.2 Harnstoff-Formaldehydharze

Für einen qualitativen Nachweis von Harnstoff-Formaldehydharzen wird die zu untersuchende Papierprobe (ca. 0,5 g) mit 25 ml 10%iger Essigsäure 30 min am Rückfluß gekocht, die filtrierte Essigsäure-Lösung (10 ml) mit 1 ml 9-Hydroxyxanthan versetzt und zur Trockne eingedampft. Der Rückstand wird in 0,25 ml Pyridin unter Erwärmen gelöst. Beim Abkühlen bildet sich bei Anwesenheit von Harnstoff ein weißer kristalliner Niederschlag von in Rosettenform angeordneten, schmalen Nadeln aus Harnstoffdixanthat unter dem Mikroskop leicht zu erkennen.

Reagenzien

– Lösung 1: 100 g Essigsäure (ρ = 1,05 g/ml) werden mit 900 g Wasser verdünnt.
– Lösung 2: 10 ml 9-Hydroxyxanthan ($C_{13}H_{10}O_2$) (Xanthydrol) werden in 90 ml Methanol gelöst.

   Zur quantitativen Bestimmung von Formaldehyd wird auf die Methode, die unter Fixiermittel (S. 92) und zu der von Harnstoff auf die Methode, die bei Feuchthaltemitteln (S. 117) beschrieben ist, hingewiesen. Die Harnstoffbestimmung erfolgt im Hydrolysen-Extrakt, der von Formaldehyd durch Wasserdampfdestillation befreit ist.

2.8.3 Melamin-Formaldehydharze

Für einen qualitativen Nachweis von Melamin-Formaldehydharzen wird die zu untersuchende Papierprobe (ca. 0,5 g) mit 25 ml 80%iger Essigsäure 30 min am Rückfluß gekocht. Etwa 10 ml der klaren Lösung werden zur Trockne eingedampft, der verbleibende Rückstand wird mit ca. 0,25 g Aluminiumgrieß vermischt und in einem Glühröhrchen erhitzt. War Melamin in der Probe, bildet sich am oberen Teil des Röhrchens ein weißes Melaminsublimat. Ein weiterer Nachweis ist mit Pikrinsäure möglich. Hierzu werden etwa 2 ml der klaren Lösung mit 0,5 ml Pikrinsäure-Lösung aufgekocht. Beim Abkühlen bilden sich in Anwesenheit von Melamin gelbe büschelförmig verfilzte Nadeln aus Melaminpikrat, die unter dem Mikroskop gut zu erkennen sind.

Reagenzien

– Lösung 1: 80 g Essigsäure (ρ = 1,05 g/ml) werden mit 20 g Wasser verdünnt.
– Lösung 2: 1 g Pikrinsäure wird in 99 g Wasser gelöst.

Die quantitative Bestimmung von Formaldehyd erfolgt wie unter Fixiermittel (S. 92) beschrieben. Die Bestimmung von Melamin wird, nach Hydrolyse des Harzes mit Salzsäure, mit Dichlorisocyansäure photometrisch ausgeführt. Die zu untersuchende Papierprobe wird mit Salzsäure (c(HCl) = 0,1 mol/l) ca. 1 h am Rückfluß gekocht und nach Abkühlen und Filtrieren die salzsaure Lösung über eine Ionenaustauschersäule (stark basisches Anionenaustauscherharz) gegeben. Die Lösung wird bis zur Trockne eingedampft, der Trockenrückstand mit wenig Wasser aufgenommen, mit Cyanursäure versetzt und nach einer Reaktionszeit von ca. 3 h zentrifugiert. Die über dem Niederschlag stehende Flüssigkeit wird verworfen, der Niederschlag mit Dichlorisocyanursäure und Natronlauge versetzt und in einem Wasserbad auf 80 °C erwärmt. Die gelbgefärbte Lösung wird bei 420 nm photometriert. Nachweisgrenze: etwa 0,025 % Melamin im Papier [2.190, 2.191].

Anmerkung: Besonders schwierig ist der Nachweis von mit Epichlorhydrin vernetzten Naßfestmitteln. Er kann, wenn keine anderen kationischen Produkte im Papier sind, mit Cochenillerot A geführt werden. Eine Methode hierzu schlägt Troemel [2.187] vor.

2.8.4 Dialdehydstärke

Auf das Vorhandensein von Dialdehydstärke kann geschlossen werden, wenn die Probe nach Eintauchen in eine alkalische Lösung von pH ~ 11 sofort die Naßfestigkeit verliert. Der Nachweis kann durch Auftropfen einer Lösung von p-Nitrophenylhydrazin in 40%iger Schwefelsäure (1% m/v) durchgeführt werden. Innerhalb von 5 min entsteht eine gelborange Färbung. Die Reaktion wird durch Glyoxal gestört.

Die quantitative Bestimmung erfolgt photometrisch [2.192]. Die Probe wird mit einer Lösung von p-Nitrophenylhydrazin in Essigsäure, Schwefelsäure und Wasser (50:25:25 m/v/v/v) erhitzt; die gebildeten Phenylhydrazone werden mit Aceton extrahiert und bei 445 nm gemessen. Die Bestimmung kann auch direkt auf der Probe reflexionsphotometrisch durchgeführt werden [2.193].

2.9 Optische Aufheller
Optical lightener

Optische Aufheller sind weitgehend farblose, organische Verbindungen, die UV-Licht absorbieren und im sichtbaren Blaubereich Licht remittieren. Dadurch wird ein Gelbstich kompensiert; die Papiere erscheinen weißer. Bei der Papierherstellung werden fast ausschließlich Derivate der Bis-(Triazinylamino)-Stilben-Disulfonsäure verwendet.

Sofern eine nähere Identifizierung erforderlich ist, kann dies nach extraktiver Abtrennung der optischen Aufheller vom Papier mittels Dünnschichtchromatographie auf Kieselgel oder Polyamid durchgeführt werden [2.194, 2.197, 2.198]. Dazu werden 50–500 mg der Probe mit ca. 50 ml Lösungsmittel Monoethylglykolether/ Ammoniak (70:30 v/v) oder Pyridin/Wasser (50:50 v/v) am Rückfluß gekocht. Nach Einengen der Lösungsmittel zeigt eine Tüpfelprobe auf Filterpapier im UV-Licht, ob eine ausreichende Konzentration für die dünnschichtchromatographische Trennung vorliegt.

Dünnschichtchromatographische Bedingungen

Schicht: Kieselgel
Fließmittel: n-Hexanol/Pyridin/Essigsäureethylester/Ammoniak/Methanol (5:5:5:5:3 v/v/v/v/v).

Chromatographische Bedingungen

Schicht: Polyamid
Fließmittel: Methanol/Wasser/Ammoniak (10:1:4 v/v/v) oder Methanol/Salzsäure (c = 6 mol/l) (10:2 v/v)
Nachweis: UV-Licht 365 nm

Die Chromatographie wird unter Einbeziehung definierter Vergleichssubstanzen durchgeführt. Zur Vermeidung der Entstehung von cis-Isomeren der Stilbenderivate wird unter Lichtausschluß gearbeitet. Als weitere Identifizierungsmöglichkeit wird die Kombination DC/IR-Spektroskopie vorgeschlagen [2.194]. Halbquantitative Aussagen sind über den visuellen Fleckenvergleich von Meß- und Vergleichssubstanzen bekannter Konzentration auf den DC-Platten möglich. Die quantitative Bestimmung durch photometrische Direktauswertung der DC-Platten ist beschrieben [2.195, 2.196].

3 Chemische Prüfung von Zellstoff und Papier.
Anorganische Bestandteile in Zellstoff und Papier
Chemical Testing of Pulp and Paper.
Inorganic Constituents in Pulp and Paper

O. Töppel

3.1 Bedeutung anorganischer Bestandteile in Zellstoff, Papier und Pappe — Zwecke und Ziele analytischer Bestimmungen
Significance of inorganic constituents in pulp, paper and board, —scope and objectives of analytical examinations

Die Untersuchung von Zellstoff, Papier und Pappe auf anorganische Bestandteile dient hauptsächlich den nachfolgend aufgeführten Zwecken [3.1].

3.1.1 Produktionskontrolle

Produktionskontrolle in Zellstoff-, Holzstoff-, Papier- oder Pappenfabriken, in einzelnen Fällen auch in Papierstreicherei-, Papierveredlungs- und Papierverarbeitungsanlagen. Dabei überwiegt die produktionstechnische Bedeutung. Die Zielrichtung besteht in der Bestimmung der in den Faserrohstoffen und Betriebs- und Zusatzstoffen enthaltenen anorganischen Bestandteilen, die sich bei der Weiterverarbeitung oder Verwendung schädlich auswirken können. Die Ergebnisse dienen der Produktionssteuerung, um derartige Stoffe ausschleusen zu können. Es handelt sich z. B. um unlösliche Produkte wie Gangarten, Verunreinigungen aus dem Boden, Silikate oder lösliche bzw. teilweise lösliche Spurenanteile von Erdalkalien, Übergangselementen, Schwermetallen [3.4] und anionischen Bestandteilen. Während unlösliche Bestandteile verschleißend auf Anlagen- und Maschinenteile bei der Herstellung und der Weiterverarbeitung wirken können, führen lösliche Bestandteile zu unerwünschten chemischen Reaktionen, wie
- Ausfällungen von Harzen, Fettsäuren und anderen Extraktstoffen
- Beeinträchtigung des Aufschluß- und Bleichverhaltens, sowie
- des entsprechenden Bleichmittelverbrauches oder auch zum
- beschleunigten Abbau von Cellulose,
- verringerter Weißgradstabilität und
- Alterungsbeständigkeit.

Art und Menge der Bestandteile sind stark von Holz- bzw. Pflanzenart [3.5], Standort, bei tropischen Gewächsen vielfach auch vom Alter [3.015] und von den Verfahrensbedingungen abhängig. Schwierigkeiten bereiten vor allem einige tropische Laubhölzer, Schilf, Strohsorten, Bambus, Esparto, Bagasse und einige Bastfasern.

Bei der Papierfabrikation sind mehrere Zielrichtungen zu unterscheiden:
a) Kontrolle von schädlich wirkenden Stoffen, die sich durch Ausflocken von gelösten oder dispergierten organischen Stoffen in Form von Verkleben, Verkrusten und Belegen von Walzen, Schabern, Sieben, Saugwalzen oder Glättwerken äußern.
b) Kontrolle von verschleißend wirkenden Anteilen, die bei der Papierherstellung und der Papierverarbeitung stören.
c) Kontrolle von Altpapier [3.6−3.8], Füllstoffen, Streichpigmenten und Papierhilfsmitteln, einschließlich Aluminiumsulfat zur Ausbildung der Harzleimung.

Während es sich bei a) und b) vornehmlich um Spurenbestandteile handelt, liegen bei c) größere Mengen anorganischer Bestandteile vor. Derartige Untersuchungen müssen das gesamte Produktionssystem berücksichtigen, um die Quellen für störende Bestandteile und ihre Störungswirkung aufzufinden.

3.1.2 Produktkennzeichnung und Qualitätskontrolle zur Qualitätssicherung von Eingangs- und Ausgangsstoffen

Die Bedeutung liegt in handelstechnischen Interessen. Die Zielrichtung derartiger Untersuchungen ist auf die Qualitätssicherung der Produktionserzeugnisse gerichtet. Hierbei ist zu unterteilen:
a) Schädliche oder unerwünschte,
b) sonstige sich neutral verhaltende und
c) erwünschte anorganische Bestandteile.
Einige Beispiele sollen die Verhältnisse erläutern:

Zellstoffe für die chemische Weiterverarbeitung [3.2, 3.9−3.12], sowie deren Folgeprodukte

Spuren von Eisen [3.13], Kupfer, Cobalt [3.14] oder Mangan [3.93] können den Abbau von Cellulose katalysieren oder Verfärbungen der aus Zellstoffen hergestellten Cellulosederivate bedingen. Siliciumdioxid wie auch Calcium und Magnesium können Filtrationsschwierigkeiten [3.12] von Celluloselösungen [3.02] oder auch Trübungen [3.15] in Celluloseestern oder Folien aus regenerierter Cellulose verursachen. In allen diesen Fällen handelt es sich in der Regel um Spuren anorganischer Verbindungen.

Zellstoffe, Holzstoffe und andere Halbstoffe einschließlich Altpapierstoffe für papierfabrikatorische Verwendung [3.3, 3.03]

Die Ansprüche unterscheiden sich je nach herzustellender Papiersorte sehr stark. Für die überwiegend große Mehrheit dieser Halbstoffe werden zum Einsatz für Massenpapiersorten, wie Zeitungsdruckpapier, Druck- und Schreibpapier, Wellpappenroh- und sonstige konventionelle Verpackungspapiere sowie Tissues hauptsächlich physikalische Forderungen gestellt. Diese können von bestimmten anorganischen Stoffen beeinflußt werden, wie Weißgrad [3.16, 3.17] und Vergilbungstendenz durch Schwermetallspuren, sowie Transparenz durch Metallspuren oder Silikate. Für Routineuntersuchungen reichen physikalische Prüfverfahren an Laborblättern aus. Treten jedoch Abweichungen von den Sollwerten auf, sind zur Aufklärung der Fehlerursachen Untersuchungen über Art und Menge der anorganischen Bestandteile erforderlich.

Völlig anders liegen die Verhältnisse bei Zellstoffen für Spezial- oder Lebensmittelverpackungspapieren [3.18]. Die Halbstoffe müssen den an die betreffende Papiersorte gestellten Anforderungen wie chemische Reinheit voll entsprechen. Eingesetzt werden meist hochgebleichte, zum Teil nachveredelte Zellstoffsorten, die besondere Handelsbezeichnungen tragen wie Fotozellstoff, Edelzellstoff oder pergamentierfähiger Zellstoff.

Papier und Pappe

Der Gehalt an anorganischen Stoffen interessiert insbesondere für Papiere und Pappen, die bestimmungsgemäß mit Lebensmitteln in Berührung kommen. Es sind gesetzliche Vorschriften zu beachten, die in Abschn. 3.10 dargestellt werden. Für Spezialpapiere zum technischen Einsatz bestehen sehr gezielte Anforderungen. Bei der großen Vielfalt der Sorten können nur einige Beispiele angeführt werden: Filter-, Kondensator-, Overlay- und Elektropapiere müssen asche- und elektrolytfrei sein. Metall-, Silbereinwickler und Etikettenpapiere dürfen keine korrosionsbegünstigenden Bestandteile enthalten (Abschn. 3.8).

Fotorohpapiere und -zellstoffe dürfen keine Spuren von elementarem Schwefel (Abschn. 3.7.21), Kupfer und Eisen (Abschn. 3.7.5), Elektrolyten sowie aufliegendem Staub besitzen (Abschn. 3.7.6).

Wachsrohpapiere und Dekorrohpapiere sind durch einen möglichst hohen Gehalt an Titandioxid gekennzeichnet. Die Alterungsbeständigkeit von Druck- und Schreib- sowie Dokumentenpapieren wird vom pH-Wert und vom Elektrolytgehalt beeinflußt. Sicherheitspapiere können mit Zusätzen, sonst in der Papierfabrikation nicht gebräuchlicher metallorganischer Verbindungen, fälschungssicher ausgerüstet werden.

Spezielle Zellstoff- und Papierprodukte für spezifische Sonderanwendungen

Die Anforderungen richten sich nach der speziellen Verwendung, die z. B. für Cellulosepulver im medizinischen, kosmetischen, technischen oder Futtermittelbereich liegen können. Die zur Untersuchung erforderlichen Methoden für die Bestimmung anorganischer Bestandteile sind u. a. aus den Prüfvorschriften für Zellstoff und Papier ableitbar.

3.1.3 Wissenschaftliche und technologische Untersuchungen

Es handelt sich z. B. um Untersuchungen über Einflüsse von Pflanzenart, Aufschluß-, Bleich- und Waschverfahren sowie Weiterverarbeitungs- oder Papierfabrikationsbedingungen auf den Gehalt anorganischer Bestandteile einschließlich der Ausarbeitung von Prüfvorschriften. Die Bedeutung liegt auf wissenschaftlichem und technologischem Gebiet.

3.2 Planung, Durchführung und Auswertung von analytischen Untersuchungen
Planning, performance, evaluation and interpretation of analytical determinations

3.2.1 Einfluß der Probenbeschaffenheit

Vor Beginn jeder analytischen Untersuchung von Papier und Pappe auf anorganische Bestandteile ist zu prüfen, ob die Proben einen über den Querschnitt gleichmäßigen oder ungleichmäßigen Aufbau besitzen. Als Beispiel sind mehrlagige und mehrschichtige Produkte zu nennen, deren einzelne Lagen bzw. Schichten unterschiedliche chemische Zusammensetzung aufweisen.

Beispiele sind: Mehrschichtige und mehrlagige, sowie marmorierte Liner, Wellenpapier, Faltschachtelkarton, weißgedeckter Graukarton, Flüssigkeitsverpackungskarton sowie zahlreiche andere Papier-, Karton- und Pappesorten, die sich in starker Entwicklung befinden. In diese Gruppe gehören auch heterogen aufgebaute gestrichene, oberflächenveredelte, kunststoffbeschichtete oder durch Laminierung oder Kaschierung verschiedener Papier-, Karton- oder Pappensorten mit Kunststoff- oder Metallfolien erhältliche Verbundpapiere. Naturgemäß kann der Gehalt an anorganischen Bestandteilen in den einzelnen Lagen bzw. Schichten sehr unterschiedlich sein. Für derartige Proben ist eine Gehaltsangabe für anorganische Stoffe bezogen auf die Gesamtprobe kaum geeignet, das durch die anorganischen Inhaltsstoffe bestimmte Verhalten und die Eigenschaften zu kennzeichnen. Da Menge und Bedeutung derartiger Produkte ständig zunimmt, ist jeder Einzelfall zu prüfen, ob eine summarische Bestimmung sinnvoll ist oder ob versucht werden soll, die Probe in die einzelnen Lagen oder Schichten durch mechanische, chemische und/oder thermische Methoden aufzutrennen, um diese dann getrennt untersuchen zu können. Eine mikroskopische Betrachtung der Probenquerschnitte, vor allem unter Anwendung der Fluoreszenz-, Interferenzphasenkontrast-, Polarisations- oder UV- bzw. IR- und FTIR-Mikroskopie kann über Art, Lage, Anzahl und Dicke der einzelnen Schichten oder Lagen Aufschluß erbringen. Die Lage von Strichen oder Beschichtungen, Aluminiumfolien, Kunststoffolien, Haftvermittlern, Schutzlackierungen und Klebstoffen ist meist auszumessen. Transparente Schichten können mit der Lichtschnittmikroskopie von der Oberfläche her nach Dicke und evtl. Brechungsindex erfaßt werden.

Auch sind Methoden zur Schichtentrennung von der Probenoberfläche her durch Anlösen, Abwaschen oder Anquellen mit Lösemitteln für Beschichtungen, Abziehen mit Haftfolien oder durch Abtragen mit einer Mikrofräse bzw. Blattspaltung mit einem Blattspaltapparat bekannt (s. TAPPI um 576) (s. S. 211). Falls es sich um die Untersuchung einer Wirkung anorganischer Bestandteile ausgehend von der Oberfläche der Probe handelt, wie Etikettenpapiere, Metalleinwickler, Faltschachtelkarton, Wellpappe o. ä. Materialien, können Methoden zur Untersuchung der Oberflächenreaktionsfähigkeit hilfreich sein. Als Beispiele sind Oberflächenmeßketten zur Untersuchung der pH-Oberflächenreaktion (s. S. 194) oder des Oberflächenchloridgehaltes (s. S. 195) zu nennen. Metallische Spuren von Eisen (s. S. 152) oder Kupfer, Bronze und Messing (s. S. 156), die durch Abrieb oder von Schwefel z. B. durch chemische Zersetzungsreaktionen gebildet werden, können durch Besprühen der Proben mit Reagenzien [3.014] identifiziert werden. Erfahrungsgemäß liegt die Konzentration derartiger Spuren auf den Oberflächen unter der kritischen Grenze des betreffenden auf die Gesamtmasse der Probe bezogenen Gehaltes. Durch Konzentrationsunterschiede quer über den Probenquerschnitt können sich Diffusionspotentiale ausbilden, die von sich aus schädliche Wirkungen bedingen können (korrosions- oder migrationsfördernde Vorgänge). Beispiele sind gestrichene, beschichtete, bronzierte oder mit Klebstoffen versehene Materialien.

Die Untersuchung derartiger Proben erfordert eine genaue Voruntersuchung, Planung der Probenvorbereitung, sowie Untersuchungsdurchführung, Auswertung und Diskussion der Ergebnisse.

3.2.2 Präzision analytischer Bestimmungen
(s. DIN 32630 s. S. 207, DIN ISO 5725)

Die erreichbare Präzision hängt davon ab, ob es sich um die Bestimmung eines Massenanteils w_i im Hauptanteilsbereich ($100\% \geq w_i \geq 1\%$), im Nebenanteilsbereich ($1\% \geq w_i \geq 0,1\%$), im Spurenanteilsbereich ($1\,mg/g \geq w_i \geq 100\,\mu g/d$) oder im Mikroanteilsbereich ($100\,\mu g/g \geq w_i \geq 1\,\mu g/g$) handelt.

Schwermetallspuren in Holz, Zellstoff und füllstoffreien Papieren sind in der Regel als Mikrobestandteile, dagegen häufiger vorkommende Elemente wie Ca, Mg, Fe, Mn, K und Na als Spurenbestandteile anzusprechen. Nur bei gefüllten oder gestrichenen Papier- oder Pappesorten liegen diese Elemente im Bereich von Haupt- oder Nebenbestandteilen.

Ferner ist zu berücksichtigen, wieviel Probenmasse für die Anwendung eines bestimmten Analysenverfahrens benötigt wird. Mikroverfahren arbeiten im Bereich von 10 bis 1 mg, Halbmakroverfahren von 100 bis 10 mg und Makroverfahren über 100 mg Probenmasse. Dabei ist zu berücksichtigen, daß die anorganischen Bestandteile analytisch gesehen in eine sehr große Masse organischer Polymere eingebettet sind. Diese Matrixsubstanzen stören in den meisten Fällen die Bestimmung anorganischer Bestandteile, so daß vor ihrer eigentlichen Bestimmung die organische Matrix zerstört werden muß.

Mit Ausnahme gefüllter und/oder gestrichener Papiere und Pappe handelt es sich also um Bestimmungen von Mikro- oder Spurenbestandteilen mit Halbmakro- oder Mikroverfahren.

Weiterhin ist zu beachten, daß der Gehalt anorganischer Bestandteile in den zu untersuchenden natürlichen Faserrohstoffen und deren Folgeprodukten wie Holzstoff, Zellstoff, Papier und Pappe, aber auch in den Füllstoffen, Streichpigmenten

und Hilfsmitteln mehr oder weniger stark schwankt. Herstellungs-, Herkunfts-
und Verarbeitungsbedingungen beeinflussen die Schwankungsbreite beträchtlich.

Die allgemeinen Voraussetzungen in personeller und sachlicher Hinsicht für die
Durchführung spurenanalytischer Untersuchungen müssen erfüllt werden, um zu-
verlässige Analysenergebnisse zu erhalten [3.012, 3.022].

Für die Präzision analytischer Verfahren zur Bestimmung anorganischer Bestandteile in Spuren- und Mikroanteilsbereichen [3.9 – 3.21] können daher keine
diskreten Angaben gemacht werden, da diese stark vom Aufschlußverfahren der
Probe, der Zusammensetzung der Matrix und der Ungleichmäßigkeit der Spuren-
verteilung innerhalb der Probenmasse abhängig ist. Die zu prüfenden Produk-
tionsmengen bzw. Lieferungen liegen für handelstechnische Untersuchungen in
der Regel in der Größenordnung von Tonnen, während die Probenmasse für Veraschungen und Aufschlüsse je nach Verfahren auf Mengen zwischen 1 bis 10 g, in
Einzelfällen bis etwa 50 g pro Analyse begrenzt ist. Einer analysengerechten Tei-
lung der Untersuchungsmenge kommt eine große Bedeutung zu. Es sind häufig Se-
rienanalysen und statistische Auswertungen unumgänglich. Zur Beurteilung der
Zuverlässigkeit spurenanalytischer Untersuchungen sind folgende Erfahrungssätze
anerkannt worden:

— Wiederholbarkeit (ein Beobachter, ein Gerät):
  Werden von einem Beobachter zwei oder mehrere Ergebnisse an derselben Analysenprobe unter Wiederholbedingungen ermittelt, so werden die Ergebnisse
  als annehmbar betrachtet, wenn diese sich z. B. um nicht mehr als $\pm 10\%$ voneinander unterscheiden.
— Vergleichbarkeit (verschiedene Beobachter, verschiedene Geräte):
  Werden in verschiedenen Laboratorien an einer im analysengerechten Zustand
  geteilten Probe mindestens je zwei Ergebnisse unter Vergleichsbedingungen ermittelt, so werden die Ergebnisse als annehmbar betrachtet, wenn diese sich
  z. B. um nicht mehr als $\pm 30\%$ voneinander unterscheiden.

Es ist anzumerken, daß beim Vergleich spurenanalytischer Ergebnisse mit Differenzen zu rechnen ist, wenn die Proben durch geteilte Probenahme und/oder Probenvorbereitung aus derselben Lieferung erhalten worden sind. Auch in diesen Fällen sind Serienuntersuchungen und statistische Auswertungen zu empfehlen. Bei
schwierig bestimmbaren und bei Mikro-Bestandteilen können die Annehmbar-
keitsgrenzen wesentlich heraufgesetzt werden. Dabei sind die Verhältnisse zwischen
Meßwert und Nachweisgrenze zu berücksichtigen. Je nach geforderter statistischer
Sicherheit wird diese meist als der zwei- bis dreifache Wert der Standardabweichung des Mittelwertes vom Blindwert aus mindestens zwei Einzelbestimmungen
der Analysendurchführung angenommen.

Die Aufschluß- und sonstigen Analysenbedingungen können die Ergebnisse
stark beeinflussen, weshalb diese nicht als Gesamtgehalt, sondern nur als der unter
bestimmten Prüfbedingungen ermittelte Wert angegeben werden sollten. Als Beispiele sind zu nennen: „Säurelöslicher Fe-Gehalt im Glührückstand“, „Fe-Gehalt
in der Naßveraschungslösung“ oder Kopplung der Angabe des Gehaltes mit dem
angewendeten Verfahren, wie „SiO_2-Gehalt: x mg/kg gravimetrisches bzw. photometrisches Verfahren nach Trockenveraschung.“

Nur wenige Analysenverfahren erscheinen geeignet, den Gesamtgehalt der elementaren Zusammensetzung direkt zu erfassen. Beispiele für die Anwendung der Röntgenfluoreszenzanalyse (RFA) (Abschn. 3.7.14) und der Neutronenaktivierungsanalyse (Abschn. 3.7.15) zeigen, daß sich derartige Methoden für bestimmte Aufgaben der Bestimmung anorganischer Bestandteile eingeführt haben. Häufig zielen Untersuchungsaufgaben auf die Ermittlung einer gewünschten oder störenden bzw. schädlichen Wirkung eines Bestandteils oder einer Summe von anorganischen Bestandteilen. Derartige Wirkungen sind vielfach mehr von Bindungsart, Löslichkeit, Migrations- oder Reaktionsfähigkeit, Ad- oder Absorptionsvermögen oder Interelementeffekten als von der absoluten Elementkonzentration abhängig. Auch können amorpher oder kristalliner Zustand, Kristallform, Teilchenform und Teilchengrößenverteilung oder die Anordnung der Bestandteile im Probenquerschnitt entscheidend sein. Beispiele sind katalytische Effekte bei der Bleiche von Holz und Zellstoff und der Verarbeitung von Chemiezellstoff bei Alterungsvorgängen, bzw. bei Füllstoffen, Pigmenten, Farbmitteln, Beschichtungen, Druckfarben auf Papier und Papierverbunden zu finden. Durch starke Komplexbindung unlöslich gebundene Schwermetallspuren, wie Cu, Cr, Fe aber auch Hg und Pb z. B. in Füllstoffen oder Farbmitteln können sich unter normalen Einsatzbedingungen auf Papier nicht schädlich auswirken.

Zukünftig wird die Feststellung der Bindungsart und die Berücksichtigung der genannten Parameter bei gezielten Aufgaben mehr als der elementare Gesamtgehalt interessieren. Wegen prinzipieller analytischer Schwierigkeiten stellen daher Bestimmungen anorganischer Bestandteile in wäßrigen, essig- oder salzsauren oder sonstigen Auszügen bzw. in bestimmten Aufschlußlösungen eine Annäherung an das gewünschte Ziel dar.

3.2.3 Charakter und Auswahl von Prüfverfahren

Die erfaßten Prüfvorschriften für die einzelnen Prüfverfahren sind nach ihrem Charakter wie folgt zu unterscheiden:
1. Internationale Normen wie ISO oder IEC bzw. auch nationale Normen, die international einheitlich sind, z. B. DIN-ISO-Normen [3.1]: Bei Übereinstimmung der Prüfprinzipien, aber geringfügig erscheinenden Abweichungen in Einzelheiten, die das Prüfergebnis beeinflussen könnten, gibt es neuerdings „DIN ISO Normen modifiziert". Es handelt sich um Fälle, bei denen Prüfbedingungen seit längerer Zeit im nationalen Rahmen anders festgelegt sind, z. B. Probemengen, Flottenverhältnisse bei Extraktionsverfahren o. ä. als in einer entsprechenden ISO-Norm, eine völlige Angleichung aber aus Gründen der Kontinuität und Verankerung der Prüfergebnisse in z. B. Gütenormen derzeit nicht möglich ist.
2. Nationale Normen wie DIN, ÖNORM, NF, BS, AINSI, Gost u. a. Normen bzw. gleichgestellte Regelwerke wie VDI- und VDE-Richtlinien u. a.
3. Nationale Regelwerke von Fachverbänden, Fachvereinigungen, wissenschaftlichen Vereinen, Instituten oder anderen Regelsetzern wie Zellcheming-Merkblätter, SCAN, TAPPI u. a.

4. Prüfvorschriften und Prüfvorschläge aus der Fachliteratur.
5. Konventionsverfahren zwischen Geschäftspartnern.

Die Regelwerke der Gruppen 1 und 2 sowie bedingt 3 haben vorwiegend handelstechnische Bedeutung und dienen vornehmlich der Verständigung zwischen Geschäftspartner. Sie können ferner im Vorfeld gesetzgeberischer Maßnahmen als amtlich vorgeschriebene Prüfvorschriften zur Bestimmung bestimmter Stoffe herangezogen werden, z. B. für die Untersuchung von Papieren in Kontakt mit Lebensmitteln und Bedarfsgegenständen bzw. auch für umweltanalytische Aufgaben im Rahmen von Vorschriften für Luft- und Wasserreinhaltung, Klärschlammdeponierung aus Zellstoff- und Papierfabriken usw.

Regelwerke der Gruppe 3 stellen häufig Vorläufer oder Vorschläge für Regelwerke der Gruppe 1 und 2 durch nationale bzw. internationale Harmonisierungsbestrebungen dar. In Gruppe 3 sind auch Methoden zur Betriebskontrolle und allgemeinen Qualitätskennzeichnung zu finden.

In der Gruppe 4 sind Prüfvorschriften, Prüfvorschläge, prüftechnische Entwicklungen, vergleichende Untersuchungen und Anwendungen zusammengefaßt.

Die Gruppe 5 kann hier nicht behandelt werden, da es sich um spezielle Abmachungen zwischen Geschäftspartnern handelt.

Zur Auswahl von Prüfverfahren empfiehlt es sich, die einzelnen Gruppen von 1 beginnend durchzusehen und eine Prüfvorschrift aus dieser Gruppe auszuwählen, falls der Prüfauftrag nicht die Durchführung der Untersuchung nach einer bestimmten Prüfvorschrift vorschreibt. Aber auch wenn für die betreffende Aufgabe eine Prüfvorschrift in der Gruppe 1 bestehen sollte, können entsprechende Vorschriften der Gruppen 2 bis 4 wertvolle ergänzende Angaben enthalten. Schrifttumsnachweise sind in Regelwerken der Gruppe 1 fast nicht, dagegen in den Gruppen 3 und 4 in ausreichendem Maß zu finden.

Bei der Fülle der Regelwerke und der Fachliteratur konnten ältere Arbeiten nur in besonders wichtigen Einzelfällen zitiert werden.

Angaben über Regelwerke sind den Aufstellungen über „Zitierte Regelwerke: ISO, DIN, TAPPI, SCAN, Zellcheming-Merkblätter, TGL und AFNOR" (s. S. 204–212) zu entnehmen, sofern die betreffenden Stellen nicht mit einem Hinweiszeichen für die Literaturübersicht versehen sind.

Für Planung und Durchführung von Ringversuchen sind die Regelwerke von DIN, ISO, BGA oder anderen Regelsetzern zu beachten.

Vgl. DIN ISO 5725, Genauigkeit von Testmethoden, Bestimmung der Wiederholbarkeit und Vergleichbarkeit.

Träger für die Schaffung der Zellcheming-Merkblätter war der „Zellcheming Fachausschuß IV für die Chemische Prüfung von Zellstoff und Papier" und für DIN- und DIN-ISO-Normen der „DIN Arbeitsausschuß NMP 421" „Chemische Prüfung von Zellstoff und Papier". Die Arbeiten dieser Gremien stellten zum Teil Vorbereitungen für ISO-Normen dar, die häufig aus einer Harmonisierung verschiedener nationaler Regelwerke hervorgegangen sind.

3.3 Probenahme von Zellstoff und Papier
Sampling of pulp and paper for testing

Für die Probenahme von Zellstoff und Holzstoff bestehen durch ISO 7213 = DIN ISO 7213 sowie für Papier und Pappe durch ISO 186 = DIN ISO 186 international einheitliche Vorschriften.

Das Prinzip für Zellstoffproben liegt in einer Zufallsentnahme von Einzelballen gleicher Größe aus einer Mindestanzahl von Probeballen oder -rollen in Abhängigkeit von der Gesamtanzahl im Lieferposten. Die Einzelproben sind zu einer Sammelprobe zu vereinigen.

Für Papier und Pappe sind jedem Lieferposten eine bestimmte Anzahl von Verpackungseinheiten und aus diesen eine bestimmte Anzahl von Probebogen zu entnehmen. Aus den Probebogen sind Probestücke zu schneiden, aus denen die für die Prüfungsdurchführung erforderlichen Proben entnommen werden. Alle Arbeiten sind so auszuführen, daß keine Verunreinigungen der Proben durch Staub, der ubiquitäre anorganische Stoffe enthalten kann, oder durch Schneid- bzw. Stanzgeräte eintreten.

Bei Zellstoff und teilweise bei Handelsholzstoff kann u. U. die Probenahme mit der Bestimmung des Trockengewichts für Einzelballen nach DIN 54 351 = Zellcheming-Merkblatt IV/31 bzw. für Ballenserien nach ISO 801/1 und für flockengetrockneten Zellstoff und Holzstoff nach ISO 801/2 und für Großballen nach ISO 801/3 evtl. verbunden werden.

Für Zellstoff in Rollenform, der vor allem für die chemische Weiterverarbeitung oder für die Herstellung von Flockenstoff im Handel ist, kann sinngemäß nach ISO 7213 = DIN ISO 7213 verfahren werden.

Altpapier stellt wegen der Sortenvielfalt und der Inhomogenität der Ballen bzw. Containeranlieferungen die größten Schwierigkeiten für eine repräsentative Probenahme dar. Für Ballen wurde ein Kernbohrer entwickelt, der Bohrkerne [3.22] von 50 mm Durchmesser und 700 mm Länge zu entnehmen gestattet.

3.4 Probenlagerung, Probenvorbereitung, Trockengehaltsbestimmung
Storage and preparation of samples, determination of dry matter content

3.4.1 Probenlagerung

Die Proben und die Rücklagemuster sind gegen jede Kontaminierung, insbesondere gegen Staub, Wärme, chemische Einflüsse sowie gegen Licht und Strahlen geschützt zu lagern. Bewährt haben sich siegel- oder verklebfähige, opak eingefärbte Kunststoffolien oder kunststoffbeschichtete Papiere auch mit Aluminiumfolieneinlage, wie diese für Fotopapiere im Handel sind bzw. verschließfähige Behältnisse aus Braunglas, Kunststoff oder Metall mit Kunststoffeinlage.

Für besonders hohe Anforderungen, die aber kaum für die Untersuchung anorganischer Bestandteile in Betracht kommen, ist eine Lagerung in Kühltruhen und/oder Gasschutzverpackungen zu erwägen.

3.4.2 Probenvorbereitung und Probenhomogenisierung

Falls die Prüfergebnisse, bezogen auf die Flächenmasse der Probe, im klimatisierten Zustand angegeben werden müssen, sind die zu untersuchenden Proben direkt vor Durchführung der Prüfung nach ISO 187 = DIN ISO 187 zu klimatisieren.

Falls eine Zerkleinerung der Proben erforderlich ist, sind die Anweisungen in den einzelnen Prüfvorschriften streng zu beachten. Für die Untersuchung auf Schwermetallspuren dürfen keine metallischen Hilfsmittel oder Geräte verwendet werden. Für Feinmahlungen werden mit Wolframcarbid ausgekleidete Mühlen angewendet.

Die Homogenisierung der Proben für die nachfolgende Untersuchung auf anorganische Bestandteile ist schwierig, da die für mechanische oder sonstige Untersuchungszwecke leicht anwendbare Aufschlagmethode zu Veränderungen der Probenzusammensetzung führen kann. Vielfach wird man darauf angewiesen sein, nach einem Probenplan zu verfahren und eine größere Anzahl von Proben verteilt über den Lieferumfang zu entnehmen und diese einzeln zu untersuchen.

Die größten Schwierigkeiten dürften Altpapieruntersuchungen bereiten. Es ist im Einzelfall zu prüfen, ob für die Eingangskontrolle in Papierfabriken eine Probenahme aus dem Pulper zulässig ist.

Von Stoffsuspensionen sind entweder nach DIN 54 359 die Stoffdichte zu bestimmen und/oder Laborblätter in Anlehnung an DIN 54 358 (Teil 1) oder zur Vermeidung von Kontaminierung durch das Laborblattbildungsgerät in Anlehnung an Zellcheming-Merkblatt V/19/63 herzustellen.

3.4.3 Bestimmung des Trockengehaltes

Falls die Prüfergebnisse bezogen auf den Trockengehalt der Probe im Zustand der Probenahme, der Anlieferung oder auch der Klimatisierung angegeben werden müssen, sind Zellstoff und Holzstoff nach DIN 54 352 bzw. Papier und Pappe nach DIN ISO 287 zu prüfen. Das gemeinsame Prinzip besteht in einer Trocknung der Probe in einem Wärmeschrank bei $(105 \pm 2)\,°C$ bis zur Erreichung der Massenkonstanz.

Falls andere Trocknungsmethoden z. B. mit IR-Licht [3.23], Karl-Fischer-Reagenz oder dielektrische oder Neutronenmoderations-Methoden [3.24] o. a. Verfahren für Routineuntersuchungen angewendet werden, sind die Prüfungen gegen die Bestimmung des Feuchtigkeitsgehaltes nach den angegebenen Normvorschriften zu überprüfen bzw. zu kalibrieren [3.25].

3.5 Bestimmung summarischer Wirkungsgrößen
Determination of sum parameters

Als summarische Wirkungsgrößen werden Prüfergebnisse von Prüfverfahren verstanden, die bestimmte Bestandteilsgruppen summarisch erfassen. Die betreffenden Prüfverfahren sind mit einfachen Mitteln schnell ausführbar und genügen für eine Reihe von Aufgaben, insbesondere für Kontrollzwecke im Routinebetrieb.

3.5.1 Glührückstand von Zellstoff, Papier und Pappe sowie Filtrierpapier

Definition

Glührückstand (Aschegehalt) ist nach DIN 6730 der Probenanteil, der nach vollständigem Verbrennen einer Probe in einem Tiegel oder einer Schale und Glühen des Rückstandes bei festgelegten Temperaturen bis zur Erreichung der Massenkonstanz zurückbleibt.

Der Glührückstand wird i. a. als Massenanteil in % bezogen auf die ofentrockene Probe angegeben.

Durchführung

DIN 54 370 und Zellcheming-Merkblatt IV/40/77 faßt die Prüfvorschriften für alle Probenarten zusammen. Für Holzstoff und Zellstoff gelten ISO 1762, SCAN C6:62, TAPPI T 211 om-80; für Papier und Pappe ISO 2144, SCAN P5:63 und TAPPI T 413.

Die Prinzipien für Zellstoff und Papier sind gleich. Die Unterschiede bestehen in den Glühtemperaturen. Diese sind für Zellstoff und Holzstoff auf $(575 \pm 25)°C$, für Filtrierpapier auf $(800 \pm 25)°C$ in Übereinstimmung mit den Veraschungsbedingungen für die analytische Anwendung bei gravimetrischen Prüfverfahren und für Papier und Pappe auf $(900 \pm 25)°C$ festgelegt worden. Die Einwaagen sind so zu wählen, daß mindestens 10 mg Glührückstand erhalten werden.

Der Grund für die verschiedenen Glühtemperaturen liegt darin, daß keine Glühbedingungen bestehen, die für alle Probenarten zu einem definierten Endzustand des Glührückstandes führen. Die Glührückstände von Holzstoff, Zellstoff und füllstoffreien Papieren bestehen aus geringen Mengen von hauptsächlich Ca, Mg und SiO_2 bei Sulfit- und Na bei Sulfatzellstoffen sowie Spurenbestandteilen von Fe, Mn, Cu und anionischen Bestandteilen wie Oxid, Sulfat, Sulfit, Silikat, Phosphat und Carbonat je nach Holzart, Alter und Wachstumsgebiet.

$CaCO_3$ wird erst bei Temperaturen über etwa $600°C$ thermisch zersetzt, so daß für Zellstoff eine Glühtemperatur von $575°C$ festgelegt wurde, um diesen Anteil mit zu erfassen, da $CaCO_3$ bei der chemischen Weiterverarbeitung von Zellstoff stören kann.

Bei füllstoffhaltigen und gestrichenen Papieren handelt es sich um wesentlich größere Mengen an anorganischen Bestandteilen, so daß im Interesse einer schnellen Veraschung die Glühtemperatur auf 900 °C festgelegt wurde. Derartige Papier- und Pappeproben sind, teilweise auch bedingt durch den Gehalt an Bindemitteln, Klebstoffen und Papierhilfsmitteln oder auch an Druckfarben schwerer vollkommen zu veraschen als Zellstoff, so daß auch aus diesem Grund die höhere Temperatur praktischer ist. Die größten Schwierigkeiten bereitet Altpapier.

Bemerkungen

Ergebnisse von internationalen Ringversuchen zur Festlegung der Prüfverfahren und Prüfbedingungen für Zellstoff diskutierte Bartunek [3.12]. Die „Sulfatasche" war besser reproduzierbar als die Bestimmung des Glührückstandes. Diese reicht für Chemie- und Papierzellstoffe zur Betriebskontrolle aus.

Den Einfluß der Veraschungsbedingungen untersuchten Phifer und Maginnis [3.26]. Da mit steigender Glühtemperatur die Glührückstandsmenge abnimmt, wurde eine Theorie zur Erklärung der Verluste von Na, Ca, Fe und Cu aufgestellt. Nur für SiO_2 wurden keine Verluste mit steigender Glühtemperatur beobachtet. Die Glührückstandsmengen von Zellstoff geben daher nur einen Anhalt, aber kein direktes Maß für die anorganischen Bestandteile. Die Trockenveraschung wird als unbefriedigende Methode zur Probenvorbereitung zwecks Bestimmung von Kationen und Anionen mit Ausnahme von SiO_2 bezeichnet. Für diese Zwecke sollten ausschließlich Naßveraschungsmethoden angewendet werden, insbesondere wenn verschiedene Zellstoffsorten zu vergleichen sind. Im Zuge des thermischen Abbaus bei der Trockenveraschung wird die Bildung niedermolekularer flüchtiger Metallsalze organischer Säuren angenommen. Ein Chloridgehalt im Glührückstand fördert die Flüchtigkeit von Fe, Cu, Pb und anderen Elementen. Auch sind Komplexbindungen dieser Metalle als säureunlösliche Silikate oder Phosphate möglich, die sich einer Bestimmung in den Säureauszügen der Glührückstände entziehen (s. S. 172). Rehder [3.11] fand Zusammenhänge zwischen Menge und Zusammensetzung des Glührückstandes von Sulfitzellstoff und dem Carboxylgruppengehalt. In technischen Zellstoffen sind fast alle Carboxylgruppen versalzt. Der Glührückstand wird durch Absäuerung der Zellstoffe ohne nachfolgende Neutralisierung vermindert.

In der Viskose-Industrie wurden Glühtemperaturen von 600°, 900° und 1150 °C erprobt, um die Natriumverbindungen abzutreiben, die für die Herstellung von Alkalicellulose unschädlich sind [3.12]. In der Papierindustrie wird gelegentlich von „schädlicher Asche" gesprochen, da angenommen wird, daß zwischen diesem Gehalt und dem Verschleiß von Sieben [3.27], Maschinenteilen, Riffelwalzen bei der Wellpappenproduktion oder Stanz- und Schneidwerkzeugen bei der Papierausrüstung, -verarbeitung oder -verwendung als z. B. Lochstreifenpapiere ein Zusammenhang bestehen würde.

Maßgebender für derartige mechanische Vorgänge sind eher Art, Härte, Korngröße, Kornform und Verteilung abrasiv oder erosiv wirkender Bestandteile als die Glührückstandsmenge. Der Ausdruck „schädliche Asche" kann daher z. B. bei Vergleich verschiedener Muster irreführend sein. Bei Füllstoffbestimmungen ist zu beachten, daß die Glühbedingungen je nach Temperatur, Zeit sowie Matrixzusammensetzung zu unterschiedlichen Glühverlusten führen können. Als Anhaltswerte werden genannt:

- Blanc fixe und gebrannter Gips $\sim 1\%$,
- Talkum und Asbestine $4-6\%$,
- Kaolin $6-12\%$,
- ungebrannter Gips $\sim 20\%$ und
- Kreide $\sim 40\%$.

Korrekturformeln für die Prüfung derartiger Papiere werden angegeben.

Zur Schnellbestimmung des „Aschegehaltes von Papier" dienen mit Sauerstoff arbeitende Apparaturen [3.28, 3.29]. Eine Probemenge von $0,5-5,0$ g wird in Form etwa 4 cm breiter Streifen in einen Pt-Siebkorb gelegt, der in ein Veraschungsrohr aus Borosilikatglas eingeschoben wird. Eine Bestimmung ist in etwa 5 min ausführbar.

Für Produktionskontrollzwecke sind schwenkbare Veraschungsöfen im Gebrauch. Bei waagerechter Stellung des Verbrennungsrohres wird die Probe direkt oder auf einem Schiffchen eingefahren und in geneigter oder senkrechter Stellung der Glührückstand entnommen. Eine kombinierte Einheit von Ofen und Waage zeigt bei einer Einwaage von 1,0 g Papier direkt den „Aschegehalt" an [3.30].

Mehr zum thermischen Aufschluß als zur quantitativen Bestimmung des Glührückstandes von Proben dient die „Tieftemperaturveraschung" [3.31]. Diese wird bei Temperaturen von etwa $130°-150°$C unter Einwirkung von atomarem Sauerstoff durchgeführt. Die Probenmatrix von gestrichenem Papier, sowie die Struktur und der Kristallwassergehalt von Füllstoffen oder Silikaten aus den Faserrohstoffen bleiben erhalten. Die Methode bietet sich daher vornehmlich als Vorbereitung für nachfolgende mikroskopische oder rasterelektronenmikroskopische einschließlich röntgenanalytischer Untersuchungen an [3.32]. Da der Füllstoffgehalt bei ungestrichenen und gestrichenen Papieren einen wesentlichen kosten- und qualitätsbestimmenden Faktor darstellt, bestehen Interessen für eine kontinuierliche on-line-Messung. Geräte, die auch zwischen verschiedenen Füllstoff- und Streichpigmentarten unterscheiden können, befinden sich bereits im Einsatz [3.33, 3.101].

3.5.2 „Sulfatasche"

Definition

Die „Sulfatasche" einer Zellstoffprobe ist nach Zellcheming-Merkblatt IV/41/67 und SCAN C5:62 der Rückstand, der nach vollständigem Verbrennen der Probe unter Einhaltung festgelegter Bedingungen und Behandlung des Glührückstandes mit H_2SO_4 nach dreistündigem Glühen bei $(700\pm25)°$C zurückbleibt. Die „Sulfatasche" als empirischer Kennwert wird als Massenanteil in % bezogen auf die ofentrockene Probe angegeben.

Durchführung

Eine Probenmenge, die mindestens 10 mg Rückstand nach dem Glühen hinterläßt, vorsichtig über einer kleinen Flamme eines Gasbrenners verbrennen bis Rückstand möglichst frei von Kohlenstoff ist. Auf den Glührückstand tropfenweise H_2SO_4 zur vollständigen Durchtränkung der Masse aufgeben. Vorsichtig erhitzen und SO_3-Dämpfe abrauchen. Behandlung wiederholen. Bei $(700\pm25)°C$ glühen und nach Abkühlen auswiegen.

Bemerkungen

Der Vorteil des empirischen Verfahrens besteht darin, daß sich Metallsulfate bilden, die bei Temperaturen $\gtrsim 700°C$ thermisch praktisch nicht abgebaut werden. Die Rückstandsmasse ändert sich auch bei verlängerten Glühzeiten sowie beim Abkühlen nicht, da weder CO_2 noch Feuchtigkeit aus der Atmosphäre aufgenommen werden. Es bilden sich keine Schmelzen im Tiegel, so daß die Veraschungsgefäße nicht so stark wie bei üblichen Veraschungsmethoden angegriffen werden. Außerdem wird die Flüchtigkeit einiger Metalle, insbesondere wenn diese als Chloride vorliegen, herabgesetzt.

Internationale Ringversuchsergebnisse und Schlußfolgerungen diskutierte Bartunek [3.12].

3.5.3 „Säureunlösliche Asche"

Prüfvorschriften

ISO 776, DIN 54 373, Zellcheming-Merkblatt IV/49: 69, sowie mit gleichem Prüfprinzip, aber etwas anderen Prüfbedingungen SCAN C9: 62, TAPPI 244 om-83.

Definition

Als „säureunlösliche Asche" wird der in etwa HCl (6 mol/l) unlösliche Anteil des Glührückstandes verstanden, der bei der Veraschung von Zellstoff oder füllstofffreien Papieren nach ISO 1762, DIN 54 370 oder Zellcheming-Merkblatt IV/40/67 erhalten wird. Dieser Anteil besteht im wesentlichen aus SiO_2, säureunlöslichen Silikaten, Phosphaten oder Erdalkalisulfaten sowie Spuren von Schwermetalloxiden, die jedoch unter den Bedingungen der Prüfvorschriften nicht ausnahmslos wegen der teilweisen Löslichkeit in HCl (6 mol/l) quantitativ erfaßt werden können.

Durchführung

Eine Probenmenge, die einen Rückstand von mindestens 1 mg „säureunlösliche Asche" ergibt, im Tiegel veraschen und bei $(575\pm25)°C$ glühen. Rückstand im Tiegel mit 5 ml verdünnter HCl versetzen, Tiegelinhalt auf dem siedenden Wasserbad zur Trockne eindampfen. Diese Behandlung wiederholen. Rückstand in 5 ml verdünnter HCl aufnehmen, auf dem Wasserbad erhitzen und mit 20 ml Wasser verdünnen. Ansatz durch ein Papierfilter abfiltrieren, Rückstand mit Wasser bis zur Chloridfreiheit auswaschen, Filterpapier mit Rückstand trocknen und bei 575°C veraschen. Rückstand auswiegen.

Die „säureunlösliche Asche" wird i. a. als Massenanteil in % bezogen auf die ofentrockene Probe angegeben.

Bemerkungen

Das schnell mit einfachen Mitteln ausführbare Verfahren hat sich für Routinekontrollen insbesondere von Produkten bewährt, die nach gleichbleibenden Fabrikationsbedingungen und aus einheitlichen Faserrohstoffen hergestellt worden sind.

Das Prüfverfahren wird auch angewendet, um einen Anhalt über die Größenordnung des SiO_2- oder Silikat-Gehaltes zu gewinnen. Um diese Bestandteile genauer zu bestimmen, ist nach der Prüfvorschrift (s. S. 172) vorzugehen, die jedoch einen höheren Aufwand und Zeitbedarf erfordert.

3.5.4 Direkte Bestimmung des Gehaltes an Füllstoffen und Streichpigmenten

Für die Produktionskontrolle von gefüllten und/oder gestrichenen Papieren interessieren zunehmend in Verbindung mit modernen rechnergestützten Fertigungsleitsystemen (CAM-Systeme) on-line-Meßanlagen, die verzögerungsfrei und kontinuierlich die Füllstoff- und Streichpigmentgehalte an der laufenden Papierbahn erfassen. Die Prinzipien liegen in der Anwendung weicher Röntgenstrahlen, deren Absorption bestimmter Wellenlängen ein Maß für die verschiedenen Füllstoff- bzw. Streichpigmentarten ist [3.104]. Es können einzelne Füllstoff- bzw. Pigmentmassen nebeneinander [3.101] bestimmt werden. Es sind auch Handgeräte [3.33] entwickelt worden, die in der Regel direkt an der Papier- bzw. Streichmaschine eingesetzt werden. Die Geräte sind mittels Proben bekannter Zusammensetzung zu kalibrieren.

3.6 Veraschung des organischen Matrixmaterials
[3.04, 3.027, 3.34, 3.35]
Incineration of organic matrix matter

Eine große Anzahl analytischer Verfahren zur Bestimmung von Metallen erfordert eine Abtrennung des organischen Materials. Folgende Methoden sind anwendbar:

3.6.1 Trockene Hoch-Temperaturveraschung

Prinzip

Entfernung der organischen Substanzen durch thermische und/oder oxidative Zersetzung gegebenenfalls unter gleichzeitiger Einwirkung oxidierender oder die

Flüchtigkeit von Metallverbindungen herabsetzender Mittel in Form von Säuren bzw. Alkalien und/oder von Salzen.

Die Glührückstände werden vorzugsweise in HCl oder HNO_3 aufgenommen. In der filtrierten Lösung werden die Elemente nach bekannten Verfahren bestimmt.

Anwendung

Die Methode ist im Prinzip für die Bestimmung nichtflüchtiger Metalle sowie von SiO_2 und Silikaten geeignet. Bei Metallen, die flüchtige Verbindungen bilden oder durch Interelementeffekte in der Schmelze säureunlösliche Komplexbindungen eingehen, sind diese Verfahren höchstens unter besonderen Vorsichtsmaßnahmen oder nur für Routinezwecke zur Untersuchung von Proben etwa gleichbleibender Beschaffenheit für interne Vergleichszwecke anwendbar.

Bemerkungen

Trockenveraschungen sind verhältnismäßig einfach und schnell und auch für größere Mengen ausführbar. Es bestehen keine großen Gefährdungen einer Einschleppung von Spurenelementen durch Reagenzien oder Aufschlußchemikalien. Eine Beeinträchtigung durch Spuren aus der Umgebungsluft ist wohl in den meisten Fällen nicht gravierend. Zusätze von Säuren, Salzen und Alkalien können zur Bildung von Schmelzen führen, die fester als reine Glührückstände an der Wandung der Veraschungsgefäße haften und absorptiv gebunden werden können, so daß keine vollständige Auslösung möglich ist.

3.6.2 Trockene Tief-Temperaturveraschung

Prinzip

Umsetzung der Probensubstanz in einem Verbrennungsrohr oder Schiffchen durch Einwirkung elektrisch erzeugten atomaren Sauerstoffs bei 1–5 h Pa und Temperaturen i.a. von 100°–150 °C [3.28], in Einzelfällen bis etwa 600 °C.

Bemerkungen

Die Ausführung erfordert spezielle Apparaturen, die bisher kaum in Zellstoff- und Papieruntersuchungslaboratorien eingeführt wurden. Anscheinend sind auch bei diesem Verfahren Verluste durch Verflüchtigung oder Verspritzen bei Prüfung von Zellstoff- und Papierproben nicht ganz vermeidbar. Apparative Weiterentwicklungen sollen Verbesserungen für spurenanalytische Zwecke erbringen.

Wichtig ist, wie übrigens auch bei der trockenen Hoch-Temperaturveraschung, von vollständig trockenen Proben auszugehen.

3.6.3 Naßveraschung

Prinzip

Zersetzung organischer Substanzen durch Einwirkung starker Mineralsäuren mit oxidierender (HNO_3, $HClO_4$, $HClO_3$, H_2O_2) und gegebenenfalls carbonisierender und Wasser entziehender Wirkung (H_2SO_4, H_3PO_4) [3.025, 3.34, 3.35].

Vorteile

Im Vergleich zu trockenen thermischen Veraschungsverfahren ist ein Arbeiten unter Druck und in geschlossenen Systemen möglich. Durch niedrigere Veraschungstemperaturen und Arbeiten in flüssigen Phasen sind Gefährdungen durch Verflüchtigung oder Verspritzen aus dem Reaktionsgefäß besser zu beherrschen. Auch Störungen durch Interelementeffekte erscheinen weniger gravierend. Schließlich können die nassen Verfahren durch Auswahl der Säuren, Konzentrationen, Kombinationen verschiedener Säuren, Zusätze, Veraschungsbedingungen oder durch stufenweise verschiedene Behandlung besser auf die Eigenheiten des zu untersuchenden Materials bzw. auch auf die Anforderungen der nachfolgend auszuführenden Bestimmung angepaßt werden.

Nachteile

Die Verfahren sind mit einem höheren Aufwand an Apparaturen, Chemikalien, Kosten und Arbeitszeit verbunden. Größere Probenmengen sind schwieriger verarbeitbar. Aus den Aufschlußgefäßen können mitunter Elemente oder von vorherigen Veraschungen zurückgebliebene Reste herausgelöst werden. Es sollten daher nicht verschiedenartige Produkte (Papier, Klärschlamm, Zellstoff) im gleichen Gefäß ohne zwischenzeitliche Blindwertbestimmungen aufgeschlossen werden.

Die Einschleppungsgefahr von Fremdspuren aus Reagenzien ist zu beachten. Die Blindwerte bei geringen Spurenanteilen können im Bereich von Nachweisgrenzen bestimmter Elemente liegen. Bei Verwendung von Schwefel- oder Phosphorsäure können bei Vorliegen von anteilmäßig größeren Mengen von Metallen, die unlösliche Sulfate in den Veraschungslösungen bilden, andere Spurenanteile mitgerissen oder fest absorbiert werden.

An die zu verwendenden Chemikalien müssen die höchsten Reinheitsansprüche gestellt werden.

Naßveraschung mit Salpetersäure

Für die Untersuchung von Zellstoff und Papier scheinen i. a. die mit HNO_3 arbeitenden Methoden am zuverlässigsten zu arbeiten. Es sind folgende Ausführungen zu unterscheiden:

Naßveraschung im geschlossenen System [3.36]

Das Prinzip besteht in der Verwendung eines Druckgefäßes, z. B. mit Einsatz aus Polytetrafluorethylen (PTFE). Es werden zahlreiche Varianten angeboten (z. B. Fa.

Berghoff GmbH, Postfach 1523, 7400 Tübingen 1; Fa. Hans Kürner, Herderstr. 2, 8200 Rosenheim; AGW, Postfach 1224, 7970 Leutkirch).

Bei Ringversuchen des „Zellcheming-Fachausschusses IV für Chemische Zellstoff- und Papierprüfung" erwies sich die Naßveraschung von Zellstoff, Papier und Echtpergament für die Bestimmung von Fe und Cu im Bereich von 0,1 – ca. 5 mg/kg im Vergleich zur Trockenveraschung oder anderen Naßveraschungsverfahren als die mit den wenigsten Nachteilen behaftete Methode. Sie liefert zuverlässigere Ergebnisse als die Trockenveraschung, ist sicherheitstechnisch gefahrloser als der Naßaufschluß mit $HClO_4$ oder auch Na_2O_2 (vgl. s. S. 161, TiO_2-Bestimmung) und schließt schneller als andere Mineralsäuren auf.

Allerdings ist die Methode nicht universell einsetzbar. Hinweise bei den betreffenden Bestimmungsverfahren werden gegeben.

Beim Aufschluß von bedrucktem Altpapier können schwarzgefärbte Rückstände verbleiben, die bei Bedarf durch Schmelzaufschlußmethoden in Lösung gebracht werden können.

Durchführung

Die Probe wird mit HNO_3 in einem Druckgefäß aus PTFE durch Erhitzen auf 160 °C aufgeschlossen. Dazu wird das Druckgefäß in einen Wärmeschrank gestellt, wobei die Temperatur im Druckgefäß und nicht die der Luft im Wärmeschrank für den Aufschluß maßgebend ist. Die erhaltenen Aufschlußlösungen werden nach den betreffenden Prüfvorschriften für die zu bestimmenden Bestandteile weiter behandelt.

Naßveraschung im halboffenen System

Das Verfahren wird in Kjeldahl- oder ähnlichen Reaktionskolben mit verlängertem Hals durchgeführt. Der Hals ist mittels einer Schliffverbindung mit einem Steigrohr oder Rückflußkühler und diese sind über eine Kühlfalle mit einer Vakuumabsaug-Vorrichtung verbunden. Dadurch werden Verluste durch Verflüchtigung weitgehend vermieden. Etwa verspritzte Anteile können in den Reaktionskolben zurückgespült werden. Die Kolben werden durch Eintauchen in Salzbäder beheizt. Je nach Geräteausführung sind die Kolben um die eigene Achse rotierbar angeordnet, um insbesondere bei Beginn der Naßveraschung durch Temperaturführung, Eintauchtiefe des Kolbens im Salzbad und Rotationsgeschwindigkeit die Reaktionsführung genau dem Probenverhalten anpassen zu können. So kann ein Aufschäumen kontrolliert werden, das bei oxidierend wirkenden Aufschlußmitteln wie HNO_3 oder H_2O_2 in Verbindung mit anderen Säuren auftreten kann. Ferner ist es möglich, die Säuren abzudestillieren, Säuremengen nachzudosieren oder die Veraschungslösungen zu wechseln, ohne die Probe aus dem Reaktionsgefäß herausnehmen zu müssen. Es wurden gute Erfahrungen auch im Routinebetrieb berichtet.

Naßveraschung im offenen System

Das Prinzip besteht in der Anwendung einer Kjeldahl-Technik unter Verwendung offener Kjeldahl-Kolben. Zusätze von Katalysatoren, wie diese zur nachfolgenden

Stickstoffbestimmung nach dem konventionellen Kjeldahl-Verfahren eingesetzt werden, sollten wegen Einschleppungsgefahr bei der Prüfung auf anorganische Spurenbestandteile unterbleiben.

Das Verfahren bietet nicht die Kontrollmöglichkeiten wie das halboffene System und eignet sich daher nicht, höheren Genauigkeitsansprüchen zu genügen. Eine Anwendung beschreibt TAPPI T 245 om-83 für die Bestimmung von SiO_2 und Silikaten in Zellstoff und Papier (s. S. 173).

Naßveraschung mit Schwefelsäure

Das Verfahren wird angewendet, wenn routinemäßig Kjeldahl-Aufschlüsse für Stickstoffbestimmungen durchgeführt werden müssen und dafür vorzugsweise automatisch arbeitende Aufschlußapparaturen mit mehreren nebeneinander angeordneten Aufschlußkolben vorhanden sind. Häufig werden Mischungen von H_2SO_4 und HNO_3 eingesetzt. Bei Zellstoff-, Holz- und Papierproben besteht die Gefahr einer frühzeitigen Carbonisierung der Proben, wodurch sich kein vollständiger Aufschluß erzielen läßt. Das Verfahren ist ungeeignet zur Bestimmung leicht flüchtiger Elemente wie Hg und As. Auch ist einer Verwendung von H_2O_2- oder $HClO_4$-Zusätzen bei derartigen Proben wegen Explosionsgefahr und evtl. Ablagerungen von Peroxiden oder Perchloraten z. B. in Abzügen abzuraten.

Naßveraschung mit Perchlorsäure [3.37]

Diese Säure bietet für Zellstoff, Holzstoff, Papier einschließlich Altpapier die größte Lösekraft. Sie beinhaltet aber besonders bei diesen Probematerialien derart große Risiken, daß eine allgemeine Anwendung im Routinebetrieb nicht in Betracht kommt. Wenn für Spezialfälle auf $HClO_4$ nicht verzichtet werden kann, sind alle Vorsichtsmaßnahmen in technischer, gebäudetechnischer, apparativer und personeller Hinsicht zu treffen. Die Abzüge und Absaugleitungen dürfen nicht mit anderen Absaugleitungen zusammentreffen, die z. B. Lösemitteldämpfe oder Staub abführen. Die Leitungen müssen aus oxidationsbeständigem Material und sollten mit Wasser bespülbar sein. Es sollten möglichst geringe Mengen eingesetzt werden. Die Proben sind portionsweise einzutragen. H_2SO_4 ist mit zu verwenden. Voraussetzung für eine vollständige Veraschung ist auch bei diesem wirksamsten Aufschlußverfahren, daß die Probenoberfläche von der Reaktionsflüssigkeit benetzt wird. Sollte dies nicht der Fall sein, ist die Probe zu mahlen.

Naßveraschung mit Wasserstoffperoxid

Thermoplastische Kunststoffanteile in Papier lassen sich evtl. mit HNO_3, H_2SO_4 und $HClO_4$ oder entsprechenden Gemischen nur sehr schwer oder unvollkommen veraschen. H_2O_2 (30 oder 50%) kann in Kombination mit H_2SO_4 zu klaren Aufschlußlösungen führen. Eine alleinige Verwendung von H_2O_2 kann heftige Explosionen verursachen. Naßveraschungen mit H_2O_2 haben die Vorteile einer schnellen Ausführbarkeit, einer Verarbeitung auch größerer Probemengen sowie verhältnismäßig niedriger Blindwerte. Für biologisches Material und Kohlenhydrate sind

Mischungen von H_2O_2/Fe^{2+} empfohlen worden, die sich durch milde Reaktions-bedingungen für die Verarbeitung größerer Probemengen eignen. Für Kunststoffe erscheint das Verfahren jedoch nicht geeignet. Für Naßveraschung von Zellstoff und Cellulosederivaten mit H_2O_2/H_2SO_4 gab Phifer [3.38] Empfehlungen und be-richtete über Ergebnisse.

Knezevic [3.39] legte dem Zellcheming-Fachausschuß IV einen vorläufigen Entwurf für einen Naßaufschluß von Zellstoff und Papier vor:

2 g Proben mit 20 ml konz. H_2SO_4 und 1 ml Wasser im 250-ml-Becher verset-zen. Auf einer Heizplatte 5 bis 15 min erhitzen. Dabei durch Umschwenken des Be-chers die Probe von Zeit zu Zeit umrühren. Erhitzen der Probe beenden, wenn in der Lösung keine verkohlten Anteile mehr zu erkennen sind. Aus einer Pipette tropfenweise etwa $3-6$ ml H_2O_2 (30%) zur heißen Lösung zugeben. 10 min auf Heizplatte erhitzen. Danach etwa 25 bis 30 ml H_2O_2 zugeben, bis keine Farbände-rung der Probenlösung mehr auftritt. Falls die Lösung noch bräunlich gefärbt sein sollte, diese etwa 10 min ohne weitere Zugaben von H_2O_2 erhitzen. Die Lösung quantitativ in einen 50-ml-Meßkolben überführen und vorsichtig bis zur Marke auffüllen. Der vorhandene Niederschlag stört die Bestimmung von Cu und Fe nicht. Evtl. durch Membranfilter reinigen.

Schmelzveraschung mit Natriumperoxid

Das Papier wird mit Na_2O_2 vermischt und in einem Druckgefäß gezündet. Das Verfahren wurde für die Schnellbestimmung von TiO_2 [3.40] in Papier entwickelt, um in einem Arbeitsgang photometrierbare Aufschlußlösungen auf Grund des Ti^{4+}-Gehaltes herstellen zu können. Es erfordert eine bestimmte Perlenform des Na_2O_2. Pulverförmiges Na_2O_2 reagiert zu heftig und kann zu schweren Explosio-nen führen. Die schnellausführbare Methode liefert gut weiterverarbeitungsfähige Lösungen, die auch für die Bestimmung anderer anorganischer Bestandteile geeig-net sein könnten. Es wurde auch versucht, Chemiezellstoffe portionsweise in Schmelzen aus Na_2O_2 und NaOH einzutragen, um größere Probemengen zu ver-arbeiten (Privatmitteilung von R. Bartunek).

Weitere Naßveraschungsverfahren

Für die Naßveraschung von organischen Materialien zwecks nachfolgenden Spu-renbestimmungen in den Aufschlußlösungen liegen zahlreiche Vorschläge vor. Übersichten sind Koch [3.07] und Bock [3.025] zu entnehmen.

Bemerkungen zu den Naßveraschungsverfahren

Bei der Naßveraschung von füllstoffhaltigen Papieren, gestrichenen oder beschich-teten Papieren, insbesondere von gemischtem Altpapier, können Rückstände in den Reaktionslösungen vorhanden sein. Sowie diese hell gefärbt sind, wird es sich in der Regel hauptsächlich um Kaolin oder andere Silikat- oder $BaSO_4$-haltige Füllstoffe oder Streichpigmente handeln. Bei bedruckten oder klebstoffhaltigen Altpapieren können dunkel gefärbte Rückstände verbleiben, so daß ungewiß ist, ob die Naßveraschung vollständig verlief. Im letzten Fall wird es sich hauptsächlich um schwer aufschließbare Bindemittel für Druckfarben oder um polymere Hilfsmittel, Klebstoffbestandteile oder Kunststoffanteile handeln. Es ist im Einzelfall zu entscheiden, ob eine weitere Untersuchung sinnvoll ist. Dabei kann davon ausgegangen werden, daß unter den außerordentlich scharfen Bedingungen einer Naßveraschung nicht in Lösung gegangene Schwermetallspuren auch bei einer bestimmungsgemäßen Verwendung der untersuchten Papier- und Pappensorten nicht störend auftreten können.

Sollte jedoch der Wunsch bestehen, die Rückstände aus Naßveraschungen weiter zu untersuchen, bieten sich die bekannten Aufschlußverfahren, wie Aufschluß mit H_2F_2/H_2SO_4 zur Entfernung von Si oder Schmelzaufschlüsse an. Vorschriften sind der allgemeinen Literatur [3.025] zu entnehmen.

3.7 Bestimmung einzelner Elemente
Determination of single elements

3.7.1 Vorbemerkungen

Die nachfolgenden Beschreibungen versuchen, den derzeitigen Stand der analytischen Untersuchungstechnik für die Bestimmung anorganischer Bestandteile in Zellstoff und Papier zu erfassen. Aus Platzgründen mußte darauf verzichtet werden, Vorschriften aus benachbarten Bereichen aufzunehmen, wie für die chemische Untersuchung von Holz aus denen Zellstoff oder Holzstoff hergestellt, bzw. Kunststoffen, Füllstoffen, Druckfarben, Klebstoffen und anderen Materialien, die zur Fabrikation von Papier, Pappe und Papierverbundwerkstoffen direkt, oder wie Wasser, indirekt benötigt werden. Einzuschließen sind dabei auch Be- und Verarbeitungsvorgänge. Da diese Materialien und Vorgänge z. B. Schwermetallkontaminationen verursachen können, ist im Einzelfall zu entscheiden, ob im Rahmen entsprechender zellstoff- und papieranalytischer Untersuchungen Prüfvorschriften aus den genannten benachbarten Bereichen herangezogen werden müssen. Auf zusammenfassende Literaturangaben aus dem Bereich genormter Prüfvorschriften wird hingewiesen.

Aus diesem Grunde beschränken sich die erfaßten Vorschriften auf spezifisch für Zellstoff und Papier ausgearbeitete oder anwendbare Methoden. Falls Elemente bzw. anorganische Bestandteile zu bestimmen sind, für die keine Vorschriften in den folgenden Sammlungen von Vorschriften und Veröffentlichungen bestehen, sollte z. B. nach Koch/Koch-Dedic [3.027] vorgegangen werden. Bei Spurennachweisen in Zellstoff und Papier kann davon ausgegangen werden, daß mit Ausnahme einiger moderner, an bestimmte Geräte gebundene, physikalisch-chemische Verfahren wie Zeeman-AAS für Feststoffuntersuchungen, Aktivierungsanalyse, Röntgenfluoreszenz, Röntgen- und Radiospektrometrie u. a. vor den chemischen Bestimmungen eine Trocken- oder Naßveraschung, evtl. Aufschluß der Rückstände oder eine Extraktion mit Wasser, Salz-, Säure- oder Basenlösungen sowie Lösemitteln erforderlich ist. In den erhaltenen Lösungen sind i. a. auch andere Elemente oder Bestandteile zu bestimmen, z. B. nach Methoden in den „Kochbüchern" für Photometrie [3.017, 3.029, 3.031, 3.039], AAS-Technik für kationische Bestandteile [3.09, 3.050, 3.051] und Ionenchromatographie für anionische und bestimmte kationische Bestandteile [3.042, 3.038, 3.048]. Mit Hilfe der Additionsverfahren bzw. der internen oder externen Standards sind Störungen z. B. durch Interelement-Effekte bei der Bestimmung zu erkennen und evtl. auszuschalten.

Die Arbeitsvorschriften sind für spurenanalytische Untersuchungen strikt einzuhalten.

Als Wasser ist grundsätzlich destilliertes bzw. deionisiertes Wasser bzw. in Einzelfällen Wasser nach höherer Reinheitsstufe einzusetzen. Es dürfen nur Reagenzien des vorgeschriebenen Reinheitsgrades, zumindest die Qualität „zur Analyse" verwendet werden. Die Blindwerte der Reagenzien, des Wassers und der benutzten Aufschlußgeräte, wie Tiegel, Schalen und Druckbehältnisse (mit PTFE-Einsätzen) unter Prüfbedingungen der entsprechenden Analysenvorschrift sind vor jeder Analysendurchführung zu bestimmen. Hilfreich erweisen sich Proben etwa gleichen Gehaltes, wie der zu bestimmenden Bestandteile, sowie gleicher Matrixbeschaffenheit und -zusammensetzung parallel zur Analysenprobe zu untersuchen. Dieses gilt besonders für direktanzeigende Analysengeräte wie Spektralphotometer, AAS-, RFA-, Röntgen- und Chromatographiegeräte sowie für die Aktivierungsanalyse.

Die Bezeichnungen für Konzentrationsangaben sind den Originalvorlagen entnommen worden. Bei konzentrierten Reagenzien, wie Säuren und Basen, ist für die Kennzeichnung der Konzentration die Dichte bei 20 °C in Klammern oder in einigen Fällen als Massenanteil angegeben. Für die Herstellung verdünnter Lösungen sind diese Reagenzien grundsätzlich zu verwenden, um Kontaminierungen auszuschließen. Die zu vermischenden Volumenteile werden in Klammern angeführt (z. B. H_2SO_4 (1 + 10) bedeutet, daß 1 Volumenteil H_2SO_4 (ρ = 1,84 g/ml) mit 10 Volumenteilen Wasser zu verdünnen ist). Die Konzentrationen von Reagenzlösungen und Indikatoren werden meist als Massenanteil in % gekennzeichnet (z. B. Bromkresolgrün 0,1 % in Wasser bedeutet, daß 0,1 g des Indikators in 100 ml Lösung enthalten sind).

Die Darstellungen von Prüfprinzipien können nicht die Lektüre der einzelnen Originalvorschriften für die praktische Ausführung der Analysen ersetzen, die zahlreiche Einzelhinweise und häufig weiterführende Normen- und Literaturangaben enthalten. Es wurden daher auch keine Auswertungsformeln aufgenommen, da sich die Berechnung bei gravimetrischen und maßanalytischen Bestimmungen aus den Angaben ergibt. Photometrische und AAS-Verfahren sind fast ausschließlich nach dem Bezugskurvenverfahren oder dem Additionsverfahren auszuwerten. Die Bezugskurven sind unter Verwendung von Standardlösungen und Blindlösungen parallel zum Untersuchungsgang aufzustellen.

Soweit bekannt, sind Empfindlichkeit, Bestimmungsgrenzen, Störeinflüsse und Präzision aus der Originalliteratur aufgenommen worden.

Sollten verschiedene Vorschriften für eine bestimmte Aufgabe zur Verfügung stehen, ist bei handelstechnisch bezogenen Untersuchungen vorzugsweise in der Reihenfolge: ISO-Norm, nationale Norm, Vorschrift nach einem anderen nationalen Regelwerk und erst dann nach sonstigen Vorschriften oder Methodenvorschlägen aus der Fachliteratur vorzugehen.

3.7.2 Natrium

Vorschrift

SCAN C30:73

Prinzip

Zellstoff auf eine Stoffdichte von etwa 2% einstellen, Suspension mit HCl ansäuren. Im Extrakt den Na-Gehalt flammenphotometrisch oder durch Atomabsorptionsspektrometrie (AAS) bestimmen. Natrium-Gehalt als Massenanteil in mg/kg ofentrockene Probensubstanz beziehen.

Zweck

Die Methode dient zur Untersuchung des Restchemikaliengehaltes, insbesondere von Sulfat-Zellstoffen oder von solchen Zellstoffen, die beim Aufschluß wie Neutralsulfit-Zellstoff, Anthrachinon-Natriumsulfit-Zellstoff u. a. oder bei der Bleiche mit Na-haltiger Reaktionsflüssigkeit behandelt worden sind. Sie wird auch zur Beurteilung des Waschwirkungsgrades, zur Aufstellung von Chemikalienbilanzen und zur Untersuchung von Fabrikations- und Abwässern eingesetzt.

Bemerkung

Die Vorschrift enthält Empfehlungen für die Probenahme von Zellstoff aus diskontinuierlich und kontinuierlich arbeitenden Waschanlagen sowie aus Rohrleitungen. Da Na bei der Verarbeitung von Chemiezellstoffen, die über eine Alkalicellulosestufe laufen, nicht stört, empfahl Bartunek [3.12] diese Zellstoffe bei 1100°–1200°C zu veraschen, um einen Na-freien Glührückstand zu erhalten, der einen Anhalt für den Gehalt an Ca- und Si-Verbindungen gibt, die bei Herstellung und oder Verspinnung von Viskose Schwierigkeiten bereiten können. Allgemein anwendbare Verfahren und Störungen bei der flammenphotometrischen Bestimmung sind Zusammenfassungen zu entnehmen. Phifer und Maginnis [3.26] wendeten die Flammenphotometrie auch zur Bestimmung des Na-Gehaltes von Glührückständen bzw. Naßveraschungslösungen von Sulfat-Zellstoffen an.

3.7.3 Calcium und Magnesium

Komplexometrisches Verfahren

Vorschriften

DIN 54372, Zellcheming-Merkblatt IV/45/67. [Nur Ca: ISO 777, SCAN C10:62, TAPPI 247 hm-83].

Vorbemerkung

Da die überwiegende Zahl der „Calciumbisulfit"-Zellstoffabriken auf Magnesium als Base übergegangen sind und sich eine Simultanbestimmung für Ca und Mg in einem Arbeitsgang beim komplexometrischen [3.040, 3.025] Titrationsverfahren [3.41 – 3.43] anbietet, sind die deutschen Prüfvorschriften auf die Bestimmung beider Bestandteile ausgerichtet.

Prinzip

Der Glührückstand nach DIN 54370 (s. S. 135) einer trocken veraschten Probe wird vorzugsweise in HNO_3 oder auch HCl aufgenommen. Nach Abdampfen der überschüssigen Säure wird die saure Lösung mit Wasser verdünnt und in einem aliquoten Teil Ca und Mg komplexometrisch durch Titration mit EDTA (Ethylendiamintetraessigsäure) bestimmt. Für die Bestimmung von Ca wird bei pH 12 gegen Calconcarbonsäure und für die Bestimmung der Summe von Ca und Mg gegen Eriochromschwarz titriert. Aus der Differenz der beiden Bestimmungen ergibt sich der Mg-Gehalt. Die Prüfergebnisse werden als Ca- bzw. Mg-Gehalt als Massenanteil in mg/kg ofentrockene Probensubstanz angegeben.

Durchführung

Etwa 10 g Zellstoff oder füllstoffreies Papier bei $(575 \pm 25)°C$ nach DIN 54370 trockenveraschen. Glührückstand mit 10 ml Wasser befeuchten, anschließend mit 3 ml HNO_3 ansäuren und 5 bis 10 min auf dem siedenden Wasserbad erhitzen. Abgekühlte Lösung in einen 100-ml-Meßkolben filtrieren und diesen bis zur Marke auffüllen. Etwaige Störungen durch Fe, Ti oder Mn können durch Zugabe von Triethanolamin und Hydroxylammoniumchlorid ausgeschaltet werden.

In zwei Ansätzen jeweils 20 ml oder einen anderen Aliquot in einen Weithals-Erlenmeyerkolben pipettieren, 4 ml KOH-Lösung (1000 g/l) und danach 0,2 – 0,4 g Calconcarbonsäure-Indikatorverreibung zugeben und sofort unter intensivem Rühren oder Schwenken des Kolbeninhalts mit EDTA-Lösung (c 0,56 mol/l) aus einer 50-ml-Bürette von weinrot auf reinblau titrieren. Für die Bestimmung der Summe (Ca+Mg) 20 ml Probelösung mit 10 ml Pufferlösung (54 g/l NH_4Cl, 5 g Zn-Dinatriumethylendiamintetraessigsäure in Wasser gelöst und mit 350 ml frisch bereiteter Ammoniak-Lösung in Wasser 25%) versetzt, auf 1000 ml im Meßkolben aufgefüllt, eine Spatelspitze Eriochromschwarz-T-Methylrot-Indikatorverreibung zufügen und mit EDTA-Lösung (c 0,56 mol/l) auf Farbumschlag nach grün titrieren. Ein ml der EDTA-Lösung (c 0,56 mol/l) auf Farbumschlag nach grün titrieren. Ein ml der EDTA-Lösung (c 0,56 mol/l) entspricht 1,000 mg CaO bzw. 0,719 mg MgO.

Zeitbedarf für eine Bestimmung ausgehend vom Glührückstand etwa 20 min.

Bemerkungen

HNO_3 anstelle der sonst üblichen HCl bietet den Vorteil, daß etwa vorhandene Mn-Spuren als MnO_2 ausgeschieden und etwaige Störungen für den Indikatorumschlag ausgeschaltet werden.

Vorteil des Prüfverfahrens ist die einfache Ausführbarkeit mit konventionellen Laborausstattungen. Gewisse Nachteile, wie geringere Empfindlichkeit gegenüber AAS-Verfahren, spielen für Routineaufgaben keine ausschlaggebende Rolle, da die Genauigkeit für diese Zwecke völlig ausreicht. Entwicklungen und Praxiserfahrungen sind mehrfach beschrieben worden, wie von Doering [3.41], Sjölin [3.37] und anderen, die in den Regelwerken erfaßt sind. Einen Überblick über den Einsatz der komplexometrischen Maßanalyse in der Zellstoffindustrie gab Philipp und Hoyme [3.42]. Kühne und George [3.44] bestimmten Mg und Ca in Glührückständen von Zellstoffen durch Flammenphotometrie und komplexometrische Titration mit EDTA-Lösung. Sato [3.45] u. a. teilten eine photometrische Indikation und eine Modifizierung der Bestimmung mit. Ca und Mg werden in einer Lösung mit EGTA und DCTA bei pH 11 unter Verwendung von Glyzin-KOH-Puffer und Phthalein-Komplexon als Indikator titriert. Der Endpunkt für Ca und Mg wird direkt aus dem Verlauf Lichtabsorption über Titrationsvolumen bestimmt. Der Einfluß evtl. störender Ionen ist gering (s. S. 156). Betriebsstörungen durch Ca-Verbindungen wurden bereits beschrieben. Diese beeinflussen z. B. bei Celluloseestern die Klarsichtigkeit [3.12, 3.14].

AAS-Verfahren

Vorschriften und Durchführung werden unter 3.7.7 (s. S. 156) beschrieben.

3.7.4 Mangan

Photometrisches Verfahren

Vorschriften

ISO 1830, DIN 54376, Zellcheming-Merkblatt IV/48/68, SCAN C14:62, TAPPI 241 hm-83.

Prinzip

Der Glührückstand einer trockenveraschten Probe wird in HNO_3 aufgenommen. Durch Zusatz von $NaIO_4$ und Phosphorsäure-Lösung wird Mn zu Permanganat oxidiert. Der Gehalt wird photometrisch bei einer Wellenlänge von $\lambda = 525$ nm bestimmt. Der Mn-Gehalt wird als Massenanteil in mg/kg bezogen auf die ofentrockene Probensubstanz angegeben.

Durchführung

Etwa 20 g Probe, bzw. bei Mn-Gehalten > 5 mg Mn/kg Probe etwa 10 g Probe nach DIN 54370 bei $(575 \pm 25)°C$ veraschen. Glührückstand mit drei Tropfen Na_2SO_3-Lösung (50 g/l) befeuchten und in höchstens 5 ml HNO_3 ($c = 1{,}5$ mol/l) lösen. Die Lösung auf dem Dampfbad zur Trockne eindampfen. Rückstand quantitativ in einen 25-ml-Meßkolben überführen. Diesen mit Inhalt im Dampfbad erhitzen, mit 1 ml $NaJO_4$- und H_3PO_4-Lösung (50 g $NaJO_4$ und 200 ml H_3PO_4) ($\rho = 1{,}70$ g/ml) zu 1 l mit Wasser gelöst, versetzen und 5 min im Dampfbad belassen. Anschließend mit Wasser zur Marke auffüllen, auf Raumtemperatur abkühlen und das Volumen durch Wasserzugabe auf 25 ml ausgleichen. Trübe Lösungen durch Zentrifugieren reinigen. Filtration ist nicht zulässig. Extinktionswerte der Probe- und der Blindlösung bei $\lambda = 525$ nm messen. Mn-Gehalt aus einer Bezugskurve ablesen, die durch entsprechende Untersuchung von Photometrierlösungen bekannten Mn-Gehaltes aufzustellen ist.

Bemerkungen

Spuren von Mn-Ionen stören bei der Bleiche [3.16, 3.17] von Holzstoffen, insbesondere von CTMP- und TMP-Holzstoffen und Zellstoffen. Sie beeinflussen auch die Weißgradstabilität und die Vergilbungsneigung durch Einwirkung von Wärme, Licht oder Chemikalien. Bei der chemischen Weiterverarbeitung [3.9−3.13] von Zellstoff können Mn-Spuren [3.93] unerwünschte katalytische Effekte auf die Vorreifegeschwindigkeit bewirken.

AAS-Verfahren

Vorschriften und Durchführungen werden unter Abschn. 3.7.7 (s. S. 156) beschrieben.

Fineman et al. [3.46] wandten für die Untersuchungen von Zellstoff zur Bestimmung von Cu- und Mn-Spuren die Aktivierungsanalyse an. Es wurden Gehalte im Bereich von 0,1−10 mg/kg gefunden.

3.7.5 Eisen

Photometrisches Verfahren mit o-Phenanthrolin

Vorschriften

ISO 779, DIN 54374, Zellcheming-Merkblatt IV/46/67, SCAN C13:62, TAPPI 242 hm 83.

Prinzip

Die Probe wird nach DIN 54370 verascht, der Glührückstand in HCl aufgenommen und in dieser Lösung Fe als o-Phenanthrolin-Komplex bestimmt. Der Fe-Gehalt wird als Massenanteil in mg/kg bezogen auf die ofentrockene Probensubstanz angegeben.

Durchführung

Etwa 10 g Probe bzw. 5 g Probe bei Fe-Gehalten >20 mg/kg nach DIN 54370 bei $(575 \pm 25)\,°C$ veraschen. Vorher mit dem Reagenz prüfen, daß der Tiegel vollständig frei von Fe-Spuren ist. Zum Glührückstand zweimal 5 ml HCl (c 6 mol/l) zugeben. Tiegelinhalt nach jeder Zugabe auf dem Wasserbad bis zur Trockne eindampfen. Anschließend Rückstand in 2,5 ml HCl (c 6 mol/l) aufnehmen, auf dem Wasserbad erhitzen und mit Wasser in einen 50-ml-Meßkolben überführen. Etwaige unlösliche Rückstände nochmals mit je 2,5 ml HCl (c 6 mol/l) behandeln. Lösung in den Meßkolben spülen. Nach Zusatz von 1 ml Hydroxylammoniumchlorid-Lösung (c = 20 g/l), 1 ml o-Phenanthrolin-Lösung (c = 10 g/l) und 15 ml Natriumacetat-Lösung (c = 4 molar) im Meßkolben mit Wasser bis zur Marke auffüllen. Der pH- Wert muß 4–5 betragen. Trübe Lösungen durch Zentrifugieren oder Filtrieren durch Glasfritte reinigen. 15 min nach Reagenzzugabe Probelösung in einem abgeglichenem Küvettensatz von möglichst 5,0 cm Schichtdicke gegen eine entsprechend hergestellte Blindlösung bei $\lambda = 510$ nm messen. Meßergebnisse nach dem Bezugskurvenverfahren auswerten und Fe-Gehalt berechnen.

Bemerkungen

Betriebserfahrungen zeigten befriedigende Ergebnisse für den Routinebetrieb. Diese faßten Gasche und Orehult [3.47] zusammen. Weitere Untersuchungen dieser Autoren ergaben, daß das später in die Laborpraxis eingeführte Bathophenanthrolin eine größere Empfindlichkeit und eine geringere Störanfälligkeit als o-Phenanthrolin bietet. Ringversuche im Zellcheming-Fachausschuß IV für die Bestimmung von Fe und Cu in Zellstoff und füllstoffreien Papieren einschließlich Echtpergament dienten der Weiterentwicklung des international genormten Verfahrens.

Die Trockenveraschung wurde durch eine Naßveraschung im geschlossenen System mit HNO_3 ersetzt, um die Gefahren einer Verflüchtigung, Verspritzen sowie eines evtl. unvollständigen Aufschlusses und Einschleppens von Kontaminationen zu vermindern [3.39].

Die Molarextinktion von Bathophenanthrolin beträgt E_{535}: $20 \cdot 10^3$, von 1,10-Phenanthrolin dagegen nur E_{508}: $11 \cdot 10^3$.

Photometrisches Verfahren mit Bathophenanthrolin

Vorschrift

Zellcheming-Merkblatt IV/59/86.

Prinzip

Die Probe wird mit HNO_3 bei 160 °C mit HNO_3 unter Druck naßverascht. In der Lösung wird Fe als Bathophenanthrolin-Komplex bei $\lambda = 535$ nm photometrisch bestimmt. Durch Zusatz von Ascorbinsäure-Natriumsalz werden Fe^{3+} zu Fe^{2+} reduziert und störend wirkende oxidierende Substanzen ausgeschaltet.

Durchführung

Etwa 2 g Probe in einen PTFE-Einsatz eines Druckaufschlußbehältnisses mit 10 ml HNO_3 (c 15 mol/l) einbringen. Den Ansatz im verschlossenen Behältnis mindestens 6 h auf (160±2)°C z. B. durch Einstellung des Behältnisses in einen Wärmeschrank erhitzen. Abgekühltes Druckbehältnis vorsichtig unter dem Abzug öffnen, die Lösung quantitativ unter Nachspülen mit 50 ml Wasser in einen 100-ml-Becher überführen und auf dem Sandbad bis zur Trockne eindampfen. Rückstand in 10 ml HCl (c 1 mol/l) aufnehmen. Lösung quantitativ in einen 25-ml-Meßkolben überführen, so daß mindestens ein Volumen von 10 ml für die Reagenzienzugabe freibleibt. Nach evtl. Korrektur des pH-Wertes auf 4,7 bis 5,0 durch Zugabe von wenigen Tropfen NaOH (c 9 mol/l) mit 1 ml Bathophenanthrolin-Lösung (0,1 g/100 ml), dann mit 5 ml Pufferlösung [Natriumacetat (16,5 g/100 ml) und 11,5 ml Essigsäure ($\rho = 1{,}0588$ g/cm^3) in 100 ml Wasser gelöst] und mit 2 ml Natriumascorbat-Lösung (100 g/l) versetzen. Eine parallel hergestellte Blindlösung entsprechend behandeln. Probenlösung gegen die Blindlösung bei $\lambda = 525$ nm photometrieren. Meßwerte nach dem Bezugskurvenverfahren auswerten.

Die Genauigkeit der Bestimmung kann dadurch erhöht werden, daß ein Standard mit einer ähnlichen Matrixzusammensetzung und einem ähnlichen Fe-Gehalt wie die Probe aufgeschlossen und die Probenlösung gegen die Standard- und die Blindlösung gemessen werden.

Die Fe- und Cu-Bestimmung mit den Bathophenanthrolin- bzw. Bathocuproin-Methoden können parallel aus der gleichen Naßaufschlußlösung durchgeführt werden (vgl. Abschn. 3.7.6 „Photometrisches Verfahren mit Natrium-Diethyldithiocarbomat", s. S. 153).

AAS-Verfahren

Vorschriften und Durchführung werden unter Abschn. 3.7.7 (s. S. 156) beschrieben.

Bemerkungen

Beim Verfahren mit o-Phenanthrolin beeinflussen nach Hahmann [3.48] u. a. Spuren von Ca^{2+}, Mg^{2+}, Mn^{2+}, Al^{3+} sowie lösliche Silikate und Sulfate nicht die Meßwertanzeigen für Fe bis zu einem dreifachen Überschuß bezogen auf die Fe-Konzentration. Dagegen bewirkt bereits 1 µg $(PO_4)^{3-}$ eine Depression der Extinktion der Photometrierlösungen. Philipp und Hoyme [3.49] bestimmten den Fe-Gehalt in Glührückständen von Zellstoffen durch komplexometrische Titration. Der Titrationsverlauf wird durch Al^{3+}, Mn^{2+}, Cl^- und NO_3^- nicht gestört. Cu^{2+} täuscht infolge Redoxreaktionen mit dem eingesetzten Variaminblau-Indikator zu hohe Werte vor, sobald die Menge mehr als 3% der Fe-Konzentration betrug. Eine Arbeitsvorschrift wird angegeben. Mit Komplexon(III)Lösung waren 0,1 mg Fe mit einer relativen Standardabweichung von 1,9% und 0,3 mg Fe von 0,5% zu bestimmen. Die Meßergebnisse stimmten gut mit gravimetrischen und photometrischen Untersuchungen überein.

Kühne und George [3.44] verglichen die Bestimmung von Fe in Glührückständen von Zellstoffen mit der photometrischen Methode unter Verwendung von α,α'-Dipyridil und mit AAS-Bestimmungen. Evtl. Störungen durch Ca^{2+} treten erst bei 3500fachem Ca-Überschuß auf. Metallische Eisenspuren in Form von Partikeln auf Zellstoff oder Papierbogen werden durch Besprühen mit Lösungen aus

Kaliumhexacyanoferrat(II) und Kaliumhexacyanoferrat(III) nachgewiesen [3.014]. Anwendungen interessieren für Fotozellstoff, Fotorohpapiere und einige Spezialpapiere, bei denen in der Verarbeitung oder in der Verwendung metallische Eisenspuren stören.

Derartige punktweise Kontaminationen weisen sich i. a. nicht durch einen erhöhten Fe-Gehalt bestimmt nach einer der oben beschriebenen Methoden (Photometrische Verfahren) im Vergleich zu unkontaminierten Proben aus.

3.7.6 Kupfer

Photometrisches Verfahren mit Natrium-Diethyldithiocarbamat

Vorschriften

ISO 778, DIN 54375, Zellcheming-Merkblatt IV/47/68, SCAN C12:62, TAPPI T 243 hm-83.

Prinzip

Die Probe wird nach DIN 54370 verascht. Der Glührückstand wird in HCl aufgenommen. Das Kupfer wird durch Zugabe von Natriumdiethyldithiocarbamat komplex gebunden. Der Komplex wird nach ISO, SCAN und TAPPI mit Tetrachlorkohlenstoff, nach DIN und Zellcheming aber mit dem ungiftigeren Methylchloroform aus der wäßrigen Phase extrahiert und der Cu-Komplex in der Lösemittelphase bei $\lambda = 435$ nm photometriert.

Der Cu-Gehalt wird als Massenanteil in mg/kg ofentrockene Probensubstanz angegeben.

Durchführung

Etwa 10 g Probe bzw. 5 g Probe bei Cu-Gehalten > 10 mg/kg, nach DIN 54370, bei $(575 \pm 25)°C$ veraschen. Kein Erhitzen mit Gasbrenner, um Kontaminationen durch Cu-Spuren zu vermeiden! Rückstand in 5 ml HCl (c 6 mol/l) aufnehmen, den Ansatz bis zur Trockne auf dem Wasserbad eindampfen und diese Behandlung wiederholen. Rückstand in 5 ml HCl (c 6 mol/l) aufnehmen und 5 min auf dem Wasserbad erhitzen. Tiegelinhalte in einen Scheidetrichter filtrieren, ungelöste Rückstände nochmals mit 5 ml HCl (c 6 mol/l) behandeln, auf dem Wasserbad erhitzen und mit Waschwasser in den Scheidetrichter spülen. Nach Zusatz von 10 ml EDTA-Lösung (5%) und 5 Tropfen Phenolphthalein-Lösung mit NH$_4$OH ($\rho = 0{,}91$ g/ml) bis zum Farbumschlag nach blaßrosa neutralisieren und auf Raumtemperatur abkühlen. Anschließend 5 ml Natriumdiethyldithiocarbamat-Lösung (0,1 g/100 ml) und 20 ml Methylchloroform (1,1,1-Trichlorethan) zugeben und etwa 3 min heftig schütteln. Nach Trennung der Phasen die ersten 5 ml der ablaufenden Lösemittelphase verwerfen. Folgende Anteile in Küvetten geben, diese sofort mit Deckel verschließen und bei $\lambda = 435$ nm gegen eine Blindlösung aus einem parallel zum Ansatz durchgeführten Versuch unter Verwendung eines Tiegels gleicher Abmessung, Beschaffenheit und Reinigung ausmessen. Meßergebnisse nach dem Bezugskurvenverfahren auswerten und Cu-Gehalt berechnen.

Bemerkungen

Nachteil dieser Methode ist das Ausschütteln der wäßrigen Lösungen mit Tetrachlorkohlenstoff nach ISO, SCAN und TAPPI. Dieses Lösemittel wurde in DIN 54375 und in dem genannten Zellcheming-Merkblatt durch Methylchloroform (MCF) ersetzt, nachdem festgestellt worden war, daß beide Extraktionsmittel gleichwertig sind und bei MCF auch nach längerem Stehen bei Raumtemperatur in Glasflaschen beim Kontakt mit der wäßrigen Phase keine nachweisbare HCl-Abspaltung durch Hydrolyse eintritt. MCF hat einen MAK-Wert von 200, Tetrachlorkohlenstoff dagegen von 10. Weitere Nachteile bestehen in der Gefahr, zu geringe Cu-Werte zu finden. Diese können durch Verflüchtigung im Falle chloridhaltiger Proben, Verspritzen evtl. nicht genügend vorgetrockneter Proben oder durch säureunlösliche Komplexbindung an Silikate oder Phosphate bedingt sein.. Zur Verbesserung der Methodik führte der Zellcheming-Fachausschuß IV Ringversuche mit verschiedenen Naßveraschungsverfahren durch, um ein schneller ausführbares und ohne Extraktion arbeitendes, weniger störanfälliges Prüfverfahren zu entwickeln. Dieses wird im folgenden beschrieben.

Photometrisches Verfahren mit Bathocuproin [3.50]

Vorschrift

Zellcheming-Merkblatt IV/60/86.

Prinzip

Die Probe wird mit HNO_3 bei 160°C (s. Photometrisches Verfahren mit Bathophenanthrolin, s. S. 151) wie für die Fe-Bestimmung unter Druck naßverascht. In der Lösung wird Cu als Bathocuproin-Komplex bei $\lambda = 479$ nm bestimmt.

Durchführung

Etwa 2 g Probe in einen PTFE-Einsatz eines Druckaufschlußbehältnisses mit 10 ml HNO_3 (c 15 mol/l) einbringen. Behältnisinhalt mindestens 6 h auf (160 ± 2)°C, z. B. durch Einstellen des Behältnisses in einen Wärmeschrank, erhitzen. Abgekühltes Druckbehältnis vorsichtig unter dem Abzug öffnen, die Lösung unter Nachspülen mit 50 ml Wasser in einen 100-ml-Becher überführen und auf dem Sandbad bis zur Trockene eindampfen. Rückstand in 10 ml HCl (c 1 mol/l) aufnehmen. Lösung quantitativ in einen 25-ml-Meßkolben überführen. Nach evtl. Korrektur des pH-Wertes auf 4,7–5,0 durch Zugabe von wenigen Tropfen NaOH (c 9 mol/l) mit 1 ml Bathocuproin-Lösung (0,1 g/100 ml), dann mit 5 ml Pufferlösung [(Natriumacetat (16,5 g/100 m)) und 11,5 ml Essigsäure $(\rho = 1{,}0588$ g/cm^3)

in 100 ml Wasser gelöst] und mit 2 ml Natriumascorbat-Lösung (100 g/l) versetzen.

Eine parallel hergestellte Blindlösung entsprechend behandeln. Probenlösung gegen die Blindlösung bei λ 479 nm photometrieren.

Die Genauigkeit der Bestimmung kann dadurch erhöht werden, daß ein Standard mit einer ähnlichen Matrixzusammensetzung und einem ähnlichen Cu-Gehalt wie die Probe aufgeschlossen und die Probenlösung gegen die Standard- und die Blindlösung gemessen wird.

Die Molarextinktionen von Bathocuproin-Reagenz und von Natriumdiethyldithiocarbamat liegen bei E_{479} bzw. E_{440} in der gleichen Größenordnung von $13 \cdot 10^3$. Cuprizon-Reagenz mit einer noch höheren Molarextinktion von $15 \cdot 10^3$ zeigte keine Vorteile im Vergleich zu Bathocuproin (vgl. [3.47]).

Die Cu- und Fe-Bestimmungen mit der Bathocuproin- bzw. Bathophenanthrolin-Methode können parallel aus der gleichen Naßaufschlußlösung durchgeführt werden (vgl. S. 151, 154).

Bemerkungen zu den photometrischen Prüfverfahren

Schulz und Viehweg [3.13] veröffentlichten eine mit Dichinolyl arbeitende Methode zur Bestimmung von Cu-Spuren in Chemiezellstoffen und Echtpergament: 2,5 g Probe mit 30 ml HNO_3 (30%) in einem 250-ml-Becher durchfeuchten, mindestens 10 h abgedeckt stehenlassen, anschließend durch eine Glasfritte absaugen und mit 250 ml Wasser bis zur Neutralität waschen. Erhaltene 250 ml Probelösung und Waschwasseranteile in einen 500-ml-Scheidetrichter überführen, mit 5 ml Weinsäure (10%) und 5 ml Hydroxylammoninumchlorid-Lösung (10%) versetzen, mit etwa 30 ml konzentrierter Natronlauge auf pH-Wert 7 einstellen, mit 20 ml Dichinolyl-Lösung (0,02% in iso-Amylalkohol) versetzen, 5 min ausschütteln und den Cu-Gehalt in der organischen Phase photometrieren. Die angegebenen Cu-Gehalte in der Größenordnung von $4-7$ mg Cu/kg Zellstoff bzw. 12,44 mg Cu/kg Echtpergament liegen etwa um das zehnfache höher als die jetzt i.a. üblichen Werte für derartige Produkte. Für Buttereinwickler aus Echtpergament sind z. B. durch DIN 10082 Grenzwerte für Cu von ≤ 1 mg/kg vorgeschrieben. Trocken- und Naßveraschungen werden verglichen. Die angewandten Prüfbedingungen erscheinen von der Weiterentwicklung derartiger Prüfgeräte und Methoden überholt zu sein.

Derra und Ottenstroer [3.51] teilten eine spektralphotometrische Methode zur Simultanbestimmung von Cu und Fe mit, die vorzugsweise für Verpackungspapiere bestimmt ist: $0,5-2$ g Probe bei 700 °C veraschen und glühen. Glührückstand mit $1-2$ ml H_2SO_4 (10%) versetzen und 20 min bei $400-500$ °C glühen. Nach Erkalten mit 1 ml H_2SO_4 (10%) aufnehmen und mit Wasser verdünnen. In der Lösung Cu als Dibenzyldithiocarbamat durch Extraktion mit Lösemittel von Fe abtrennen und mit Filterphotometer bei $\lambda = 435$ nm photometrieren. Nach Reduktion und Pufferung der wäßrigen Phase auf pH-Werte zwischen 3,5 und 4,0 einstellen, Fe durch Zugabe von o-Phenanthrolinkomplex binden und mit Filterphotometer bei ($\rho = 436$ nm) photometrieren. Die Querempfindlichkeiten für die Cu- und Fe-Bestimmung durch zehn verschiedene Kationen werden mitgeteilt.

Fineman et al. [3.46] bestimmten Cu- und Mn-Gehalte in Zellstoff im Bereich von 1–10 mg/kg durch Aktivierungsanalyse. Metallische Cu-Spuren auf Zellstoffbogen oder Papieren werden durch Besprühen der Proben mit Rubeanwasserstoffsäure als grüne Flecken sichtbar gemacht. Es gelten die gleichen Gesichtspunkte und Anwendungszwecke wie für Spuren von metallischem Fe (s. S. 153).

Borchardt et al. [3.50] wandten zur Untersuchung von Zellstoff, Papier und verbrauchten Aufschlußflüssigkeiten aus Holzaufschlüssen eine Naßveraschung und photometrische Bestimmung von Cu mit Bathocuproin an: 1,0 g Probe mit 20 ml HNO_3 und 5 ml $HClO_4$ im Kjeldahlkolben naßveraschen. Lösung bis zum Auftreten von $HClO_4$-Nebeln erhitzen, abgekühlte Lösung vorsichtig mit Wasser auf 25 ml Volumen verdünnen und einige Minuten kochen. Abgekühlte Lösung mit NH_4OH gegen Kongorotpapier neutralisieren, 10 Tropfen NH_4OH (Dichte 0,91 g/ml) im Überschuß zufügen, nach Abkühlen in einen 100 ml Scheidetrichter überführen. Nach Zusatz von 2 ml Hydroxylammoniumchlorid-Lösung (10%), 1 ml Bathocuproin-Lösung (c = 0,1 mol/l in n-Hexanol) schütteln und organische Extrakte in einer Küvette von 1 cm Schichtdicke bei $\lambda = 479$ nm photometrieren.

3.7.7 Multielementanalyse mit AAS: Eisen, Kupfer, Mangan, Calcium und Magnesium

Vorschriften

DIN 54 363:, Zellcheming-Merkblätter IV/56/76 und IV/57/78.

Prinzip

Die Probe wird nach DIN 54 370 trocken verascht, der Glührückstand in HCl (1+1) gelöst und die abfiltrierte Lösung für die AAS-Bestimmung der Elemente Fe, Cu, Mn, Ca und Mg nach dem Bezugskurven- oder dem Additionsverfahren verwendet.

Durchführung

1. Herstellen der Probelösung

Eine Probemenge von etwa 30 g nach DIN 54 370 bei (575±25)°C veraschen, Rückstand in etwa 5 ml HCl (1+1) aufnehmen, in einen 25-ml-Meßkolben filtrieren und diesen bis zur Marke auffüllen.

2. Herstellen der Blindlösung

Sämtliche Arbeitsgänge nach 1. ohne Verwendung von Probensubstanz wiederholen.

3. Herstellen der Bezugslösungen

Auflösen von Fe und Mg in HCl, von Cu in HNO_3, $KMnO_4$ in Wasser und $CaCO_3$ suspendiert in Wasser in HCl, um die für den erwarteten Meßbereich geeignete Konzentration zu erhalten. Alternativ können die handelsüblichen Standardlösungen eingesetzt werden.

4. Geräteparameter

Element	Wellenlänge [nm]	Brenngas/Oxidans	
Fe	248,3	Acetylen/Luft	
Mn	279,5	Acetylen/Luft	
Cu	324,7	Acetylen/Luft	
Ca	422,7	Acetylen/Luft	oder N_2O
Mg	285,2	Acetylen/Luft	

Gasdruck, Spaltbreite, Dämpfung, Verstärkung und angesaugte Lösungsmenge nach den Angaben der Gerätehersteller.

5. Durchführung der Bestimmung

a) Bezugskurvenverfahren

Aufstellen von Bezugskurven unter Verwendung der Bezugslösungen nach Abschnitt 3.

Ausgehend von einer Messung der Bezugslösungen gegen Wasser von den höchsten Konzentrationen fortschreitend zu den niedrigsten Konzentrationen, die Elementkonzentration in µg/l über Signalhöhe in cm abgelesen am Gerät für jedes Element Bezugskurven aufstellen. Nach jeder Messung Grundlinie bzw. Nullpunkt durch Messen des Vorsignals überprüfen. Anschließend Messen der Probenlösung (1) sowie der Blindlösungen (2). Falls Extinktion von (1) größer als die der Bezugslösung sein sollte, ist (1) entsprechend zu verdünnen und ein Verdünnungsfaktor bei der Berechnung zu berücksichtigen. Die Höhe des Meßsignals entspricht der gesuchten Konzentration unter Berücksichtigung des Meßsignals der Blindlösung.

b) Additionsverfahren

Z. B. je 20 ml aus einem Volumen der Probenlösung in vier 50- oder 100-ml-Meßkolben pipettieren. Den 1. Kolben bis zur Marke mit Wasser auffüllen. Zum 2., 3. und 4. Kolben steigende Volumina der Bezugslösung des zu bestimmenden Elements zugeben und die Kolben bis zur Marke auffüllen. Zusatzmengen so bemessen, daß im linearen Bereich der Bezugskurve gemessen werden kann. Blindlösung in der gleichen Weise wie die Probenlösung aliquotieren und mit bekannten Mengen des zu bestimmenden Elements aufstocken.

Zur Auswertung die Signalhöhen in cm der Analysenlösungen 1–4 und die der Blindlösungen 1–4 über der Zusatzkonzentration in µg/ml Lösung aufzeichnen. Die nur mit Wasser aufgefüllten Lösungen tragen den Zusatz: 0 (null). Die durch die vier Meßpunkte gelegte Gerade schneidet die Abszisse an der Stelle, die dem Gehalt des betreffenden Elements in der Probenlösung einschließlich des Blindwertes entspricht. Dieser wird aus einer 2. graphischen Darstellung entnommen und vom 1. Meßwert abgezogen, um den eigentlichen Gehalt festzustellen.

In der genannten Norm und den beiden Merkblättern erklären Ausführungsbeispiele die praktische Durchführung und die Auswertung der Meßergebnisse.

Das Verfahren ist auch für durch Naßausschlußverfahren hergestellte Probenlösungen sowie für die Bestimmung anderer mit normalen AAS-Methoden erfaßbare Elemente anwendbar.

Bemerkungen

Die AAS-Verfahren ermöglichen im Zellstoff- und Papierlabor mit verhältnismäßig geringem Zeit- und Arbeitsaufwand aus einer Trocken- oder Naßveraschung einer Probe mehrere Elemente in einem Arbeitsgang zu bestimmen. Die Verfahren arbeiten schneller und sind empfindlicher als vergleichbare photometrische oder maßanalytische Methoden. Das Additionsverfahren gestattet, störende Effekte durch Einflüsse der Matrixzusammensetzung der Proben sowie der Beschaffenheit der Probenlösung wirksamer als bei gravimetrischen, maßanalytischen oder photometrischen Verfahren auszuschalten oder einzuschränken. Der Nachteil der höheren Anschaffungskosten für AAS-Geräte im Vergleich zu Photometern oder Titrationsautomaten kann sich im Routinebetrieb durch Einsparung von Arbeitskosten bei einer größeren Anzahl von Analysenaufträgen ausgleichen. Für Produktionskontrollzwecke kann die größere Schnelligkeit der Ausführbarkeit sowie die universelle Einsatzfähigkeit auch für andere Zwecke in der Zellstoff- und Papierfabrik, wie Überwachung von Wasser, Abwasser, Kesselspeisewasser, Chemikalienbelastung von Betriebswasser, Klärschlammzusammensetzung, Bleicherei- und Kochereikontrolle, Siebwasserkontrolle von Papiermaschinen sowie viele andere Aufgaben maßgebend sein.

Anwendungen und praktische Erfahrungen berichteten Griebenow, Werthmann und Töppel [3.52, 3.53] (vgl. auch [3.047, 3.048]). Die AAS-Technik befindet sich in stetiger Entwicklung. Weitere wesentliche Einsparungen an Arbeitsaufwand und Zeitbedarf könnte die „Feststoff-AAS-Methode" erbringen, die es ermöglicht, Zellstoff- oder Papierproben ohne Veraschung oder Aufschluß direkt zu untersuchen. Knezevic [3.54, 3.55] veröffentlichte erste Ergebnisse.

Weitere Anwendungen der AAS-Technik s. S. 160, 162, 166–168.

3.7.8 Zink und Cadmium

Vorschrift

TAPPI T 438 om-82.

Zweck

Untersuchung von Spezialpapieren, die im Papier oder im Funktionsstrich ZnO, ZnS, Lithopone oder andere Zn-haltige Verbindungen enthalten. Beispiele sind Reproduktionspapiere, spezielle Kopierpapiere, einige Laminat- und Tapetenrohpapiersorten. ZnO kann zur Verbesserung der Kohäsionskraft von einigen Papierstrichen beitragen, Zn- und Cd-Pigmente werden eingesetzt, um Fluoreszenzeffekte zu erzielen. Für diese Zwecke wurde das Prüfverfahren entwickelt. Für die Untersuchung von Cd und Zn im Zusammenhang mit Lebensmittelverpackungspapieren s. S. 202, 203.

Prinzip

Für jedes Element werden drei Bestimmungsverfahren angegeben, um je nach Zn- und Cd-Gehalt sowie Laborausstattung die geeignetste Methode auswählen zu können.

Polarographische Methode für die Zink- und Cadmium-Bestimmung

0,5 g Probe in einem 400-ml-Becher mit 10 ml H_2SO_4 ($\rho = 1,84$ g/ml) versetzen und erhitzen. Anschließend HNO_3 zugeben. Klargewordene Lösung bis zur Trockne eindampfen. 16,5 g NH_4Cl und 5 ml HCl sowie 50 ml Wasser zusetzen und bis zur vollständigen Auflösung erhitzen. Ansatz in einem 200-ml-Meßkolben sammeln, mit 15 ml NH_4OH und 10 ml Gelatinelösung vermischen, kühlen und auf 200 ml auffüllen. Lösung gegen Cd- und Zn-Bezugslösungen polarographieren.

Gravimetrische Methode für die Cadmium-Bestimmung

4 g Probe in einem 400-ml-Becher mit 20 ml H_2SO_4 ($\rho = 1,84$ g/ml) übergießen und erhitzen. Anschließend genügend HNO_3 zudosieren. Klargewordene Lösung bis zur Trockne eindampfen. 100 ml Wasser und 10 ml H_2SO_4 ($1+1$) zufügen, erwärmen und von etwaigen unlöslichen Rückständen abfiltrieren. Auf 200 ml mit Wasser verdünnen. 20 min lang H_2S einleiten. Niederschlag durch ein Papierfilter ohne Nachwaschen abfiltrieren. Niederschlag mit HCl ($3+7$) lösen, mit Wasser nachwaschen und Lösung in einem 400-ml-Becher sammeln. Nach Zusatz von 15 ml H_2SO_4 ($1+1$) eindampfen. Nach Abkühlen auf 200 ml verdünnen und die Behandlung wiederholen. Filtrate für die Zn-Bestimmung bereitstellen und den abfiltrierten Niederschlag bei 500°–600°C glühen und als CdS auswiegen.

Maßanalytische Methode für die Zink-Bestimmung

Gesammelte Filtrate aus Verfahren gemäß gravimetrischer Methode, zur Trockne eindampfen, mit 5 ml H_2SO_4 $(1+1)$ und 100 ml Wasser versetzen und bis zur Auflösung erwärmen. Nach Abkühlen NH_4OH $(1+4)$ bis zum Erreichen einer alkalischen Reaktion zugeben. Anschließend H_2SO_4 $(1+4)$ bis zum Umschlag von Methylorange, dann 3 ml H_2SO_4 $(5:95)$ zugeben, auf 200 ml mit Wasser verdünnen und 40 min H_2S einleiten. Niederschlag nach 10 min Stehen durch Papierfilter abfiltrieren. Filter durchstoßen und Niederschlag mit heißem Wasser in einen Becher spülen und mit wenig HCl $(1:4)$ auflösen. Lösung auskochen, kühlen und mit NH_4OH gerade alkalisch stellen. Mit HCl gerade ansäuern und mit 3 ml HCl im Überschuß versetzen. Zn-Gehalt durch Titration mit Kaliumhexacyanoferrat(II)-Lösung unter Verwendung von Uranylacetat-Indikator im Tüpfelverfahren bestimmen.

AAS-Methode für die Zink- und Cadmium-Bestimmung

$1-2$ g Probe in einem 250-ml-Erlenmeyerkolben mit 5 ml H_2SO_4 $(\rho = 1,84 \text{ g/ml})$ versetzen. Durch einen dreiarmigen Trichteraufsatz etwa 40 ml H_2O_2 (30%) einführen. Mischung bis zur vollständigen Auflösung erwärmen bis dichter Rauch aufsteigt. Dann H_2O_2 mit einer Geschwindigkeit von 1 Tropfen/s zudosieren, bis eine klare Lösung vorliegt. Lösung zur Trockne eindampfen, kühlen, mit 20 ml Wasser versetzen und bis zur vollständigen Auflösung erhitzen. Lösung in einem z. B. 1000-ml-Meßkolben sammeln und auffüllen. Lösung wie folgt untersuchen:

Element	Wellenlänge (nm)	Brenngas/Oxidans	Spaltweite (mm)
Zn	213,9	Acetylen/Luft	0,7
Cd	227,8	Acetylen/Luft	0,7

Die Absorptionen von Cd und Zn werden nicht wesentlich durch einen zehnfachen Überschuß des einen oder anderen Elements beeinflußt. Ti übt im zehnfachen Überschuß anscheinend keinen Einfluß, dagegen Ca mit gleichem Überschuß eine Verringerung der Absorption von Zn aus. H_2SO_4 erhöht beide Absorptionen. Die Nachweisgrenzen können durch Verwendung einer Graphitküvette erhöht werden.

Eine AAS-Bestimmung von Cd- und Zn-Komplexen absorbiert an Naphthalin beschrieben Prui et al. [3.111]. George u. a. [3.187] untersuchten den Cd-Gehalt in essigsauren Heißextrakten von Zellstoffen, Pergamentpapier, Chromoersatzkarton und Wickelpappe.

3.7.9 Cobalt

Vorschrift

Lagerström und Haglund [3.14].

Zweck

Prüfung von Chemiezellstoff, da Co die Vorreifegeschwindigkeit von Viskose beeinflußt.

Prinzip

Veraschen der Probe und Aufnahme des Glührückstandes in HCl. Entfernung schwerlöslicher Sulfate durch Zugabe von $Ba(ClO_4)_2$-Lösung. Photometrische Bestimmung nach Zugabe von Nitroso-R-Salzlösung bei $\lambda = 410$ nm, nachdem vorher evtl. Störsubstanzen durch Absorption an Al_2O_3 entfernt worden sind.

Durchführung

100 g Zellstoff bei $(575 \pm 25)°C$ veraschen und 4 h glühen. Glührückstand in 10 ml HCl lösen und Ansatz zur Trockne im Wasserbad abdampfen. Nach Zusatz von 50 ml Wasser und 5 ml $HClO_4$ (konz.) 5 min kochen, 2 ml $Ba(ClO_4)_2$-Lösung zur Ausfällung schwerlöslicher Sulfate zugeben und bis zum Sieden erhitzen. Nach Abkühlen in einen 100-ml-Meßkolben überführen und diesen mit Wasser bis zur Marke auffüllen. Von der klaren Lösung ein Aliquot in einen 250-ml-Becher überführen, mit 5 ml Nitroso-R-Salzlösung [(2-Hydroxy-1-nitroso-naphthalin-3,6-disulfonsäure-Dinatriumsalz (1 g/100 ml)] versetzen. Nach Einstellen auf pH-Wert 5 bis zum Sieden erhitzen, pro 1 ml Nitroso-R-Salzlösung 0,5 ml $HClO_4$ (konz.) zudosieren und dann kühlen. Lösung auf eine 40 mm hohe Al_2O_3-Schicht in einer Glassäule geben. Diese mit 10-ml-Portionen HNO_3 (c 0,75 mol/l) auf 75°C erwärmt waschen, um andere Metallkomplexe außer Co-R-Salz-Komplex zu entfernen. Etwa 100 ml Waschflüssigkeit reichen aus, um farblose Eluate zu erhalten. Der Co-Komplex wird mit H_2SO_4 (0,5 ml) in einen 50-ml-Meßkolben eluiert, dieser bis zur Marke aufgefüllt und die Lösung bei $\lambda = 410$ nm gegen eine Blindlösung photometriert. Die Co-Konzentration wird aus einem Bezugskurvenverfahren ermittelt. Das Volumen der Meßlösung sollte so gewählt werden, daß $10-50$ µg Co vorliegen. Die Standardabweichung wird mit 0,2 µg Co für das Probenvolumen von 50 ml angegeben.

3.7.10 Titandioxid

Vorschrift

TAPPI 627 om-85.

Zweck

Bestimmung von TiO_2 in Papier, Füllstoffen, Streichpigmenten, Streichmassen, Druckfarben und Betriebswasser.

Prinzip

Die Probe wird in schwefelsaurer Lösung mit Aluminiumpulver reduziert. Der Ti-Gehalt wird in der Reaktionslösung mit Ammoniumeisen(III)-sulfat volumetrisch bestimmt.

Durchführung für Papieruntersuchung

Eine Probemenge nach TAPPI 413 bei 900°C veraschen, die 0,5 g Glührückstand liefert. Eine Menge des Glührückstandes, die $0,05-0,25$ g TiO_2 enthält, in die 500-ml-Flasche des Reduktionsapparates einfüllen. 25 ml einer Aufschlußlösung aus $(NH_4)_2SO_4$ und konz. H_2SO_4 einfüllen und bis zum Auftreten von SO_3-Nebeln und vollständiger Auflösung erhitzen. Zur Reduktion einen Glasstab in die Lösung stellen, der an der Spitze mit etwa 1 g Aluminiumfolie umwickelt ist. Wenn sich das Aluminium aufgelöst hat, $3-5$ min leicht kochen, auf unter 60°C abkühlen und dabei $NaHCO_3$-Lösung einsaugen, wodurch sich eine CO_2-Schutzatmosphäre ausbildet. Nach Zusatz von 2 ml NH_4SCN-Lösung sofort mit Ammoniumeisen(III)-sulfat-Lösung auf einen strohfarbenen Endpunkt titrieren.

Bemerkungen

Für die Untersuchung von Füllstoffen, Pigmenten, Erzen und Mineralien wird eine modifizierte Vorschrift angegeben. Im Anhang zu dieser Vorschrift wird eine photometrische Methode beschrieben. Das Prinzip besteht darin, durch Zugabe von H_2O_2 zu der schwefelsauren Lösung gelb bis braunorange gefärbte Peroxititansäure zu bilden und diese zu photometrieren. Dieses Verfahren soll nur angewendet werden, wenn der TiO_2-Gehalt im Glührückstand kleiner als 0,01 g oder wenn die Papierprobe einen hohen Füllstoffgehalt aufweist, der nicht in seiner Gesamtheit aus TiO_2 besteht.

Als eine empirische Schnellmethode [3.56] zur Abschätzung des TiO_2-Gehaltes z. B. in Wachsrohpapier wird das Papier mit Wachs oder Öl imprägniert und die Opazität der Proben mit Standardmustern bekannten TiO_2-Gehaltes verglichen. Für jede Papiersorte und jede Flächenmasse müssen Vergleichsmuster vorliegen. Genauigkeitsmaße werden angegeben.

Ebenfalls zur Schnellbestimmung von TiO_2 [3.57] in Papier werden Meßgeräte [3.58] angeboten, die nach dem Prinzip der Röntgenfluoreszenz arbeiten (s. S. 146, $169-171$).

Ein in 1 min ausführbares Druckaufschlußschmelzverfahren beschreibt Huber [3.40]: 2 g Probe mit granuliertem Na_2O_2 in einem verschraubbaren Druckgefäß überschichten und durch Erwärmen die explosiv verlaufende Reaktion einleiten. Der Druck im Gefäß beträgt $10-50$ bar. In der Reaktionslösung die Peroxititansäure photometrisch bestimmen. Evtl. Störungen durch F, Fe, V, Cr, Sn und Mo wurden untersucht. Die Ausführbarkeit ist an eine bestimmte Beschaffenheit des Na_2O_2 gebunden. Pulverförmiges Na_2O_2 ist ungeeignet.

In ISO TC 6, WG 4 wird derzeit ein AAS-Verfahren diskutiert: Etwa 10 g Probe nach ISO 2144 veraschen und bei 900°C glühen. Vom Glührückstand etwa 200 mg auf 0,1 mg in einen 250-ml-Becher einwiegen, 4 g $(NH_4)_2SO_4$ und 10 ml konz. H_2SO_4 zufügen, Becher mit Uhrglas abdecken, erhitzen und 30 min kochen. Der Ansatz sollte etwa 335°C erreichen. Abkühlen lassen, dann langsam und sehr sorgfältig 10 ml KCl-Lösung (2 g/l) zusetzen. Lösung in einen 100-ml-Meßkolben überführen und diesen bis zur Marke mit Wasser auffüllen. Lösung bei $\lambda = 365{,}3$ nm unter Verwendung von Acetylen/Luft-Zündung bei Betrieb mit Acetylen/N_2O in einem AAS-Gerät gegen eine Blindlösung messen. Bezugslösungen durch Auflösen von Ti in H_2SO_4 herstellen, so daß eine Konzentrationsreihe von 0, 20, 50 und 100 mg Ti/l erhalten wird. Auswertung nach dem Bezugskurvenverfahren. Falls die Ti-Konzentration der Probelösung nicht im linearen Meßbereich liegen sollte, sind diese Lösungen zu verdünnen bzw. ein größeres Probevolumen vorzulegen.

3.7.11 Arsen

AAS-Verfahren

Knezevic [3.59, 3.60] entwickelte eine Methode für die Untersuchung von Papierhilfsstoffen mittels einer Hydrid-AAS-Technik, die auch für die Prüfung von Papier eingesetzt wurde.

Durchführung

2 g Probe in einem Druckbehältnis mit PTFE-Einsatz mit 10 ml HNO_3 (30%) bei 160°C 3 h naßveraschen. Nach Abkühlen Probe schonend bei ca. 80°C zur Trockne abrauchen, abkühlen und Rückstand in HCl (1,5%) aufnehmen. In der Lösung As nach dem Additionsverfahren unter Verwendung der Hydrid-Technik bestimmen.

Bemerkungen

Der As-Gehalt in Stärke, Kasein, CMC und Mannogalaktan lag in der Größenordnung von 15 bis 25 µg/kg, bzw. bei Alginat bei 564 µg/kg und damit unter den empfohlenen Richtwerten für Papierhilfsstoffe. Die relative Standardabweichung betrug 14%.

Photometrisches Verfahren

Vorschrift

TAPPI um 571.

Prinzip

Für die Prüfung von Papier, Pappe und Zellstoff dient ein photometrisches Verfahren.

Die Probe wird mit gesättigter $Mg(NO_3)_2$-Lösung befeuchtet und im Wärmeschrank getrocknet. Durch Trockenveraschung wird As in Mg-Pyroarsenat übergeführt. Der Glührückstand wird in verdünnter HCl gelöst und As wird durch Behandlung mit KI (Kaliumiodid) und metallischem Zn in Arsenwasserstoff umgewandelt, der in eine Falle überdestilliert wird. In dieser befindet sich Jod. Durch Zusatz von Ammoniummolybdat bildet sich Heteropolymolybdändiarsenat, das durch Hydrazin zu Molybdänblau reduziert wird. Die Absorption der stabilen Blaufärbung ist dem As-Gehalt der Probe proportional. Dieser wird durch Photometrierung bei $\lambda = 840$ nm bestimmt.

Vorschrift

ASTM D 2173.

Prinzip

Parallel zur Untersuchung der Probe zwei Standards und eine As-freie Probe mitlaufen lassen. Die Standards durch Tränkung von 4 g Filtrierpapier mit 1 ml einer As-Lösung (10 µg As/ml) herstellen.

Proben von jeweils 4,0 g in Kieselglastiegel mit 10 ml gesättigter $Mg(NO_3)_2$-Lösung tränken. Falls die Flüssigkeitsmenge nicht für eine vollständige Tränkung ausreichen sollte, ist ein weiterer Teil zuzusetzen. Proben in den Tiegeln im Wärmeschrank bei $(105 \pm 3)°C$ $12-16$ h trocknen. Tiegel in einen kalten Muffelofen stellen und diesen auf 600°C aufheizen. Temperatur etwa 2 h halten. Glührückstand schäumt mehrmals auf und etwaige Verluste müssen sorgfältig vermieden werden. In die abgekühlten Tiegel etwa 10 ml Wasser und 25 ml HCl $(175 + 280)$ geben. Ansatz quantitativ in den 125-ml-Erlenmeyerkolben des Arsenwasserstoff-Generators überführen. Tiegel mit zwei 12,5 ml-Portionen ausspülen und die Anteile in den Erlenmeyerkolben geben. Auf 65 ml durch Wasserzugabe verdünnen. 2 ml KI-Lösung (150 g/l) und 5 Tropfen einer $SnCl_2$-Lösung (400 g/l) zusetzen. 15 min stehen lassen. In den Steigrohraufsatz des Generators sind mit Pb-Acetat-Lösung (200 g/l) getränkte Baumwollvliese einzulegen. Für jede Probe sind 5 g Zn-Pulver in Bechern bereitzustellen. In die Proberöhrchen (Durchmesser: 18 mm, Länge: 127 mm) sind 5 ml Jod-Lösung (0,127 g/l) zu pipettieren und diese in mit Eiswasser gefüllte Becher zu stellen. Apparatur zusammensetzen und auf Dichtigkeit prüfen. In den Erlenmeyerkolben jeweils die vorbereitete 5 g-Portion Zn eingeben und das Gas 1 h lang durch die Fritte des Gaseinleitungsrohres in die Proberöhrchen perlen lassen. Dieses danach abnehmen, alle Teile mit je 1 ml Wasser spülen, so daß das Volumen im Röhrchen 8 ml beträgt. 0,5 ml Ammoniummolybdat-Lösung (10 g/l) in das Röhrchen eingeben, verschließen, schütteln, 0,2 ml Hydrazinsulfat-Lösung (3 g/l) zusetzen, mischen, 10 min im Wasserbad erwärmen, abkühlen, Inhalt quantitativ in einen 10-ml-Meßkolben überführen, auf 10 ml Volumen auffüllen, mischen und die Absorption bei $\lambda = 840$ nm innerhalb von 1 h nach Ansetzen messen. Auswertung der Probelösung durch Vergleich mit den Meßwerten aus Blindprobe und den zwei Standardproben.

3.7.12 Quecksilber [3.61 – 3.69]

Vorbemerkung

Es ist zu unterscheiden, ob normales Holz, Holzstoff, Zellstoff oder Papierproben oder solche Proben zu untersuchen sind, die mit Hg-haltigen antimikrobiellen Wirkstoffen behandelt worden sind oder die mit diesen indirekt in Berührung kamen. In vielen Ländern sind derartige Hg-Mittel verboten worden. Das derzeitige Interesse richtet sich daher mehr hauptsächlich auf die Erfassung von Hg-Spuren in der zuerst genannten Gruppe.

Einen Überblick über Spurennachweise und Bestimmungen gibt Koch [3.027].

Prinzipien

Die Flüchtigkeit des Hg bedingt bei quantitativen Bestimmungen ein Arbeiten im geschlossenen oder zumindest halbgeschlossenen System wie Sauerstoffbombe (Borchardt und Browning [3.67]), Druckbehältnis (Croce und Brizzi [3.66]) oder mit Rückflußkühler (Carlson und Bethge [3.64]) oder Vorlage (Davis und Linke [3.65]) ausgestattete Systeme. Das gemeinsame Prinzip besteht in einer Zerstörung des biologischen Materials durch Sauerstoff oder oxidierend wirkende Säuren, ohne daß Verluste auftreten. In den Reaktionslösungen sind hauptsächlich die störenden Cu-Spuren, z. B. durch Reversionsverfahren (Carlson und Bethge [3.64], Davis und Linke [3.65]) zu eliminieren, um das Hg gravimetrisch, photometrisch mit Dithizon o. a. Reagenzien oder vorzugsweise jetzt durch AAS-Methoden [3.59, 3.60] bestimmen zu können.

Photometrisches Verfahren

Vorschrift

Nach Lee und Laufmann [3.62].

Durchführung

1,0 g zerkleinerte Probe in einem 200-ml-Erlenmeyerkolben mit 5 ml frisch bereiteter HNO_3/HCl-Mischung $(1+1)$ versetzen und unter mehrmaligem Schütteln 90 min bei 60°–70°C stehenlassen, dann auf Raumtemperatur abkühlen, 25 ml Wasser zusetzen und in einen 125-ml-Destillationskolben überführen. 4 ml $SnCl_2$-Lösung und 1 Tropfen Entschäumer (2%ige wäßrige Lösung „Antifoam 60", Gen. Electric, USA) zusetzen, das Hg mit einem Stickstoffstrom (50 l/h) in die 10-cm-Gasküvette überleiten und nach 30 s Hg bei $\lambda = 253{,}65$ nm mit Acetylen/Luft-Flamme registrieren, Bestimmungsbereich $0{,}05 – 0{,}5$ µg Hg; relative Standardabweichung $\pm 5\%$.

AAS-Verfahren

Vorschrift für AAS-Kaltdampftechnik

Nach Knezevic [3.61].

Durchführung

2 g Probe mit 10 ml HNO_3 (30%) vermischen und im PTFE-Einsatz eines Druckbehältnisses 5 h bei 160°C naßveraschen. Nach Abkühlen Hg nach der Kaltdampftechnik im Additionsverfahren bestimmen. Als Reduktionslösung $NaBH_4$ (3% in 1%iger Natronlauge) einsetzen. Temperatur der Zelle: 200°C. Schutzgas: N_2, Meßvolumen: 10 ml (1,5% HCl), Messung bei $\lambda = 253,6$ nm.

Bemerkungen

Die Wiederfindungsraten bei der Untersuchung von Referenzmaterialien mit Hg-Gehalten von $0,057-0,280\ \mu g/g$ werden als sehr gut bezeichnet, was als Beweis angesehen wird, daß bei der Naßveraschung keine Verluste auftreten. Folgende Hg-Gehalte wurden bei der Untersuchung von Papierhilfsmitteln gefunden:
- Kasein 0,006 mg/kg,
- Alginat 0,008 mg/kg,
- Stärke 0,027 mg/kg und
- Mannogalaktan 0,067 mg/kg.

Für Alginat und Kasein mußte wegen des sehr geringen Hg-Gehaltes die Amalgamtechnik eingesetzt werden, um Matrixeinflüsse so gering wie möglich zu halten.

Vorschrift für Feststoffanalyse mittels direkter Zeeman-AAS

Nach Knezevic und Kurfürst [3.70].

Durchführung

Etwa 1 mm breite Streifen von Papierproben abschneiden. Davon je nach benötigter Untersuchungsmasse $0,5-10$ mm lange Stückchen entnehmen, diese in ein Graphitschiffchen legen und $0,2-10$ mg auf einer Mikrowaage einwiegen. Schiffchen in das Graphitrohr des AAS-Gerätes legen, das als eine L'vov'sche Plattform wirkt. Entsprechend den Bedienungsanweisungen des Geräteherstellers den Hg-Gehalt registrieren.

Bemerkungen

Vergleiche mit der Graphitrohr-AAS-Technik unter Verwendung von unter Druck naßveraschten Proben zeigten eine gute Übereinstimmung der Werte für Hg, sowie für Pb, Cd, Cr und Cu (s. Tabelle 3.1 und 3.2).

Tabelle 3.1. Metallgehalt in zwei Papierproben (in µg/g) [3.70]

Probe	Metall	Feststoffanalyse	Analyse nach Aufschluß
Papier 1	Cd	0,13 ± 0,03	0,12/0,13
	Pb	41,6 ± 4,7	43/44
	Hg	0,13 ± 0,02	0,15/0,14
Papier 2	Cd	0,051 ± 0,0054	0,05/0,05
	Pb	1,17 ± 0,16	1,0/1,1
	Hg	0,02 ± 0,002	0,03/0,03

Tabelle 3.2. Metallgehalte in zwei Einwicklern (in µg/g) [3.70]

Probe	Metalle	Feststoffanalyse	Analyse nach Aufschluß
Zellstoff	Cr	0,50 ± 0,02	1,2/1,1
	Cu	0,49 ± 0,20	0,60/0,65
Pergament	Cr	1,10 ± 0,08	1,0/1,1
	Cu	1,05 ± 0,28	1,3/1,4

3.7.13 Übersicht über Multielementanalysen mit AAS-Verfahren [3.71 – 3.85]

Die AAS-Techniken bieten für die Spurenanalyse auch im Bereich der Untersuchung von Zellstoff, Papier und Papierhilfsmitteln große Vorteile insbesondere für Multielementbestimmungen. AAS-Methoden und Geräte befinden sich noch in stürmischer Entwicklung. Dies gilt insbesondere für die Feststoffanalyse mittels direkter Zeeman-AAS [3.85 – 3.92], wodurch die bei der Flammen-AAS und Graphitrohr-AAS erforderliche Vorbehandlung der Probe, z. B. vorzugsweise durch Naßveraschung unter Druck überflüssig würde.

Fortschritte der AAS-Technik allgemein, die für das angesprochene Gebiet interessieren, sind im Literaturverzeichnis aufgenommen (Tab. 3.3).

Tabelle 3.4 gibt einen Überblick über Veröffentlichungen für die Untersuchung von Zellstoff, Papier und Papierhilfsmitteln, soweit diese nicht bei einzelnen Elementen mit detaillierten Prüfvorschriften erfaßt worden sind.

Angiuro et al. [3.68] untersuchten die Bestimmung von Fe, Cd, Cr und Al sowie die Störung bei der AAS-Bestimmung von Cr und Fe durch Ni-Spuren. Danach stellt die AAS-Methode die einfachste und die am schnellsten ausführbare Methode dar, was insbesondere die Cd-Bestimmung betrifft. Dagegen gestatten photometrische oder kalorimetrische Methoden kleinere Mengen Cr und Al als, mit AAS-Verfahren möglich zu erfassen. Bei der Bestimmung von Fe führen beide Methoden sowie die potentiometrische Analyse unter Verwendung einer ionenselektiven Elektrode zu praktisch gleichen Ergebnissen.

Tabelle 3.3. Übersicht über Veröffentlichungen von G. Knezevic zur Bestimmung von Schwermetallspuren in Papier und Papierhilfsmitteln durch Atomabsorptionsspektrometrie (AAS)

Nr.	Untersuchungsmaterial	Aufschlußverfahren	Metalle	AAS-Verfahren	veröffentlicht in
1	Papierhilfsstoffe	Druckaufschluß Trace-O-Mat (HNO_3)	Pb, Cd, Cu, Cr, Zn (Hg, As)	Graphitrohr, Flamme (Cu, Zn), Hydridtechnik	Das Papier 34(6):226 – 228 (1980)
2	Papierhilfsstoffe	Druckaufschluß (HNO_3)	Pb, Cd, Cu, Cr, Zn	Graphitrohr, Flamme	Empfehlung XXXVI, Methode 4.4.2
3	Papierhilfsstoffe	Druckaufschluß (HNO_3)	As	Hydridtechnik	Das Papier 36(11):534 – 536 (1983)
4	Papierhilfsstoffe	Druckaufschluß (HNO_3)	Hg	Kaltdampftechnik	Das Papier 38(9):430 – 431 (1984)
5	Papier, Zellstoff, Karton, Echtpergament	Druckaufschluß (HNO_3) und Trockenveraschung	Cd, Cu, Fe	Graphitrohr (Cu, Cd), Flamme (Fe)	Welz, B. (Hrsg.): Fortschritte in der atomspektrometrischen Spurenanalytik, Band 1. Weinheim: Verlag Chemie 1984
6	Papier	Druckaufschluß (HNO_3), Sauerstoffaufschluß	Cd, Pb, As, Hg, Cu, Fe	Graphitrohr, Flamme, Hydridtechnik	GIT 28 (1984):178 – 181
7	Papier	Druckaufschluß, Direktuntersuchung	Cd, Pb, Hg, Cu, Cr	Graphitrohr, Feststoff-AAS	Fresenius Zt. f. Analyt. Chemie 322:717 – 718 (1985)
8	Papier, Wellpappe, Echtpergament, Lebensmittelverpackungspapier und -karton	Druckaufschluß (HNO_3) und Extraktionsverfahren	Cu, Pb, Zn, Cr, Cd, As, Hg		Verpackungs-Rundschau 37(6) (1986)
9	Kakao- und Schokoladenerzeugnisse		Ni		Dt. Lebensmittel-Rundschau 36 81(1):362 – 364 (1985)

Tabelle 3.4. Röntgenspektometrische Untersuchungen von Al, Ca, Pb, Mn, Fe, S und Cu

Element	Bestimmungs-grenze in mg/kg	„Genauigkeit" in mg/kg		Zeitbedarf: 1 Bestimmung in min	Literatur
Al	13	1,3% Al:	± 125	7	[3.99]
Ca	0,7	600 mg/kg:	± 6	4	[3.94]
Pb	3	1200 mg/kg:	± 20	4	[3.98]
Mn	0,75	700 mg/kg:	± 19	3	[3.93]
Fe	5	40 mg/kg:	± 1,2	10	[3.96]
S	6	80 mg/kg:	± 3	15	[3.95]
Cu	1	400 mg/kg:	± 3	4	[3.97]

3.7.14 Übersicht über Multielementanalyse mit der Röntgen-Fluoreszenz-Analyse (RFA) [3.053, 3.93]

Prinzip

Eine Probe, deren plane Oberfläche die Zusammensetzung der Analysenproben re-präsentieren muß, wird in einem Röntgenspektrometer mit polychromatischer Röntgenstrahlung einer einstellbaren Beschleunigung (Primärstrahlung) bestrahlt. Die als Fluoreszenzstrahlung hervorgerufene Sekundärstrahlung wird nach der energiedispersiven oder wellenlängendispersiven Methode ausgewertet.

Die Intensität einer Analysenlinie, die annähernd der Elementmenge in dem von der Röntgenstrahlung erfaßten Probenbereich proportional ist, wird mit Durchfluß- (für Wellenlängen λ von 1,5 – 12 Å) oder Szintillationszählrohren (für Wellenlängen von 0,2 – 2,5 Å) und nachgeschalteten Zählrohrelektroniken gemes-sen.

Für die Untersuchung von Zellstoff- und Papierproben ist wichtig, daß die Ein-dringtiefe der Röntgenstrahlung von der Beschleunigungsspannung und der Dichte der Probe abhängig ist. Fehlereinflüsse können von einer nicht planen Oberfläche oder nicht repräsentativen Zusammensetzung der Proben im bestrahlten Bereich, sowie durch Interelementeffekte, Zählverluste und Impulsstatistik auftreten.

Es können Originalproben, Preßlinge und Schmelzaufschlußproben untersucht werden. Auch sind in Sonderfällen auf Filter aufgebrachte Lösungen, Niederschlä-ge und Stäube untersuchungsfähig.

Grundlagen, Arbeitstechniken, Gerätetechniken, Auswertungsverfahren und Prüfvorschriften sind der Spezialliteratur zu entnehmen.

Anwendung

Zur Untersuchung von Zellstoff und Papier zwecks Bestimmung von Mn [3.93], Ca [3.94], Gesamt-Schwefel [3.95], Fe [3.96], Cu [3.97], Pb [3.98] und Al [3.99] teil-ten Ant-Wuorinen und Visapää Prüfvorschriften und praktische Erfahrungen mit.

Als Vorteile der Methode werden hervorgehoben:
- Schnelle Ausführbarkeit innerhalb von wenigen Minuten,
- Wegfall von Veraschungs- und Aufschlußverfahren und damit
- Ausschaltung von Fehlermöglichkeiten durch Einschleppen von Kontaminationen oder durch Verflüchtigung, Komplexbindung, Erfassung der Elementgesamtmenge unabhängig vom Bindungszustand sowie
- Anwendung von internen oder äußeren Standards.

Prinzip

Die Autoren stellten aus 1 g lufttrockenem Zellstoff, der kurz mechanisch disintegriert worden war, Tabletten her, die nach den allgemeinen Vorschriften der Röntgenspektrometrie unter Verwendung eines externen Bezugsstandards untersucht wurden. Präzisionsmaße, Nachweisgrenzen und Bestimmungsgrenzen sowie Störungen und Maßnahmen zur Linearisierung der Meß- und Bezugskurven werden beschrieben.

Thomas und Heitur [3.57] wandten die energiedispersive Röntgenspektrometrie für die Untersuchung von gestrichenen Papieren und Streichmassen zur Bestimmung von Si, Ca, Al, TiO_2 und Clay an. Bluhm et al. [3.183] teilten Meßkurven für Kaolin, Calcit, Talkum, Titandioxid (Anatas-Typ) und Cellulose mit, wobei für die Bestimmung der Füllstoffe mit internen Standards gearbeitet wurde. Bei $CaCO_3$ werden stoffspezifische Konstanten für die Auswertung der Meßwerte empfohlen bzw. um diese am reinen Füllstoff zu bestimmen, da wahrscheinlich die Kristallinität der Proben die Messung beeinflußt.

Die RFA-Technik wurde vor allem für die Untersuchung keramischer Roh- und Werkstoffe [3.100] eingeführt, wobei die Vorteile einer direkten Untersuchung von Preßlingen aus Pulvern oder von Werkstoffteilen sowie die Multielementbestimmungen sich besonders stark kostenmäßig im Vergleich zu naßchemischen Verfahren auswirken. Die Füllstoffindustrie wendet daher vorzugsweise RFA-Methoden für die Untersuchung natürlicher Füllstoffe wie Kaolin, Clay, Gips, Calciumcarbonat u.a. an.

On-line- [3.101] und Labor-Meßgeräte [3.33, 3.58] auf RFA-Basis werden angeboten. Ein Hersteller von mikroprozessorgesteuerten Röntgenfluoreszenz-Analysatoren [3.102] bietet vorprogrammierte, applikationsbezogene Programme an, die den Bedienungsaufwand und die Probenvorbereitung minimieren. Ein Laborgerät ist für die Erfassung des Elementbereiches von Al bis U und für Konzentrationsbereiche von „ppm bis 100% je nach Applikationsart" geeignet. Es können Flüssigkeiten und Pulver bis 20 ml und Feststoffproben in Scheibenform von 26−41 mm Durchmesser untersucht werden. Die Anregung der Röntgenstrahlung erfolgt durch Fe-55, Cd-109, Pu-238 oder Am-241. Die Analysenzeit ist vorwählbar und beträgt meist 10−100 s. Das Ergebnis wird ausgedruckt.

Es liegen Anwenderprogramme [3.102] für folgende Bestimmungen vor:
- Silikon-Auftragsgewicht auf Papier (vgl. [3.103]
- Phosphor und Kalium in Zigarettenpapier;
- Silicium, Kalium, und Titan und Eisen in Kaolin;
- Silber und Brom auf photographischen Papieren;
- Chrom in Kaolin oder Kaolin-Calciumcarbonat-Vorstrichen sowie Kaolin oder Calciumcarbonat in Latex-Vorstrichen;

– antistatische Schichtdicke über den Chlorgehalt der Probe;
– Füllstoffe im Papier: Kaolin (Si), Calciumcarbonat (Ca), TiO_2(Ti);
– Schwefel in Holzschliff;
– TiO_2 auf Papier (vgl. [3.58]) und
– Si, K und Fe in Kaolin.

Müller [3.101] berichtete über Betriebserfahrungen zur selektiven On-line-Füllstoffmessung durch Kombination radiometrischer mit infrarotoptischen Mehrfiltermessungen zur getrennten Bestimmung von Kaolin und Calciumcarbonat. Anwendungen für Papiermaschinen, Streichmaschinen und zur Überwachung des Stoffeintrages bei Altpapierstoffen werden mitgeteilt. Die Röntgenmikroanalyse eignet sich in Verbindung mit rasterelektronenmikroskopischen Untersuchungen gut zur Erkennung und teilweise halbquantitativen Abschätzung von Füllstoffen und Streichpigmenten auch in Mischungen oder in Mehrfachstrichen [3.104 – 3.109].

3.7.15 Übersicht über Multielementanalyse mit anderen Methoden

Da das Interesse zunimmt, eine mehr oder weniger große Anzahl von Elementen oder anorganischen Verbindungen simultan im Spurenbereich zu erfassen, soll ein Überblick über weitere für die Untersuchung von Zellstoff und Papier geeignete Multielement-Spurenanalysen gegeben werden.

Die Anforderungen an derartige Analysenaufgaben kommen hauptsächlich aus den Sektoren Lebensmittelverpackung und Bedarfsgegenstände sowie Umweltschutz für Reinhaltung von Luft, Wasser und Böden. Es sind z. B. bereits Fragen gestellt worden, welche umwelttechnischen Belastungen bei der Beseitigung von Papierabfällen durch Verbrennen oder Deponierung auftreten könnten. Wenn derartige Untersuchungen nach klassischen Verfahren durchgeführt würden, sind bisher für analytische Untersuchungen übliche Kosten- und Zeitgrenzen nicht einzuhalten. Eine Hilfe könnten daher Methoden bieten, die es gestatten, gleichzeitig (simultan) oder einzeln nacheinander in einem Arbeitsgang (sequenziell) Elementgruppen zu bestimmen.

Für Zellstoff und Papier bieten sich außer den besprochenen Methoden der Spektrophotometrie [3.017, 3.018, 3.029, 3.031, 3.034, 3.039, 3.049], AAS [3.09, 3.032, 3.050, 3.051] und RFA z. B. folgende Verfahren für Sonderaufgaben an:
– Spektrometrie [3.044];
– Atomfluoreszenz-Spektrometrie [3.037];
– elektrochemische Methoden [3.011, 3.021] wie Voltametrie [3.020, 3.023, 3.110, 3.111], Potentiometrie, Coulometrie, ionenspezifische Elektroden [3.08, 3.01];
– Ionenchromatographie (für Anionen und bestimmte Kationen) [3.013, 3.019, 3.038, 3.042, 3.043, 3.048, 3.112, 3.115, TAPPI 699 pm-83];
– Emissionsspektralanalyse [3.032, 3.046];
– Massenspektrometrie [3.037];
– Aktivierungsanalyse [3.037, 3.053, 3.046, 3.064, 3.103, 3.114, 3.115] und
– radiochemische Analyse [3.037].
– Röntgendiffraktometrie.

Mit Ausnahme elektrochemischer Methoden sind die Verfahren i. a. an sehr kostspielige Geräte und personelle Bedingungen gebunden, so daß bisher kaum Vorschriften für die Untersuchung von Zellstoff und Papier bekannt geworden sind.

Erfahrungen über den Einsatz verschiedener Methoden sind dem Literaturverzeichnis zu entnehmen.

Sansoni [3.037] gibt einen systematischen Überblick über das stark in Entwicklung befindliche Arbeitsgebiet.

3.7.16 Silicium (vgl. [3.030])

Gravimetrisches Verfahren für Siliciumdioxid

Vorschriften

ISO 776, DIN 54377 Teil 1.

Prinzip

Der Glührückstand, der nach DIN 54370 veraschten Probe, wird mit H_2SO_4 und H_2F_2 abgeraucht. Der flüchtige Anteil des Glührückstands wird als gravimetrisch bestimmtes SiO_2 bezeichnet und als Massenanteil in mg SiO_2/kg ofentrockene Probensubstanz angegeben.

Durchführung

Eine den Angaben in DIN 54370 entsprechende Probemenge im Pt-Tiegel bei $(575 \pm 25)\,°C$ veraschen. Glührückstand mit 2 ml H_2SO_4 ($\rho = 1{,}84$ g/ml) versetzen, vorsichtig abrauchen und 15 min bei der gleichen Temperatur glühen. Tiegel nach Abkühlen im Exsikkator wiegen. Nach Wiederholung der Behandlung bis Massenkonstanz erreicht ist, Tiegelinhalt mit wenig Wasser befeuchten, mit 1 ml H_2SO_4 $(1+1)$ und 5 ml H_2F_2 versetzen und bis zum Rauchen der H_2SO_4 im Abzug erhitzen. Nach Zusatz von weiteren 5 ml H_2F_2 vollständig eindampfen, dann vorsichtig über dem Brenner und schließlich nach Vertreiben der letzten Nebelreste 15 min bei $(575 \pm 25)\,°C$ glühen. Abgekühlten Tiegel wiegen. Differenz der beiden Wägungen entspricht dem Gehalt in SiO_2. Durch Blindversuch mit den gleichen Säuremengen in dem für die Bestimmung benutzten Tiegel sind Korrekturwerte zu ermitteln, die bei der Auswertung zu berücksichtigen sind.

Bemerkung

Das Verfahren erfordert einen etwas größeren Arbeits- und Chemikalienaufwand als das Verfahren zur Bestimmung der säureunlöslichen Asche (s. S. 138). Es erfaßt aber spezifisch den SiO_2-Gehalt in der Probe, der durch Abrauchen mit H_2F_2 als SiF_6 abzutreiben ist.

Photometrisches Verfahren für Siliciumdioxid

Vorschriften

DIN 54377 Teil 2, Zellcheming-Merkblatt IV/51/70.

Prinzip

Eine Probe von Zellstoff oder füllstoffreiem Papier veraschen. Eine Menge des Glührückstandes mit Soda-Kaliumcarbonat-Gemisch schmelzen. Schmelze in Wasser lösen, neutralisieren und SiO_2-Gehalt photometrisch nach der Molybdänblau-Methode bestimmen.

Durchführung

Mindestens 0,1 g des Glührückstandes einer Zellstoff- oder füllstoffreien Papierprobe nach DIN 54370 mit der zehnfachen Menge Na_2CO_3/K_2CO_3 mischen und in einem Pt-Tiegel 30 min über dem Gasbrenner glühen. Erstarrte Schmelze unter Erwärmen in einer Ni-Schale lösen. Lösung mit HCl neutralisieren. Nach Erkalten in einen Meßkolben überführen und mit Wasser auf ein bestimmtes Volumen auffüllen. Einwaage und Verdünnung so aufeinander abstimmen, daß 1 ml der Probelösung etwa $0,75 - 3,5 \cdot 10^{-6}$ g SiO_2 enthält. Volumen der Lösung soll mindestens 50 ml betragen. Zur Probelösung je 3 ml Ammoniummolybdat-Lösung [50 g/l einschließlich 50 ml H_2SO_4 ($\rho = 1,84$ g/ml)] zugeben, nach 10 min 1 ml Oxalsäure-Lösung (100 g/l) und nach weiteren 2 min 1 ml $SnCl_2$-Lösung [3 g ($SnCl_2 \cdot 2\, H_2O$) mit wenig Wasser befeuchten, mit 50 ml konz. H_2SO_4 versetzen, kochen, abkühlen und auf 250 ml mit Wasser auffüllen] zusetzen. (Anstelle von $SnCl_2$ kann auch eine Lösung von 4-(Methylamino)-phenolsulfat (Rodanal) verwendet werden). Extinktion der Probenlösung und der Blindlösung bei $\lambda = 810$ nm messen. Aus den Meßwerten nach dem Bezugskurvenverfahren den SiO_2-Gehalt ermitteln.

Bemerkungen

Über praktische Erfahrungen mit der Methode berichteten Werthmann und Kallmann [3.116]. Auf Vorschlag von Hüpfl [3.117] wurde die $SnCl_2$-Lösung durch Rodanal (Metol) ersetzt.

Naßaufschlußverfahren in Verbindung mit gravimetrischer Bestimmung des Siliciumdioxids

Vorschrift

TAPPI T 245 om-83, ähnlich SCAN C9:62, die vom Glührückstand ausgeht.

Prinzip

Zellstoff oder füllstofffreies Papier im Kjeldahlkolben mit HNO_3 naßveraschen. HNO_3 abtreiben, Ansatz mit H_2SO_4 behandeln, mit Wasser verdünnen, Niederschlag abfiltrieren und gravimetrisch bestimmen.

Durchführung

Eine Probenmenge (etwa 25 g), die mindestens nach Durchführung der Prüfung eine Auswaage von 0,01 g ergibt, in einen 500-ml-Kjeldahlkolben einwiegen, mit 100 ml HNO_3 (c = 15 mol/l) versetzen, erwärmen bis die Probe pastenförmig geworden ist, dann leicht erhitzen bis eine niedrigviskose Lösung vorliegt. Lösung auf ein Volumen von 40–50 ml eindampfen, abkühlen, mit 20 ml H_2SO_4 (ρ = 1,84 g/ml) versetzen und die Lösung bis zum Abrauchen von SO_3 erhitzen. Lösung durch sehr vorsichtiges Einlaufenlassen kleiner Anteile von HNO_3 (c = 15 mol/l) (etwa 10–20 ml) klären. Kolbeninhalt nach jeder Zugabe erhitzen bis weiße SO_3-Nebel auftreten. Behandlung solange wiederholen, bis eine klare strohgelbe Lösung vorliegt, die sich nicht bei weiterer Erwärmung dunkel färbt. Naßoxidation durch Erhitzen bis zum Wiederauftreten von SO_3-Nebeln vervollständigen, wobei die letzten HNO_3-Anteile verflüchtigt werden. Lösung auf Zimmertemperatur abkühlen und mit Wasser auf etwa 250 ml verdünnen. Einige Minuten kochen, abfiltrieren und waschen. Filterpapier mit Rückstand bei $(575 \pm 25)\,°C$ veraschen. Rückstand wird als der Gehalt an Silikaten und SiO_2 bezeichnet.

Bemerkungen

Es gelten die gleichen Bedenken wie bei der Bestimmung der „säureunlöslichen Asche", daß schwerlösliche Sulfate, Phosphate und andere säureunlösliche Bestandteile mit erfaßt werden. Der Zweck der Methode scheint vor allem darauf gerichtet zu sein, größere Probemengen als bei der Trockenveraschung verarbeiten zu können, ohne Verluste befürchten zu müssen.

Andere Verfahren

Zur Bestimmung des SiO_2- und des Al_2O_3-Gehaltes in Chemiezellstoffen erprobten Enke und Förster [3.114] die Aktivierungsanalyse. Dazu wurden gepreßte Scheiben von 5 g Probenmasse in einem Neutronengenerator NA-3 mit 120 kV und 2,0 mA Ionenstrom, Leistung $9 \cdot 10^9$ n/cm^{2}sec 5 min bestrahlt. Innerhalb von 30 min lassen sich noch 50 mg/kg SiO_2 und Al_2O_3 bestimmen. Die relative Standardabweichung wird mit $\leq 8\%$ angegeben. Zur quantitativen Analyse von Silikon-Papierbeschichtungen stellten Lipp et al. [3.103] fest, daß die Röntgenfluoreszenzanalyse durch schnelle Durchführbarkeit praktisch ohne Probenvorbereitung, hohe Empfindlichkeit und Genauigkeit im Vergleich zur Fourier-Transformations-IR-Analyse, Neutronenaktivierungsanalyse und Derivatisierung von Silikonen auf Papier mit nachfolgender Gaschromatographie die Methode der Wahl darstellt. Maurice [3.118] studierte die Bestimmung von Spuren von Metallen und Silicium in Zellstoffen.

3.7.17 Stickstoff

Maßanalytisches Verfahren [3.123]

Vorschrift

Zellcheming-Merkblatt IV/54/73 Teil 1, ähnlich ASTM 982 (vgl. TAPPI 418 om-85).

Zweck

Untersuchung von Papier und Pappe, die N-haltige Verbindungen wie Naßfestmittel, Leimungsmittel, Bindemittel, Farbmittel oder andere Hilfsstoffe enthalten. Für sehr geringe Stickstoffmengen ist das photometrische Verfahren (s. S. 176) zu verwenden.

Prinzip

Kjeldahl-Aufschluß der Proben mit H_2SO_4 ($\rho = 1,84$ g/ml) und Selen-Reaktionsgemisch. Die Verbindungen, die ihren Stickstoffgehalt in Form von NH_3 abgeben, werden durch eine titrimetrische Bestimmung des überdestillierten NH_3 in einer Vorlage erfaßt. Das Verfahren erfaßt nicht Stickstoff, der in Form von Nitrat, Nitrit oder in Nitro-, Azo- oder Hydrazo-Verbindungen (z. B. Farbmittel) oder in N-Heterocyclen wie in Pyridin- u. ä. Derivaten gebunden ist.

Für diese Untersuchungsaufgaben sind z. B. die klassischen Verbrennungsmethoden der Elementanalyse einzusetzen.

Durchführung

1–3 g Probe portionsweise in einen 250-ml-Kjeldahlkolben mit etwa 30 ml H_2SO_4 (zur N-Bestimmung mit 7% SO_3) sowie mit 4–5 g Selen-Reaktionsgemisch nach Wieninger solange erhitzen, bis eine nahezu farblose Lösung entstanden ist. Etwaige Trübungen durch Füllstoffe oder Streichpigmente nicht berücksichtigen. Abgekühltes Gemisch mit 50 ml Wasser vorsichtig versetzen und ohne Abkühlung zusammen mit dem für das Auswaschen des Kolbens verwendeten Wasser in den Destillationskolben der Destillationsapparatur überführen.

Nach Zusatz von 150 ml Natronlauge (ca. 27%) und Kontrolle durch Zugabe von Mischindikator, das eine alkalische Reaktion vorliegt, Kolbeninhalt erhitzen und Kondensat durch einen absteigenden Kühler in einen 500-ml-Erlenmeyerkolben als Vorlage einleiten, der etwa 100 ml Wasser und eine genau abgemessene Menge, z. B. 30,0 ml H_2SO_4 (c = 0,1 mol/l), enthält. Das verlängerte Auslaufrohr des Kühlers muß etwa 1–2 cm in die Flüssigkeit eintauchen. H_2SO_4 muß ständig im Überschuß vorliegen. Zur Kontrolle wird in die Vorlage ein Mischindikator eingegeben.

Das Destillat wird auf ein bestimmtes Volumen in einem 250-ml-Meßkolben eingestellt. Die durch das übergeführte NH_3 nicht neutralisierte H_2SO_4-Menge wird mit NaOH (c = 0,1 mol/l) zurücktitriert. Falls weniger als 3 ml 0,1 N NaOH verbraucht werden, ist die Titration unter Verwendung von H_2SO_4 und NaOH (c = 0,01 mol/l) aus einer Halbmikrobürette und mit elektrometrischer Indikation des Umschlagpunktes durchzuführen. 1 ml H_2SO_4 (c = 0,1 mol/l) entspricht 1,4 mg N.

Bemerkung

Falls Art und/oder N-Gehalt der zu bestimmenden Substanz im Papier bekannt sind und keine anderen mit Kjeldahl-Technik aufschließfähigen N-haltigen Substanzen vorliegen, können aus der gebundenen N-Menge nach ASTM 982 folgende Umrechnungsfaktoren angewendet werden, um aus dem N-Gehalt in Prozent auf den Gehalt bestimmter Papierhilfsmittel in Prozent zu schließen. Die Faktoren können nach Art und Sorten der Materialien differieren:
— Kasein rein 6,3;
— Kasein handelsmäßig 7,2;
— Melamin (Parez 607) 2,6;
— Harnstoff-Formaldehyd (Uformite 467) 4,13 und
— (Uformite 470) 3,41.

Photometrisches Verfahren

Vorschrift

Zellcheming Merkblatt IV/54.2/81.

Zweck

Untersuchung von Zellstoff, Holzstoff, Filtrierpapier oder andere Produkte mit sehr geringem Stickstoffgehalt. Bestimmung des Stickstoffgehaltes in behandelten Zellstoffproben, z. B. in Zusammenhang mit der Bestimmung des Carbonylgruppen-Gehaltes nach Oximierung [3.119 – 3.121] oder des Sulfitierungsgrades [3.122] von Halbzellstoff oder Hochausbeutezellstoff nach dem Sulfitaufschlußverfahren nach Umsetzung mit Benzidin.

Prinzip

Die Probe wird wie unter Abschn. 5.16.1 beschrieben aufgeschlossen. Im Destillat wird der NH_3-Gehalt mittels der Indophenolblau-Reaktion photometrisch erfaßt.

Durchführung

Den Aufschluß und die Destillation wie im maßanalytischen Verfahren (s. S. 175) beschrieben ausführen. Aus der Vorlage ein Aliquot entnehmen, mit 2 ml einer Lösung B und 2 ml der Lösung D versetzen. Diese unmittelbar vor Gebrauch aus folgenden zwei Lösungen A und C durch Vermischen herstellen.

Lösung A: 100 g NaNO$_3$ und 10 g NaOH in 200 ml Wasser lösen und auf 500 ml mit Wasser auffüllen.

Lösung B: 0,2 g Natriumnitroprussid und 17 g Natriumsalicylat in 100 ml Wasser.

Lösung C: 0,58 g Dichlorcyanursäure-Natriumsalz in Wasser lösen und auf 100 ml mit Wasser auffüllen.

Lösung D: 100 ml der Lösung A mit 25 ml der Lösung C vermischen. Nach jeder Zugabe der Lösung B und D gut mischen! Nach 90 min Stehen bei Raumtemperatur gegen eine Blindprobe bzw. gegen Wasser bei $\lambda = 690$ nm messen und unter Berücksichtigung des Blindwertes der Probelösung nach dem Bezugskurvenverfahren den N-Gehalt ermitteln.

Bemerkung:

Die Blindlösung ist gelb und die Probenlösung je nach N-Gehalt grünlich-gelb, grün bis blaugrün gefärbt. Der Blindwert ist vom gemessenen Extinktionswert für Probe- und Standardlösung zu subtrahieren. Die Standardlösungen sollten einen N-Gehalt von 0,1 – 2,0 mg N/l mit fünffacher Abstufung aufweisen. Zur Kontrolle sollte eine Testlösung bei der photometrischen Bestimmung bzw. eine Standardprobe mit bekanntem N-Gehalt bei der gesamten Prüfung parallel untersucht werden. Geringe N-Gehalte wurden früher häufig mit Neßlers Reagenz bestimmt. Die Indoblauphenol-Methode wird als echter Ersatz [3.123] bezeichnet, da folgende Vorteile gegeben sind:
— keine Umweltbelastung durch Hg-Verbindungen;
— größerer Extinktionskoeffizient von 0,99 gegenüber 0,10 (1 mg^{-1} cm^{-1}) bei Neßlers Reagenz;
— höhere Empfindlichkeit für quantitative Bestimmungen: 0,02 mg (mol/l) gegenüber 0,1 mg (mol/l) bei Neßlers Reagenz;
  geringe Störanfälligkeit und
— 1/6 der Chemikalienkosten. Der Nachteil von Indophenolblau eines kleineren Meßbereiches von $0{,}02 \leqslant c \leqslant 2{,}0$ mg (mol/l) gegenüber $0{,}1 \leqslant c \leqslant 6{,}0$ mg (mol/l) bei Neßlers Reagenz ist durch Verdünnen der Probelösung auszugleichen. Vorteilhaft bei Neßler ist die kürzere Reaktionszeit von 5 min im Vergleich zur Indophenolblau-Reaktion mit 90 min.

Andere Verfahren

Für die Bestimmung von Ammonium-Ionen steht eine ionenspezifische Elektrode zur Verfügung. Im pH-Bereich von 2,5 – 8 können c $(NH_4^+) = 10^0 - 10^{-5}$ mol/l erfaßt werden. Die Membran-Elektrode ist auf PVC-Basis aufgebaut, in dem ein Ammonium-Ionen-Trägerstoff enthalten ist [3.124].

Ionenchromatographische Bestimmungen gehören zum Stand der Analysentechnik [3.125 bis 3.127].

Zur Bestimmung des gebundenen Gesamtstickstoffs wurde eine instrumentelle Analyse [3.128] entwickelt. Die Probe wird bei 1000 °C pyrolisiert und das gebildete NO durch Chemilumineszenz bei $\lambda = 700-900$ nm bestimmt.

3.7.18 Chlor

Zur Bestimmung geringer Chlorgehalte in Holz, Zellstoff oder Papier wird nach Bethge und Troëng [3.129] die Probe in Sauerstoff bei normalem Druck in einem Rundkolben mit elektrischer Zündung verbrannt. Die gebildeten Chloride werden in Wasser absorbiert und potentiometrisch titriert. Das Verfahren ist für Chlorgehalte über 0,1 mg/kg Probe geeignet und arbeitet genauer als konventionelle Verfahren.

Für die Bestimmung des an Extraktstoffe gebundenen Chlors wird nach Donetzhuber und Wilde [3.130] als Extraktionsmittel Dichlormethan anstelle von Diethylether empfohlen. Damit können Störsubstanzen für die nachfolgende titrimetrische Bestimmung des Chlorid-Ions ausgeschlossen werden.

Rioux und Hurtubise [3.131] kombinierten zur Untersuchung von Zellstoff und Holz einen Sauerstoffaufschluß mit einer potentiometrischen Titration der Chlorid-Ionen im Extrakt. Die Methode wurde auch für die Untersuchung von mit Wasser und Methanol-Benzol-extrahierten Zellstoffen eingesetzt, um das an Lignin und das an Extraktstoffe gebundene Chlor zu bestimmen. Der Meßbereich beträgt 5–1000 mg Cl/kg Probensubstanz. Das Verfahren ist in 30 min einschließlich des Veraschens ausführbar. Das Prinzip besteht in einer Absorption der Chlorid-Ionen in verdünnter NaOH. Die Lösung wird zur Trockne eingedampft und der Rückstand in einer kleinen Menge verdünnter HNO_3 aufgelöst. Die Lösung wird mit Aceton verdünnt und mit $AgNO_3$-Lösung (0,0025 mol/l) unter Verwendung einer Ag-AgCl-Meßkette titriert. Das Verfahren ist auch für die Bestimmung von wasserlöslichen Chloriden geeignet.

3.7.19 Brom

Die Bestimmung von Brom interessiert z. B. für die Prüfung von Holzstoffen und Sulfitzellstoffen, die mit bromhaltigen Fungiziden behandelt worden sind. Johanson und Fogelberg [3.115] setzten dazu die Neutronenaktivierungsanalyse ein. Die Proben wurden in einem Reaktor bestrahlt, um das stabile ^{81}Br in das radioaktive ^{82}Br zu überführen. Die Br-Konzentration wurde durch Ausmessen des Peaks bei 0,55 MeV bestimmt.

Die Fläche unter dem Peak ist der Br-Konzentration linear proportional. Die Einflüsse der Untergrundstrahlung werden dargestellt und durch ein Additionsverfahren mit 20 mg Br/kg Probe und unter Verwendung einer unbehandelten Holzstoff- bzw. Zellstoffprobe konnte die Störung ausgeschaltet werden.

3.7.20 Fluor

Zur Abtrennung von Fluor-Ionen von Störkomponenten in z. B. Extrakten, beschrieben Willard und Winter [3.132] eine Wasserdampfdestillation aus schwefel- oder perchlorsaurer Lösung. Zur Einhaltung genauer Destillationsbedingungen wurde ein spezieller Apparat für die Fluor-Bestimmung entwickelt. Das Verfahren eignet sich auch für die Untersuchung von Glührückständen und von Schmelzaufschlüssen [3.133].

Im Zusammenhang mit der Verwertung von Abfallholz in Zellstoffabriken könnten die Nachweise von fluorhaltigen Holzschutzmitteln im Holz zur Aufdeckung von Fluorquellen hilfreich sein. Die Prüfprinzipien beruhen auf einem Holzaufschluß und Destillationsverfahren, einem Auswaschverfahren oder einem Holzaufschluß und Wasserdampfdestillation.

Für die Untersuchung von Papieren, die mit Fluorpolymeren ausgerüstet oder beschichtet sind, könnten die von Kretzschmar et al. [3.134] beschriebenen Verfahren mit Hilfe der Pyrolyse-Gaschromatographie, der IR- und ^{19}F-NMR-Spektroskopie in Betracht kommen.

Bast [3.135] beschrieb Aufbau und Funktion einer fluridempfindlichen Elektrode, um in wäßrigen Lösungen schnell Fluorid-Ionen zu bestimmen [3.136]. Weigl und Hofer [3.137, 3.138] wendeten das Prinzip zur Bestimmung von Aluminium-Ionen in Papiermaschinen-Kreislaufwasser an. Den Stand der Technik für fluoridspezifische Elektroden faßte Zeilinger [3.139, 3.140] zusammen.

3.7.21 Schwefel

Vorbemerkungen

Schwierigkeiten bei Schwefelbestimmungen in Zellstoff und Papier bestehen darin, daß das Element in verschiedenen, teilweise instabilen Bindungsformen vorkommt und daß die Gehalte mit Ausnahme von Sulfat sehr gering sind.

Spuren von Schwefelverbindungen können schädliche Auswirkungen bei Spezialprodukten wie Fotozellstoff, Fotorohpapier, Reproduktionspapier, Metalleinwickler, elektrotechnische Papiersorten u. a. ausüben. Schwefelverbindungen können auch korrosionsfördernd wirken, hauptsächlich wenn diese reduzierbar sind.

Bestimmung reduzierbarer Schwefelverbindungen

Vorschriften

ISO DP 5648, ASTM D 984-61, TAPPI T 406 om-82.

Begriff

Der Gehalt an reduzierbarem Schwefel ist der Schwefelgehalt einer Probe, der sich unter Prüfbedingungen als H_2S freisetzt. Als entsprechende Schwefelverbindungen werden Sulfide, elementarer Schwefel, Thiosulfat, Polythionate und Polysulfide unter Umständen auch Sulfide angenommen. Sulfate werden ausgeschlossen.

Zweck

Die Prüfung interessiert vor allem für Metalleinwickler, insbesondere für Silberwaren, um ein Anlaufen bzw. Schwarzfärbung dieser Produkte zu vermeiden. Ferner werden Papiere angesprochen, die bestimmungsgemäß mit metallischen Oberflächen in Berührung kommen, wie Mitläuferpapier, Kondensatorpapier, Kabelpapier, Etiketten u. a.

Tolerierbare Gehalte an reduzierbaren Schwefelverbindungen werden mit 0,0002% bestimmt bei pH-Werten von 4−4,5 nach der Kaltextraktionsmethode (s. Abschn. S. 183) und bei höheren pH-Werten mit 0,0008% Schwefel-Gehalt angegeben.

Prinzip

1. Halbquantitative Methode: Reduktion der S-Verbindungen zu H_2S und Entwicklung von dunklen Flecken auf Filtrierpapier, das mit Bleiacetat getränkt ist. Die Intensität der Flecken wird mit denen von Proben bekannten S-Gehaltes verglichen.
2. Quantitative Methode: Reduktion der S-Verbindungen nach dem gleichen Prinzip wie bei 1. Das gebildete H_2S wird durch alkalische $CdSO_4$-Lösung gefällt und in einer Reaktionsapparatur (bestehend aus einem Reaktionskolben mit drei Stutzen für Aufnahme des Gaseinleitungsrohrs, eines Tropftrichters und eines Liebigkühlers mit Gaseinleitungsrohr), mittels einer Absorptionslösung, durch Reaktion mit 4-Aminodimethylanilin in Anwesenheit von $FeCl_3$ in Methylenblau übergeführt. Durch spektralphotometrische Ausmessung der Probenlösung im Vergleich zu den in gleicher Weise behandelten Standards und zur Blindprobe wird der Gehalt an reduzierbaren Schwefelverbindungen berechnet. Das Prüfergebnis wird als Massenanteil „reduzierbarer Schwefelgehalt" in % auf zwei wertanzeigende Ziffern bezogen auf die ofentrockene Probenmasse angegeben.

Bemerkungen

Chazin [3.141] teilte Erfahrungen mit dieser Methode und Verbesserungsvorschläge mit, die zwischenzeitlich in die genannte TAPPI-Vorschrift aufgenommen worden sind. Sobolev et al. [3.142] schlugen vor, zuerst mit Natriumstannit in alkalischer Lösung zu reduzieren und das gebildete H_2S in eine Zinkacetat-Lösung einzuleiten und dieses durch Methylenblaureaktion zu bestimmen. Die Reduktionsbedingungen scheinen einen großen Einfluß auf das Ergebnis auszuüben. Gordon et al. [3.143] beschrieben ein Reduktionssystem, bestehend aus Phosphorsäure und Aluminiumpulver, wobei H_2S in NaOH (c 0,01 mol/l) absorbiert und polarographisch bestimmt wird. Sulfid-Konzentrationen von $2 \cdot 10^{-5} - 10^{-4}$ mol/l sind erfaßbar.

Bestimmung des Gesamtschwefel-Gehaltes

Eine Gesamtschwefelbestimmung durch Aktivierungsanalyse beschrieben Ant-Wu-orinen et al. [3.95].

Eine Schöninger-Methode geht von 0,1 g Probensubstanz bei Schwefelgehalten unter 1 % aus. Durch Oxidation mit O_2 und H_2O_2 wird Sulfat gebildet. Störende Kationen werden durch Ionenaustauscher entfernt. In der mit Ethanol verdünnten Lösung wird der Schwefelgehalt titrimetrisch mit $Ba(ClO_4)_2$ unter Verwendung von Thorin-Indikator bestimmt. Die Methode ist für Proben mit Schwefelgehalten bis zu 12 mg S geeignet.

Eine instrumentelle Methode [3.145] besteht in einer Totaloxidation der Probe in einem Hochtemperaturofen. Schwefel und Schwefelverbindungen in organischen und wäßrigen Matrices werden in SO_2 übergeführt, das durch UV-Fluoreszenz nachgewiesen wird. Für Prüfung von festen Brennstoffen entwickelte Verbrennungs-und Aufschlußverfahren erscheinen auch für Zellstoff- und Papieruntersuchungen interessant [3.146].

Nach Huber et al. [3.144] wird der Gesamtschwefelgehalt mikrochemisch durch Reduktion aller Schwefelverbindungen mit H und H_2PO_2 bestimmt. H_2S wird in Zinkacetat-Lösung absorbiert und der Schwefelgehalt durch die Methylenblaumethode ermittelt. Es können bis 1 µg Schwefelverbindungen in Papier nachgewiesen werden.

Bestimmung des elementaren Schwefelgehaltes

Huber et al. [3.144] wandten zur Bestimmung von elementarem Schwefel ein mildes Reduktionsmittel — N-(4,4'-dimethoxybenzohydriliden)benzylamin — an, das spezifisch auf elementaren Schwefel reagiert. Das gebildete H_2S wird in Zinkacetatlösung absorbiert und der Schwefelgehalt mittels der Methylenblau-Reaktion nachgewiesen. In einer Probenmenge von 0,5 g können 5 µg S bestimmt werden. Zur Erkennung von Flecken, die elementaren Schwefel enthalten, kann die Probe wie Papier mit photographischen Emulsionen beschichtet oder wie Zellstoff oder Papier mit unbelichtetem Vergrößerungspapier gepreßt werden. Nach der Entwicklung zeigen sich bei Anwesenheit von derartigen Spuren dunkle Punkte der Flecken.

Bestimmung des Schwefelgehaltes in verschiedenen Bindungsformen

Sulfidisch gebundener Schwefel in Papier wird durch Kochen der Proben in Schwefelsäure bestimmt, wodurch H_2S ausgetrieben wird, der nach den bekannten Methoden bestimmt werden kann.

Huber et al. [3.144] bestimmten den sulfitisch gebundenen Schwefel durch Reaktion der Probe mit Oxalsäure. Das gebildete SO_2 wird in Natriumtetrachloromercurat-Lösung absorbiert und photometrisch durch Zugabe von p-Fuchsin oder Fuchsin mit Formal bestimmt.

3.8 Untersuchung wäßriger Extrakte
Examination of aqueous extracts

3.8.1 Vorbemerkungen

Wäßrige Extraktionsmethoden werden zur Untersuchung von Zellstoff und Papier herangezogen, um wasserlösliche Anteile, insbesondere Salze, direkt zu bestimmen oder deren elektrolytische Effekte zu untersuchen, die die Verarbeitungs- und Gebrauchseigenschaften von Handelsprodukten beeinflussen. Angesprochen werden pH-Wert, Leitfähigkeit, Gehalt von Chlorid- und Sulfat-Ionen sowie titrierbarer Säure- und Alkaligehalt. Die Bedeutung dieser Prüfungen wird daraus erkenntlich, daß die auf handelstechnisch wichtige Prüfmethoden ausgerichtete internationale Normung der ISO und der IEC sich der ersten vier Parameter angenommen hat.

Allgemeine prüftechnische Hinweise

1. Das für die Untersuchung verwendbare Wasser muß hohe Reinheitsanforderungen erfüllen. Wenn nicht anders angegeben, muß der pH-Wert zwischen 6,5 und 7,3 und die elektrische Leitfähigkeit unter 0,1 mS/m liegen. Herstellungs- und Behandlungsvorschriften werden beschrieben (z. B. [3.78, 3.147]).
2. Derart reines Wasser nimmt in Bruchteilen von Sekunden bei Kontakt mit normaler Umgebungsluft CO_2 auf, so daß sich pH-Werte um $5{,}5-5{,}8$ einstellen. Durch geeignete Maßnahmen ist daher der Luftzutritt auszuschließen, wenn Messungen im Neutralbereich durchgeführt werden müssen.
3. Den Prüfungen liegen Einstellung von Lösungsgleichgewichten komplizierter Art zwischen Feststoff- und wäßriger Phase zugrunde. Diese werden von den Prüfbedingungen wie Flottenverhältnis, Extraktionstemperatur und -zeit, sowie Zusammensetzung und Zusammensetzungsveränderungen beider Phasen im Prüfungsverlauf beeinflußt. Es sind daher empirische Prüfbedingungen vereinbart worden, die unbedingt sorgfältig eingehalten werden müssen, da es nicht möglich ist, Prüfbedingungen anzugeben, die zu einem definierten Endzustand führen.

3.8.2 pH-Wert wäßriger Extrakte

Vorbemerkungen

Zwischen pH-Wert von Papier und Zellstoff bzw. Holzstoff und gebrauchsbestimmenden Eigenschaften bestehen Zusammenhänge: Niedrige pH-Werte beeinträchtigen die Alterungsstabilität, die Weißgrad- und Vergilbungsstabilität, ferner Wechselwirkungen bei Streich-, Beschichtungs-, Kleb- und Druckvorgängen sowie im Kontakt mit Metalloberflächen das verfärbungs- oder korrosionsfördernde Verhalten. Zu hohe pH-Werte, die in sehr vereinzelten Fällen z. B. bei bestimmten gestrichenen Papieren auftreten, bedingen ähnliche Effekte. Für viele Zwecke werden daher für einzelne Papiersorten bestimmte pH-Werte vorgeschrieben. Als Beispiele sind zu nennen: Alterungsbeständige (S. 185) Druck-, Schreib- und Urkundenpapiere, Sicherheitspapiere, Filtrierpapiere, Lebensmittelverpackungspapiere, elektrotechnische Papiere, Liner, Overlaypapiere, Dekorpapiere, Mitläuferpapiere, Metalleinwickler, Etikettenpapiere u. a.

Potentiell sauer wirkende Stoffe im Papier sind: Aluminiumsulfat, bestimmte Papierhilfsmittel und Elektrolyte zur Einstellung des pH-Wertes des Ganzstoffes, um Kleben am Sieb, Leimung, Retention von Feinststoffen, Füllstoffen, Stärke und Hilfsmitteln steuern zu können.

Potentiell alkalisch wirkende Stoffe sind bestimmte Füllstoffe (z. B. $CaCO_3$), Streichpigmente (z. B. Satinweiß), Bindemittel (z. B. Kasein) und Papierhilfsmittel (z. B. stark stickstoffhaltige Leimungsmittel, Naßfestmittel u. a. Mittel auf Basis von Melaminformaldehyd, Polyethylenimin u. a.).

Der pH-Wert gestattet daher Rückschlüsse auf die entsprechenden Eigenschaften bzw. deren Gleichmäßigkeit in Lieferungen. Zur Bestimmung eignen sich Extraktionsmethoden mit vorzugsweise elektrometrischer Indikation bzw. für Proben mit heterogenem pH-Querschnitt, besser Oberflächenmessungen oder begrenzt Tüpfeltests mit aufgesprühten Indikatoren.

Bei der Diskussion von pH-Werten von Papier ist zu beachten, daß pH-Werte thermodynamisch nur für wäßrige Systeme definierbar sind und daß es sich bei der pH-Wertskala um einen logarithmischen und keinen linearen Maßstab handelt.

Bestimmung des pH-Wertes wäßriger Extrakte

Vorschriften

ISO 6588, DIN 53124, vergleichbare Methoden: SCAN-P14:65, TAPPI 252 om-85, TAPPI 435 om-83, TAPPI 509 om-83.

Begriff

Zur Kennzeichnung des pH-Wertes von Papier, Pappe und Zellstoff dient eine Extraktionsmethode unter konventionell festgelegten Bedingungen. Der pH-Wert gibt keine quantitative Aussage über den Gesamtgehalt an Säure oder Alkali in den extrahierten Proben.

Anwendung

Die Verfahren sind für alle Proben anwendbar, deren Extrakte eine Leitfähigkeit über 0,2 mS/m aufweisen. Für Proben mit heterogenem Querschnitt der pH-Wertverteilung sind diese vor der Untersuchung in die einzelnen Lagen oder Schichten zu trennen bzw. ist die pH-Oberflächenreaktion (s. S. 194) zu untersuchen.

Durchführung

Kaltextraktion: Eine Probenmenge von 2 g nach ISO 6580 bzw. [5 g] nach DIN 53124 mit 100 ml Wasser in einen Kolben geben, diesen verschließen, von Zeit zu

Zeit umschütteln, nach 1 h dekantieren und zur Messung nach Abschn. „Messung des pH-Wertes im Extrakt" bereitstellen.

Heißextraktion: Eine Probemenge von 2 g (5 g nach DIN 53124) in einen Rundkolben mit Schliff geben. In einen 2. Kolben gleichen Volumens 100 ml Wasser einfüllen, Rückflußkühler aufsetzen, Inhalt zum Sieden erhitzen und Probe in den Kolben geben. Kolbeninhalt bei aufgesetztem Rückflußkühler 1 h schwach sieden. Anschließend Kolbeninhalt auf 20°–25°C unter der Wasserleitung abkühlen. Erst dann Rückflußkühler abnehmen, Heißextrakt von den Fasern absetzen lassen und geklärte Lösung zur Messung (s. nächster Abschnitt) bereitstellen.

Messung des pH-Wertes im Extrakt: Eine für den Meßbereich kalibrierte Glaselektrodenmeßkette in den Extrakt eintauchen. Meßtemperatur 20° oder 25°C, bzw. Messung der Extrakttemperatur in diesem Bereich und Abgleich des pH-Meßgerätes mit Potentiometer für Temperaturkompensation. Für Messungen im Neutralbereich sollte eine nur für diese Zwecke geeignete und gepflegte Meßkette verwendet werden.

Ergebnis

Der pH-Wert wird auf 0,1 Einheiten aus dem Mittelwert von zwei Parallelbestimmungen angegeben.

Bemerkungen

Der Heißextrakt kann vor der Bestimmung des pH-Wertes für die Bestimmung der Leitfähigkeit nach Abschn. 3.8.3 (s. S. 135) verwendet werden. Ein umgekehrtes Vorgehen ist nicht statthaft, da aus dem Diaphragma der Kalomelelektrode der Glaselektrodenmeßkette K^+- und Cl^--Ionen diffundieren, die die Leitfähigkeit beeinflussen.

Chene und Martin-Borret [3.148] diskutierten die Schwierigkeiten, einen pH-Wert für Papier zu definieren. Die Extraktionsmethoden zur Bestimmung des pH-Wertes gestatten die Proben in bezug auf Säuregehalt nur in eine Rangfolge einzuordnen. Eine quantitative Aussage ist nicht möglich.

Grant [3.149] untersuchte den Einfluß der Prüfbedingungen einschließlich Kalt- und Heißextraktion und die Übereinstimmung von kolorimetrisch und elektrometrisch bestimmten pH-Werten. Beim Vergleich der mit aufgetropften Indikatoren ermittelten pH-Werte mit Werten, die mit Glas- und Antimonelektroden im Extrakt von Papier mit und ohne Aufschlagen bestimmt wurden, fanden Müller und Ulrich [3.150], daß im Extrakt gemessene Werte näher am Neutralpunkt als die mit Indikatoren festgestellten Werte lagen. Die Unterschiede scheinen durch die sehr verschiedenen Flottenverhältnisse bedingt zu sein. Durch Eindampfen der Extrakte von 100 bzw. 200 ml (Aufschlagen) auf 20 ml und Messung des pH-Wertes im Konzentrat wurden mit der Indikatormethode vergleichbare Werte erhalten. Für die Beurteilung der Alterungsbeständigkeit von ungestrichenen holzhaltigen Druck- und Schreibpapieren sowie Karton liefert nach Barrow [3.151] die Kaltextraktion zuverlässigere Anhaltspunkte als die Heißextraktion. Sève und Pouradier

[3.152] untersuchten den Einfluß einer ein- und mehrstufigen Extraktion sowie den Einfluß eines Zusatzes von NaCl oder Borax zum Extraktionsmittel auf das Meßergebnis. In diesem Zusammenhang ist ein Vorschlag von Agster [3.153] zur Ermittlung des pH-Wertes von Fasermaterial interessant. Das Prinzip besteht in einer Extraktion der Probe mit Wasser im Flottenverhältnis 1:5, 1:10, 1:20 und 1:50, Messung der pH-Werte in den Extrakten und Extrapolation auf einen theoretischen pH-Wert bei Flottenverhältnis 1:0. Dieser wird als „pH-Extrapolationswert" bezeichnet.

Langwell [3.154] beschrieb eine schnellausführbare Methode zur angenäherten Bestimmung des pH-Wertes von trockenem Papier.

Kolorimetrische Tests mit Indikatoren

Prinzip

Auflegen von angefeuchteten Indikatorpapierstreifen oder Auftropfen oder Aufstreichen (z. B. mit einer Kante eines Objektträgers aus Glas) von Indikatorlösungen auf der Probenoberfläche.

Bemerkungen

Wie bereits dargelegt, beeinflussen Flottenverhältnis und Abpufferung bzw. Beschwerung die Einstellung des pH-Wertes. Diese Parameter können bei derartigen Tests nicht genügend konstant gehalten oder kontrolliert werden. Außerdem verbraucht der Indikator eine bestimmte Elektrolytmenge aus dem Extrakt bzw. den Proben beim Farbumschlag, da es sich meist um einen Übergang Base-Salz-Säure handelt. Ferner ist erfahrungsgemäß die sich einstellende Färbung nicht so deutlich wie auf Vergleichsskalen angegeben.

Die wegen ihrer Einfachheit beliebte Methode kann daher nur als Schnelltest angesprochen werden. Zur Erhöhung der Bequemlichkeit wurden mit Bromkresolgrün gefüllte Tintenschreiber [3.155] entwickelt, um an Hand des pH-Wertes die Alterungsbeständigkeit von archivierten Papieren, Büchern und Dokumenten beurteilen zu können. Besonders im Neutralbereich sind derartige Tests besonders problematisch und Bromkresolgrün erscheint für diesen Bereich kaum geeignet. Der Indikator ist bei pH 3,8 gelb, pH 4,2 grün, pH 4,6 blaugrünlich, pH 5,0 grünbläulich und pH 5,4 tiefblau. Für alterungsbeständige Papiere werden in Verbindung mit Alkalireserve und Kappazahl <5 pH Werte von 6−7,8. ANSI Z 39.48-1984-Permanence of Paper for Printed Library Materials, ÖNORM A1119 Papier und Pappe, Alterungsbeständigkeit angestrichener Papiere vgl. ISO 5630/1−4), bzw. neuerdings in ISO TC 46/SC10/WG1 von 7,3−9,5 vorgeschlagen.

3.8.3 Leitfähigkeit wäßriger Extrakte

Vorbemerkungen

Die Leitfähigkeit wäßriger Extrakte von Zellstoff und Papier gibt einen Anhalt über den Gesamtgehalt an elektrolytisch wirksamen Bestandteilen in der Probe.

Diese können sein: Salze (z. B. Aluminiumsulfat), Anionen (z. B. Chlorid, Sulfat), Kationen oder Säure- bzw. Basebildner, die unter Prüfbedingungen dissoziieren. Anwendungen interessieren für hochreine Zellstoffe, − wie Fotozellstoff, eine Reihe von Spezialpapieren, für elektrotechnische, analytische und fototechnische Zwecke sowie für die zu ihrer Herstellung eingesetzten Halbstoffe.

Bestimmung der Leitfähigkeit

Vorschriften

ISO 6587, DIN 53114, DIN ISO 6587 modifiziert, ähnliche Methoden: SCAN P 15:65, TAPPI 252 om-85 (die Unterschiede bestehen hauptsächlich in differierenden Flottenverhältnissen bei der Heißextraktion).

Anwendungsbereich

Alle Arten von Zellstoff, Papier und Pappe; ausgenommen sind Elektropapiere, die nach IEC-Publikation 554.1 zu untersuchen sind.

Durchführung

Nach ISO 6587 werden aus 2 g bzw. nach DIN 53114 und SCAN P 15:65 aus 5 g Probe, wie im Abschnitt „Kaltextraktion" (s. S. 183) beschrieben, ein Heißwasserextrakt hergestellt. Im Extrakt wird bei 25°, 20° oder 23°C die Leitfähigkeit mit einem Leitfähigkeitsmeßgerät oder einer Widerstandsmeßbrücke mit Wechselstrom von 50−3000 Hz nach ISO bzw. 800 bis 1000 Hz nach DIN gemessen. Die Meßzelle wird mit KCl-Standardlösungen kalibriert. Die Unterschiede zwischen ISO und DIN sowie den anderen Prüfvorschriften bestehen im Einfluß der Prüfbedingungen auf das Meßergebnis. Nach Ringversuchen in DIN AA 421 „Chemische Prüfung von Zellstoff und Papier" liefert die größere Einwaagenmenge und der engere Meßbereich zuverlässigere Ergebnisse insbesondere bei hochreinen Produkten.

Ergebnis

Die Leitfähigkeit des Extraktes wird in mS/m unter Angabe der Meßtemperatur angegeben.

Bemerkungen

Allgemeine Angaben und Temperatur-Korrekturwerte sind DIN 53779 zu entnehmen.

Die Ursachen sowie die bei der Extraktion von sauer geleimten Papieren stattfindenden Hydrolysereaktionen untersuchten Sève und Pouradier [3.152]. Prüftechnische Hinweise gab Rommel [3.156−3.158] zur Auswahl und Einsatz von Leitfähigkeitsmeßzellen und Meßfrequenz sowie zur Vermeidung von Fehlereinflüssen.

3.8.4 Bestimmung des Sulfatgehaltes in wäßrigen Extrakten

Konduktometrische Bestimmung

Vorschrift

DIN 53127.

Begriff

Als Gehalt an wasserlöslichen Sulfaten wird der Gehalt definiert, der unter Prüfbedingungen mit Wasser extrahiert und im Extrakt elektrometrisch bestimmbar
ist.

Durchführung

5 g Probe in einem 250-ml-Erlenmeyerkolben mit 100 ml bidestilliertem Wasser
übergießen. Nach Aufsetzen eines Steigrohres oder eines Rückflußkühlers den Kolbeninhalt auf dem siedenden Wasserbad 60 ± 2 min erhitzen. Danach durch eine
Glasfritte filtrieren, mit 50 ml heißem Wasser nachspülen. Filtrate in einem
200-ml-Meßkolben sammeln und diesen bis zur Marke mit Wasser auffüllen. 50 ml
in einen Becher pipettieren, 25 ml Aceton zusetzen, eine Pt-Leitfähigkeitsmeßzelle
eintauchen und bei $(25 \pm 0,2)°C$ mit einer Bariumacetat-Lösung (0,01 ml/l) titrieren. Die Bürettenspitze muß in die Lösung direkt eintauchen. Sobald die Anzeige
an der Leitfähigkeitsmeßbrücke sich nicht mehr ändert, Meßwerte in Skalenteilen
oder S/m ablesen und über der zugegebenen Menge Titrationsmittel auftragen.
Die an die beiden Kurvenäste angelegten Tangenten indizieren durch ihren Schnittpunkt den Verbrauch.
     1 ml Bariumacetat-Lösung 0,01 mol/l entspricht 0,0007103 g Na_2SO_4.

Ergebnis

Das Prüfergebnis wird auf Massenanteil Na_2SO_4 in %, auf 0,01 % gerundet bezogen auf die ofentrockene Probensubstanz angegeben.

Maßanalytische Bestimmung

Vorschrift

TAPPI T 255 om-84.

Durchführung

10 g Zellstoff- oder Papierprobe in $800-900$ ml sulfatfreiem Wasser in einem La-
bormischer aufschlagen. Suspension in einen 1000-ml-Becher mit wenig Waschwasser überführen. Auf einer Heizplatte ohne weiteren Wasserzusatz leicht sieden.

Nach 60 min den Becher auf 0,5 g wiegen. Suspension durch einen Büchnertrichter in einen gewogenen trockenen Becher filtrieren. Filtrat auf etwa 100 ml eindampfen. Becher mit Inhalt auf 0,5 g wiegen. 25 ml des Extraktes durch eine Säule (Durchmesser: 11 mm, Höhe: 300 mm), bzw. eine Bürette laufen lassen, die mit einem Kationenaustauscher (Dowex 50-W-X8) gefüllt ist, um Ca, Ba und andere Kationen zu entfernen. Diesen Anteil verwerfen. 60 ml des Extraktes anschließend auf die Säule geben und auffangen. Davon 25 ml in einen 50-ml-Becher pipettieren, 125 ml iso-Propanol und 4 Tropfen einer Arsenazo(III)-Indikatorlösung zugeben. 10,0 mm einer $Ba(ClO_4)_2$-Lösung (c 0,001 mol/l) unter Rühren zudosieren. Ein Überschuß von mindestens 1 ml ist nach Farbumschlag nach blau notwendig. Zurücktitrieren mit H_2SO_4 (c 0,01 mol/l) auf rosarote Färbung. Parallel ist eine Blindprobe nach der gleichen Verfahrensweise zu untersuchen.

Ergebnis

Das Prüfergebnis wird als Massenanteil „SO_4" in %, auf 0,01 % gerundet bezogen auf die ofentrockene Probensubstanz, angegeben.

Bemerkungen

Sulfite und Thiosulfate reagieren mit der Hälfte bis einem Drittel des Äquivalenzanteiles von $Ba(ClO_4)_2$. Sie können durch H_2O_2 vor der Bestimmung oxidiert werden. Phosphate stören bei Gehalten über 30 mg/kg im Filtrat. Höhere Gehalte können durch Zugabe von $MgCO_3$ entfernt werden. Chloride stören nicht bei Gehalten unter 1 g/kg und Nitrate nicht unter 0,25 g/kg. Anstelle von iso-Propanol können Methanol, Ethanol oder Aceton im annähernd gleichen Verhältnis Wasser/Lösemittel verwendet werden.

Gravimetrische Bestimmung

Vorschrift

TAPPI 468 wd-76, ASTM D 1099-53 (1971).

Durchführung

5 g Probensubstanz in einem 500-ml-Erlenmeyerkolben mit 250 ml kochendem Wasser versetzen, am Rückflußkühler 1 h kochen. Durch einen Büchner-Trichter abfiltrieren und zur Probe im Kolben weitere 200 ml Wasser geben. Nochmals 15 – 30 min kochen lassen. Durch den gleichen Filter abfiltrieren und Fasermasse mit 50 ml heißem Wasser nachwaschen. Gesammelte Filtrate mit 1 ml HCl ($\rho = 1,19$ g/ml) versetzen und in der Siedehitze langsam unter Rühren tropfenweise $BaCl_2$-Lösung (100 g/l) zugeben. Nach 4 h Stehen bei 80 °C durch einen Papierfilter oder einen Gautschtiegel abfiltrieren, nachwaschen, trocknen, veraschen, glühen bei 800° – 900 °C und auswiegen. Bei Veraschen des Niederschlages in einem Papierfilter ist dieses langsam unter Luftzutritt zu verbrennen, um eine Reduktion des $BaSO_4$ durch Kohlenstoff zu vermeiden.

Ergebnis

Das Prüfergebnis wird als Massenanteil „SO_4" in %, gerundet auf 0,01% bezogen auf die ofentrockene Probensubstanz, angegeben.

Bemerkungen

Die Prüfvorschrift soll für die Untersuchung von Papieren mit einem Sulfatgehalt unter 1% angewendet werden.

3.8.5 Chloridbestimmung in wäßrigen Extrakten

Potentiometrische Bestimmung

Vorschrift

DIN 53125 (08.85).

Begriff

Der Gehalt an wasserlöslichen Chloriden wird als der Chloridgehalt definiert, der unter Prüfbedingungen mit Wasser aus der Probe extrahierbar und elektrochemisch im Extrakt bestimmbar ist.

Prinzip

Extraktion der Probe mit heißem Wasser und anschließend direkte Bestimmung durch Titration mit $AgNO_3$-Lösung oder bei sehr kleinen Chlorid-Gehalten durch Rücktitration einer im Überschuß zugesetzten $AgNO_3$-Lösung in beiden Fällen unter Anwendung einer elektrometrischen Indikation.

Durchführung

5 g Probe |ISO 2 g| mit 100 ml Wasser 1 h lang heiß extrahieren, abfiltrieren, abkühlen und nach Zugabe von Aceton mit $AgNO_3$-Lösung (c 0,0025 mol/l) potentiometrisch titrieren. Im Fall sehr geringer Cl-Mengen dem Extrakt ein definiertes Volumen $AgNO_3$-Lösung bekannter Konzentration zusetzen und Überschuß mit NaCl-Lösung (c 0,0025 mol/l) zurücktitrieren. Zur Indikation dient ein Ag/AgCl-Hg/$HgSO_4$-Elektrodensystem, das an ein mV/pH-Meter mit einer Spannungsmeßunsicherheit von höchstens ±1 mV angeschlossen wird. Zur Titration wird eine Mikrobürette mit 0,01 ml Teilung empfohlen. Zur Auswertung sind rechnerische oder graphische Verfahren bzw. alternativ eine Titration auf den direkten Umschlagpunkt anwendbar. 1 ml $AgNO_3$-Lösung (c 0,0025 mol/l) entspricht 0,0886 mg Chlorid.

Ergebnis

Das Prüfergebnis wird auf Massenanteil „Chlorid" in mg/kg bei Gehalten < 25 mg Cl/kg auf 5 Einheiten und bei Gehalten > 25 mg Cl/kg auf 1 Einheit angegeben.

Anmerkungen

Proben mit heterogenem Chloridprofil sind entweder in die einzelnen Schichten oder Lagen zu trennen, die einzeln zu untersuchen sind oder es ist eine Untersuchung der Oberflächenchlorid-Reaktion durchzuführen.

Maßanalytische Bestimmung

Vorschrift

TAPPI T 256 hm-85.

Prinzip

Die Zellstoff- oder Papierprobe wird in Wasser aufgeschlagen und heiß extrahiert. Die Fasersuspension wird filtriert und das Filtrat konzentriert. Ein Aliquot wird mit $Hg(NO_3)_2$ unter Verwendung einer angesäuerten Mischung von 1,5-Diphenolcarbazon und Xylencyanol FF als Indikator für den $HgCl_2$-Endpunkt titriert.

Durchführung

10 g Probensubstanz in 800–900 ml Wasser aufschlagen. Suspension in einen 1000-ml-Becher überführen. Die Stoffdichte beträgt etwa 1 %. Auf einer Heizplatte zum leichten Sieden bringen und 60 min ohne weiteren Wasserzusatz kochen. Kontaminationen vermeiden. Filtrieren durch einen Büchner-Trichter in einen trockenen gewogenen Becher. Filtrat auf etwa 250 ml auf einer Heizplatte eindampfen. 100 ml des Konzentrats in einen 250-ml-Becher geben und unter Rühren 1,0 ml des Indikator-Ansäuerungs-Reagenzes zugeben. Die Färbung der Lösung sollte grünblau sein. Eine leicht grüne Färbung zeigt einen pH-Wert von < 2,0 und eine rein blaue Färbung von pH > 3,8 an. Falls höhere alkalische oder saure Extrakte zu untersuchen sind, ist eine Einstellung auf pH-Wert 8 vor der Reagenzzugabe erforderlich. Wegen der Diffusion von Chlorid-Ionen aus dem Diaphragma der mit KCl gefüllten Strombrücke darf eine Kalomelableitelektrode nicht benutzt werden. Titrieren mit $Hg(NO_3)_2$-Lösung (c 0,0141 mol/l) auf einen definierten purpurfarbigen Endpunkt. Die Färbung schlägt wenige Tropfen vor dem Endpunkt von grünblau in blau um. Parallel ist eine Blindprobe unter Verwendung von Wasser mit 10 mg $NaHCO_3$ zu untersuchen.

1 ml $Hg(NO_3)_2$-Lösung (c 0,0141 mol/l) entspricht 0,500 mg Chlorid.

Bemerkungen

Für Chloridgehalte unter 50 mg/kg werden potentiometrische Methoden vorgeschlagen.

Ainscough und Bridge [3.159] untersuchten den Einfluß der Extraktionsbedingungen wie Flottenverhältnis, Temperatur, Zeitdauer der Extraktion sowie Störeinflüsse durch andere wasserlösliche Extraktstoffe auf die Meßwertanzeige bei der potentiometrischen Titration von Chlorid im wäßrigen Extrakt. Ziel war die Entwicklung einer schnell ausführbaren genau reproduzierbaren Methode, besonders für die Prüfung von Papier und Pappen, die bestimmungsgemäß mit Metallen in Kontakt kommen, wobei ein Gehalt an Chlorid und Sulfat korrosionsfördernd wirken kann. Webb und Aylward [3.160] verglichen den Einfluß von drei Probenvorbereitungs-Methoden, wie Druckaufschluß mit Sauerstoff, Extraktion mit HNO_3 und mit Wasser auf das Analysenergebnis bei der Bestimmung des Chloridgehaltes in Eukalyptusholzarten. Für Splintholz wurden $495-1160$ Cl/kg und für Kernholz $15-695$ mg/kg Probe ermittelt.

Chlorhaltige Anionen, wie Cl^-, ClO^-, ClO_2^- und ClO_3^- sowie ClO_4^- sind z. B. durch Ionenchromatographie bestimmbar [3.161]. Griebenow et al. [3.162] bestimmten den Chloridgehalt in wäßrigen Extrakten mit einer ionenselektiven Elektrode. Das Verfahren kommt für Serienuntersuchungen, aber nicht für gelegentliche Einzelmessungen in Betracht. Aufwendige Titrationen mit $AgNO_3$ sollen durch Verwendung einer ionenselektiven Chlorid-Elektrode ersetzt werden können [3.163].

3.8.6 Bestimmung des Säure- und Alkaligehaltes

Vorschrift

Zellcheming-Merkblatt IV/58/80.

Zweck

Bestimmung des titrierbaren Säure- und Alkaligehaltes in wäßrigen Kalt- und Heißextrakten von Papier und Pappe. Das Prüfverfahren dient zur Kennzeichnung des Probeverhaltens in Zusammenhang mit der Untersuchung der Alterungsbeständigkeit, Weißgradstabilität, Vergilbungstendenz durch Einfluß von Licht, Wärme, Chemikalien oder Strahlung sowie des Verhaltens gegenüber Druckfarben, Offsetwischwasser, Beschichtungen, Klebstoffen und im Kontakt mit Metalloberflächen. Der titrierbare Säure- und Alkaligehalt ist nicht durch eine Bestimmung des pH-Wertes erfaßbar. Eine Bestimmung eines „theoretischen Gesamtgehaltes" an Säure oder Alkali ist nicht möglich, da bei einer dazu erforderlichen erschöpfenden Extraktion unvermeidliche Nebenreaktionen wie Hydrolyse und Abbauvorgänge den titrierbaren Säure- und Alkaligehalt durch Bildung neuer Verbindungen das Ergebnis verändern.

Begriff

Als Säure- bzw. Alkaligehalt wird der in wäßriger Phase kalt oder heiß extrahierte und titrierbare Säure- bzw. Alkaligehalt in mg H_2SO_4/kg bzw. mg NaOH/kg bei elektrometrischer Indizierung des Titrationsendpunktes pH-Wert 7,0 unter Anwendung der vorgeschriebenen Prüfbedingungen festgelegt.

Prinzip

Die Probe wird bei Raumtemperatur oder in der Siedehitze mit Wasser extrahiert. Der faserfrei abgezogene Extrakt wird mit H_2SO_4 oder NaOH unter Verwendung einer Glaselektroden-Meßkette titriert.

Durchführung

Eine nach der Flächenmasse der Probe zu bemessende Einwaage von $1-5$ g Probensubstanz mit Wasser im Gewichtsverhältnis $1:50$ in einem Kolben übergießen. Bei Kaltextraktion den mit einem Kalkrohr verschlossenen Kolben unter gelegentlichem Schütteln bei Raumtemperatur je nach Probenbeschaffenheit bis zu 48 h stehen lassen. Bei der Heißextraktion der Proben 60 min in einem Kolben mit Rückflußkühler auf dem siedenden Wasserbad erhitzen. Faserfreie Extrakte aliquotieren und mit NaOH bzw. H_2SO_4 (c 0,01 mol/l) unter Verwendung einer Mikrobürette oder Halbmikrobürette auf pH-Wert 7,0 titrieren. Bei Erreichen des Neutralpunktes langsam gleiche Volumina dosieren. Übertitrationen können nicht zurückgenommen werden. Meßergebnisse besonders bei der Bestimmung des Alkaligehaltes können durch CO_2 aus der Luft verfälscht werden. Schutzmaßnahmen sind gegebenenfalls bei sehr geringem Alkali- und Säuregehalt erforderlich.

Ergebnis

Der Säure- bzw. Alkaligehalt ist als Massenanteil H_2SO_4 bzw. NaOH in mg/kg ofentrockene Probensubstanz auf die zweite Dezimale anzugeben.

Bemerkungen

Das Prüfverfahren ist nicht für Proben geeignet, die bei der Kaltextraktion nach DIN 53124 (s. S. 183) pH-Werte von $7\pm0,5$ liefern. Die Anweisungen für Proben mit heterogenem pH-Querschnittsprofil gelten auch hier, z. B. bei Graukarton: Alkalischer Strich auf sauer reagierender Mittellage.

Balaba und Subramanian [3.164, 3.169] entwickelten eine Methode zur Bestimmung der Azidität unlöslicher Säuren in Holz und Zellstoff.

3.8.7 Bestimmung des Nitratgehaltes

Zur Aufklärung von Schadensfällen mit Schrenzpapier entwickelten Griebenow und Werthmann [3.165] eine mit einer ionenselektiven Elektrode arbeitende Methode. Dazu wird eine nitratselektive Elektrode und eine Bezugselektrode an ein Millivoltmeter mit einem Meßbereich von ±200 mV und einer Ablesegenauigkeit von 0,1 mV angeschlossen. Die Meßkette wird mit Nitrat-Standardlösungen kalibriert, wenn die wäßrigen Papierextrakte nur Nitrationen enthalten. Falls noch andere Anionen im Extrakt enthalten sind, werden Anweisungen zur Ausschaltung von Störeffekten gegeben. Für die Untersuchung von Lösungen bzw. Extrakten unbekannter Zusammensetzung wird die ISA-Methode und Verwendung von K_2SO_4 als ISA-Zusatz empfohlen. Der günstigste Meßbereich liegt zwischen 10^{-4} und 10^{-2} M Nitrationen. Die Wiederauffindungsrate wird mit $98-102\%$ angegeben. Eine Prüfvorschrift wird vorgeschlagen. Die Methode kommt auch für die Untersuchung von Zigarettenpapier in Betracht.

Für die Bestimmung von wäßrigen Extrakten aus Pflanzenmaterial und Böden arbeitete Heanes [3.166] eine UV-spektralphotometrische Methode aus. Störstoffe in den Extrakten werden durch Zugabe von $Al_2(SO_4)_3$ bzw. $CaSO_4$ für die Extraktionsflüssigkeiten von Pflanzen bzw. Bodenmaterial, Ansäuern und Behandlung der Extrakte mit Aktivkohle beseitigt. Die gereinigten Extrakte werden bei einer Wellenlänge von $\lambda = 225$ und $255\,$nm für Pflanzenextrakte und $\lambda = 230$ und $255\,$nm für Bodenextrakte unter Verwendung einer 10-mm-Mikroküvette mit 10 mm Schichtdicke untersucht. Der Meßbereich wird mit $8-15\,000$ mg/kg Nitrat-Stickstoff angegeben. Eine Prüfvorschrift wird besprochen.

Schwedt et al. [3.167] verglichen zur Bestimmung von Nitrat und Nitrit in Wässern photometrische Schnellverfahren mit der Ionenchromatographie.

3.9 Untersuchungsmethoden für die Oberfläche von Papier und Pappe
Examinations on the surface of paper and board

3.9.1 Vorbemerkungen

Zur Erfassung von chemisch bedingten Wechselwirkungen zwischen den Oberflächen von Papier und Kontaktmaterialien ist die Beschaffenheit bzw. die Zusammensetzung der Oberflächen maßgebend. Wenn sich diese und damit ihre Reaktionsfähigkeit von den entsprechenden Verhältnissen in den inneren Papier- und Pappenlagen unterscheidet, können Veraschungs- und Extraktionsmethoden die Unterschiede nicht erfassen. Da häufig an die Oberfläche ganz andere Anforderungen als an die innere Papierstruktur gestellt werden, nehmen Art und Bedeutung derartiger Papier- und Pappensorten ständig zu, um den steigenden Anforderungen an spezifische Eigenschaften bei gleichzeitigem Verlangen einer Verringerung der Flächenmasse und der Herstellungskosten gerecht werden zu können. Während für die Ausbildung mechanischer Festigkeitseigenschaften das innere Blattgefüge maßgebend ist, werden optische Eigenschaften sowie Bedruck-, Verkleb- und Verschweißbarkeit weitgehend von der Oberflächenbeschaffenheit bestimmt. Zur gezielten Ausbildung dieser Eigenschaften werden Beschichtungen, Streichmassen, Oberflächenveredelungen oder auch Decklagen bei mehrlagigen oder mehrschichtigen Papieren und Pappen aufgebracht.

Die chemische Zusammensetzung der verschiedenen Schichten kann nach Trennung, wenn diese einwandfrei möglich sein sollte, unter Anwendung der beschriebenen Verfahren untersucht werden.

Für elektrolytisch bedingte Eigenschaften, wie pH-Wert, und die durch Anreicherung wasserlöslicher Stoffe an der Oberfläche bedingten Eigenschaftsveränderungen können direkte Untersuchungen an der Oberfläche der Probe aufschlußreicher sein, da es sich meist um nicht von den anderen Schichten trennbare, in ihrer Wirkungsdichte kaum zu definierende Schichten handelt.

Für diese Aufgaben sind bisher folgende Verfahren eingeführt.

3.9.2 Elektrometrische Messung des pH-Wertes („Oberflächen-pH-Wert" [3.168])

Vorschrift

Zellcheming-Merkblatt V/17/80 (vgl. TAPPI 529 om-82).

Begriff

Als „Oberflächen-pH-Wert" bzw. „pH-Oberflächenreaktion" wird der elektrometrisch mit einer pH-Oberflächenmeßkette ermittelte pH-Wert bezeichnet, der sich unter Anwendung definierter Prüfbedingungen an der Oberfläche der Probe einstellt.

Prinzip

Die Probe wird in eine Meßvorrichtung eingelegt. Diese dient zur Aufnahme der Probe, der Glas- und Ableitelektrode sowie gegebenenfalls des Thermometers. Die Probe wird gegen Einwirkung von CO_2 aus der Luft geschützt, mit einer bestimmten Wassermenge befeuchtet und der pH-Wert nach einer festgelegten Zeit gemessen. Zur Erfassung des Durchfeuchtungsverlaufes, z. B. bei Durchschlagen einer sauren Einlage von Karton durch die alkalische Strichauflage, wird der pH-Wert in Funktion der Zeit registriert.

Durchführung

Beispiele für Meßdurchführungen, Meßvorrichtungen, Apparaturen zur Herstellung und Handhabung von Wasser geeigneter Qualität sowie Schutzmaßnahmen gegen den Einfluß von CO_2 aus der Luft oder sonstigen Kontaminationen sind dem Merkblatt zu entnehmen.

Anwendungen

Erfahrungen mit der Methode, vor allem für die Untersuchung gestrichener oder beschichteter Papiere und Pappen sowie meßtechnische Einzelheiten wurden mehrfach beschrieben [3.147, 3.168–3.172]. Daraus ist zu entnehmen, daß ein Bedarf für derartige Untersuchungen in der Praxis vorhanden ist. Ein Vorteil der Methode besteht darin, daß diese ohne Zerstörung der Probe im Gegensatz zur Extraktionsmethode ausgeführt werden kann. Anstelle von Wasser sind auch schwache Elektrolyte wie KCl [3.168] und NaCl [3.152] erprobt worden. Es gelten hier die gleichen Bedenken wie bei solchen Zusätzen im Extraktionsverfahren. Sinnvoller erscheinen Messungen mit Kontaktflüssigkeiten entsprechend den Verwendungsansprüchen. Bei Offsetwischwasser ist aber zu bedenken, daß es sich um eine Extraktion einer großen Menge von durch die Druckmaschine laufenden Papiers handelt, so daß Anreicherungen von Spuren im Wischwasser auftreten können, die durch Messung kleiner Probenflächen nicht erfaßbar sind. In solchen Fällen ist eine Messung des pH-Wertes in den Kontaktflüssigkeiten hilfreicher, da auch die Maschinen-Einstellbedingungen Einfluß ausüben. Je unterschiedlicher die Verteilung von elektrolytisch wirksamen Bestandteilen über den Probenquerschnitt ist, um so mehr ist zu erwarten, daß sich die an der Oberfläche mit dieser Methode gemessenen Werte von den Meßergebnissen nach einer Kaltextraktion unterscheiden.

Über die Anwendung von Indikatoren [3.150, 3.152] zur Bestimmung des pH-Wertes ist bereits gesprochen worden (s. S. 185).

3.9.3 Elektrometrische Messung des Chloridgehaltes

Auf die Möglichkeit ungleicher Verteilungen der Chloridkonzentrationen über den Probenquerschnitt und deren Auswirkungen auf das korrosionsfördernde Verhalten derartiger Proben wurde an verschiedener Stelle hingewiesen (s. S. 184, 185).

Zur Untersuchung derartiger Proben berichteten Hollaender [3.173] und Petermann [3.174] in DIN AA 421 „Chemische Prüfung von Zellstoff und Papier". Das Prüfprinzip besteht in einer ähnlichen Technik wie unter Abschn. 3.9.2 beschrieben, nur mit dem Unterschied, daß eine Chlorid-sensitive Oberflächenelektrode angewendet wird. Die Probenoberfläche wird in definierter Weise benetzt. Zur Kalibrierung wird chloridfreies Filtrierpapier mit Lösungen bekannten Chloridgehaltes imprägniert. Es werden reproduzierbare Meßwerte für mg Chlorid/m^2 Probenoberfläche erhalten, die eine Beurteilung der Proben in bezug auf die genannten Anforderungen gestatten.

3.10 Untersuchungen von Papier, Karton und Pappe für Lebensmittelkontakt und Bedarfsgegenstände zur Bestimmung anorganischer Bestandteile
Testing of paper and board for food contact and utilities for the determination of inorganic constituents

Einen Überblick über die Entwicklung bis zum Stand 1987 der Gesetzgebung des deutschen Lebensmittelrechts gibt das Tagungshandbuch [3.175] des PTS-Lehrgangs „Untersuchung von Papier, Karton und Pappe für Lebensmittelverpackungen und sonstige Bedarfsgegenstände". Maßgebend für die BRD ist das „Gesetz zur Neuordnung und Bereinigung des Rechts im Verkehr mit Lebensmitteln, Tabakerzeugnissen, kosmetischen Mitteln und sonstigen Bedarfsgegenständen (Gesetz zur Gesamtreform des Lebensmittelrechts)" vom 15. August 1974. Nach § 35 dieses Gesetzes veröffentlicht das Bundesgesundheitsamt (BGA) eine amtliche Sammlung von Verfahren zur Probenahme und Untersuchung von Lebensmitteln, Tabakerzeugnissen, kosmetischen Mitteln und Bedarfsgegenständen. Nach Wieczorek [3.176] wurden im Verlauf von 30 Jahren (81 Sitzungen der Kunststoff-Kommission) 52 Empfehlungen für Polymere verabschiedet. Nach Petermann [3.18] ist dazu zu zitieren, daß in Zusammenarbeit deutscher und ausländischer Unternehmen (Hersteller von Papieren wie auch von Papierhilfsmitteln) im Einvernehmen mit der Kunststoff-Kommission des BGA vom „Ausschuß Lebensmittelverpackung und sonstige Bedarfsgegenstände" des „Verein Deutscher Papierfabriken e. V. ", Bonn, Analysenmethoden erarbeitet, zusammengestellt und in Ringversuchen überprüft wurden. Diese Analysenmethoden sind in „Untersuchung von Papieren, Kartons und Pappen für Lebensmittelverpackungen" veröffentlicht [3.177] (und werden laufend ergänzt). Ältere Methoden, die jedoch nach wie vor Gültigkeit haben, sind im Bundesgesundheitsblatt zu finden.

Zum Verständnis der empfohlenen analytischen Verfahren zur Bestimmung anorganischer Bestandteile werden die allgemeinen Grundlagen und Vorschriften über die Verwendung bzw. Begrenzung anorganischer Produkte bzw. Bestandteile in Papierrohstoffen, Hilfsmitteln sowie Papier und daraus hergestellten Bedarfsgegenständen zusammengefaßt.

3.10.1 Allgemeine Bestimmungen

Empfehlung XXXVI der Kunststoffkommission des BGA (Stand 1.9.1975) sind folgende Hinweise auf anorganische Stoffe zu entnehmen. Nach Abschnitt A „Papierrohstoffe, III. Füllstoffe" dürfen verwendet werden:

„Natürliche und künstlich hergestellte wasserunlösliche, gesundheitlich unbedenkliche Mineralstoffe, wie z. B. Carbonate des Calciums und Magnesiums, Siliciumdioxid, Silikate bzw. gemischte Silikate des Natriums, Kaliums, Magnesiums, Calciums, Aluminiums und Eisens, Calciumsulfat, Calciumsulfoaluminat (Satinweiß), Bariumsulfat (frei von löslichen Bariumverbindungen), Titandioxid".

Nach Abschnitt B „Fabrikationshilfsstoffe", Unterabschnitt VII, „Schleimbekämpfungsmittel: 1. Natriumchlorit, Natriumperoxid, Natriumhydrogensulfat und Wasserstoffperoxid darf der Extrakt der Fertigerzeugnisse keine positive Chlorit-, Peroxid- oder Sulfitreaktion geben".

Nach Abschnitt C „Spezielle Papierveredlungsstoffe", Unterabschnitt II. „Feuchthaltemittel" darf Natriumnitrat nur zusammen mit Harnstoff verwendet werden. Dabei dürfen höchstens insgesamt 7% der aufgeführten sieben Gruppen von Feuchthaltemitteln (1. Glyzerin; 2. Polyäthylenglykole mit einem Gehalt von Monoäthylenglykol von höchstens 0,2%; 3. Harnstoff; 4. Sorbit; 5. Saccharose, Glukose, Glukosesirup; 6. Natriumchlorid, Calciumchlorid und 7. Natriumnitrat) verwendet werden.

Unterabschnitt IV „Mittel zur Oberflächenveredelung und -beschichtung" enthält Empfehlungen für folgende Stoffe:

Im Kaltwasserextrakt von Papieren, die mit Chrom(III)-Chloridkomplexen gesättigter Fettsäuren der Kettenlänge C14 und darüber, höchstzulässige Einsatzmenge 0,4 mg/dm^2, behandelt worden sind, dürfen höchstens 0,004 mg dreiwertiges Chrom/dm^2 Probe, jedoch kein sechs-wertiges Chrom nachgewiesen werden. Der Kaltwasserextrakt ist nach Abschnitt AI der „9. Mitteilung über die Untersuchung von Kunststoffen" [Bundesgesundheitsblatt 10, 101 (1967)] herzustellen.

Für Kasein, pflanzliche Eiweißstoffe; natürliche und abgebaute Stärke, Stärkeether, Stärkeester der Phosphorsäure und der Essigsäure, jedoch nicht Stärke und Stärkeprodukte, die mit Borsäure bzw. deren Verbindungen modifiziert sind; Mannogalaktane und Galaktomannanether; Natriumsalz der Carboximethylcellulose, rein; Methylcellulose; Hydroxiethylcellulose und Alginate werden Grenzwerte für anorganische Bestandteile festgelegt. 1 kg dieser Stoffe darf nicht mehr enthalten als:

— 3 mg Arsen	— 50 mg Kupfer und Zink (zusammen)
— 10 mg Blei	— 2 mg Quecksilber sowie
— 25 mg Zink	— 2 mg Cadmium.

„Die Summe der vorgenannten Beimengungen darf 50 mg/kg nicht überschreiten."

In diesem Unterabschnitt IV wird unter Nr. 17 aufgeführt: „Ammonium-Zirkoniumcarbonat, höchstens 1,0 mg/dm^2 [berechnet als Zirkoniumdioxid (ZrO_2)].

Gegen Verwendung von Papieren, die bestimmungsgemäß einer Heißextraktion unterworfen werden, wie Kochbeutel, Heißfilterpapiere, Teebeutel), bestehen nach Empfehlung XXXVI/1 „Koch- und Heißfilterpapiere" (Stand 1.11.1975) keine Bedenken, wenn diese u.a. nach Abschnitt C „Spezielle Anforderungen" folgende Merkmale erfüllen:

- Keine geruchliche und geschmackliche Beeinflussung der Lebensmittel;
- „Bei der Extraktion mit heißem Wasser darf der Gesamttrockenrückstand des Extraktes höchstens 10 mg/dm^2 und der Gesamtstickstoffgehalt dieses Extraktes (bestimmt nach Kjeldahl) höchstens 0,1 mg/dm^2 betragen".

Die Vorschrift zur Herstellung des Heißwasserextraktes und zur Bestimmung des Trockenrückstandes ist den Abschnitten A II und B I des 1. Teiles der „Methoden zur Prüfung von Papier, Karton und Pappe" [vgl. 9. Mitteilung über die Untersuchung von Kunststoffen: Bundesgesundheitsblatt 10, 101 (1967)] zu entnehmen.

Für Buttereinwickler gilt nach DIN 10082, daß nach Abschn. 5.1.2.1.3 der Kupfergehalt des unbedruckten Einwicklers 5 mg/kg (5 ppm) nicht überschreiten darf. Die Prüfung ist nach DIN 54 375 durchzuführen. Nach Abschn. 5.1.2.1.1 ist der Höchstgehalt bestimmter wasserlöslicher Bestandteile, als anorganischer Stoff Kochsalz, neben organischen Stoffen: Zucker, Sorbit, Glyzerin oder Mischungen dieser Stoffe, soweit diese der Empfehlung XXXVI entsprechen, in Buttereinwicklern auf höchstens 5% begrenzt. Die Bestimmung ist nach DIN 10 050, Teil 7 auszuführen. „Wird wasserfreies Calciumchlorid als Vergällungsmittel eingesetzt, so darf dessen Anteil höchstens 5% der wasserlöslichen Zusätze betragen".

Zur praktischen Durchführung aller dieser Untersuchungen von Papier, Karton und Pappe für die Lebensmittelverpackung geben z.B. die Ausführungen von

Gürtler [3.178] über die „Darstellung des Analysenganges bei der Untersuchung von Papier, Karton und Pappen für Lebensmittelverpackungen", Knezevic [3.54, 3.55] „Zur Problematik der Schwermetallbestimmung", ferner Denkel [3.179] und Wächter [3.180] Hinweise und Empfehlungen. Für die Untersuchung von kunststoffbeschichteten Papieren ist die Methoden-Sammlung für die Untersuchung von Bedarfsgegenständen aus Hochpolymeren [3.181] nützlich.

3.10.2 Methoden zum Nachweis und zur Bestimmung anorganischer Bestandteile[1]

Zur Übersicht über die in der genannten Loseblattsammlung „Untersuchung von Papieren, Kartons und Pappe für die Lebensmittelverpackung" [3.177] aufgeführten Methoden zum Nachweis und zur Bestimmung anorganischer Bestandteile wird eine tabellarische Zusammenfassung gegeben:

Einzelheiten, Anwendungsbereiche, Zweck, Probenvorbereitung sowie Durchführungs- und Auswertungsvorschriften einschließlich Literaturhinweisen sind den aufgeführten Regelwerken zu entnehmen:
— Darstellung des Analysenganges bei der Untersuchung von Papieren, Kartons und Pappe für die Lebensmittelverpackung (Kap. 2);
— Identifizierung und Bestimmung der Papierrohstoffe, Fabrikationshilfsstoffe und spezieller Papierveredelungsstoffe (Kap. 3);
— Allgemeine Untersuchungen (Kap. 3.1);
— Voruntersuchungen (Kap. 3.2);
— Orientierende Vorproben (Kap. 3.2.1);
— Heteroelemente und chemische Gruppenzugehörigkeit (Kap. 3.2.2).

3.10.3 Zusammenfassung

Die tabellarischen Zusammenfassungen geben eine informativen Überblick über den derzeitigen Stand in der BRD. Anweisungen für die Durchführung und Anwendung sind den Kapiteln der Loseblattsammlung zu entnehmen, die durch Ergänzungslieferungen auf dem neuesten Stand gehalten wird.

Gesetzliche Bestimmungen und Prüfvorschriften befinden sich in allen Ländern in laufender Entwicklung, so daß im Bedarfsfall vom jeweils gültigen Stand auszugehen ist.

Elementanalyse zum Nachweis von N, S, Cl, Br, F, Cr und P (Kap. 3.2.2.1.1)

Aufschluß

Eine Probenmenge von 100–150 mg mit etwas Natrium im Reagenzglas schmelzen. Das Rohr mit Glaswolle verschließen, 2–3 min bis zur Rotglut erhitzen. Nach

---

[1] Die auf den Seiten 198–203 angegebenen Kapitelbezeichnungen beziehen sich auf das Ordnungsschema der Loseblattsammlung [3.177].

Abkühlen mit wenigen ml Methanol nicht umgesetztes Na binden. Rohr in einen Becher mit 12–15 ml Wasser stellen, Boden zerstoßen, Inhalt aufkochen, filtrieren und die farblose Lösung für folgende Nachweisreaktionen bereitstellen (eine etwaige Färbung des Filtrats kann auf Cr hinweisen).

Qualitative Nachweisreaktionen

Element	Kapitel-Nr.	Kolorimetrischer Nachweis	Reagenz
N	3.2.2.1.1.1	Berliner-Blau-Reaktion	Eisen(II)-Sulfat
S	3.2.2.1.1.2	violette Färbung, dunkle Trübung bis Niederschlag von PbS	Dinatriumpentacyanonitrosyl-ferrat(II)-Lösung oder Blei(II)-Acetat-Lösung
Cl, Br	3.2.2.1.1.3	weiße Trübung bis Niederschlag von AgCl bzw. AgBr. (Bei Anwesenheit von N muß entstandenes HCN auf dem Wasserbad abgetrieben werden.)	Silbernitrat
F	3.2.2.1.1.4	Benetzungsprobe, Entfärbung des orangefarbigen Peroxotitankomplexes	konz. Schwefelsäure, $K_2Cr_2O_7$ Titan(IV)-Oxisulfat, Wasserstoffperoxid
Cr	3.2.2.1.1.5	hellrote Färbung, violette Färbung	Chromotropsäure 1,5-Diphenylcarbazid
P	3.2.2.1.1.6	gelbe Trübung bzw. Fällung	Ammoniumheptamolybdat-Lösung

Nachweise direkt im Papier bzw. in Extrakten (Kap. 3.2.2.1.2)

Verbindung	Kapitel-Nr.	Prinzip	Nachweis und Reagenzien
Ammonium- und Amidostickstoff	3.2.2.1.2.1	Proben mit NaOH kochen, NH_3 abtreiben	Im Kondensat NH_3 nachweisen durch Blaufärbung von Lackmus-Papier oder durch Zugabe von Neßlers Reagenz: gelbbraune Färbung
Silicium, organisch gebundener Schwefel, Phosphor	3.2.2.1.2.2	Probe mit Benzol, dann mit Ethanol 5 min kochen, beide Extrakte im Pt-Tiegel zur Trockene eindampfen. Rückstand mit $Na_2CO_3 + Na_2O_2$ schmelzen, in HCl lösen	SiO_2: Zugabe von Benzidin und Ammoniumheptamolybdat: Blaufärbung bzw. als unlösliches SiO_2 Sulfat: Zugabe von $BaCl_2$: Fällung von $BaSO_4$ Phosphat: Zugabe von Ammoniumheptamolybdat: Gelbfärbung bzw. Niederschlag
Silicone (unvernetzte Anteile)	3.2.2.1.2.9	Proben mit Benzol, Schwefelkohlenstoff, Trichloräthylen/Essigsäureäthylester extrahieren: Extraktrückstand in CS_2 aufnehmen und mit KBr zu einer Tablette verpressen	IR-Spektroskopie

Nachweise direkt im Papier bzw. in Extrakten (Fortsetzung)

Verbindung	Kapitel-Nr.	Prinzip	Nachweis und Reagenzien
Stickstoffhaltige Polymere	3.2.2.1.2.11	Hinweise auf in der Literatur beschriebene Nachweise	Kennzeichnung N-Gehalt durch Stickstoffgrenzwerte: Polyamidfasern, 10% Massenzusatz von MF, UF, Tierleim, Kasein, Eiweißstoffe, 0,1% – 2% Beschichtungen, 10% oder mehr Entschäumer, Retentions-, Schleimbekämpfungs- u. ä. Hilfsmittel, 0,1% Epichlorhydrinharze (Empfehlung XXXVI), 0,1% – 1% Epichlorhydrinharze bei Koch- u. Heißfilterpapieren (Empfehlung XXXVI/I), 0,1%

Quantitative Bestimmung von Heteroelementen (Kap. 3.2.2.2)

Element	Kapitel-Nr.	Prinzip	Vorschrift
Stickstoff	3.2.2.2.1	Kjehldahl-Aufschluß und titrimetrische Bestimmung des abdestillierten Ammoniaks	Zellcheming-Merkblatt IV/54/73
organisch gebundener Schwefel	3.2.2.2.2	–	(DIN-Norm in Vorbereitung)
Phosphor	3.2.2.2.3	Probe naß veraschen; photometrische Bestimmung durch die Molybdänblau-Reaktion	vgl. [3.184]
Fluor	3.2.2.2.4	Probe in einem mit Sauerstoff gefüllten Kolben veraschen. Verbrennungsgase in Wasser aufnehmen. Darin Fluorid mit ionenselektiver Elektrode bestimmen	vgl. DIN 38 405, Teil 4
Chrom	3.2.2.2.5	Verweis auf Kap. 4.4.2.3	–
Chlor	3.2.2.2.6	Probe mittels Natriumschmelze aufschließen. In der Aufschlußlösung Chlorid potentiometrisch bestimmen	vgl. DIN 53 125
Glührückstand (Asche)	3.2.2.3.4	Probe veraschen, gravimetrische Bestimmung	DIN 54 371

Extraktionsverhalten (Kap. 4.3)

Herstellung der Wasserextrakte (Kap. 4.3.1)
Kaltwasserextrakt: Vorschrift: 9. Mitteilung zur Untersuchung von Kunststoffen des BGA (B III XXXVI, Teil A I). Eine Probenmenge von 20 dm^2 in 100 ml Wasser von 20 °C 24 h unter gelegentlichem Schütteln stehenlassen.

Heißwasserextrakt: Vorschrift: 9. Mitteilung zur Untersuchung von Kunststoffen des BGA (B III XXXVI, Teil A II). Eine Probenmenge von 10 cm^2 in einem Kolben mit 500 ml siedendem Wasser übergießen. 2 h im Wasserbad stehenlassen. Nach Abkühlen durch Glaswolle abfiltrieren

Untersuchung der Kaltwasserextrakte (Kap. 4.3.2)

Verbindung	Kapitel-Nr.	Prinzip	Vorschrift
Lösliches Barium	4.3.2.3	Bestimmung mit Atomabsorptionsspektrometer	[3.182]
Anionen im Kaltwasserextrakt	4.3.2.4	(iodometrische Titration)	[3.185] vgl. DIN 38 405, Teil 25
Chlorid		(o-Tolidinlösung nach Ellms-Hauser)	[3.186]
Peroxid	3.4.7	Filtrat bei pH 7 mit Peroxidase in Gegenwart von ABTS als Wasserstoffdonator umsetzen. Grünes Reaktionsprodukt photometrisch bei 436 nm bestimmen. Nachweisgrenze 25 mg H_2O_2/kg	vgl. DIN 38 408, Teil 15
Sulfit		(iodometrische Titration)	(DIN-Norm in Vorbereitung)
Chrom(VI)	4.3.2.5	Filtrat mit 1,5-Diphenylcarbazid versetzen, das durch Chrom(VI) zu rotviolettem 1,5-Diphenylcarbazon oxidiert und bei 550 nm photometrisch bestimmt wird. Chrom(III) und andere Störstoffe werden vorher aus phosphatgepufferter Lösung durch Aluminiumsulfat gefällt und abfiltriert. In Gegenwart von Pb-, Ba- oder Ag-Ionen können schwerlösliche Chromate ausfallen. Das darin enthaltene Cr(VI) wird nicht erfaßt.	vgl. DIN 38 405, Teil 24
Chrom(III)		Ergibt sich aus der Differenz Chrom/Gesamt-Chrom(VI)-Gehalt	
Natriumhexafluorosilikat	4.3.2.6	Nachweis von Fluorid-Ionen (vgl. S. 179, Kap. 3.2.2.2.4)	vgl. DIN 38 405, Teil 4

Untersuchung des Heißwasserextraktes (Kap. 4.3.3.2) [Unterkapitel von „Zusätzliche Untersuchungen für Koch- und Heißfilterpapiere" (Kap. 4.3.3)]

Kriterium	Kapitel-Nr.	Prinzip	Vorschrift
Trockenrückstand	4.3.3.2		9. Mitt. z. Unters. v. Kunststoffen BGA B II 1 XXXVI, Teil B I

Untersuchung des Heißwasserextraktes (Fortsetzung)

Kriterium	Kapitel-Nr.	Prinzip	Vorschrift
Gesamtstickstoffgehalt		in Bearbeitung	Dt. Einheitsverfahren z. Wasseruntersuchung, Methode H1 unter Anwendung der kolorimetrischen Bestimmung nach E 5.1; Erfassungsgrenze 0,02 mg/l
Organisch gebundener Stickstoff		in Bearbeitung	
Ammonium-Ion	3.4.2	Probe zerfasern, mit Wasser extrahieren, NH_3 setzt Ketogluturat in Gegenwart von Glutamat-Dehydrogenase und reduziertem Nicotinamidadenin-Dinucleotid (NADH) zu L-Glutamat um. Die verbrauchte NADH-Menge ist der NH_3-Menge äquivalent, die photometrisch bei 334, 340 oder 365 nm bestimmt wird	–
Borat	4.4.1	Borat-Ionen im Heißwasserextrakt geben mit Azomethin-H in gepufferter Lösung einen gelben Komplex, der photometrisch bestimmt wird	DIN 38 405, Teil 17

Anmerkung: Falls über den genannten Rahmen hinaus andere anorganische Bestandteile in wäßrigen Extrakten untersucht werden sollen, geben die Reihe der Deutschen Einheitsverfahren nach DIN 38400 ff. wertvolle Hinweise (s. Verzeichnis der DIN-Normen S. 206).

Bestimmung von Stoffen in Papier (Kap. 4.4)

Element	Kapitel-Nr.	Prinzip	Vorschrift
Bor (als Borat)	4.4.1	Borat-Ionen im Heißwasserextrakt geben mit Azomethin-H in gepufferter Lösung einen gelben Komplex, der photometrisch bestimmt wird	vgl. 9 B. Mitt. z. Unters. v. Kunststoffen des BGA XXXVI, 3. Teil. Best. v. Bor. DIN 38405, Teil 17
Metallspuren in Papier	4.4.2	Probe naßveraschen, z. B. mit $H_2SO_4 + H_2O_2$. Aufschlußlösung untersuchen	
Cd	4.4.2.1	– AAS, Nachweisgrenze je nach Ausrüstung: 0,04 – 0,0001 mg/l	
Pb	4.4.2.2	– AAS, Nachweisgrenze j. n. Ausrüstung: 0,03 – 0,002 mg/l	
Cr	4.4.2.3	– AAS, Nachweisgrenze j. n. Ausrüstung: 0,01 – 0,004 mg/l, oder – Photometrische Bestimmung mit 1,5-Diphenylcarbazid; Nachweisgrenze: 0,05 mg/l, Störung bei zehnfacher Menge von Cd, Hg, Pb, Zn	

Bestimmung von Stoffen in Papier (Fortsetzung)

Element	Kapitel-Nr.	Prinzip	Vorschrift
Hg	4.4.2.4	– AAS, Nachweisgrenze unter Standardbedingungen: 3,0–0,5 mg/l; mit Spezialausrüstung: 0,02 mg/l	9 A. Mitt. z. Unters. v. Kunststoffen des BGA XXXVI, Teil II, Best. v. Hg; Nachweisgrenze: 0,15 mg/l

Methoden zur Untersuchung von Papieren, Kartons und Pappen für Lebensmittelverpackungen und sonstige Bedarfsgegenstände (Kap. 8)

Element	Kapitel-Nr.	Prinzip	Vorschrift
F	3.2.2.2.4	Probe im Sauerstoffstrom veraschen. Verbrennungsgase in Wasser aufnehmen. Lösung mit TISAB-Puffer versetzen. Fluorid mit einer fluorid-spezifischen Elektrode bestimmen. Nachweisgrenze: 2 µg/20 ml Lösung	DIN 38405, Teil 4
Al	3.3.2	Probe mit verdünnter HCl extrahieren	
	3.4.2	Fluor durch Eindampfen und Abrauchen mit H_2SO_4 entfernen. Rückstand in HCl aufnehmen. Photometrische Bestimmung mit Eriochromcyanin R. Nachweisgrenze: 8 mg Al/kg	
Fe, Cu	3, 3.2	Probe: a) veraschen, Glührückstand in HCl lösen oder b) Probe mit HCl extrahieren. Fe mit Bathophenanthrolin und Cu mit Bathocuproin (Zusatz von Ascorbinsäure zur Entfernung störender Oxidationsmittel) photometrisch bestimmen. Nachweisgrenze: 5 mg Cu bzw. Fe/kg Packstoff	DIN 54363
Mg	3.3.2	Probe mit HNO_3 und $HClO_4$ aufschließen. Komplexometrische Bestimmung mit EDTA oder AAS oder flammenphotometrische Bestimmung	DIN 54372 DIN 54363
NH_3	3.4.2	Enzymatische Bestimmung	
H_2O_2	3.4.7	Enzymatische Bestimmung	
Cr	4.3.2.6	Probe mit HNO_3 im Druckgefäß aufschließen	
Pb	4.4.2	Flammenlose AAS- und Bestimmung nach der Standard-	
Cd	4.4.2	methode, bzw. bei Gehalten von 1 mg Cr/kg mit AAS-	
Cu	4.4.2	Flammentechnik. Nachweisgrenzen sind vom AAS-Gerät	
Zn	4.4.2	abhängig. Pb, Cd, Cu, Zn können auch im Heißextrakt von Filterschichten bestimmt werden	
Zr	4.4.2	Kaltwasserextrakt zur Trockne eindampfen, Rückstand mit Soda und KFe(III)-Oxalat schmelzen und Schmelze mit Wasser extrahieren. Rückstand in $HClO_4$ lösen. Nachweisgrenze: 10 µg wasserlösliches Zirkon/m^2 Papier	

3.11 Normen und Regelwerke für die Bestimmung anorganischer Bestandteile in Zellstoff, Papier und Pappe
Standards and provisions for determination inorganic constituents in pulp, paper and board

3.11.1 DIN- und DIN-ISO-Normen (Stand 11. 90)

DIN-Nr.	Ausgabe	Titel
6167	01.80	Beschreibung der Vergilbung von nahezu weißen oder nahezu farblosen Materialien (53)
6730	08.85	Papier und Pappe; Begriffe (87)
53110 T1	03.83	Prüfung von Papier und Pappe auf korrosionsbegünstigendes Verhalten; Prüfung im Kontakt mit Weißblech (320)
53114		Prüfung von Papier, Pappe und Zellstoff; Bestimmung der spezifischen elektrischen Leitfähigkeit von wäßrigen Auszügen (334)
53124		Prüfung von Papier und Pappe; Bestimmung des pH-Wertes (14)
53125	08.85	Prüfung von Papier und Pappe; Bestimmung des Chloridgehaltes in wäßrigen Extrakten (16)
53127	04.82	Prüfung von Papier und Pappe; Bestimmung wasserlöslicher Sulfate in Papier (23)
53135	06.68	Filtrierpapier für chemische Analysen; Einteilung, Bezeichnung, Haupteigenschaften, Prüfverfahren (38)
54351		Prüfung von Zellstoff; Bestimmung des Trockengewichts von Zellstoff in Ballen; Bestimmung auf Grund der Untersuchung von Einzelballen (91)
54352	10.77	Prüfung von Zellstoff; Bestimmung des Trockengehaltes von Zellstoffproben (97)
54363	11.80	Prüfung von Zellstoff und Papier; Bestimmung der Gehalte an Eisen, Mangan, Kupfer, Calcium und Magnesium; Bestimmung durch Atomabsorptionsspektroskopie (AAS) (137)
54370	12.81	Prüfung von Zellstoff, Papier und Pappe; Bestimmung des Glührückstandes (143)
54372	11.77	Prüfung von Zellstoff und Papier; Bestimmung des Calcium- und Magnesiumgehaltes (147)
54373	11.77	Prüfung von Zellstoff und Papier; Bestimmung der säureunlöslichen Asche (150)
54374	11.77	Prüfung von Zellstoff, Papier und Pappe; Bestimmung des Eisengehaltes (152)
54375	12.70	Prüfung von Zellstoff, Papier und Pappe; Bestimmung des Kupfergehaltes (155)
54376	04.82	Prüfung von Zellstoff, Papier und Pappe; Bestimmung des Mangangehaltes; Photometrisches Verfahren (158)
54377 T1	01.76	Prüfung von Zellstoff und Papier; Bestimmung des Gehaltes an Silicium(IV)-oxid; Gravimetrisches Verfahren (161)
54377 T2	01.76	Prüfung von Zellstoff und Papier; Bestimmung des Gehaltes an Silicium(IV)-oxid; Photometrisches Verfahren (163)
ISO 186	09.82	Papier und Pappe; Probenahme für Prüfzwecke (344)
ISO 187	09.82	Papier und Pappe; Vorbehandlung der Proben (349)
ISO 287	02.85	Papier und Pappe; Bestimmung des Feuchtigkeitsgehaltes nach dem Wärmeschrankverfahren (353)
ISO 536	02.85	Papier und Pappe; Bestimmung der flächenbezogenen Masse (357)
ISO 2965	03.82	Werkstoffe, die als Zigarettenpapier verwendet werden; Bestimmung der Luftdurchlässigkeit (361)
ISO 7213	01.84	Zellstoff und Holzstoff; Probenahme für Prüfzwecke (365)
VDE 6741/0311	01.77	VDE-Bestimmung für Isolierpapiere; Anforderungen, Typen, Prüfung

3.11.2 ISO-Normen

ISO-Nr.	Ausgabejahr	Titel	Zusammenhang mit DIN
105	1978	Textiles — Tests for colour fastness	54000, 54001, 54004
186	1977	Paper and board — Sampling for testing	ISO 186
187	1977	Paper and board — Conditioning of samples	ISO 187
287	1978	Paper and board — Determination of moisture content — Oven-drying method	ISO 287
638	1978	Pulps — Determination of dry matter content	54352
692	1982	Pulps — Determination of alkali solubility	54356
699	1982	Pulps — Determination of alkali resistance	54355
776	1982	Pulps — Determination of acid-insoluble ash	54373, 54377 T1, 54377 T2
777	1982	Pulps — Determination of calcium content — EDTA Titrimetric and flame atomic absorption spectrometric methods	54372
778	1982	Pulps — Determination of copper content — Extraction-photometric and flame atomic absorption spectrometric methods	54375
779	1982	Pulps — Determination of Iron content — 1,10-Phenanthroline photometric and flame atomic absorption spectrometric methods	54374
801/1	1979	Pulps — Determination of saleable mass in lots — Part 1: Pulp baled in sheet form	
801/2	1979	Pulps — Determination of saleable mass in lots — Part 2: Pulps (such as flash-dried pulp) baled in slabs	
1762	1974	Pulps — Determination of ash	54370
1830	1982	Pulps — Determination of manganese content — Sodium periodate photometric and flame atomic absorption spectrometric methods	54376
2144	1983	Paper and board — Determination of ash	54370
5630/1—4	1982—90	Paper and board — Accelerated ageing part: 1—4	
6587	1980	Paper, board and pulps — Determination of conductivity of aqueous extracts	53114
6588	1981	Paper, board and pulps — Determination of pH of aqueous extracts	55124
7213	1981	Pulps — Sampling for testing	ISO 7213

3.11.3 DIN-Normen, die für die Untersuchung wäßriger Extrakte von Zellstoff und Papier herangezogen werden könnten

38405 T1	12.85	Deutsche Einheitsverfahren zur Wasser-, Abwasser- und Schlammuntersuchung; Anionen (Gruppe D); Bestimmung der Chlorid-Ionen (D1)	
38405 T4	07.85	−; −; Bestimmung von Fluorid (D4)	
38405 T5	01.85	−; −; Bestimmung der Sulfat-Ionen (D5)	
38405 T9	05.79	−; −; Bestimmung des Nitrat-Ions (D9)	ISO 7890/1+2
38405 T10	02.81	−; −; Bestimmung des Nitrit-Ions (D10)	ISO 6777
38405 T11	10.83	−; −; Bestimmung von Phosphorverbindungen (D11)	ISO 6878/1
38405 T17	03.81	−; −; Bestimmung von Borat-Ionen (D17)	
E 38405 T19		−; −; Bestimmung der Anionen; F, Cl, NO_2, NO_3, PO_4, Br, SO_4 durch Ionenchromatographie	
E 38405 T24	01.86	−; −; Photometrische Bestimmung von Chrom (VI) mittels 1,5-Diphenylcarbazid (D24)	
38406 T1	05.83	Deutsche Einheitsverfahren zur Wasser-, Abwasser- und Schlammuntersuchung; Kationen (Gruppe E); Bestimmung von Eisen (E1)	ISO 6332
38406 T2	05.83	−; −; Bestimmung von Mangan (E2)	ISO 6333
38406 T3	09.82	−; −; Bestimmung von Calcium und Magnesium (E3)	ISO 6058 ISO 6059 ISO 7980
38406 T5	10.83	−; −; Bestimmung des Ammonium-Stickstoffs (E5)	ISO 5664 ISO 7150/1
38406 T6	05.81	−; −; Bestimmung von Blei (E6)	
38406 T8	10.80	−; −; Bestimmung von Zink (E8)	
E 38406 T9	04.86	−; −; Photometrische Bestimmung von Aluminium (E9)	
38406 T10	06.85	−; −; Bestimmung von Chrom (E10)	DP 9147
38406 T12	07.80	−; −; Bestimmung von Quecksilber (E12)	ISO 5666, Teil 1, 2, 3
38406 T19	07.80	−; −; Bestimmung von Cadmium (E19)	ISO 5961
38406 T21	09.80	−; −; Bestimmung von neun Schwermetallen (Ag, Bi, Cd, Co, Cu, Ni, Tl, Pb, Zn) nach Anreicherung durch Extraktion (E21)	ISO 8288
E 38406 T22	02.87	−; −; Kationen (Gruppe E), Bestimmung der 24 Elemente Ag, Al, B, Ba, Ca, Cd, Co, Cr, Cu, Fe, K, Mg, Mn, Mo, Na, Ni, P, Pb, Sb, Sr, Ti, V, Zn und Zr durch Atomemissionsspektrometrie mit induktiv angekoppeltem Plasma (CP-AES) (E22)	
E 38409 T.1	01.87	−; Summarische Wirkungs- und Stoffkenngrößen (Gruppe H); Bestimmung des Gesamttrockenrückstandes, des Filtrattrockenrückstandes und des Glührückstandes (H1)	
E 38409 T15	11.84	−; −; Bestimmung von Wasserstoffperoxid und seinen Addukten (H15)	

3.11.4 DIN- und DIN-ISO-Normen mit allgemeiner übergeordneter Bedeutung für zellstoff- und papieranalytische Untersuchungen

DIN ISO 5725		Genauigkeit von Testmethoden, Best. d. Wiederholbarkeit u. Vergleichbarkeit
DIN 32625	(12.89)	Größen und Einheiten in der Chemie; Stoffmenge und davon abgeleitete Größen; Begriffe und Definitionen
DIN 32629	(11.88)	Stoffportion; Begriff, Kennzeichnung
DIN 32630	(06.85)	Charakterisierung chemischer Analysenverfahren nach der Probengröße und dem Gehaltsbereich
DIN 32635	(06.84)	Spektralphotometrische Analyse von Lösungen, Begriffe, Formelzeichen, Einheiten
DIN 51001 T1	(07.83)	Prüfung oxidischer Roh- und Werkstoffe; Röntgenfluoreszenz-Analyse (RFA); Teil 1 Allgemeine Arbeitsgrundlagen
DIN 51001 T1 Beiblatt 1	(08.87)	Prüfung oxidischer Roh- und Werkstoffe; Röntgenfluoreszenz-Analyse (RFA); Stoffgruppenbezogene Aufschlußverfahren
E DIN 51001 T1	(07.88)	Prüfung oxidischer Roh- und Werkstoffe; Röntgenfluoreszenz-Analyse (RFA); Messung, Eichung, Auswertung
DIN 51401 T1	(12.83)	Atomabsorptionsspektrometrie (AAS); Begriffe
DIN 51401 T2	(01.87)	Atomabsorptionsspektrometrie (AAS); Aufbau von Atomabsorptionsspektrometern
DIN 55302 T1		Statistische Auswertverfahren; Häufigkeitsverteilung, Mittelwert u. Streuung, Grundbegriffe u. allgem. Rechenverf.
DIN 53804 T1		Statistische Auswertungen; Meßbare (kontinuierliche) Merkmale
Beiblatt 1 zu 53804 T1		dito; Beispiele aus der chemischen Analytik
DIN Taschenbuch 22		Normen für Größen und Einheiten in Naturwissenschaft und Technik, AEF-Taschenbuch, 5. Auflage, Berlin: Beuth 1978

3.11.5 Zellcheming-Merkblätter

IV/31/67	Prüfung von Zellstoff, Bestimmung des Trockengewichts von Zellstoff in Ballen, Bestimmung auf Grund der Untersuchung von Einzelballen
IV/40/77	Prüfung von Zellstoff, Papier und Pappe, Bestimmung des Glührückstandes
IV/41/67	Prüfung von Zellstoff, Sulfatasche im Zellstoff
IV/42/67	Prüfung von Zellstoff, Bestimmung des Trockengehaltes von Zellstoffproben
IV/45/67	Prüfung von Zellstoff, Bestimmung von Calcium und Magnesium
IV/46/67	Prüfung von Zellstoff, Eisen in Zellstoff
IV/47/68	Prüfung von Zellstoff, Kupfer in Zellstoff
IV/48/68	Prüfung von Zellstoff, Mangan in Zellstoff
IV/49/69	Prüfung von Zellstoff, Säureunlösliche Asche
IV/50/69	Prüfung von Cellulose, Bestimmung der Grenzviskositätszahl (η) in Eisen-III-Weinsäure-Natrium-Komplex $EWNN_{mod}$ (NaCl)
IV/51/70	Prüfung von Zellstoff, Bestimmung von Silicium(IV)-Oxid
IV/54/73	Prüfung von Zellstoff, Papier und Pappe, Bestimmung des Stickstoffgehaltes, Teil 1: Titrimetrische Verfahren
IV/54.2/81	Prüfung von Zellstoff, Papier und Pappe, Bestimmung des Stickstoffgehaltes, Teil 2: Photometrische Verfahren
IV/55/74	Prüfung von Zellstoff und Papier, Anfärbemethoden für mikroskopische Untersuchungen
IV/56/76	Prüfung von Zellstoff, Bestimmung der Gehalte an Eisen, Mangan, Kupfer, Calcium und Magnesium. Direkte Bestimmung durch Atomabsorptionsspektrometrie (AAS)

3.11.5 Zellcheming-Merkblätter (Fortsetzung)

IV/57/78	Prüfung von Zellstoff, Bestimmung der Gehalte an Eisen, Mangan, Kupfer, Calcium und Magnesium. Direkte Bestimmung durch Atomabsorptionsspektrometrie(AAS)-Additionsverfahren
IV/58/80	Prüfung von Papier, Karton und Pappe, Säure- und Alkaligehalt in wäßrigen Extrakten
IV/59/86	Prüfung von Zellstoff u. Papier, Bestimmung des Eisengehaltes, Photometrische Bestimmung mit Bathophenanthroin-Reagenz
IV/60/86	Prüfung von Zellstoff u. Papier, Bestimmung des Kupfergehaltes, Photometrische Bestimmung mit Bathocuproin-Reagenz
IV/57/78	Prüfung von Zellstoff, Bestimmung der Gehalte an Eisen, Mangan, Kupfer, Calcium und Magnesium. Direkte Bestimmung durch Atomabsorptionsspektrometrie(AAS)-Additionsverfahren
IV/58/80	Prüfung von Papier, Karton und Pappe, Säure- und Alkaligehalt in wäßrigen Extrakten
IV/59/86	Prüfung von Zellstoff und Papier, Bestimmung des Eisengehaltes, Photometrische Bestimmung mit Bathophenanthrolin-Reagenz
IV/60/86	Prüfung von Zellstoff und Papier, Bestimmung des Kupfergehaltes, Photometrische Bestimmung mit Bathocuproin-Reagenz
V/17/80	Prüfung von Papier, Karton und Pappe, Elektrometrische Messung des pH-Wertes auf der Oberfläche von Papier („Oberflächen-pH-Wert")
V/19/63	Probenvorbereitung für die Weißgradmessung von Zellstoffen

3.11.6 TGL-Regelwerke

RGW 442-77	10.78	1040	Papier und Karton; Probenahme – MIFI
RGW 445-77	05.79	1040	Zellstoff; Probenahme – MIFI
7584	04.81	1040	Papier und Karton; Bestimmung des Feuchteanteils: Gravimetrische Bestimmung RGW 1689-791 – MIFI
8970	12.73	1040	Prüfung von Faserstoffen; Bestimmung des Trockenmasseanteiles
9785	07.78	1040	Prüfung von Photopapier; Bestimmung der photochemischen Störstellen – MIFI
12335	12.74	1040	Prüfung von Faserstoff, Papier und Karton; Bestimmung des Eisengehaltes
20102	03.64	1040	Prüfung von Zellstoff, Papier, Karton und Pappe: Bestimmung der Asche
20760	09.79	1040	Prüfung von Zellstoff, Papier und Karton; Herstellung von wäßrigen Extrakten – MIFI
20761	07.74	1040	Prüfung von Faserstoffen, Papier und Karton; Bestimmung der spezifischen Leitfähigkeit des wäßrigen Auszuges
21510	11.65	1040	Prüfung von Zellstoff, Papier und Karton; Bestimmung des Chloridgehaltes
21511	11.65	1040	–; –; Bestimmung des Sulfatgehaltes
25172	12.69	1040	–; Bestimmung des Calcium- und Magnesiumgehaltes
25175	12.69	1040	–; Bestimmung der in Salzsäure unlöslichen Aschebestandteile
26956	12.72	1040	Prüfung von Papier; Probenahme von Laborpapier
29288	02.82	1040	Prüfung von Faserstoff; Bestimmung des Glührückstandes, RGW 1688-791 – MIFI
36779	09.79	1040	Prüfung von Faserstoff; Bestimmung des Calciumgehaltes im Glührückstand nach dem AAS-Verfahren – MIFI

3.11.6 TGL-Regelwerke (Fortsetzung)

36780	09.79	1040	– ; Bestimmung des Magnesiumgehalts im Glührückstand nach dem AAS-Verfahren – MIFI
36781	09.79	1040	– ; Bestimmung des Mangangehalts im Glührückstand nach dem AAS-Verfahren – MIFI
36782	09.79	1040	– ; Bestimmung des Eisengehalts im Glührückstand nach dem AAS-Verfahren – MIFI
36784	09.79	1040	– ; Bestimmung des Kupfergehaltes im Glührückstand nach dem AAS-Verfahren – MIFI
36785	09.79	1040	– ; Bestimmung des Natriumgehalts im Glührückstand mittels der Flammenphotometrie – MIFI
36786	09.79	1040	– ; Bestimmung des Kaliumgehaltes im Glührückstand mittels der Flammenphotometrie – MIFI
36879	09.79	1040	– ; Bestimmung des Siliziumdioxidgehalts im Glührückstand mittels Spektrophotometer – MIFI
36881	09.79	1040	– ; Bestimmung ausgewählter Bestandteile im Glührückstand; Aufschluß des Glührückstands mit Soda-Pottasche – MIFI
37218	03.81	1040	Prüfung von Papier, Karton und Preßspan; Bestimmung des Ringstauchwiderstandes – MIFI
37235	11.81	1040	Prüfung von Papier und Karton; Bestimmung der Luftdurchlässigkeit nach Schopper – MIFI
37719/01	09.79	1040	Prüfung von Faserstoff, Papier und Karton; Bestimmung des pH-Wertes; Methode mit pH-Meßpapier – MIFI
37719/02	09.79	1040	– ; – ; Elektrometrische Messung im wäßrigen Extrakt; Heißwasserextrakt, Kaltwasserextrakt – MIFI
37719/03	09.79	1040	– ; – ; Elektrometrische Messung im Extrakt mit 0,01 N Kaliumchloridlösung – MIFI
37719/4	09.79	1040	– ; – ; Elektrometrische Messung an der Probenoberfläche – MIFI

3.11.7 TAPPI-Regelwerke

Testmethods

om = Official Test Method (formerly os = Official Standard -m- Official Standard),
pm = Provisional Test Method (formerly su = Suggested Method- ts = Tentative Standard);
cm = Classical Method; wd = Withdrawn Method

T 15 wd-80 – (T 15 os-58-combined with T 211)	Ash in wood
T 208 om-84 – (T 208 os-78)	Moisture in wood, pulp, paper and paperboard by toluene distillation
T 209 wd-79 – (T 209 su-72)	Methoxyl content of pulp and wood
T 210 m-58	Weighing, sampling and testing pulp for moisture
T 211 om-85 – (T 211 om-80)	Ash in wood and pulp
T 229 wd-76 – (T 229 ts-45-became Useful Method 254)	Water-soluble sulfates and chlorides in pulp
T 241 hm-83 – (T 241 su-69)	Manganese in pulp
T 242 hm-83 – (T 242 su-69)	Iron in pulp
T 243 hm-83 – (T 243 su-69)	Copper in pulp
T 244 om-83 – (T 244 os-77)	Acid-insoluble ash in pulp

Testmethods (Fortsetzung)

T 245 om-83 – (T 245 os-77)	Silicates and silica in pulp (wet ash method)
T 252 om-85 – (T 252 pm-76)	pH and electrical conductivity of hot water extract of pulp, paper, and paperboard
T 255 om-84 – (T 255 pm-76)	Water-soluble sulfates in pulp and paper
T 256 hm-85 – (T 256 pm-76)	Water-soluble chlorides in pulp and paper
T 266 pm-83	Determination of sodium, calcium, copper, iron, and manganese in pulp and paper by atomic absorption spectroscopy
T 400 om-85 – (T 400 os-75)	Sampling and accepting a single lot of paper, paperboard, fiberboard or related products
T 401 om-82	Fiber analysis of paper and paperboard
T 402 om-83 – (T 402 os-70)	Standard conditioning and testing atmospheres for paper, board, pulp handsheets and related products
T 403 om-85 – (T 403 os-76)	Bursting strength of paper
T 406 om-82	Reducible sulfur in paper and paperboard
T 407 wd-71 – (T 407 m-49-became Useful Method 542)	Amount of coating on mineral-coated paper
T 412 om-83 – (T 412 su-69)	Moisture in paper
T 413 om-85 – (T 413 om-80)	Ash in paper and paperboard
T 417 wd-76 – (T 417 os-68-became Useful Method 567)	Proteinaceous nitrogenous materials in paper (qualitative)
T 418 om-85 – (T 418 om-80)	Organic nitrogen in paper and paperboard
T 421 om-83 – (T 421 os-73)	Qualitative (including optical microscopic) analysis of mineral filler and mineral coating of paper
T 422 wd-73 – (T 422 su-67)	Quantitative determination of mineral filler and mineral coating of paper
T 428 pm-85 – (T 428 pm-77)	Hot water extractable acidity or alkalinity of paper
T 434 hm-83 – (T 434 os-68)	Acid-soluble iron in paper
T 435 om-83 – (T 435 os-77)	Hydrogen ion concentration (pH) of paper extracts – hot extraction method
T 436 wd-76 – (T 436 ts-64-became Useful Method 571)	Arsenic in paper and paperboard
T 437 om-85 – (T 437 pm-78)	Dirt in paper and paperboard
T 438 om-82	Zinc and cadmium in paper and pigments
T 439 wd-78 – (T 439 m-60-combined with T 627)	Titanium pigments in paper
T 440 wd-83 – (became UM 585)	Alkali-staining number of paper
T 444 hm-85 – (T 444 pm-80)	Silver tarnishing by paper and paperboard
T 445 wd-84 – (T 445 su-57-became Useful Method 589)	Identification of specks and spots in paper

Testmethods (Fortsetzung)

T 468 wd-76 – (T 468 m-60-reissued as T 255, T 256) ..	Water-soluble sulfates and chlorides in paper and paperboard
T 471 wd-73 – (T 471 m-47-became Useful Method 572)	Testing analytical filter papers
T 484 wd-78 – (T 484 m-58-combined with T 208)	Moisture in paper and paperboard by toluene distillation
T 488 wd-73 – (T 488 ts-65-combined with T 421)	Microscopical identification of fillers in paper
Z 509 om-83 – (T 509 os-77)	Hydrogen ion concentration (pH) of paper extracts – cold extraction method
T 529 om-82	Surface pH measurement of paper
T 627 om-85 – (T 627 om-79)	Determination of titanium dioxide
T 699 pm-83	Analysis of bleaching and pulping liquors by ion chromatography

Useful methods

Useful methods (Fortsetzung)

3.11.8 ASTM-Regelwerke

Anmerkung

ASTM-Regelwerke sind vielfach identisch mit TAPPI-Regelwerken. Aus Platzgründen muß auf eine listenmäßige Erfassung verzichtet werden. Eine Übersicht ist den jährlich erscheinenden Taschenbüchern zu entnehmen, z. B. Annual book of ASTM standards. Vol. 15. 09: Paper; Packaging; Flexible Barrier Materials; Business Copy Products (Band enthält auch Zellstoff) und Vol. 15.04: Soap; Polishes; Cellulose; Leather; Resilient Floor Coverings. Zu beziehen durch: American Soc. for Testing and Materials, 1916 Race St., Philadelphia, PA 19103, USA.

3.11.9 SCAN-Regelwerke

SCAN-C 5:62	Sulphated ash
SCAN-C 6:62	Ash
SCAN-C 9:62	Silicates and silica
SCAN-C 10:62	Calcium
SCAN-C 11:75 R	ISO Brightness
SCAN-C 12:62	Copper
SCAN-C 13:62	Iron
SCAN-C 14:62	Manganese in pulp
SCAN-C 30:73	Sodium content of wet pulp
SCAN-P 1:61	Sampling of paper and paperboard from lots
SCAN-P 2:75 R	Conditioning of test samples
SCAN-P 4:63	Moisture
SCAN-P 5:63	Ash
SCAN-P 14:65	pH of aqueous extracts of paper
SCAN-P 15:65	Specific conductance of aqueous extracts of paper
SCAN-P 54:84	Chloride content − Starch.

Danksagung. Mein Dank gilt meinen Kollegen im „Zellcheming Fachauschuß IV für die chem. Prüfung von Zellstoff und Papier" und im „DIN Arbeitsausschuß NMP 421" für die stete Unterstützung auch bei Ausarbeitung dieses Beitrags. Dies gilt insbesondere für die Damen und Herren Dr. W. Griebenow, Berlin; Dr.U. Gasche, Attisholz, Schweiz; Dr. A. Gürtler, Viersen; Dr. U. Hamm, Darmstadt; Dipl. Chem. Högerl, Dachau; Dr. J. Hollaender, München; Dipl.-Ing. J. Hüpfl, Lenzing, Österreich; Dr. G. Jung, Albbruck; Dr. H. Kern, Kelheim; Dr. G. Knezevic, München; Prof. Dr. T. Krause, Darmstadt; Dr. F. Müller, Leverkusen; Dipl.-Ing. O. Nather, Berlin; Dr. Oehlmann (†), Karlsruhe-Maxau; Dr. G. Papier, Bergisch-Gladbach; E.P. Petermann, Bonn; Dr. A. von Raven, Dachau; Dr. J. Weidenmüller, Gernsbach; J. Weigl, München und Frau Dipl.-Chem. B. Werthmann, Berlin. (Bearbeitungsschluß des Textteiles: Juni 1987; Bearbeitungsschluß für Regelwerke DIN: November 1990, andere Regelwerke Mai 1990)

4 Prüfung der Füllstoffe und Streichpigmente
Test of Fillers and Coating Pigments

J. Weigl

4.1 Allgemeines
General

4.1.1 Einfluß der Füllstoffe und Pigmente auf die Papierherstellung und auf die Papiereigenschaften

Die hohen Qualitätsanforderungen, die heute insbesondere auf dem Gebiet der Druckpapiere an das Endprodukt gestellt werden, machen nicht nur eine sorgfältige Auswahl von Faserstoffen und Faserstoffkombinationen notwendig, sondern ebenso von anorganischen Füllstoff- und Pigmentsorten. Ein Abwägen qualitätsmäßiger Erfordernisse gegenüber ökonomischen Vorteilen ist besonders der heutigen Marktlage entsprechend nötig. Die Maßnahme, anorganische Produkte den Faserstoffen beizumischen, hatte ursprünglich den Zweck, teures Fasermaterial einzusparen. Bald erkannte man, daß durch die Mitverwendung von Füllstoffen die Papiere eine erhebliche Qualitätssteigerung erfuhren. So werden heute für Spezialpapiere Füllstoffe, wie z. B. TiO_2, eingesetzt, die bei weitem die Kosten der Fasermaterialien übersteigen. Für die meisten Papiere wird jedoch durch den Füllstoffeintrag neben einer Papierqualitätssteigerung auch eine Kostenreduzierung durch Einsparung von Fasermaterialien angestrebt [4.01, 4.1].

Der verstärkte Trend zu leichtgewichtigen Druckpapieren stellt den Papiermacher vor die schwierige Aufgabe, einen technologisch und gleichzeitig wirtschaftlich vertretbaren Kompromiß zwischen Flächengewicht, Festigkeit, Opazität und Bedruckbarkeit (Druckfarbendurchschlagen und -durchscheinen) zu finden [4.2]. Die Vor- und Nachteile, die eine Einarbeitung von mineralischem Füllstoff in den Papierquerschnitt oder eine Pigmentauflage oder eine Pigmentstrichauflage dem Papier allgemein erbringen, sind in Tabelle 4.1 aufgezeigt [4.1, 4.3].

Die Opazität und der Weißgrad eines Papiers resultieren aus seiner Lichtstreuung und seiner Lichtabsorption. Mit Hilfe der Kubelka-Munk-Gleichung kann man den Lichtstreuungs- und den Absorptionskoeffizienten aus den Weißgrad- und Opazitätswerten ermitteln [4.5].

Zur Erhöhung der Opazität bei hohem Weißgehalt sind Füllstoffe die geeigneten Hilfsmittel. Die opazitätserhöhende Wirkung der Füllstoffe hängt dabei vom Brechungsindex, der spezifischen Oberfläche, der Teilchengröße und der Teilchenform ab.

Die Opazität ist im Hinblick auf die Füllung bei holzfreien, hochgebleichten Papieren von besonderer Bedeutung. Bei holzhaltigen Papieren ist der Ligninge-

Tabelle 4.1. Einfluß der anorganischen Füllstoffe und Pigmente auf die Papierherstellung und Papiereigenschaften

Art des Einflusses	Auswirkungen
Opazität	Verbesserung
Weißgrad	Verbesserung
Glätte	Verbesserung
Papier- und Druckglanz	wird erhöht
Festigkeit	wird erniedrigt
Leimung	wird verschlechtert
Tintenfestigkeit	wird verbessert
Luftdurchlässigkeit	wird verbessert
Druckfarbenabsorption	wird erhöht
Durchschlagen und Durchscheinen der Druckfarbe	wird reduziert
Wegschlagverhalten	kann gesteuert werden
Zweiseitigkeit	nimmt zu
Dimensionsstabilität	wird verbessert
Optische Aufhellung	nimmt ab
Kompressibilität	wird vermindert
Messerverschleiß	wird erhöht
Druckmetallabnützung und Abwasserprobleme	nehmen zu
Siebverschleiß	wird erhöht
Wirtschaftlicher Vergleich	billiger als Zellstoff

halt mehr der bestimmende Faktor. Im allgemeinen streuen Füllstoffe – mit zunehmender Teilchenfeinheit – das Licht stärker als Cellulose. Rhomboedrische Calciumcarbonate zeigen dabei eine etwas stärkere Lichtstreuung als plättchenförmige Kaolinteilchen [4.6]. Neben der Eigenlichtstreuung der Füllstoffe verhindert der Füllstoff Faserkontaktflächen durch Offenhalten der sonst durch Kontakt verlorenen Faserfläche sowie ein Zusammenklappen der äußeren Faserfibrillen und erhöht folglich die Lichtstreuung der Fasern [4.7].

Der Weißgrad ist bei natürlichen Rohstoffen von den häufig anwesenden Schwermetallspuren – insbesondere Eisenverbindungen – abhängig [4.8].

Die Glätte der Papieroberfläche nimmt mit steigendem Füllstoffgehalt und zunehmender Teilchenfeinheit zu. Neben der Teilchengröße ist für die Glättbarkeit und den Glanz bzw. den Druckglanz vor allem die morphologische Struktur verantwortlich [4.9, 4.10]. Wie bereits Brecht [4.11] in seinen früheren Arbeiten festgestellt hat, wirken sich die meisten Füllstoffe – vor allem Kaolin – nachteilig auf die Leimung aus. Als Hauptursache für den Leimungsgradrückgang ist dabei der hydrophile Charakter des Kaolins anzuführen. Talkum und Calciumcarbonate, also hydrophobere Füllstoffe, beeinflussen die Leimung nur unwesentlich; der Leimungsgrad wird unter Umständen sogar verbessert [4.3]. Talkum wird auf Grund des etwas hydrophoberen Charakters und der damit bedingten guten Affinität zu hydrophoben Bestandteilen seit Jahren erfolgreich zur Harzbekämpfung eingesetzt [4.12]. Die Tintenfestigkeit und die Druckfarbenadsorption nehmen mit zunehmendem Füllstoffgehalt zu. Die Festigkeitseigenschaften und die Lappigkeit (Biegesteifigkeit) werden durch die Zugabe von Füllstoffen nachteilig beeinflußt, da die

Oberflächenbindungen (Wasserstoffbrückenbindungen) der Zellstoffasern unter-einander gestört werden [4.11, 4.13]. Das Durchschlagen und Durchscheinen der Druckfarbe wird mit zunehmendem Füllstoffgehalt um so mehr reduziert, je fein-teiliger die eingesetzten Füllstoffe sind und je höher ihre spezifische Oberfläche ist [4.14, 4.15]. Bei Schwankungen von Temperatur und Luftfeuchtigkeit zeigen gefüll-te Papiere eine bessere Dimensionsstabilität. Mit zunehmendem Füllstoffgehalt wird eine stärkere Verdichtung des Papiers beim Glätten und Satinieren − Verrin-gerung der Luftdurchlässigkeit − erzielt, d. h. die Porosität fällt ab und es ergibt sich dadurch ein besserer Farbstand.

Füllstoffe setzen ganz allgemein die Wirkung der Aufheller herab, da sie im UV-Gebiet absorbieren oder sogar einen Gelbstich besitzen.

Mit zunehmendem Füllstoffgehalt werden, je nach den physikalischen Eigen-schaften, die Laufeigenschaften mehr oder weniger stark nachteilig beeinflußt [4.3]. Neben verkürzten Sieblaufzeiten, geringeren initialen Naßfestigkeiten muß auch mit einer verstärkten Kreislauf- und Abwasserbelastung gerechnet werden.

Der Siebverschleiß und die Kreislauf- und Abwasserbelastung nehmen mit ab-nehmender Füllstoff-Retention entsprechend zu. Besonders Füllstoffe wie Gips und Calciumcarbonat, die sich etwas schwerer retendieren lassen und zusätzlich − je nach pH-Wert − eine mehr oder weniger starke Löslichkeit aufweisen, führen zu einer Kreislaufbelastung und unter Umständen zu Produktionsstörungen [4.16]. Dagegen wird durch Füllstoffe mit hoher spezifischer Oberfläche, wie z. B. durch Bentonit (350 m^2/g) oder durch Füllstoffe mit niedriger Oberflächenener-gie, wie z. B. mit Talkum, eine Kreislaufentlastung durch Adsorption von sog. „Störsubstanzen" oder „schädlichen Harzen" ermöglicht [4.16 − 4.18].

Der Siebverschleiß hängt stark von der Retention des Füllstoffes ab, da der Siebabrieb hauptsächlich durch Füllstoffteilchen, die sich im Spalt zwischen Sieb- und Saugerbelag befinden, verursacht wird [4.19].

Untersuchungen über den Reaktionsmechanismus der Füllstoff-Retention ha-ben gezeigt, daß Adsorptions-, Filtrations-, Sedimentations- sowie Flockungsvor-gänge wirksam sind [4.4, 4.20].

In der Praxis handelt es sich dabei sicher um Überlagerungen der erwähnten Vorgänge, deren jeweiliger Einfluß von den physikalischen Eigenschaften des ein-gesetzten Füllstoffs, von der Stoffzusammensetzung sowie von den Betriebsbedin-gungen abhängt. Hohe Suspensionsstoffdichten und Flächengewichte sowie ein großer Anteil an Faserfeinstoffen bzw. ein hoher Mahlgrad begünstigen die Füll-stoff-Retention [4.21]. Retentionsmittel, die eine besonders hohe Faserfeinstoff-Retention ergeben, wie z. B. kationische Stärke, kationischer Guar und Alumini-umsulfat, bewirken somit indirekt eine Erhöhung der Füllstoff-Retention. Die ver-schiedenen Arten von Füllstoffen ergeben, − abhängig von ihrer Teilchengröße, Teilchenform, spez. Gewicht, spez. Oberfläche, Polarität (Oberflächenenergie) und Oberflächenladung (Zeta-Potential), − recht unterschiedliche Ausbeuten [4.20].

Die Retention nimmt mit steigender Kornfeinheit zu, was auch mit der höheren spezifischen Oberfläche bei feinteiligen Füllstoffen und der damit verbesserten Ad-sorption bzw. Haftung an Fasern sowie mit der höheren Flockungsbereitschaft in Zusammenhang stehen dürfte. Mit Zunahme der Plättchenausdehnung (aspect ra-tio), z. B. bei Kaolin, nimmt die Füllstoff-Retention bei gleicher Korngröße und spezifischer Oberfläche zu, da diese Teilchen im Netzwerk der Fasern (Filtrations-effekt) weit besser zurückgehalten werden als z. B. rhomboedrische Calciumcarbo-nat-Teilchen [4.6]. Mit zunehmendem spezifischen Gewicht ist neben einer ver-stärkten Zweiseitigkeit ein Retentionsrückgang zu erwarten. Füllstoffe mit hoher spezifischer Oberfläche haben hohe Eigen- und Fremdretention. Aus Untersu-chungen geht weiter hervor, daß Talkum und Calciumcarbonat wegen des unpola-reren Charakters (niedrigere Oberflächenenergie) von kationischen Retentions-hilfsmitteln bei bereits wesentlich geringeren Zugabemengen umgeladen werden als z. B. Kaolin [4.20].

Für eine gute Füllstoff-Retention wird allgemein ein Ladungsausgleich durch entgegengesetzt geladene Retentionsmittel gefordert, die die Verbindung zwischen Fasern und Füllstoffteilchen beschleunigen und verbessern und durch die Flockung zur Vergrößerung der Füllstoffteilchen beitragen [4.22]. Füllstoffe in der Nähe des Ladungsnullpunktes weisen wegen der geringen Affinität zu den gelade-nen Retentionshilfsmitteln eine geringere Retention auf [4.20].

4.1.2 Einfluß der Streichpigmente auf die Strichqualität

Die Streichpigmente bilden den eigentlichen „Körper" des Strichs. Da sie, von ein-zelnen Ausnahmen abgesehen, mindestens 80% des gesamten trockenen Strichge-wichts ausmachen, bestimmen sie in hohem Maße die Qualität des Strichs und sei-ne Wirtschaftlichkeit [4.23, 4.24]. In der Papierstreicherei werden fast ausnahmslos Weißpigmente eingesetzt. Folgende Anforderungen werden an Streichpigmente ge-stellt:
— hohe Weiße und Opazität;
— optimale Teilchengröße;
— plättchen- bzw. nadelförmige Teilchenform für Papiere, bei denen ein hoher Glanz gefordert wird;
— hoher Brechungsindex;
— geringes Abrasionsverhalten;
— hohe Reinheit und chemische Stabilität;
— Verträglichkeit mit den übrigen Streichfarben-Komponenten;
— gute Dispergierbarkeit und günstiges rheologisches Verhalten;
— gute Druckfarbenaufnahme;
— niedriger Bindemittelbedarf;
— Preiswürdigkeit.

Der Einfluß der Streichpigmente auf die Strichmorphologie und deren Auswirkun-gen auf die Strichqualität gestrichener Papiere wurde eingehend untersucht [4.84]. Eine hohe Teilchenfeinheit wirkt sich günstig auf das rheologische Verhalten, den Feststoffgehalt, das Sedimentvolumen, die Opazität, den Glanz und die Glätte aus. Feinteilige Streichpigmente bedingen jedoch wegen der höheren spezifischen Ober-fläche einen höheren Bindemittelbedarf, was sich sowohl auf die optischen Eigen-schaften als auch auf die Bedruckbarkeitseigenschaften nachteilig auswirkt [4.24−4.26].

Mit Zunahme des Flächenverhältnisses eines Streichpigments werden Sedimentvolumen der Streichfarbe, Glanz und Glätte des Papiers erhöht, aber es lassen sich, bedingt durch die zunehmende Viskosität, keine so hohen Feststoffgehalte erzielen [4.27].

4.1.3 Kennzahlen natürlicher und synthetischer Füllstoffe und Streichpigmente

Von den in der Papierindustrie zum Einsatz kommenden Füllstoffen ist das Kaolin der mit Abstand bedeutendste anorganische Rohstoff [4.28–4.30]. In Tabelle 4.2 sind die typischen Kennzahlen von den natürlichen und synthetischen Füllstoffen aufgeführt, die hauptsächlich in der Papierindustrie zum Einsatz kommen [4.1, 4.3].

Kaolin ist ein wasserhaltiges Aluminiumsilikat von plättchenförmiger Struktur. Die Eignung der Kaoline – aber auch der anderen Füllstoffe – für gute Papierqualitäten hängt im großen Umfang von der Teilchengröße und der Weiße ab (Bild 4.1). Auf Grund des etwas hydrophoben Charakters eignet sich *Talkum* sehr gut zur Adsorption von sogenannten „schädlichen Harzen" und wird daher bevorzugt zur Harzbekämpfung eingesetzt [4.31]. Modifizierter *Bentonit* (Montmorillonit) zeigt durch die hohe spezifische Oberfläche, den Porenradius bzw. das Porenvolumen ein besonders hohes Adsorptionsvermögen gegenüber „Störsubstanzen", schädlichen Harzen, Bindern und basischen Farbstoffen [4.17]. Er wird daher heute – bedingt durch die zunehmende Wasserkreislaufschließung – in steigendem Maße zur Kreislaufentlastung eingesetzt, um ungewollte Wechselwirkungen von Störsubstanzen und Hilfsmitteln (Mehrverbrauch an Hilfsmitteln) bzw. Produktionsstörungen weitgehend einzuschränken [4.18] . *Natürliches Calciumcarbonat* ist ein in steigendem Maße – bedingt durch den Trend zur neutralen Papierherstellung – verwendeter Füllstoff (Bild 4.2). Die in Westeuropa verbrauchten natürlichen Calciumcarbonate werden vorwiegend in holzfreien Systemen eingesetzt. Im alkalischen pH-Bereich treten mit Holzschliff eine unerwünschte Absenkung des Weißgrades (Vergrauung) sowie erhebliche Produktionsprobleme durch verstärkte Ablagerungen von Schleim und Harzen (schmierige Calcium-Harzseifen) auf [4.16]. Die Anwendung von *Baryt* in der Papierindustrie ist sehr begrenzt und hat heute ebenso wie die Verwendung von Gips nur noch geringe Bedeutung. *Gefällte Silikate* (Bild 4.3) steigern auf Grund der hohen spezifischen Oberfläche die Retention und die Opazität (Verwendung als Ersatz von Titandioxid), verhindern das Durchschlagen der Druckfarbe und erhöhen das Papiervolumen. Ebenso wie *Aluminiumhydroxid* zeichnen sich gefällte Silikate besonders durch ihre hohe Weiße aus und werden vielfach als Weißfüller zur Weißgradkorrektur, z. B. bei unzureichender Bleiche bei der Papierherstellung, verwendet. Das *gefällte Calciumcarbonat* tritt in zwei Kristallformen auf, als Calcit und als Aragonit. Der nadelförmige Calcit wird bevorzugt bei der Zigarettenpapier-Herstellung eingesetzt. Die hohe Wertschätzung von *Titandioxid* beruht vor allem auf der hohen Weiße, der extremen Teilchenfeinheit und den hohen Lichtbrechungs-Koeffizienten (Bild 4.4). Titandioxid wird daher insbesondere bei der Dekor- und Laminatpapier-Herstellung

Bild 4.1. REM-Aufnahme eines Massekaolins

Bild 4.2. REM-Aufnahme eines natürlichen Calciumcarbonats (Kreide)

Bild 4.3. REM-Aufnahme eines gefällten Silikats

Bild 4.4. REM-Aufnahme von Titanoxid

eingesetzt. Für spezielle Anwendungsbereiche kommen weitere Füllstoffe und Füllstoffkombinationen zur Anwendung. So hat *Zinkoxid* nach wie vor Bedeutung für die Herstellung von Elektrophotographie-Papier und Reaktionsdurchschreibepapier.

Calcinierte Kaoline werden in der Masse vor allem als Titandioxid-Extender eingesetzt. „Blanc Fix" − ein gefälltes *Bariumsulfat* − weist eine hohe weiße- und opazitätssteigernde Wirkung auf. „Blanc Fix" verhindert das Eindringen der photographischen Emulsion in das Papier. Durch die Verwendung von *organischen Füllstoffen* besteht die Möglichkeit, Papiere mit niedrigem Raumgewicht und hoher Porosität, Weiße und Opazität herzustellen. Mikrosphären bestehen aus thermoplastischen Hohlkugeln aus Vinylidenchlorid/Acrylnitril-Copolymeren mit Durchmessern von 5−8 µm [4.32]. Beim Polymerisationsprozeß wird in die Hohlkugeln Isobutan eingeschlossen, das beim Erhitzen verdampft und damit eine Aufblähung der Mikrosphären auf einen Durchmesser von 25−28 µm bewirkt. Füllstoffe aus Harnstoff-Formaldehyd-Kondensationsprodukt sind Sekundäragglomerate mit einer Partikelgröße von 6−7 µm [4.33]. Die Sekundärpartikel haben ein

Tabelle 4.2. Physikalische Eigenschaften von Papierfüllstoffen

	Chemische Zusammensetzung	Kristallform	Weißgrad %	Durchschnittl. Teilchengröße μm	Abrasion (AT 1000) mg	Brechungsindex	Spez. Gewicht	Spez. Oberfläche m²/g
Natürliche								
Kaolin	$Al_4[(OH)_8Si_4O_{10}]$	hexagonale Plättchen	70...88	0,3...5	12...35	1,56	2,6	4...7
Talkum	$Mg_3[(OH)_2Si_4O_{10}]$	monokline Lamellen	70...88	0,2...5	5...25	1,57	2,7	5...20
Montmorillonit	$Al_2[(OH)_2Si_4O_{10}]$ $\cdot nH_2O$	hexagonale Plättchen	60...75	0,1...2	20...35	1,56	2,8	30...50 300...400[a]
Calciumcarbonat (Kreide, Calcit)	$CaCO_3$	orthorhombisch, trigonal	82...90	0,5...5	5...15	1,58	2,7	3...4
Baryt	$BaSO_4$	rhombisch	93...95	2...5	20...35	1,64	4,5	0,7...2
Calciumsulfat (Gips, Anhydrit)	$CaSO_4$	orthorhombisch	92...98	1...5	20...35	1,58	2,8	0,7...2
Synthetische								
gefällte Silikate	verschieden	meist amorph	94...96	0,1...0,5	0,5...3	1,54	2,1	30...150
gefälltes Calciumcarbonat	$CaCO_3$	hexagonal oder rhombisch	95...98	0,2...0,5	4...6	1,56	2,7	3...10
Aluminiumhydroxid	$Al(OH)_3$	hexagonal	96...98	0,5	0,5...2	1,58	2,4	2...4
Titandioxid	TiO_2	tetragonal	97...99	0,2...0,5	5...10	2,60	4,2	8...11
Bariumsulfat	$BaSO_4$	orthorhombisch	95...98	0,5...1	1...3	1,64	4,4	3...5

[a] Montmorillonit in seiner aktiven Form vergrößert in wäßriger Suspension seine Oberfläche durch Quellung auf den an zweiter Stelle genannten Wert.

hohes Porenvolumen und daraus resultierende günstige papiertechnische Eigenschaften. In der Papierstreicherei werden fast ausnahmslos Weißpigmente eingesetzt, von denen die wichtigsten mit ihren physikalischen Daten in Tabelle 4.3 (S. 221) aufgeführt sind. Die am häufigsten verwendeten Streichpigmente sind die Kaolin-Sorten. Durch seine Plättchenstruktur eignet sich Kaolin ganz besonders gut zur Herstellung einer glatten, glänzenden Strichoberfläche. Der Glanz nimmt mit zunehmender Plättchenstruktur entsprechend zu [4.24]. Außer Streich-Kaolin sind Calciumcarbonat, Satinweiß, „Blanc Fix", Titandioxid und Talkum als Streichpigmente von Bedeutung. Über den Einfluß der physikalisch-chemischen Eigenschaften der Streichpigmente auf die Strichqualität wurde ausführlich berichtet [4.35]. Dabei hat sich der Einsatz von natürlichem Calciumcarbonat in der Papierstreicherei in Europa überdurchschnittlich entwickelt [4.34, 4.35]. Hauptsächlich wurden gröbere Calciumcarbonate für Vorstriche, um die Tendenz der Rakelstreifenbildung im Deckstrich zu verhindern, sowie in mattgestrichenen Papieren eingesetzt.

Mit der Produktion von feineren natürlichen Calciumcarbonaten erweiterten sich die Einsatzgebiete. Die Vorteile des natürlichen Calciumcarbonats liegen vor allem in der einfachen Dispergierung, d. h. in den hohen Feststoffgehalten, in der Weiße und im geringeren Bindemittelbedarf [4.25] – (Bild 4.5).

Für hochglänzende Kunstdruckpapiere wird vor allem Satinweiß (Bild 4.6) wegen seiner günstigen Teilchenform eingesetzt [4.36]. Das Pigment ist sehr feinteilig und hochweiß. Es erhöht die Druckfarbenaufnahme und den Glanz. In vielen Fällen wird es in kleinen Mengen zur Caseinhärtung eingesetzt. Als nachteilig sind die Empfindlichkeit gegen Temperaturerhöhung, der pH-Abfall (Löslichkeit) und der

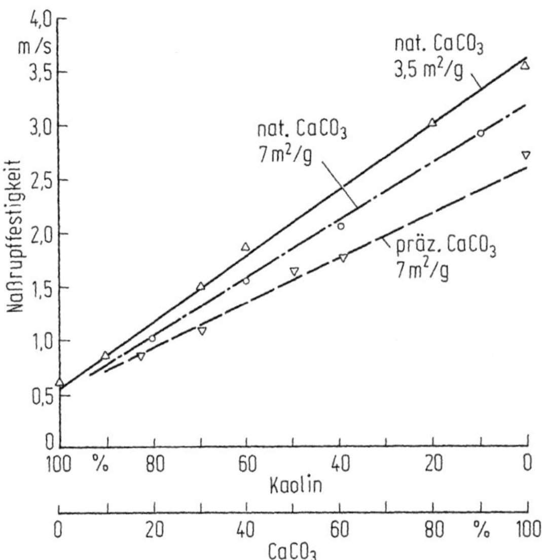

Bild 4.5. Naßrupffestigkeit von Kaolin-Calciumcarbonat-Abmischungen; Bestimmung des Bindemittelbedarfs

Tabelle 4.3. Physikalische Eigenschaften von Streichpigmenten

Pigmentart	Chemische Zusammensetzung	Brechungsindex	Weiße Elrepho R 457	Teilchengröße µm	Abrasion (AT 1000) mg	Spez. Gew. g/cm³	Besondere Merkmale	
							Vorteile	Nachteile
Streichkaolin (Chinaclay)	$Al_4[(OH)_8Si_4O_{10}]$	1,56	80...92	0,3...5	2,0...10	2,6	Glanz, Glätte Farbaufnahme	geringe Opazität
Calciumcarbonat (natürl.)	$CaCO_3$	1,56	87...95	0,3...5	5,0...10	2,7	Weiße, Bindemittelbedarf, Viskosität, Farbaufnahme	Glanzabfall
Calciumcarbonat (gefällt)	$CaCO_3$	1,59	92...97	0,1...1,0	3,0...7	2,7	Weiße, Farbaufnahme	Dispergierbarkeit, Bindemittelbedarf
Satinweiß (Calciumsulfoaluminat)	$3\,CaO \cdot Al_2O_3 \cdot 3\,CaSO_4 \cdot 30\,H_2O$	–	94	0,1...0,2	0,1...1	1,5	Glanz, Glätte, Weiße, Deckkraft, Farbaufnahme	Bindemittelbedarf
Titandioxid (Rutil)	TiO_2	2,7	97...98	0,2...0,5	5,0...10	4,2	höchste Deckkraft, Weiße	UV-Löschung
(Anatas)		2,55	97...99	0,2...0,5	5,0...10	3,9	Weiße, Deckkraft	Farbaufnahme
Aluminiumhydroxid	$Al(OH)_3$	1,57	97...98	0,2...1,0	0,5...2	2,4	Weiße, Glanz, Glätte, Farbaufnahme, Bindemittelbedarf	Viskosität
Talkum	$Mg_3[(OH)_2Si_4O_{10}]$	1,57	70...90	0,2...5	5,0...15	2,7	Satinierbarkeit, Glanz, Glätte	Dispergierbarkeit

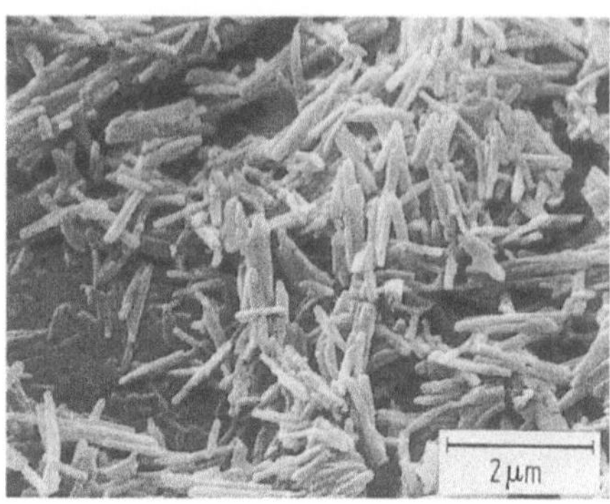

Bild 4.6. REM-Aufnahme von Satinweiß

hohe Bindemittelbedarf anzusehen [4.22, 4.34]. Eine gewisse Bedeutung – vor allem in den USA – haben auch calcinierte Kaoline als Ersatz für Titandioxid in Streichfarben.

Da nicht alle Streichpigmente die an sie gestellten Anforderungen gleich gut erfüllen, werden durch entsprechende Auswahl und Kombination die wesentlichsten Eigenschaften der gestrichenen Oberfläche bestimmt, wobei auch das Bindemittel berücksichtigt werden muß.

Aus dem Vorausgegangenen ist zu ersehen, daß die Papierqualität einerseits durch die Füllstoffart und -menge und andererseits durch ihre chemische und mineralogische Zusammensetzung sowie durch ihre physikalischen und technologischen Eigenschaften beeinflußt wird. Nachfolgend wird eine nach Prüfbereichen geordnete Übersicht über Prüfvorschriften für natürliche und synthetische anorganische Füllstoffe und Pigmente — mit Ausnahme von Buntpigmenten –, soweit sie für die Papierindustrie von Bedeutung sind, gegeben. Es wird dabei, soweit möglich, auf DIN-Blätter, TAPPI-Vorschriften und Zellcheming-Merkblätter, die durch die Zellcheming-Arbeitsgruppe „Füllstoffe und Pigmente" ausgearbeitet worden sind, zurückgegriffen. Da die zitierten DIN-Blätter nicht auf die besonderen Belange der Papierindustrie zugeschnitten sind, werden für einige DIN-Blätter Hinweise gegeben, die als Modifikationen zu berücksichtigen sind [4.37]. Neben den genormten Prüfverfahren werden auch andere, allgemein anerkannte und angewandte Prüfmethoden kurz diskutiert.

4.1.4 Begriffe

Die Begriffe „Farbmittel" als übergeordneter Sammelbegriff für alle farbgebenden Stoffe und „Füllstoffe" sowie „Pigmente" als eigenschafts- bzw. anwendungsorientierte Unterbegriffe sind für das Gebiet der Anstrichstoffe in DIN 55944 [4.38] und 55945 [4.39] unter Berücksichtigung der bisherigen Ergebnisse der internationalen Normung festgelegt. In der Papierfabrikation ist es üblich, diejenigen Produkte, die in die Masse gegeben werden, als „Füllstoffe" und die, die in die Streichmasse eingearbeitet werden, als „Pigmente" zu bezeichnen.

4.1.5 Probenahme

Zweck der Probenahme ist es (DIN 53242, Teil 4 [4.40]), eine Probe zu erhalten, die dem Durchschnitt einer bestimmten Füllstoffmenge entspricht und es so ermöglicht, durch die Prüfung der Probe die Kenndaten des Füllstoffes bzw. Pigmentes zu ermitteln. Die Anzahl der zu entnehmenden Einzelproben richtet sich nach der Gesamtzahl der Gebinde, der Charge, bzw. der Lieferung.

Die Proben werden aus der Mitte der ausgewählten Gebinde mit einem Probenahmegerät entnommen, indem aus dem zu prüfenden Füllstoff ein Kern ausgestochen wird. Da der im DIN-Blatt aufgeführte Stechheber bei granuliertem Material und stückigem Gut versagt, wird für diese Fälle ein Probenstecher (s. Zellcheming-Merkblatt V/27.0/75 [4.37]) verwendet. Die Proben werden mit einem automatischen Probenteiler auf die für die Untersuchungen notwendigen Mengen geteilt. Sie sind vor Feuchtigkeit und Staub sowie vor übermäßiger Licht-, Wärme-, oder Kälteeinwirkung zu schützen.

4.2 Physikalische und chemisch-physikalische Untersuchungen
Physical and chemical-physical tests

4.2.1 Bestimmung des Feuchtigkeitsgehaltes von Füllstoffen und des Wassergehaltes von Pigmentpasten (Feststoffgehalt)

Für natürliche Produkte wird eine Einwaage von 100 g [4.41] und für synthetische Produkte eine Einwaage von $10-25$ g vorgeschlagen. In der DIN-Norm 53198 [4.42] wird von 10 ± 1 g Einwaage ausgegangen. Bei einer Trocknungstemperatur von $105° \pm 3 °C$ wird bis zur angenäherten Gewichtskonstanz getrocknet. Hierbei wird besonders auf die mögliche unsymmetrische Temperaturverteilung im Wärmeschrank [4.43] hingewiesen. Nach Abkühlen im Exsikkator auf Raumtemperatur wird die Probe wieder gewogen. Aus dem Gewichtsverlust wird der Wassergehalt der Probe berechnet und in Gewichtsprozent angegeben. Bei Füllstoffen und Füllstoffpasten, die außer Wasser noch andere Bestandteile enthalten, die bei einer Temperatur von 105 °C flüchtig sind, ist die Prüfung nach DIN/ISO 3733 [4.44] (sog. Xylol-Methode) durchzuführen.

4.2.2 Bestimmung des Gehaltes an wasserlöslichen Anteilen

Der Gehalt an wasserlöslichen Anteilen ist der unter den festgelegten Bedingungen ermittelte Gewichtsverlust des Füllstoffes. Ob nach dem Verfahren A (Warmlöseverfahren) oder Verfahren B (Kaltlöseverfahren) zu prüfen ist, hängt von den Eigenschaften des Füllstoffes und seiner Verwendung ab. Das angegebene Verfahren A zur Bestimmung des Gehaltes an wasserlöslichen Anteilen in Pigmenten stimmt sachlich überein mit dem in der ISO/R 787-1968 [4.45] unter Part III angegebenen Verfahren, das Verfahren B mit dem als Part VIII [4.46] zur gleichen ISO-Empfehlung verabschiedeten Verfahren. Die Durchführung der Bestimmungen ist in der DIN-Norm 53 197 [4.47] beschrieben.

4.2.3 Bestimmung des pH-Wertes von wäßrigen Pigment- und Füllstoff-Suspensionen

Der pH-Wert eines Pigmentes oder Füllstoffes stellt sich in wäßriger Suspension ein und ist häufig eine für den betreffenden Stoff charakteristische Größe, die durch seine chemische Zusammensetzung und durch adsorptiv gebundene Fremd-bestandteile bedingt ist. Der pH-Wert der wäßrigen Suspension eines Füllstoffes gibt Hinweise auf physikalische, chemische und anwendungstechnische Eigen-schaften des Pigments. Er kann ferner zur Kontrolle der Gleichmäßigkeit verschie-dener Lieferungen eines Füllstoffes dienen. Nach der Zellcheming-Merkblattemp-fehlung V/27.0/75 [4.37] ist eine Probemenge, die 10 g (ofentrocken) − anstelle von 1 g DIN 53 200 [4.48] − entspricht, in 100 ml destilliertem oder voll entsalztem Wasser bei Raumtemperatur zu suspendieren. Das Wasser sollte vorher durch kur-zes Aufkochen CO_2-frei gemacht werden.

Das Kochgefäß mit destilliertem Wasser ist während des Abkühlens auf Raum-temperatur mit einem Natronasbestrohr zu verschließen. Das Meßgefäß wird so-fort verschlossen, 1 min lang kräftig geschüttelt und 5 min lang stehengelassen. Dann wird das Meßgefäß geöffnet, der pH-Geber (Glaselektroden-Einstab-Meß-kette oder Glaselektrode mit Bezugselektrode, pH-Meßgerät) 1 min lang einge-taucht und der pH-Wert am pH-Meßgerät abgelesen. Die pH-Meßanordnung ist vorher mit geeigneten Pufferlösungen zu eichen. Bei Slurry-Pigmenten wird der pH-Wert vielfach direkt ermittelt.

4.2.4 Bestimmung der Acidität oder Alkalität

Das in DIN 53 202 [4.49] beschriebene Verfahren dient dazu, die in heißem oder kaltem Wasser löslichen Säure- oder Alkalianteile von Pigmenten zu bestimmen. Dazu wird der Füllstoff bzw. das Pigment mit destilliertem Wasser versetzt, unter Rühren gekocht und nach dem Abkühlen filtriert. Zum klaren Filtrat werden 3 bis 5 Tropfen Methylrot-Lösung oder ein Mischindikator nach Mortimer zugegeben und je nach Färbung mit 0,05 N Säure oder Lauge bis zum Umschlagpunkt titriert. Wird z. B. die Aufschlämmung mit Methylrot-Lösung rot, wird mit Lauge titriert, bei Gelbfärbung mit Säure. Gegebenenfalls − vor allem bei gefärbten wäßrigen Auszügen − kann die Bestimmung auch potentiometrisch durchgeführt werden. Die nach dieser Norm ermittelte Acidität (Alkalität) gibt den Verbrauch an 0,1 N Lauge/Säure an, der erforderlich ist, um einen wäßrigen Auszug von 100 g Pig-ment unter festgelegten Bedingungen − z. B. auf welchen pH-Wert titriert wur-de − zu neutralisieren.

4.2.5 Bestimmung der Dichte

Die Dichte eines einheitlichen Stoffes ist definiert als Masse der Volumeneinheit. Die Ermittlung der Dichte eines Pigments ist bei allen Methoden zur Bestimmung der Teilchengröße oder Oberfläche etc. eine unerläßliche Vorarbeit und dient außerdem dazu, das Pigment oder den Füllstoff zu kennzeichnen. Als Bezugstemperatur für die Angabe der Dichte von Pigmenten und Füllstoffen wird bereits in vielen Fällen bei einer Temperatur von 25 °C gearbeitet, da sich diese Temperatur leichter einstellen läßt als 20 °C, wie sie in DIN 53193 [4.50] angegeben ist. Der Füllstoff bzw. das Pigment wird durch ein Sieb (Prüfsiebgewebe 0,5 mm DIN 4188 [4.51]) gesiebt. Das gesiebte Pigment wird 2 h lang bei 105 °C getrocknet und anschließend im Exsikkator auf Raumtemperatur abgekühlt. Man geht meist so vor, daß mit Hilfe eines Pyknometers und eines Petroleums mit bekannter Dichte die Dichte der Pigmentprobe bestimmt wird.

4.2.6 Bestimmung der spezifischen Oberfläche

Die Rohstoffe der Papiererzeugung und Papierveredelung treten vorwiegend durch Oberflächenkräfte miteinander in Verbindung. Fasern verschiedener Art, Füllstoffe und Pigmente müssen demgemäß durch Oberflächenmessungen gekennzeichnet werden, wenn die Vorgänge der Blattbildung, der Einlagerung von Füllstoffen, der Wechselwirkung Pigment/Binder in Streichfarben, der Bedruckbarkeit usw. von Grund auf verstanden werden sollen [4.38, 4.39].

Mit zunehmender spezifischer Oberfläche der Pigmente lassen sich beim Einsatz in der Masse oder im Strich in gewissen Grenzen folgende Papiereigenschaften verbessern:
- Füllstoff-Retention
- Erhöhung der Opazität
- Verhinderung des Durchschlagens und des Durchscheinens
- Verbesserung der Druckfarbenannahme [4.54, 4.55].

Bei natürlichem Calciumcarbonat besteht ein nahezu linearer Zusammenhang zwischen Teilchengröße und spezifischer Oberfläche (Bild 4.7).

Für die unmittelbare Messung der spezifischen Oberfläche werden im wesentlichen verwendet:
- Sorptionsverfahren nach DIN 66131 [4.56];
- Durchströmungsverfahren;
- photometrische Verfahren.

Mit den genannten Verfahren werden unterschiedliche Werte der spezifischen Oberfläche ermittelt. Während mit Durchströmungs- und photometrischen Verfahren näherungsweise eine Oberfläche bestimmt wird, die sich aus den geometrischen, äußeren Abmessungen der Teilchen ergibt, wird mit den Sorptionsverfahren zusätzlich die sogenannte innere Oberfläche ermittelt, die insbesondere bei porösen Stoffen die äußere Oberfläche um Größenordnungen übertreffen kann.

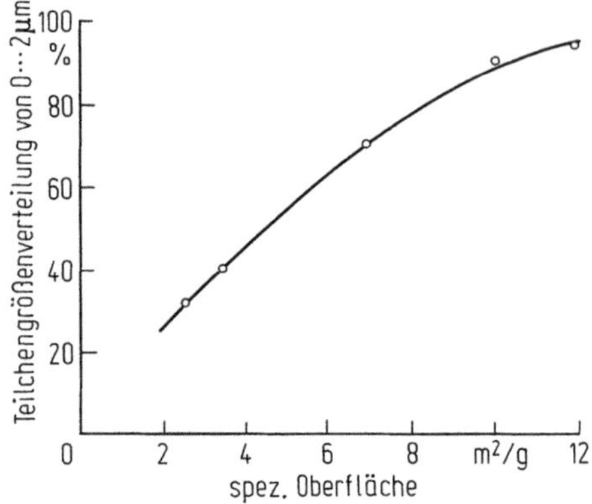

Bild 4.7. Zusammenhang zwischen Teilchengrößenverteilung und spezifischer Oberfläche von Calciumcarbonat

Eine der am häufigsten angewandten Methoden zur Messung der spezifischen Oberfläche ist das Einpunkt-Differenz-Verfahren nach Haul und Dümbgen, das in DIN 66132 [4.57] beschrieben ist. Die Arbeitsweise des Gerätes basiert auf dem Verfahren der Tieftemperatur-Stickstoff-Adsorption nach Brunauer, Emmet und Teller (BET-Methode), sie ist jedoch in bemerkenswerter Weise vereinfacht worden. Durch Anwendung einer Differential-Meßanordnung erübrigt sich eine Korrektur für das „tote Volumen". Es wird nur ein einziger Meßpunkt der Adsorptions-Isotherme bestimmt. Der Gleichgewichtsdruck wird nicht gesondert, sondern gleichzeitig mit der Druckdifferenz-Messung bestimmt. Die Adsorption des Stickstoffs an der Probe bewirkt einen Druckunterschied zwischen Meß- und Vergleichsgefäß, der an dem Differentialmanometer angezeigt wird. Die Auswertung der Messung kann ohne Einbuße an Genauigkeit gegenüber der rechnerischen Bestimmung in einfacher Weise mit Hilfe des Nomogramms vorgenommen werden.

Nach Sears [4.58] ist es möglich, die Oberfläche von gefällten kolloidalen Kieselsäuren durch Titration mit 0,1 N Natronlauge in 20%iger oder gesättigter Kochsalzlösung zu bestimmen, wobei der Natronlaugeverbrauch proportional der nach BET gemessenen Oberflächengröße ist. Aus den Ausführungen geht hervor, daß für die titrimetrische Oberflächenbestimmung von hochdisperser Kieselsäure die Silanolgruppendichte an der Oberfläche von grundlegender Bedeutung ist. Meffert und Langenfeld [4.59] beschreiben eine Titrationseinrichtung, die diese Bestimmung automatisch durchführt und den erhaltenen Oberflächenwert (m²/g) auf einem Papierstreifen ausdruckt.

Hofmann et al. [4.60] fanden, daß die Adsorption von Methylenblau an Kohlenstoff eine gute Möglichkeit zur Bestimmung der Größe der Oberfläche ergibt. Bei Kaolinen, Tonen (nur wenn Montmorillonit enthalten ist) und Bentoniten wird Methylenblau als Kation ausgetauscht. Die aufgenommene Menge Methylenblau liegt nahe bei dem Wert für die austauschfähigen Kationen.

4.2.7 Bestimmung des Porenvolumens

Die Adsorptionsfähigkeit eines Pigments nimmt mit zunehmender spezifischer Oberfläche des Pigments erheblich zu. So weisen z. B. Siliciumdioxid-Gele, die für

Adsorptionszwecke eingesetzt werden, meist spezifische Oberflächen zwischen 100 und 600 m^2/g auf. Darüber hinaus steht der Adsorptionsmechanismus verschiedener Stoffe in enger Beziehung zu der Struktur der hydratisierten Oberfläche, ihrem Porenvolumen und ihrem Porendurchmesser. Nur in einem verhältnismäßig engen Hydratisierungsintervall liegen günstige Verhältnisse vor. Bei Überschreitung dieser Grenze treten Störungen ein, die sich durch die Blockierung der aktiven Oberfläche durch Füllung der Poren des Adsorbens mit Wasser erklären lassen [4.17].

Eine genaue − wenn auch etwas aufwendige − Porenverteilungskurve ergibt die Bestimmung mit dem Quecksilberporosimeter [4.61]. Eine einfachere Bestimmungsmethode des Mikroporenvolumens von porösen, festen Stoffen stellt die Tetrachlorkohlenstoff-Methode von Benesi, Bonnar und Lee [4.62] dar. Das Mikroporenvolumen von festen, porösen Stoffen wird dadurch bestimmt, daß Tetrachlorkohlenstoffdampf auf diese Stoffe einwirkt und die Gewichtszunahme durch die Tetrachlorkohlenstoff-Adsorption festgestellt wird. Um Poren bestimmten Durchmessers zu erfassen, wird der Dampfdruck des Tetrachlorkohlenstoffs durch Zusatz bestimmter Mengen Paraffin zum flüssigen Tetrachlorkohlenstoff erniedrigt, und zwar auf 95% des Dampfdruckes von reinem Tetrachlorkohlenstoff.

4.2.8 Bestimmung der Korngrößenverteilung

Die Teilchengröße der Füllstoffe hat einen vielfältigen Einfluß auf die Papiereigenschaften, wie Weiße, Opazität, Glätte, Luftdurchlässigkeit und die Bedruckbarkeitseigenschaften sowie auf den Verschleiß von Papiermaschinensieben, Schneidmessern und Druckplatten. Eine optimale Wirkung hinsichtlich Opazität wird dann erzielt, wenn das verwendete Pigment einen hohen Brechungsindex und einen Teilchendurchmesser aufweist, welcher annähernd der halben Wellenlänge des sichtbaren Lichtes entspricht. Dies kann theoretisch durch die Kubelka-Munk-Beziehung [4.5] bewiesen werden. Trägt man den Streukoeffizienten über dem Teilchendurchmesser auf, so erhält man eine Kurve, aus der für die optimale Wirkung der optimale Durchmesser von 0,3 μm resultiert.

Für die Papierfüllstoffe, die im Durchschnitt zu 30% − 60% Teilchen mit einem Durchmesser unter 2 μm aufweisen, wird gefordert, daß möglichst keine Teilchen mit einem Durchmesser größer als 20 μm vorhanden sind. Für Streichkaoline glänzender, satinierter Papiere wird heute gefordert, daß diese mindestens zu 80% Teilchen mit einem Durchmesser unter 2 μm aufweisen und möglichst keine Anteile über 10 μm; dies gilt nicht für Mattstriche [4.63] und LWC-gestrichene Papiere [4.64] (Bild 4.8). Eine Zusammenstellung und Beschreibung der Meßmethoden − vor allem der Meßgenauigkeit − findet man in der Literatur [4.65 − 4.68].

Zur Ermittlung der Korn-(Teilchen)-größenverteilung von natürlichen und synthetischen Füllstoffen und Pigmenten ist für die Belange der Papierindustrie die Sedimentationsanalyse nach Andreasen geeignet. Diese Methode wird in der DIN 51 033 [4.69] und der DIN 66 115 [4.70] eingehend beschrieben. Wegen der großen Bedeutung von Kaolin als Füllstoff und Pigment in der Papierindustrie wurde die erprobte Methode zur Bestimmung der Korngrößen von Füllstoffkaolin und

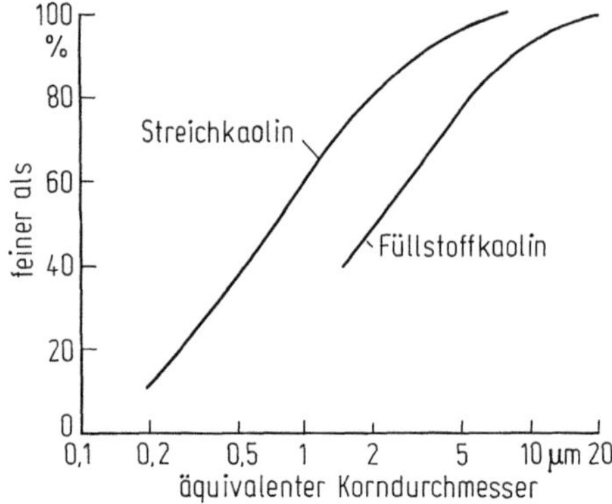

Bild 4.8. Korngrößenverteilung von Massekaolin und Streichkaolin

Streichkaolin für die Papier- und Kartonherstellung in dem Zellcheming-Merkblatt V/27.2/82 [4.71] auf die Belange der Papierindustrie hin überarbeitet.

Bei den Pigmenten und Füllstoffen, die in der Papierindustrie in trockenem Zustand zum Einsatz gelangen, liegen die Primärteilchen mehr oder weniger stark als Agglomerate bzw. grobteilige Aggregate vor. Für die Teilchengrößenbestimmung bzw. für eine optimale Anwendung der Füllstoff- und Pigmentteilchen bei der Papierherstellung und -veredelung ist es wesentlich, daß die einzelnen Teilchen als Primärteilchen, d. h. entflockt, vorliegen. Eine optimale Dispergierung stellt sicher, daß Anziehungskräfte zwischen den Teilchen eliminiert werden oder diesen entgegengewirkt wird, so daß eine Reagglomeration der Pigmentteilchen nach der Herstellung der Dispersion verhindert wird. So wird u. a. das Sedimentations- bzw. Dispergierverhalten eines Füllstoffs bzw. Streichpigments stark durch die Art und Menge des Dispergiermittelzusatzes beeinflußt [4.72]. In der ISO-Vorschrift ISO/TC 35/WG A [4.73] werden bereits seit einigen Jahren Dispergiermittelart und -menge für das jeweilige Pigment angegeben (Tabelle 4.4).

Die Angaben der ISO-Vorschrift wurden auf die entsprechenden Zahlenwerte bei einer konstanten Einwaage von 5,5 g umgerechnet. Die Analysenzylinder nach DIN 51033 [4.69] haben ein Volumen von ca. 550 cm^3. Die angegebenen Dispergiermittelmengen in g geben demnach die entsprechende Zugabemenge bei Herstellung einer 1%igen Dispersion zur Untersuchung nach dem Zellcheming-Merkblatt-Prüfverfahren an.

Das Zellcheming-Merkblatt V/27.2/82 [4.71] beschreibt ein Verfahren zur Feststellung der Korngröße und Korngrößenverteilung von natürlichen oder künstlichen Füllstoffen und Pigmenten, deren Einzelbestandteile gleiche Dichte haben und die in Flüssigkeiten dispergierbar sind. Die grobdispersen Anteile bis herunter zur Korngröße von >45 µm werden durch Siebanalyse, alle Korngrößen <45 µm durch die Sedimentationsanalyse erfaßt. Die erhaltenen Werte in Prozent werden in ein Körnungsnetz in Form einer Summenkurve oder eines Blockdiagramms aufgetragen. Bei den Untersuchungen sind außerdem Dispergiermittelart, Dispergiermittelmenge und Dispergierzeit separat anzugeben. Korngrößenanteile <1 µm sind nach diesem Verfahren infolge der dafür erforderlichen langen Sedimentationszeit und der dabei unvermeidlichen Konvektionserscheinungen nicht befriedi-

Tabelle 4.4. Art und Menge von Dispergiermitteln für die Korngrößen-Bestimmung verschiedener Füllstoffe und Pigmente nach ISO/TC 35/WG A

Probenart	Einwaage g	Dispergiermittelart	Dispergiermittelmenge	
			g	%
Kaolin	5,5	Soda und Na-Hexameta-phosphat	0,092 (1,7) ⎫ 0,046 (0,8) ⎭	2,5
Baryt	5,5	Na-Hexametaphosphat	0,1375	2,5
Blanc fix	5,5	Na-Hexametaphosphat	0,1375	2,5
Calciumcarbonat (natürlich, Kreide)	5,5	Na-Polyacrylat[a]	0,11...0,22	2...4
Calciumcarbonat (natürlich, Calcit)	5,5	Na-Polyacrylat[a]	0,11...0,22	2...4
Calciumcarbonat (gefällt)	5,5	Na-Polyacrylat[a]	0,11...0,22	2...4
Dolomit	5,5	Na-Polyacrylat[a]	0,1...0,2	1,8...3,6
Asbestine	5,5	Tetra-Na-Pyrophosphat	0,22 g gelöst in 412 ml 20% Etha-nol in Wasser	4
Talkum	5,5	Tetra-Na-Pyrophosphat	0,22 g gelöst in 412 ml 20% Etha-nol in Wasser	4
Glimmer	5,5	Na-Hexametaphosphat	0,66	10

[a] Geeignete Natriumpolyacrylate sind z. B. unter den Bezeichnungen Polysalz und Dispex erhältlich.

gend bestimmbar. Für Untersuchungen mit der Sedimentationswaage von Sartorius-Bachmann [4.74] (Integralverfahren) müssen die gleichen Einschränkungen gemacht werden. Mit den automatischen Korngrößen-Analysatoren (z. B. Sedigraph) mit direkter Aufzeichnung der Summen-Durchgangs-Kurve auf dem integrierten Schreiber ist eine schnelle und genaue Korngrößenbestimmung im Korngrößenbereich von 100−0,1 μm möglich. Bei den Korngrößenbestimmungen unter 1 μm haben sich vor allem Sedimentationszentrifugen gut bewährt.

Neben der Korngröße ist für die Glättbarkeit und den Glanz bzw. Druckglanz vor allem die Morphologie verantwortlich [4.75, 4.76]. Plättchen und nadelförmige Teilchen ergeben stets ein besseres Ergebnis nach der Satinage als runde oder kantige Teilchen, − d.h. Glätte und Glanz nehmen zu.

Die Lamellen können gut aufeinander gleiten und ordnen sich während der Satinage planparallel [4.76]. Je stärker diese flache Form ausgeprägt ist, − man spricht vom Flächenverhältnis oder aspect ratio −, desto besser ist dies für die Satinierbarkeit und letztlich für Glanz und Glätte.

Die Kristalle von Satinweiß (Bild 4.6) haben eine charakteristische Form − abgeplattete Nadeln −, die eine hohe Deckkraft und hohen Glanz bewirkt.

Das Viskositätsverhalten, vor allem von Streichkaolin und Calciumcarbonat-Suspensionen, hängt neben einer optimalen Dispergierung im wesentlichen von der jeweiligen Struktur, der mineralogischen Zusammensetzung und Feinheit [4.25] ab. Bei gleicher Teilchenfeinheit der Pigmente nimmt die Viskosität mit zu-

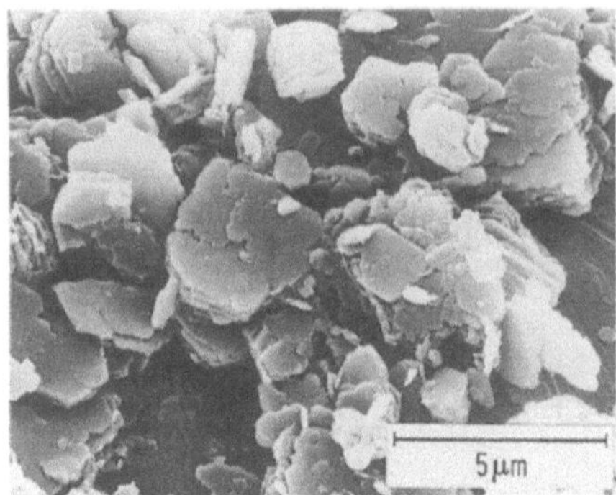

Bild 4.9. REM-Aufnahme eines amerikanischen Kaolins

Bild 4.10. REM-Aufnahme eines englischen Kaolins

nehmendem aspect ratio entsprechend zu. Während z. B. englische Streichkaoline mit hohem Flächenverhältnis – ca. 14:1 bis 18:1 – eine höhere Viskosität aufweisen, zeigen amerikanische Kaoline, bedingt durch das geringere Flächenverhältnis – ca. 4:1 bis 8:1 – bei gleichen Feststoffgehalten eine niedrigere Viskosität.

In den rasterelektronenmikroskopischen Abbildungen (Bild 4.9 und 4.10) ist deutlich der Unterschied im Flächenverhältnis der hexagonalen Blätter zwischen einem amerikanischen und englischen Kaolin zu erkennen. In vielen Fällen kann auch die mikroskopische Prüfung eines Pigments zu seiner Identifizierung oder sogar zur Feststellung aller seiner Mischungsbestandteile herangezogen werden. Hier sei jedoch vor allem auf die Erkennung und Messung von Korngrößen, Korngrößenverteilung und Korngestalt hingewiesen, wofür die mikroskopische Beobachtung in erster Linie in Betracht kommt. Sehr feinteilige Pigmente werden bei UV-Beleuchtung noch gut erkennbar und submikroskopische Anteile zeigen sich bei Dunkelfeldbeleuchtung. Die anzuwendende Vergrößerung richtet sich nach dem Objekt; im allgemeinen wird eine 500- bis 600fache Vergrößerung genügen. Bei Teilchengrößen unter 0,3 µm findet die Anwendbarkeit der Lichtmikroskopie ihre durch die Lichtwellenlänge gesetzte natürliche Grenze.

Die Mikroskopie von Pigmenten läßt nicht immer das wahre Einzelkorn (Primärteilchen) erkennen; dieses ist oft so klein, daß es sich der Beobachtung entzieht und die sichtbaren Teilchen stellen bereits Agglomerate (Sekundärteilchen) dar. Diese Erkenntnis hat die immer mehr an Bedeutung gewinnende Elektronenmikroskopie gebracht, welche durch ihr bedeutend erhöhtes Auflösungsvermögen das wahre Primärkorn hinsichtlich Größe und Gestalt zur Darstellung bringt; sie bedient sich nicht mehr des Lichtes, sondern der kurzwelligeren Elektronenstrahlung.

Die Untersuchung mit dem klassischen Elektronenmikroskop nach der Durchstrahlungstechnik ist bei Papier – z. B. gestrichenes Papier, Pigmentbeurteilung – meist zum Scheitern verurteilt, da die Herstellung von durchstrahlbaren Abdrucken oft nicht möglich ist. Hier hilft die Raster-Elektronenmikroskopie weiter, die nach dem Auflichtverfahren arbeitet. Das bedeutet, daß die Originalprobe untersucht wird und nicht ein Abdruck. Das Prinzip kann etwas vereinfacht als eine Fernsehübertragung aus einer Vakuumkammer auf einen Bildschirm beschrieben werden [4.77, 4.78].

4.2.9 Farbmessung nach dem Dreibereichsverfahren

Für die Weißgradmessung ist die Probenvorbereitung ein besonders kritischer Punkt. Um vergleichbare Werte zu erzielen, darf die Probe keine Agglomerate enthalten und muß absolut trocken sein (Bild 4.11). Weitere Einflußgrößen sind Oberflächenstruktur und Grad der Pressung. Unter den Bedingungen dichter Packung wird die Lichtstreuungsintensität der einzelnen Füllstoffpartikel herabgesetzt, woraus die Weißgradabnahme des Füllstoffes resultiert. Entflockte Füllstoffe und Pigmente mit niedrigem Sedimentvolumen weisen daher einen wesentlich niedrigeren Weißgrad auf als instabile geflockte Pigmente mit hohem Sedimentvolumen. Eine reproduzierbare Ermittlung des Weißgrades bzw. Hellbezugswertes ist nur möglich, wenn für die Vorbehandlung der Probe und die Herstellung des Prüflings eindeutige Bedingungen eingehalten werden.

Das Pigment oder der Füllstoff werden nach einem Vorschlag des Zellcheming-Merkblattes V/27.3/75 [4.79] in einem Wärmeschrank mit Umluft bei 105 °C bis zur Gewichtskonstanz getrocknet. Erfahrungsgemäß stellt sich diese nach etwa 2−3 h ein, wenn die Schichtdicke der locker geschütteten Probe 1−2 cm beträgt. Eine zu lange Trocknung sollte andererseits vermieden werden, da sie unter Umständen zu Farbbeeinträchtigung führt. Im Wärmeschrank dürfen sich keine weiteren Gegenstände oder Substanzen befinden, die Feuchtigkeit und/oder andere flüchtige Stoffe abgeben können. Nach der abgeschlossenen Trocknung ist die Probe im Exsikkator abzukühlen. Ca. 10 g der getrockneten Probe werden in der gut gesäuberten Labormühle 40 sec lang aufgeschlagen. Streichkaoline − vor allem sprühgetrocknete − erfordern eine Aufschlagzeit von 3 min. Synthetische Produkte, wie gefällte Kieselsäure, Calciumsilikat oder Titandioxid, bedürfen erfahrungsgemäß keiner Pulverisierung.

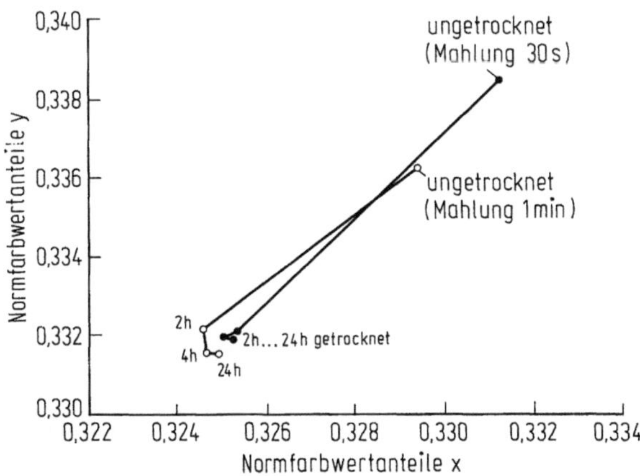

Bild. 4.11. Einfluß der Trocknung und Mahlung auf den Farbort bei Kaolin mit einer Feuchtigkeit von 9,5%

Zur Aufnahme der in Pulverform vorliegenden Probe wird die Tablettenpreß-form auf der gesäuberten Glasplatte bereitgestellt. Sodann wird die Preßform mit dem Füllstoff oder Pigment so weit gefüllt, daß nach der Pressung eine Tabletten-dicke von 5–7 mm erreicht wird. Die Meßtablette ist mittels des Tablettenpreßge-rätes bei Anwendung eines Druckes auf die Probe von 120 kPa herzustellen. Dieser Preßdruck soll 10 sec auf die Probe einwirken.

Die Bestimmung der Reflexionsfaktoren R_x, R_y, R_z (bezogen auf Normlichtart C) bzw. des spektralen Reflexionsfaktors R_{457}, erfolgt mit Hilfe eines Gerätes, das die Anforderungen von DIN 53 145 [4.80], Teil 1, erfüllt. Gemessen wird die Ober-fläche der Tablette, die bei der Pressung mit der Glasplatte in Berührung stand. Ein Einfluß des Glanzes der Probe auf das Meßergebnis soll durch Verwendung einer Glanzfalle im Meßgerät vermieden werden. Das Gerät ist mit einem Arbeits-standard (Trübglasstandard oder Schwenkstandard) abzugleichen, der nach DIN 53 145 [4.80] durch Vergleich mit einer $BaSO_4$-Tablette als Weißstandard kalibriert wird. Beim Abgleich sowie bei der Messung sind die Gerätebeschreibung und die im Kapitel Reflexions- bzw. Farbmessung von Papieren und nach dem Zellche-ming-Merkblatt V/27.3./75 [4.79] gemachten Angaben zu beachten.

4.2.10 Bestimmung des Stampfvolumens

Aus dem Stampfvolumen eines Füllstoffes lassen sich Rückschlüsse, z. B. auf die erforderliche Größe von Verpackungen, den angenäherten Bindemittelbedarf, die Gleichmäßigkeit von Lieferungen usw. ziehen. Das Stampfvolumen hängt im we-sentlichen ab von Dichte, Teilchenform und Teilchengröße des Füllstoffes. Nach DIN 53 194 [4.81] wird der bei 105°C 2 h lang getrocknete Füllstoff auf Raum-temperatur abgekühlt und in der Siebbüchse gesiebt (Prüfsiebgewebe 0,5 DIN 4188 [4.51]). 100 ± 1 g Füllstoff werden in den Meßzylinder des Stampfvolumeters so eingefüllt, daß keine Hohlräume verbleiben. Der Meßzylinder mit der Füllstoff-probe wird in den Meßzylinderhalter des Stampfvolumeters fest eingesetzt und ge-stampft. Das Volumen des gestampften Pigments wird an der Skala des Meßzylin-ders auf 1 ml abgelesen. Der gestampfte Füllstoff wird weiterhin gestampft und das Volumen erneut abgelesen, bis das Volumen nicht mehr als 2 ml kleiner ist als das nach den ersten Stampfungen ermittelte.

4.2.11 Bestimmung der Leitfähigkeit

Das Verfahren nach DIN 53 208 [4.82] dient zur Bestimmung der elektrischen Leit-fähigkeit und des spezifischen Widerstandes von wäßrigen Pigmentextrakten. Die elektrische Leitfähigkeit wird aus dem elektrischen Leitwert, der spezifische Widerstand aus dem elektrischen Widerstand ermittelt. Das Verfahren ist auch auf pulverförmige Füllstoffe anwendbar. Es ist nicht auf solche Pigmente und Füll-stoffe anwendbar, die wesentlich in Wasser löslich sind.

Das Pigment bzw. der Füllstoff wird in einen Becher geeigneter Größe gegeben und mit Wasser 5 min lang unter Rühren gekocht. Bei Pigmenten, die wasserdampfflüchtige Substanzen enthalten, wird zweckmäßig dafür ein geschlossenes Gefäß (Erlenmeyer-Kolben) mit Rückflußkühler verwendet. Die Aufschlämmung wird nach dem Abkühlen gründlich gerührt und durch ein dichtes Filtrierpapier oder ein Membranfilter filtriert bzw. abzentrifugiert und abgekühlt. Der elektrische Leitwert oder der elektrische Widerstand der Lösung werden bei einer Temperatur von 25 oder 20°C gemessen, wobei die Verstärkung der Leitfähigkeits-Meßbrücke so gewählt wird, daß der Meßwert etwa in der Mitte des Anzeigebereiches abgelesen werden kann. Bei den Kaltextraktionsverfahren wird statt des Kochens die Aufschlämmung des Pigments 1 h lang bei Raumtemperatur gerührt.

4.2.12 Zeta-Potential-Bestimmung

Es ist bekannt, daß Pigment- bzw. Füllstoffteilchen in Wasser dispergiert eine Ladung zeigen, – d. h. es existiert ein elektrisches Spannungsgefälle zwischen den dispergierten Teilchen und dem Dispergiermittel [4.22, 4.83]. Das nach Freundlich bezeichnete Zeta-Potential ist also ein Potential, das durch eine erzwungene tangentiale Verschiebung des beweglichen Teils einer Doppelschicht meßbar wird. Durch die Kenntnis des Zeta-Potentials läßt sich eine gute Kontrolle der gesamten Flockungs- und Dispergiervorgänge von Feststoffteilchen erreichen [4.22, 4.84]. Ein Pigment, das ein Zeta-Potential von -35 bis -40 mV (mit dem Riddick-Gerät gemessen) aufweist, stellt eine abstoßende Kraft dar, die wirkungsvoll verhindert, daß sich die Teilchen einander nähern können. Nimmt das Zeta-Potential ab, so werden die abstoßenden Kräfte kleiner und die konstanten van der Waalsschen Anziehungskräfte kommen stärker zur Geltung, – d. h. wenn keine oder nur geringe abstoßende Kräfte herrschen, ballen sich die Teilchen zusammen und flocken aus.

Wie aus dem Kurvenverlauf von Bild 4.12 zu entnehmen ist, zeigt das Zeta-Potential von anorganischen Streichpigmenten eine starke pH-Abhängigkeit [4.84]. Aus der graphischen Darstellung geht weiter hervor, daß die in der Papierindustrie eingesetzten Füllstoffe und Streichpigmente sowohl ein positives als auch ein negatives Zeta-Potential aufweisen können. Die Kenntnis der Ladung ist sowohl für die Retention, d. h. für die Wahl des Retentionsmittels, als auch für die Dispergierung von erheblicher Bedeutung. Außerdem lassen sich durch Zeta-Potential-Messungen Adsorptions- und Desorptionsvorgänge an den Füllstoff- und Pigmentgrenzflächen gut verfolgen [4.16].

In Bild 4.13 wird der Adsorptions- und Desorptionsvorgang des Dispergiermittels und der damit bedingten Zeta-Potential-Änderung durch das Verdünnen verdeutlicht. Bei einer Dispergiermittelzugabe von 800 mg/kg Wasser bei einer Kaolinsuspension und von 1000 mg/kg Wasser bei einer Calciumcarbonatsuspension wurden mit Polycarbonsäuren die stärksten Aufladungen (ZP) erzielt.

Wird nun das System kontinuierlich mit destilliertem Wasser 1:2, 1:4, 1:8 etc. verdünnt, so findet eine entsprechende Desorption des Dispergiermittels statt und damit ein Zeta-Potential-Rückgang bis nahe zu seinem Ausgangspunkt. Das Dispergiermittel kann als anionische „Störsubstanz" bei der Papierherstellung mit kationischen Hilfsmitteln in Wechselwirkung treten und deren Wirkung nachteilig beeinflussen [4.16, 4.18].

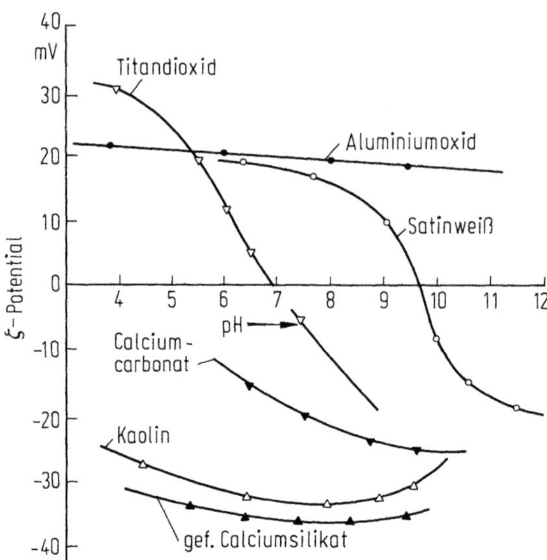

Bild. 4.12. Zeta-Potential von Füllstoffen in Abhängigkeit vom pH-Wert

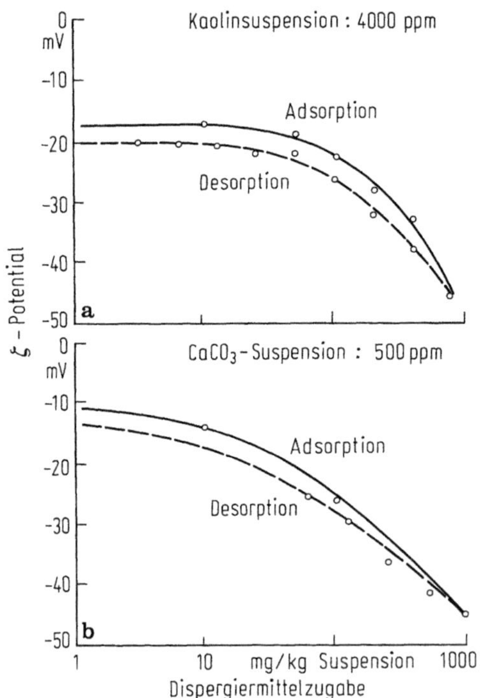

Bild 4.13. a Adsorption und Desorption von Dispergiermitteln an Kaolin; **b** Adsorption und Desorption von Dispergiermitteln an Calciumcarbonat

Als Meßmethode für Füllstoffe und Pigmente hat sich die Elektrophorese besonders gut bewährt [4.85]. Ein neues Meßgerät nach dem Elektrophorese-Prinzip ist das „Laser-Zee-Meter", welches seit einiger Zeit auf dem Markt ist [4.85, 4.86]. Im Vergleich zum Zeta-Meter ist dieses Instrument weitgehend automatisiert und mit einer Digitalanzeige versehen, die das direkte Ablesen von Zeta-Potential-Werten in mV gestattet. Alle Messungen nach dem Elektrophorese-Prinzip setzen eine relativ starke Verdünnung der Suspension voraus, damit die Partikel, z. B. unter dem Mikroskop, als Individuen erkennbar sind. Eine ebenfalls auf dem Elektrophorese-Prinzip beruhende Meßmethode, die jedoch seltener angewendet wird, ist die „moving-boundary"-Methode. Ein weiteres nach dem Prinzip der Elektrophorese arbeitendes Gerät stellt der „Masse-Transport-Analysator" dar [4.86].

4.3 Technologische Untersuchungen
Technological tests

4.3.1 Bestimmung des Naßsiebrückstandes (NSR)

Aus zahlreichen Untersuchungen geht hervor, daß mit zunehmender Teilchengröße der Füllstoffe und Streichpigmente das Verschleißverhalten, wie z. B. Siebverschleiß, Blade-Verschleiß und Schneidmesserverschleiß etc. entsprechend zunimmt. Des weiteren liegt hier vielfach die Ursache von Rakelstreifen. Das Zellcheming-Merkblatt V/27.4/77 [4.87] beschreibt ein Verfahren zur Bestimmung des Anteils an Grobbestandteilen von Füllstoffen und Pigmenten. Die Grobbestandteile werden darüber hinaus mit Hilfe einer Fraktionierung in wäßriger Phase in zwei Größenklassen unterteilt. Das Prüfverfahren ist auf alle Füllstoffe und Pigmente anwendbar, die sich in Wasser mit einer Konzentration von 25 Gew.-% unter definierten Bedingungen suspendieren lassen. Als Grobbestandteile („Grit") sind alle Bestandteile von Füllstoffen und Pigmenten anzusehen, deren Korngröße die durch die Dispersitätsgrößen vorgegebenen Grenzen überschreiten. Die Grobbestandteile können sich aus Verunreinigungen und nicht dispergierbaren Füllstoff- oder Pigmentagglomerationen zusammensetzen. Die Messung erfolgt unter Anwendung eines Trennverfahrens, bei dem die Grobbestandteile aus einer in Wasser suspendierten Probe des zu untersuchenden Prüfgutes mit Hilfe von Gewebeprüfsieben (DIN 4188, Teil 1 [4.51]) auf einem Wurf-Prüfsiebgerät unter festgelegten Arbeitsbedingungen abgetrennt werden. Die Dispergierung des Füllstoffes oder Pigmentes erfolgt im verschlossenen Mixbecher bei Höchstdrehzahl des Mixers über eine Gesamtdauer von 3 min in zwei Abschnitten, der Vordispergierung und der Nachdispergierung. Die sorgfältig gereinigten und mit der Lupe auf Sauberkeit kontrollierten Prüfsiebe (mit Drahtsiebboden 0,063 bzw. 0,045 DIN 4188 [4.51]) werden vor der Naßsiebung 20 min im Wärmeschrank bei 105°C mit Umluft getrocknet und nach einer Abkühlzeit von weiteren 15 min im Exsikkator auf der Analysenwaage genau ausgewogen. Die Prüfsuspension wird unmittelbar nach Beendigung der Dispergierung einer Naßsiebung im Wurfprüfsiebgerät unterworfen, wobei die

Trennung in Grobkorn („Grit") und Feinkorn nach den als Grenze vorgegebenen „Trennkorngrößen" 63 und 45 µm in einem Arbeitsgang erfolgt.

Die Prüfsiebe werden zusammen mit den darauf verbliebenen Rückständen im Wärmeschrank bei 105°C und abgeschalteter zwangsweiser Belüftung bis zur Gewichtskonstanz getrocknet. Nach einer Abkühlzeit von etwa 15 min im Exsikkator wird das Sieb ausgewogen. Die Siebrückstände errechnen sich als Gewichtsdifferenz der ofentrockenen Prüfsiebe vor und nach der Naßsiebung und werden auf ofentrockene Einwaage an Füllstoff bezogen und als Prozent Siebrückstand angegeben.

4.3.2 Bestimmung der Verschleißwirkung von Füllstoffen und Pigmenten in wäßriger Suspension

Einen nicht unerheblichen Kosten- und Störungsfaktor bei der Papierfabrikation bildet der Verschleiß des Siebes und der Saugkastenbeläge. Das hat zu grundsätzlichen Überlegungen über die Ursachen der teilweise recht unterschiedlichen Verschleißerscheinungen geführt. Nach DIN 50 320 [4.88] ist unter dem Begriff „Verschleiß" eine „unerwünschte Veränderung der Oberfläche von Gebrauchsgegenständen durch Lostrennen kleiner Teilchen infolge mechanischer Ursachen" zu verstehen. Im deutschen Sprachgebrauch ist das aus dem Angelsächsischen entlehnte Wort „Abrasion" dem Verschleißbegriff annähernd bedeutungsgleich.

Neuere Untersuchungen haben gezeigt, daß die Beschaffenheit des Füllstoffes für den Verschleiß von sehr großer Bedeutung ist [4.19]. Demnach wird der Siebverschleiß bei der Papierherstellung sehr stark durch die Beschaffenheit bzw. Qualität sowie die Menge der verwendeten Füllstoffe und Pigmente bestimmt [4.19, 4.89]. Das Kunststoffsieb bzw. Metalltuch gleitet dabei über die stehenden Entwässerungselemente, wie Foils, Saugkästen etc. der Maschine, die mit Kunststoff, Keramik etc. belegt sind, und erfährt durch die zwischen Sieb und Saugkastenbelag befindliche Füllstoffsuspension den wesentlichen Verschleiß. Zwischen den verschiedenen Füllstoffsorten bestehen große Unterschiede bezüglich des Abrasionsverhaltens, wobei jedoch die Härte, der Quarz- bzw. Feldspatgehalt allein zur Beurteilung nicht ausreichen [4.19]. Außerdem zeigen Kunststoffsiebe und Metallsiebe gegenüber verschiedenen Füllstoffen ein völlig anderes Verschleißverhalten [4.90, 4.91]. Die vielfach verbreitete Ansicht, daß der höhere Kunststoffsiebverschleiß mit Calciumcarbonat durch den alkalischen pH-Bereich verursacht wird, konnte nicht bestätigt werden. Es wurde gefunden, daß bei der Beurteilung des Verschleißes von Kunststoffsieben weit mehr Parameter berücksichtigt werden müssen, als bei Metallsieben [4.30].

Analog zur Fragestellung des Siebverschleißes tritt auch die Frage der Messerabnutzung durch das Papier auf. Dazu gehört insbesondere das Verhalten beim Schneiden von Papieren mit hohen Füllstoff- und Pigmentgehalten. Es ist grundsätzlich zu erwarten, hier verwandte Probleme zu erkennen, wenn auch beim Siebverschleiß Fasern und anorganische Bestandteile in Wasser dispergiert sind, während bei der Messerabnutzung die jeweilige Papier-Füllstoff-Struktur zur Wirkung kommt.

Die Auswahl von Geräten zur Messung der abrasiven Wirkung anorganischer Rohstoffe ist relativ gering. Zur Messung des Siebabriebes in Abhängigkeit von der Füllstoffqualität gibt es zur Zeit nur drei diskutable Geräte. Das eine ist die Versuchsanlage nach Brecht-Schödel [4.32], welche ursprünglich zum Studium des Verschleißes von Papiermaschinensieben konstruiert wurde, die sich jedoch ebenso ausgezeichnet zur Beurteilung der Abrasionswirkung von Füllstoffen bewährt hat. Die Füllstoffsuspension wird durch 4 Flachstrahldüsen vor den Saugerkästen auf das Sieb gespritzt. In Übereinstimmung mit der Praxis werden die gleichen Saugerbeläge mit denselben Abmessungen und Belagmustern wie in der Papiermaschine verwendet. Bemerkenswert bei dieser Anlage ist, daß kein Kreislaufbetrieb stattfindet, d. h. die zu testenden Füllstoffpartikel nur einmal das Sieb passieren. Nach einer Versuchsdauer von 10 h wird der Gewichtsverlust des Siebes gemessen.

Ein weiteres Gerät, bei dem ebenfalls der durch Siebabrieb sich ergebende Gewichtsverlust gemessen wird, ist der Valley-Tester amerikanischer Herkunft [4.8, 4.19]. Auf einem Testsieb lastet ein mehrfach durchbohrter Kunststoffblock, der mit einem Gestänge durch Preßluft hin und her bewegt wird. Eine wäßrige Suspension des zu prüfenden Füllstoffes wird mittels einer Schlauchpumpe im Kreislauf bewegt. Durch die Reibung des Kunststoffblockes auf dem Probesieb entsteht z. B. nach 3000 Hüben ein Abrieb, der sich aus der Gewichtsdifferenz des Siebes ergibt.

Bei dem von Breunig [4.90, 4.93] entwickelten und mehrfach beschriebenen bzw. als Zellcheming-Merkblatt V/27.5/75 [4.94] überarbeiteten Abrasionsprüfgerätes AT 1000 (Bild 4.14) wird ebenfalls der durch Siebabrieb sich ergebende Gewichtsverlust gemessen. Die Verschleißwirkung eines Füllstoffes oder Pigmentes wird nach Breunig durch den Gewichtsverlust in g/m^2 definiert, den ein Standard-Prüfsieb mit einer Abriebfläche von $305\,mm^2$ in einer wäßrigen Suspension des Füllstoffes oder Pigmentes durch die Gleittreibbeanspruchung mit einem zylindrischen Standard-Drehkörper nach einer bestimmten Zahl von Umläufen erlitten hat. Durch Vorwahl einer bestimmten Umlaufdauer wird der Arbeitsbereich festgelegt. Alle übrigen Prüfbedingungen sind konstant zu halten. Hierzu gehören die Vorgabe der Suspensions-Konzentration mit 100 g/l und die Einstellung des pH-Wertes auf 6,0. Bei Pigmenten bzw. Füllstoffen, wie z. B. Calciumcarbonat, Satinweiß, die im sauren Medium löslich sind, entfällt die pH-Einstellung.

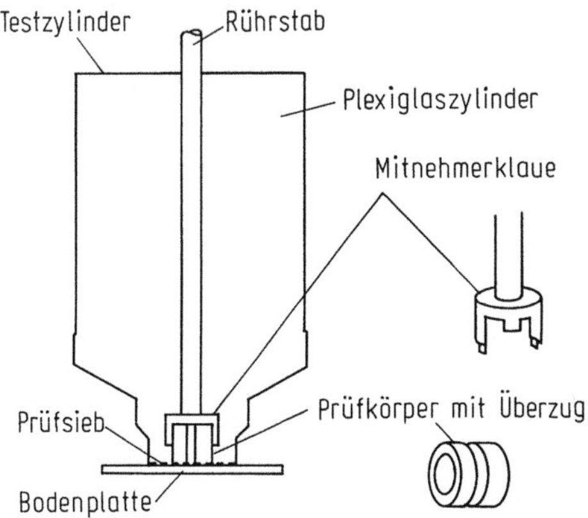

Bild 4.14. Prinzip des Abrasionsprüfgerätes AT 1000

Tabelle 4.5. Abrasionswerte verschiedener Füllstoffe und Pigmente

Füllstoff	Abrieb mg Valley	Abrieb mg AT 1000
Massekaolin I	34	13
Massekaolin II	32	16
Titandioxid	21	9,5
Aluminiumoxid	1,1	0,8
Talkum I	10,5	5,2
Talkum II	53	22
Satinweiß	2,2	0,1
Calciumcarbonat I	11,1	13,2
Calciumcarbonat II	9,1	13,5
Calciumcarbonat III	15,9	16,1
Calciumcarbonat IV	9,4	7,4

Wie aus vergleichenden Untersuchungen mit einem Bronzesieb hervorgeht (Tabelle 4.5), ergeben sich — je nach Füllstoff- bzw. Pigmentart — erhebliche Abrasionsunterschiede zwischen dem Valley-Tester und dem Abrasionstester AT 1000 [4.19].

Besonders große Differenzen ergeben sich bei den natürlich vorkommenden Calciumcarbonaten, die z. T. mit dem Valley-Tester niedrigere Werte zeigen als mit dem AT 1000.

Kunststoffsiebe zeigen — vor allem bei stark füllstoffhaltigen Papieren — gegenüber den Metallsieben ein völlig anderes Verschleißverhalten. So zeigen z. B. Calciumcarbonate bei Metallsieben bessere und in Verbindung mit Kunststoffsieben meist erheblich schlechtere Sieblaufzeiten als z. B. Kaolin. Untersuchungen ergaben, daß bei der Beurteilung des Verschleißes von Polyestersieben — die vorwiegend zum Einsatz kommen — weit mehr Parameter berücksichtigt werden müssen als bei Metallsieben. Neben der Teilchengröße und Härte eines Füllstoffes beeinflussen die Teilchenform sowie die Ladung in gewissem Umfang das Verschleißverhalten. Weiter wurde festgestellt, daß das verwendete Saugermaterial das Verschleißverhalten von Kunststoffsieben weit mehr beeinflußt als bei den Metallsieben [4.90, 4.91].

Eine bisher zu wenig beachtete Möglichkeit zur Verlängerung der Laufzeit von Kunststoff-Papiermaschinensieben ist das sorgfältige Abstimmen der Porosität des Keramik-Saugerbelages auf die Teilchengröße und Teilchenform der eingesetzten Füllstoffe. Im allgemeinen verringert sich der Siebverschleiß mit abnehmender Porosität des Saugerbelages. Günstig kann sich auch eine erhöhte Leitfähigkeit des Saugerbelages auf die Sieblaufzeit auswirken. Durch Ausnutzen dieser Möglichkeiten wurden in der Praxis erhebliche Verlängerungen der Laufzeiten von Kunststoffsieben erzielt bzw. der Einsatz von Kunststoffsieben bei Verwendung von Calciumcarbonat ermöglicht [4.90]. Die Verträglichkeit von Kunststoffsieben mit Saugerbelägen und anderen stationären Entwässerungselementen der Siebpartie wurde durch die zunehmende Einführung der Kunststoffsiebe zur zentralen Frage. Sau-

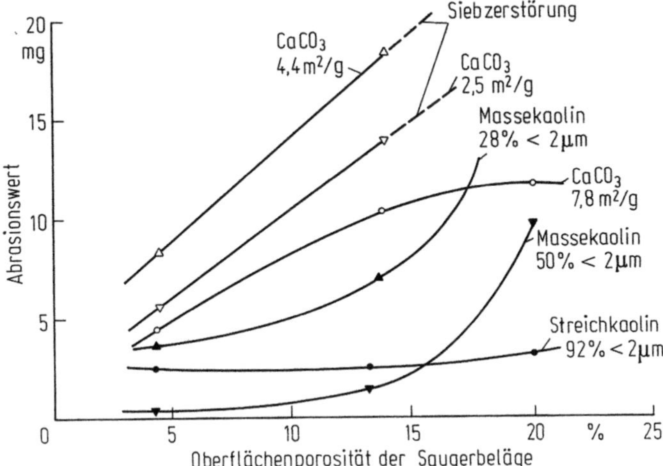

Bild 4.15. Abrasionswerte von verschiedenen Calciumcarbonaten bzw. Kaolinen in Abhängigkeit von der Oberflächenporosität der Saugerbeläge

gerbeläge, die sich unter Bronzesieben einwandfrei verhalten haben, erfuhren nach der Umstellung auf Kunststoffsiebe manchmal einen übermäßigen Abrieb.

In letzter Zeit setzte sich die Kombination Kunststoffsieb/Keramikbeläge wegen der mit ihr erzielbaren langen Sieblaufzeiten immer mehr durch. In Bild 4.15 sind einige Ergebnisse der Abrasionsprüfungen mit dem Abrasionstester AT 1000 für verschiedene Kaoline und Calciumcarbonate sowie unterschiedliche Keramikbeläge dargestellt. Man erkennt deutlich, daß die Abrasionswerte im allgemeinen mit der Oberflächenporosität der Saugerbeläge stark ansteigen. In den tiefen und großen Poren werden die Füllstoffe zurückgehalten und beschädigen mit ihren Kanten und Ecken das weiche Siebmaterial.

Die rasterelektronenmikroskopische Aufnahme in Bild 4.16 zeigt das verwendete Saugermaterial mit einer Porosität von 20%, das die hohen Verschleißwerte bzw. Siebzerstörungen ergab. In Bild 4.17 ist das verwendete Saugermaterial mit einer Porosität von 4,4% dargestellt.

Vergleicht man in Bild 4.15 die Abrasionswerte der annähernd kugelförmigen (rhomboedrischen) Calciumcarbonate mit denen der mehr plättchenförmigen Kaolinteilchen, so fällt auf, daß die Kaolinteilchen erst bei weit höheren Porositäten der Saugermaterialien abrasiv wirksam werden. Offensichtlich können kugelförmige Teilchen weit besser in die Poren der Saugermaterialien eindringen bzw. dort festgehalten werden und dann eine Beschädigung am Sieb hervorrufen, wogegen plättchenförmige Kaolinteilchen offensichtlich über kleinere Poren noch hinweggleiten [4.19, 4.90].

4.3.3 Dispergierbarkeit und Viskositätsverhalten

Die Teilchengröße der Füllstoffe hat — wie aus den vorausgegangenen Ausführungen hervorgeht — einen vielfältigen Einfluß auf die Papiereigenschaften, wie Wei-

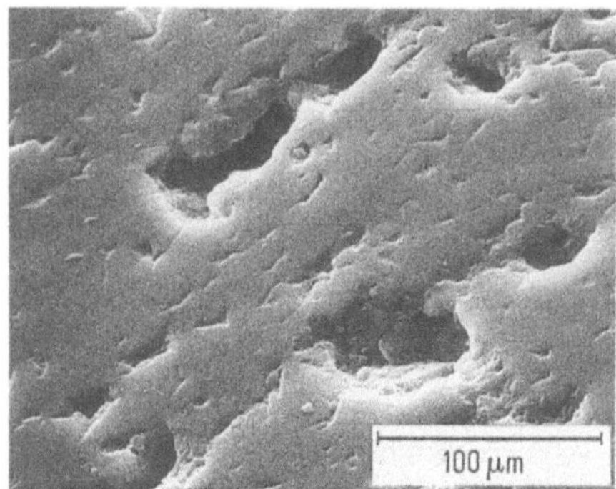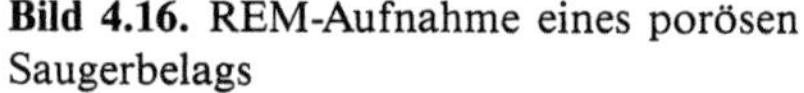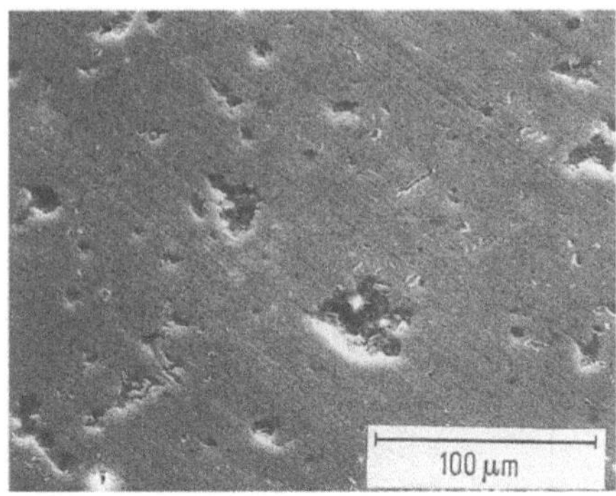

Bild 4.16. REM-Aufnahme eines porösen Saugerbelags

Bild 4.17. REM-Aufnahme eines weniger porösen Saugerbelags

ße, Opazität, Glätte, Luftdurchlässigkeit und die Bedruckbarkeitseigenschaften sowie auf den Verschleiß von Papiermaschinensieben, Schneidmessern und Druckplatten. Trocken bzw. nicht dispergiert angelieferte Füllstoffe liegen je nach Art der Füllstoffe in mehr oder weniger großen Agglomeraten vor. Ein Kaolinteilchen weist wegen seiner Silanol-Gruppen (Si-OH) an den Grundflächen eine negative Ladung und an den Kanten positive Ladungen auf. Diese positiven Ladungen dürften von Aluminium-Ionen stammen. Die negativen und positiven Ladungen ziehen einander an und die Teilchen bilden Flocken, die sich aus vielen Teilchen zusammensetzen [4.95]. Die Flockung vollzieht sich somit von den Kanten zur Fläche, weshalb man die Flockenform auch als „Kartenhaus-Struktur" bezeichnet. Wird das angelieferte Kaolin ohne vorherige Dispergierung eingesetzt, so wird die an sich teuer erkaufte Feinteiligkeit des Kaolins und der damit verbundene Qualitätsvorteil nicht genutzt. Durch Zugabe von Dispergiermitteln werden die Agglomerate des Kaolins, die in Größenordnungen von 20−80 µm liegen können, bei entsprechender Schereinwirkung zerstört [4.72].

Für eine optimale Anwendung der Füllstoff- und Pigmentteilchen bei der Papierherstellung und -veredelung sollen die einzelnen Teilchen als Primärteilchen, das heißt entflockt, vorliegen. Eine optimale Dispergierung stellt sicher, daß Anziehungskräfte zwischen den Teilchen eliminiert werden oder diesen entgegengewirkt wird, so daß eine Reagglomeration der Pigmentteilchen nach der Herstellung der Dispersion verhindert wird [4.84].

Dies ist vor allem für die Slurry-Lieferung bzw. Slurry-Lagerung sehr wichtig. Während früher die Füllstoffe in Säcken oder lose per Schiff, Bahn oder LKW angeliefert und in Trockenlagersilos gelagert wurden, verstärkt sich in den letzten Jahren der Trend zur Slurry-Lagerung (Naßlagerung). Die Vorteile liegen neben der besseren Dispergierung in der größeren Lagerkapazität sowie in einer einfacheren Handhabung (Förderung über große Entfernung mit Pumpen, bessere Abtrennung abrasiver Stoffe durch Siebung, keine Staubbelästigung) [4.96].

Der Entflockungsmechanismus mit negativ geladenen Dispergiermitteln dürfte so vor sich gehen, daß das Dispergiermittel an der Oberfläche adsorbiert wird und positiv geladene Pigmente, wie z. B. Satinweiß, TiO_2, evtl. Kreide, umlädt bzw. bei allen Pigmenten eine beträchtliche Zunahme des negativen Zeta-Potentials bewirkt. Es zeigte sich, daß als wichtigste Eigenschaft für die Dispergierung eine möglichst große Anzahl an negativen Ladungen pro Molekül wichtig ist [4.97] und daß daneben eine Adsorption an den jeweiligen Teilchen gewährleistet sein muß [4.98].

Die gebräuchlichsten Dispergiermittel werden im allgemeinen in solche anorganischen und organischen Ursprungs eingeteilt (z. B. Polyphosphate und Polyacrylate bzw. Polycarbonsäuren). Der Entflockungsmechanismus von Füllstoffen mit Dispergiermitteln erklärt sich wie folgt [4.22]:

- Erhöhung des elektrokinetischen Potentials (ZP);
- Umladung positiver Pigmente, da sie sonst die negativen Dispersionsanteile ausflocken;
- sterische Stabilisierung;
- Komplexbildung flockender Elektrolyte;
- Komprimierung der diffusen Doppelschicht.

Die sterische Stabilisierung durch das Dispergiermittel nimmt mit steigendem Molekulargewicht zu. Der starke Ladungs- bzw. Zeta-Potential-Anstieg wird durch die polaren hydrophilen Gruppen des Dispergiermittels erzielt.

Da der Übergang vom unzerteilten in den dispergierten Zustand natürlich nicht plötzlich, sondern allmählich erfolgt, andererseits der Energieverbrauch für die Dispergierung in Abhängigkeit von der Zeit ganz beträchtlich ist, ist natürlich die Frage nach der Bestimmung des Endpunktes der Dispergierung von Bedeutung. In den meisten Fällen verwendet der Praktiker die Viskosität der jeweiligen Pigmentaufschlämmung, wobei überwiegend Viskositätsmeßgeräte mit relativ niedrigem Schergefälle eingesetzt werden.

Der Viskositätsmessung als Maß für den Dispergierungsgrad liegt die Überlegung zugrunde, daß mit steigender Dispergierung zwar die Oberfläche des Pigmentes vergrößert wird, die Dicke der sie umgebenden Wasserschicht jedoch verringert wird und die Tendenz zur Ausbildung einer Struktur abnimmt, wodurch allgemein die Beweglichkeit der Teilchen vergrößert wird [4.99]. Eine weitere Methode ist die Bestimmung des Sedimentvolumens als Funktion der Zeit. Die klassische Methode zur Bestimmung des Dispersionsgrades ist schließlich die optische Darstellung der Teilchen mit Hilfe der Raster- bzw. Elektronenmikroskopie. Die Dispergiermittelmenge richtet sich nach der Art des Pigments, spez. Oberfläche, Polarität, Teilchengröße und -form, dem Feststoffgehalt, pH-Wert und danach, ob oder wieviel eines solchen Mittels eventuell bereits vom Pigmenthersteller zugesetzt wurde [4.23]. Die für die Minimalviskosität erforderliche Menge an Entflockungsmittel (Entflockungsmittelbedarf) erhält man durch Auftragen der Viskosität gegen den Entflockungsmittelzusatz.

Von den Meßgeräten ist für die laufende Betriebskontrolle das Brookfield-Viskosimeter am meisten verbreitet. Das Brookfield-Viskosimeter ist ein Instrument zur Bestimmung der Fließeigenschaften, also der Rheologie von Flüssigkeiten. Eine Spindel rotiert in einer Füllstoffsuspension und es wird das Drehmoment gemessen, das notwendig ist, um den viskositätsbedingten Widerstand gegen die ein-

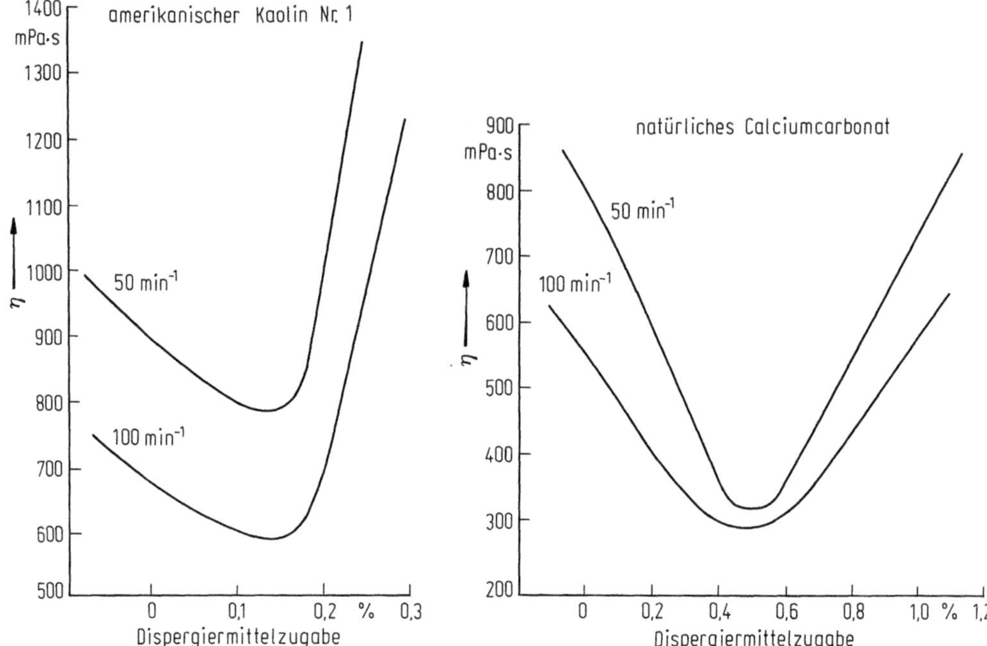

Bild 4.18. Viskosität eines amerikanischen Kaolins in Abhängigkeit von der Dispergiermittelmenge

Bild 4.19. Viskosität eines natürlichen Calciumcarbonats in Abhängigkeit von der Dispergiermittelmenge

geleitete Bewegung zu überwinden [4.99]. In Bild 4.18 ist der Dispergiermittelbedarf eines vordispergierten amerikanischen Kaolins aufgezeigt, in Bild 4.19 der Dispergiermittelbedarf eines natürlichen Calciumcarbonats [4.23]. Der teilweise Austausch von Dispergiermittel-Molekülen durch Hydroxidgruppen – bei zunehmendem pH-Wert – bewirkt innerhalb gewisser Grenzen eine insgesamt gesehen schlechtere Dispergierung, d. h. höhere Viskosität der Kaolin-Aufschlämmung, da die wachsende Menge an OH-Ionen mit dem Dispergiermittel im Wettstreit um die zu besetzenden Stellen am Kaolin steht. Gleichzeitig benötigt man nun, wie Bild 4.20 zeigt, weniger Dispergiermittel [4.98]. Außerdem werden noch Rotations-Viskosimeter eingesetzt. Bei Verwendung von Rotations-Viskosimetern wird die scheinbare Viskosität als Funktion des Geschwindigkeitsgefälles D unter Einbeziehung der Thixotropiemessung bestimmt (Aufnahme einer Hysteresiskurve). Mit dem Hercules-high-shear-Viskosimeter bzw. Haake Rotovisko kann automatisch und halbautomatisch die Viskosität und Thixotropie von Füllstoffsuspensionen ermittelt werden, die bei der Verarbeitung hohen Schubspannungen unterworfen werden. Das Meßsystem besteht aus Meßbecher und Rotor. Dieser erreicht innerhalb von wenigen Sekunden kontinuierlich steigend die maximale Umdrehungszahl und ein maximales Schergeschwindigkeitsgefälle und wird anschließend gleichmäßig wieder auf Null zurückgebracht. Bei zunehmender Geschwindigkeit (Aufwärtskurve im Rheogramm) ist in jedem Punkt die Struktur ausgeprägter als

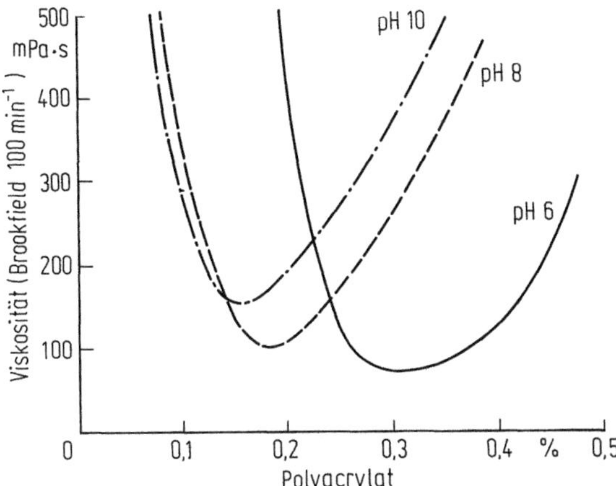

Bild 4.20. Viskosität einer Streichkaolin-Anschlämmung in Abhängigkeit vom pH-Wert und der Dispergiermittelmenge (Feststoffgehalt: 65%)

beim Gleichgewichtszustand, während bei abnehmender Geschwindigkeit (Abwärtskurve) weniger Struktur vorhanden ist. Hin- und Rückweg fallen nicht zusammen. In den erwähnten Viskosimetern ist der Hinweg pseudoplastisch und der Rückweg plastisch. Das Hochdruck-Kapillar-Viskosimeter ermöglicht Messungen bis zu einem Geschwindigkeitsgefälle von $10^6\,\mathrm{s}^{-1}$; durch Variation der Kapillarenlänge kann auch die Zeitabhängigkeit der Viskosität bis herunter zu etwa $10^{-4}\,\mathrm{s}^{-1}$ gemessen werden und zwar für verschiedene Werte des Geschwindigkeitsgefälles. Das Viskositätsverhalten, vor allem von Streichkaolin- und Calciumcarbonat-Suspensionen, hängt neben einer optimalen Dispergierung im wesentlichen von der jeweiligen Struktur, der mineralogischen Zusammensetzung und Feinheit ab [4.23]. Bei höherer Teilchenfeinheit der Pigmente nimmt die Viskosität ab und mit zunehmendem aspect ratio nimmt sie entsprechend zu (Bild 4.21). Während z. B. englische Streichkaoline mit hohem Flächenverhältnis höhere Viskositäten aufweisen, liegt das amerikanische Kaolin, bedingt durch das geringere Flächenverhältnis, wesentlich niedriger. Das günstigste rheologische Verhalten zeigen natürliche Calciumcarbonate. Die kugeligen Strukturen lassen sich im Gegensatz zu dem plättchenförmigen Kaolin sehr dicht packen und adsorbieren wegen ihres etwas hydrophoberen Charakters weniger Wasser. Seit einigen Jahren wird über Messungen an Streichpigmenten und Streichfarben bei hohen D-Werten mit dem Hochdruck-Kapillar-Viskosimeter berichtet [4.100, 4.101]. Das Ziel ist es, durch Laborversuche Aussagen über das Verhalten von Streichmassen auf der Streichmaschine zu erhalten oder die zu erwartenden Ergebnisse mindestens einzugrenzen. Die Streichfarbe ist bekanntlich ein sehr komplizierter rheologischer Körper, der die Eigenschaften der Strukturviskosität, der Zeitabhängigkeit der Viskosität (Thixotropie und/oder Dilatanz), sowie der Elastizität aufweisen kann. Die Elastizität macht sich hierbei vor allem in einer Änderung der rheologischen Eigenschaften in kurzen Zeiten bemerkbar.

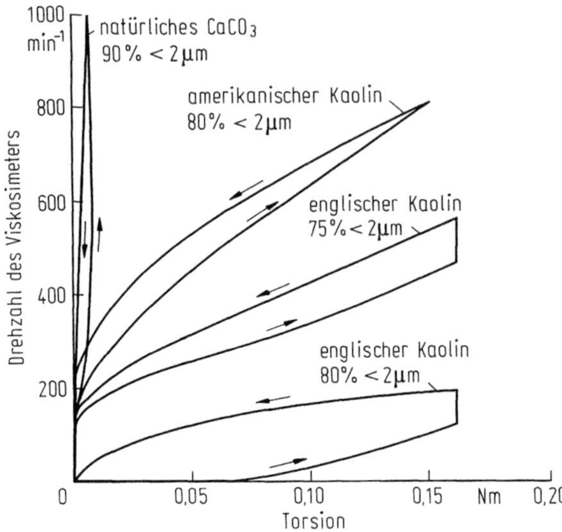

Bild 4.21. Rheologisches Verhalten verschiedener Streichpigmente

4.3.4 Bestimmung des relativen Sedimentvolumens (RSV)

Sedimentationsuntersuchungen werden neben der Teilchengrößenbestimmung auch als Mittel zur Untersuchung der Aggregation suspendierter Partikel in Flüssigkeit herangezogen. Bei stabilen Dispersionen findet keine Aggregation statt. Es sedimentieren die Teilchen einzeln und daher sehr langsam. Das Sedimentationsvolumen ist verhältnismäßig klein, da sich am Boden ansammelnde Teilchen nicht aneinander haften, sondern ungehindert aneinander vorbeigleiten und daher eine verhältnismäßig dichte Packung einnehmen [4.1].

Anders ist es bei den instabilen Dispersionen. Die Teilchen aggregieren, d. h. sie haften aneinander und behalten dabei die gegenseitige Lage, in der sie aneinander gestoßen sind, bei. Die Aggregate sedimentieren schneller als die individuellen Teilchen der stabilen Dispersionen. Das Sedimentvolumen ist groß, da die sedimentierten Flocken wegen des Aneinanderhaftens der Teilchen, aus denen sie zusammengesetzt sind, ihre lockere Struktur behalten.

Durch die Bestimmung des Sedimentvolumens und die Kenntnis der Zusammenhänge mit dem Zeta-Potential wird für die Praxis eine einfache Möglichkeit geschaffen, die Stabilitäts- und Flockungsbereiche zu ermitteln, d. h. das Sedimentvolumen stellt eine einfache Beziehung zu den Fließeigenschaften der Pigmentsuspension her. Das Ergebnis der Messung des Sedimentvolumens hängt also von der Packungsdichte der Pigmentpartikel ab, die wiederum vom Grad der Agglomeration des Pigments abhängig ist. Der Grad der Teilchenverteilungsdichte kann durch Messung des relativen Sedimentvolumens (RSV) nach Robinson [4.102, 4.103] ermittelt werden. Das RSV ist das Verhältnis zwischen dem verdichteten Pigmentvolumen und dem echten Volumen des Pigments. Bei Untersuchungen wurde ein deutlicher Zusammenhang zwischen der Viskositätsänderung, Zeta-Potentialänderung und der Änderung des RSV bei unterschiedlicher Dispergiermittelzugabe ge-

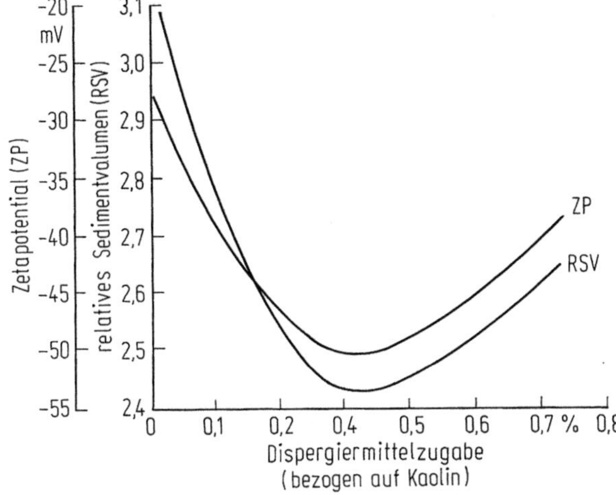

Bild 4.22. Einfluß eines Dispergiermittels auf das Zeta-Potential und das relative Sedimentvolumen

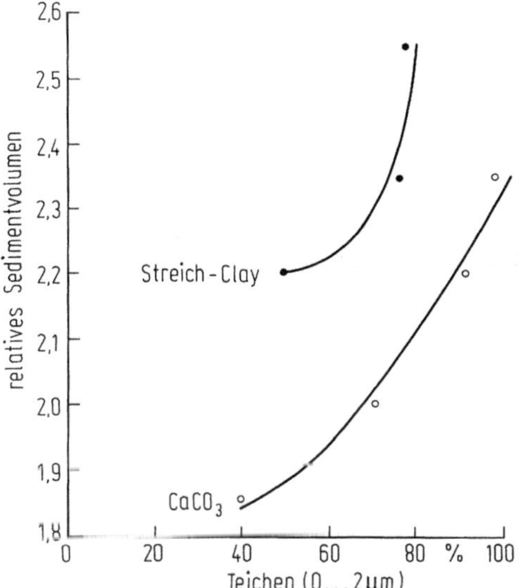

Bild 4.23. Einfluß der Teilchengröße auf das relative Sedimentvolumen

funden [4.22]. Mit Zunahme des Zeta-Potentials sinkt das RSV (Bild 4.22). Die Wirkung der Rühr- bzw. Mischintensität auf das RSV zeigt ebenfalls, daß das RSV sich mit zunehmender Mischgeschwindigkeit verringert. Das Sedimentvolumen wird außerdem durch die Teilchengröße, die Teilchenform und die spezifische Oberfläche beeinflußt. Aus Bild 4.23 geht hervor, daß mit zunehmender Teilchenfeinheit sowohl bei Streichkaolin als auch bei Calciumcarbonat das Sedimentvolumen entsprechend zunimmt.

Bei Streichkaolin wird das relative Sedimentvolumen neben der Teilchengröße auch noch stark durch die morphologische Struktur (Teilchenform) beeinflußt. So weist ein delaminierter Kaolin wegen seiner günstigeren bzw. plättchenförmigeren

Teilchenstruktur ein höheres RSV auf als ein nicht delaminierter Kaolin. Bei den natürlichen Calciumcarbonaten besteht jedoch ein direkter Zusammenhang zwischen der Teilchengröße bzw. der spezifischen Oberfläche und dem Sedimentvolumen [4.104].

4.4 Chemische Untersuchungen
Chemical tests

4.4.1 Qualitative bzw. halbquantitative Untersuchungsmethoden

Wenn unbekannte Pigmente oder Pigmentgemische vorliegen, haben den quantitativen Untersuchungen zweckmäßig qualitative Prüfungen vorauszugehen. Ferner interessieren jene Neben- oder Fremdbestandteile, die in irgendeiner Hinsicht die Qualität des Endproduktes beeinträchtigen; insbesondere die Weiße und Helligkeit von Füllstoffen wird stark durch Schwermetalle, wie Fe, Cu etc., beeinflußt. Die Untersuchungen können dabei sowohl mikroskopisch als auch chemisch bzw. auf chemisch-physikalischem Wege durchgeführt werden, wobei bei letzteren in den meisten Fällen ein Aufschluß der Probe vorangehen muß.

Als einfache Vorprüfung kann das unterschiedliche Verhalten der Löslichkeit in Säuren und Laugen herangezogen werden (z. B. Kaolin, Calciumcarbonat, Satinweiß). Eine schnelle und einfache halbquantitative Bestimmung des in Lösung gebrachten Füllstoffs (Aufschluß) besteht in der Anwendung selektiver Teststäbchen (z. B. Merck-Teststäbchen). Beim kurzen Eintauchen der Stäbchen in die zu prüfende Lösung entsteht je nach Konzentration des zu prüfenden Elements eine deutliche Abstufung in der Farbintensität. Eine weitere Möglichkeit der halbquantitativen Bestimmung besteht in der Verwendung von phosphatierter Cellulose zur Anreicherung von Kationen und deren Nachweis durch Tüpfelreaktionen [4.105]. Mit der Abbildung und optischen Beurteilung von Füllstoffen und Pigmenten sind die Möglichkeiten eines modernen Rasterelektronenmikroskops noch nicht erschöpft. Durch die Möglichkeit, im Rasterelektronenmikroskop sehr schnell und einfach Mikroanalysen durchzuführen, ergeben sich für die Beurteilung von Füllstoffen und Pigmenten ganz neue Möglichkeiten [4.76–4.78]. Durch den Elektronenbeschuß wird in der Füllstoffprobe immer eine Röntgenstrahlung angeregt, die für die enthaltenen Elemente charakteristisch ist. Die Aufteilung des Röntgenspektrums nach Energiewerten gelingt mit Festkörperdetektoren, die seit etwa 1960 in der Kernphysik entwickelt wurden. Den Peaks des Spektrums werden die Elemente zugeordnet, die Höhe der Peaks ist ein Maß für die Anteile der Elemente.

4.4.2 Quantitative Bestimmungsmethoden

Die chemische Prüfung der Füllstoffe und Pigmente dient mehreren Zwecken. Dem Füllstoff- und Pigmentlieferanten sowie dem Papiermacher ist sie das unerläßliche Mittel, um den Fabrikationsverlauf zu überprüfen und die Gleichmäßigkeit des Fertigproduktes sicherzustellen; er wird sich in der Hauptsache mit der laufenden Bestimmung der wertbestimmenden Bestandteile des Füllstoffs und Pigments begnügen.

Die wichtigsten Methoden, wie Photometrie, Polarographie, Emissionsspektralanalyse, Röntgenspektroskopie, Massenspektroskopie, Aktivierungsanalyse etc., deren Mehrzahl allgemeine Anwendbarkeit besitzen, werden bei der chemischen Papierprüfung beschrieben. Für Füllstoffe und Pigmente, deren Hauptbestandteile sich aus Aluminiumoxid und Silicium-(IV)-oxid zusammensetzen, können die bereits bestehenden DIN-Normen — DIN 51 070, Blatt 1−8 [4.106−4.113] — herangezogen werden.

4.4.3 Bestimmung der freien Kieselsäure (Quarz)

Untersuchungen zeigten, daß die Härte eines reinen Füllstoffes oder Pigmentes für die Abrasion nicht ausschlaggebend ist, sondern diese vorwiegend durch Begleitstoffe, wie Quarz und Reste von Feldspat, bestimmt wird [4.19, 4.93]. Die Quarzbestimmung ist daher besonders bei kaolinitischen Füllstoffen und Pigmenten von Interesse. Die Bildung von Kaolinit erfolgt durch hydrothermale Zersetzung von Urgestein. Von der Gesteinszersetzung verschont bleiben Quarz und Reste von Kalifeldspat. Im Zellcheming-Merkblatt V/27.1/75 [4.114] wird die Bestimmung der freien Kieselsäure (Quarz) in Kaolin nach dem Phosphorsäure-Aufschlußverfahren beschrieben. Unter definierten Bedingungen löst entwässerte Phosphorsäure weitgehend selektiv Aluminium-Silikate, so daß der Anteil nicht silikatisch gebundener Kieselsäure — Quarz — als Rückstand bestimmt werden kann.

Die röntgenographische Bestimmung von Füllstoffen, einschließlich geringer Quarzbeimengungen, besitzt gegenüber dem chemischen Nachweis den Vorteil eines geringen Zeit- und Probenaufwandes sowie einer gleichzeitigen Aussage über die Korngröße der zu untersuchenden Substanz.

Zusammenfassende Darstellungen der theoretischen und praktischen Grundlagen finden sich in den einschlägigen Monographien [4.115, 4.116].

4.5 Schlußbetrachtung
Final remarks

Mit dem Zusatz von Füllstoffen in der Masse ist der Papiermacher bestrebt, Papiereigenschaften — insbesondere Bedruckbarkeitseigenschaften — zu erzielen, die anders nicht oder nur mit hohen Kosten erreichbar sind. Dasselbe trifft für Streichpigmente zu, da sie — von einzelnen Ausnahmen abgesehen — mindestens 80% des gesamten trockenen Strichgewichts ausmachen, ebenfalls in hohem Maße die Qualität des Strichs und seine Wirtschaftlichkeit bestimmen. Die Papier- bzw. Strichqualität wird dabei einerseits durch die Füllstoff- und Streichpigmentart und -menge und andererseits durch deren chemische und mineralogische Zusammensetzung sowie durch ihre physikalischen und technologischen Eigenschaften beeinflußt.

Wenn auch die vorstehenden Ausführungen keineswegs Anspruch auf Vollständigkeit haben, so sollte doch gezeigt werden, welch umfangreiche Bedeutung die chemisch-physikalischen Eigenschaften der Füllstoffe und Streichpigmente auf die Papier- und Strichqualität ausüben, die zwangsläufig eine umfangreiche und laufende Qualitätskontrolle mit anerkannten Prüfmethoden erfordern.

Ein Teil der hier mitgeteilten Untersuchungsergebnisse wurde im Rahmen eines Forschungsvorhabens Nr. BAY-2-81/82 vom Bayerischen Staatsministerium für Wirtschaft und Verkehr finanziell unterstützt, wofür herzlich gedankt sei.

5 Prüfung von Papier und Pappe auf korrosionsbegünstigende Eigenschaften
Testing of Paper and Board on Corrosive Properties

J. HOLLAENDER

5.1 Korrosion durch Papier
Corrosion by paper

5.1.1 Metallkorrosion

Nach DIN 50900, Teil 1, kann die Reaktion eines metallischen Werkstoffes mit seiner Umgebung meßbare Veränderungen des Werkstoffes bewirken und zu Schäden führen. Ursachen sind in den meisten Fällen elektrochemische Reaktionen; es kann sich aber auch um chemischen Angriff oder um metallphysikalische Vorgänge handeln.

Neben Temperatur und Zeit bestimmen eine Vielzahl von Einflußfaktoren den Verlauf von Korrosionsreaktionen. Von seiten des Werkstoffs sind die Stellung des Metalls in der elektrochemischen Spannungsreihe, Zusammensetzung und Legierungsbestandteile, Beschichtungen wie z. B. galvanische Überzüge, Oberflächenaufbau und -behandlung, Oberflächenhomogenität und -rauheit von Bedeutung. Die korrosionsauslösenden Einflüsse der Umgebung können je nach Anwesenheit aggressiver, z. B. saurer oder oxidierender, Substanzen stark unterschiedlich sein. Feuchtigkeit und Nässe spielen eine entscheidende Rolle. Zum einen entfalten eine Reihe von Substanzen, z. B. Salze, erst in wäßriger Phase ihre korrosive Wirkung, zum anderen ermöglicht dieses Medium entsprechend der elektrochemischen Natur der Metallauflösung den Transport von Ladungen und Korrosionsprodukten.

5.1.2 Korrosionserscheinungen

Korrosionsbedingte Veränderungen von Metalloberflächen sind von vielfältiger Natur. Außer flächiger Metallauflösung und Korrosionsproduktbildung wie Rostungen an Eisenwerkstoffen können lokalisierte Oberflächenbeeinträchtigungen, z. B. Rostbildung an Fehlstellen einer Verzinnung oder Lochfraß bei Aluminiumwerkstoffen, auftreten. Verbreitet sind auch Fleckenbildung und Verfärbungen an der Metalloberfläche infolge einer Umwandlung in Oxid- und Hydroxidschichten, oder auch Belagbildungen durch chemische Folgereaktionen. Auch wenn eine Beeinträchtigung der Funktion eines Werkstoffs nicht gegeben ist, kann eine visuell bemerkbare Oberflächenveränderung unerwünscht sein.

5.1.3 Korrosion in Kontakt mit Papier

Die Verwendung von Papier, Karton und Pappe zu Verpackungszwecken für Gegenstände aus Metall oder Metallanteilen ist in der Praxis weit verbreitet. Daraus ergeben sich auch die Schwerpunkte für direkte und indirekte Möglichkeiten einer Wechselwirkung. Der Packstoff Papier muß daher in die Bewertung von Umgebungseinflüssen, die Veränderungen von Packgütern aus Metall bewirken, einbezogen werden.

Positiv zu bewertende Einflüsse auf Korrosionsvorgänge ergeben sich aus den primären Schutzfunktionen einer Verpackung. Hierzu gehört in erster Linie die Sperrwirkung gegenüber atmosphärischen Einwirkungen, das Abhalten von Regen oder Spritzwasser, aber auch von Staub und Salzen. Ebenso kann auch die Einwirkung aggressiver Gase, gegebenenfalls durch bestimmte Inhaltsstoffe, deutlich reduziert werden [5.1]. Darüber hinaus können Papiere zusätzlich mit korrosionsinhibierenden Substanzen ausgerüstet sein, die bei direkter Berührung mit dem Metall oder nach Diffusion über die Gasphase eine Schutzschichtbildung auf dem Werkstoff herbeiführen und dadurch Korrosionen verhindern [5.2, 5.3].

Für eine Begünstigung von Korrosionsreaktionen bei Kontakt von Papier mit Metalloberflächen ist in der Regel die Feuchtigkeitsbelastung der Kontaktfläche die notwendige Voraussetzung. Unter solchen Bedingungen kann eine Korrosionsförderung nach unterschiedlichen Mechanismen eintreten. Dabei spielen zum einen Papierbestandteile, die herausgelöst werden und die Korrosion einleiten oder unterstützen, eine wichtige Rolle, zum anderen aber auch die Besonderheiten der Kontaktfläche im Mikrobereich. Da die wirkliche Kontaktfläche mit der Metalloberfläche nur ein Bruchteil der gesamten abgedeckten Fläche beträgt, sind in den Berührungspunkten Spaltkorrosionen entweder durch unterschiedliche Belüftungen oder Konzentrationsunterschiede herausgelöster Bestandteile möglich. Insbesondere bei strukturierten Papieren können bereits bei mäßigen Feuchtigkeitsbelastungen, z. B. auch in einer Abtrocknungsphase, allein durch Belüftungselemente stärkere Korrosionserscheinungen bewirkt werden.

Zusätzlich besteht die Möglichkeit, daß bei Verwendung von Hilfsstoffen, z. B. Klebern, korrosionsfördernde Bestandteile, oft in örtlich hohen Konzentrationen, in die Kontaktoberfläche eingebracht werden und korrodierend wirken. Derartige Auswirkungen sind jedoch in der Regel nicht als eine Korrosionsförderung durch Papier zu bewerten.

Die Bedeutung von korrosionsfördernden Einflüssen durch Papier und Feuchtigkeit muß im Zusammenhang mit der vorgegebenen Korrosionsanfälligkeit von Metalloberflächen gesehen werden. Sie ist vergleichbar mit den Einflüssen schwach aggressiver Atmosphären und wäßriger Lösungen.

Der enge Zusammenhang zwischen Papiereinfluß und Feuchtigkeitsbelastung stellt die klimatischen Umgebungsbedingungen in den Vordergrund. Abgesehen von der direkten Einwirkung von Nässe müssen die Schwankungen von Temperatur und Luftfeuchte und die Möglichkeit der Bildung von Kondenswasser als korrosionsauslösende Faktoren besonders berücksichtigt werden. Empfindliche Oberflächen können bereits bei relativ hoher Luftfeuchtigkeit korrodiert werden.

5.1.4 Korrosionsbegünstigende Eigenschaften von Papier

Feuchtigkeitsgehalt

Feuchtigkeit ist für den Ablauf der elektrochemischen Korrosionsreaktion notwendige Voraussetzung. Unter ungünstigen Bedingungen kann bereits der Gehalt an Wasser im Papier dazu ausreichen. Die Feuchtigkeit von Papier ist von den Umgebungsbedingungen, Temperatur und relativer Luftfeuchte, abhängig. Bei einer Temperatur von 16,5°C liegt beispielsweise der Feuchtigkeitsgehalt von Filtrierpapier zwischen 5,8 und 15,2% (Absorption) bzw. zwischen 7,0 und 15,4% (Desorption), wenn die relative Luftfeuchte Werte zwischen 57 und 93% einnimmt [5.4]. Bei 100% relativer Luftfeuchte kann der Wasseranteil zwischen 20 und 30% betragen, bei nassen Papieren sogar bis zum 3fachen der Trockenmasse.

Der Feuchtigkeitsgehalt kann bei Klimaschwankungen für das Auftreten von Schwitzwasser verantwortlich sein. In abgeschlossenen Systemen, z. B. Schiffscontainern, oder auch nur bei unzureichenden Belüftungsbedingungen kann diese Feuchtigkeitsbelastung die Korrosion einleiten [5.4–5.7].

Maßnahmen gegen derartige Ursachen sind neben der Verwendung von Trockenmitteln in geschlossenen Systemen vor allem ausreichende Belüftungsbedingungen, damit der Austausch von Feuchtigkeit mit der Umgebung rasch vonstatten gehen kann. Es wird empfohlen, den Wassergehalt von Papieren durch vorhergehende Lagerung bei möglichst geringer relativer Luftfeuchte niedrig zu halten. Verpackungspapiere für Eisenwerkstoffe sollten unter 66% relativer Luftfeuchte gelagert werden [5.4].

Des weiteren kann durch den Einsatz paraffinierter Papiere die Wasseraufnahme und die Feuchtigkeitsbelastung der Kontaktfläche reduziert werden [5.8].

Für Papiere, die in der Elektrotechnik als Isolierpapiere eingesetzt werden, werden nach ASTM D 1305-62 aus elektrochemischen Gründen niedrige Wassergehalte zwischen 4 und 7% gefordert.

Korrosionsbegünstigende Bestandteile

Bedingt durch Zusammensetzung der Rohstoffe und durch die Verfahren der Herstellung und Veredelung können Papiere auch Bestandteile enthalten, die eine korrosive Wirkung gegenüber Metalloberflächen besitzen. Allgemein versteht man darunter hygroskopische, wasserlösliche, dissoziierende und hydrolysierende Komponenten [5.9], die in Verbindung mit Feuchtigkeit einen metallangreifenden Elektrolyten bilden können, aber auch Gehalte an flüchtigen Komponenten, die bereits unter trockenen Bedingungen Reaktionen an der Metalloberfläche bewirken [5.1, 5.10].

Korrosionsfördernder Einfluß wurde vor allem Chloriden, Sulfaten und sauren Bestandteilen zugeordnet. Systematische Untersuchungen über die Rostbegünstigung bei Eisenwerkstoffen [5.11] führten dann zu in Grenzwerten quantifizierten Anforderungen. Nach der später zurückgezogenen DIN 53110 von 1966 sollten bei Papieren ohne rostbegünstigende Anteile folgende Kriterien gelten:
- Chorid <0,05 Gew.% (berechnet als NaCl)
- Sulfat <0,3 Gew.% (berechnet als Na_2SO_4)
- Extrakt-pH-Wert >6.

Extrakt-pH-Wert, Chlorid- und Sulfatgehalte wurden auch als maßgebliche Einflußgrößen bei der Korrosionsförderung in Kontakt mit Aluminiumwerkstoffen betrachtet [5.12, 5.13].

Derartige Zusammenhänge haben sich jedoch nicht generell bestätigen lassen. Bei der Korrosionsförderung von Papieren in Kontakt mit Weißblech spielen andere, nicht weiter identifizierte Inhaltsstoffe für die Auslösung von Korrosionsreaktionen eine besondere Rolle [5.6, 5.14].

Ebenfalls bei Weißblechoberflächen konnte nachgewiesen werden, daß Oberflächen-pH-Messungen auf Papier den korrosionsfördernden Einfluß saurer Inhaltsstoffe besser charakterisieren im Vergleich zu Extrakt-pH-Messungen [5.15].

Bei der schädigenden Wirkung von Papieren auf edlere Metalle wie Silber und Kupfer und deren Legierungen wurden reduzierbare Schwefelverbindungen als verursachende Faktoren ermittelt. Nach ASTM D 984-61 sollte einwandfreies Papier nicht mehr als 0,0008% reduzierbare Schwefelverbindungen enthalten, da bei höheren Konzentrationen die Möglichkeit der Bildung von H_2S besteht und ein Angriff über die Gasphase erfolgen kann. Sulfid-Ionen wirken dagegen nur unter Feuchtigkeitseinfluß und verursachen Fleckenbildung [5.10].

Korrosionsfördernder Einfluß wird auch Gehalten an Oxicellulosen, Ameisensäure, Ammoniak, Ammoniumsalzen, oxidierenden Substanzen und oxidationskatalysierenden Metall-Ionen zugeschrieben. Eindeutige Nachweise und Wirkungsbeziehungen haben sich jedoch wegen der Vielzahl möglicher Ursachen und Inhaltsstoffvariablen nicht herausarbeiten lassen [5.15].

Die örtliche Verteilung von Inhaltsstoffen, die bei Korrosionsreaktionen beteiligt sind, scheint eine wichtige Rolle zu spielen. Darauf haben eine Reihe von Schadensfällen hingewiesen, bei denen die Korrosion durch lokal hohe Salzkonzentrationen ausgelöst wurde. Ursache ist die Bildung von Konzentrationselementen, deren anodische und kathodische Bereiche durch unterschiedliche Konzentrationen der beteiligten Inhaltsstoffe hervorgerufen werden. Aus elektrochemischer Sicht muß derartigen, in DIN 50900, Teil 2, näher erläuterten Ursachen der Korrosionsauslösung eine besondere Bedeutung zugemessen werden.

Oberflächeneigenschaften

Eine Förderung von Korrosionsreaktionen kann auch von reinsten Papieren ausgehen. Bei Kontakt mit Eisenoberflächen kann dies bereits bei relativen Luftfeuchten über 80% der Fall sein. Auch bei einer Abtrocknung feuchter Papiere mit hohem Reinheitsgrad auf unbehandeltem Aluminium können sich in sehr kurzer Zeit starke Oberflächenbeeinträchtigungen entwickeln. Bevorzugt treten derartige Erscheinungen bei Kontakt mit rauhen oder strukturierten Papieren auf [5.16]. Ein Einfluß der Papierrauheit wurde auch bei Eisenwerkstoffen beobachtet [5.17]. Die Ursache dieser Korrosionen geht auf die Besonderheiten der Kontaktfläche zurück. Bedingt durch die Faserstruktur der Papiere ist der wirkliche Kontaktanteil im Vergleich zur Kontaktfläche sehr viel geringer. Dementsprechend sind an den Berührungspunkten mit der Metalloberfläche Spalten vorgebildet, die bei Feuchtigkeitsbelastungen wie auch in Abtrocknungsphasen Wasser oder Elektrolyt beinhalten. Daraus resultieren letztlich unterschiedlich belüftete Oberflächenbereiche, die hochwirksame Korrosionselemente, entsprechend den Erläuterungen der DIN 50900, Teil 2, darstellen. Die anodische Metallauflösung vollzieht sich an den Berührungspunkten Metall/Papier. Diese strukturbedingten Korrosionen können durchaus die Wirkung korrosionsfördernder Bestandteile überlagern oder verstärken.

Unter bestimmten Voraussetzungen können Korrosionszentren auch durch Druck und Bewegung von Papier auf der Metalloberfläche entstehen. Bei Anwesenheit abrasiv wirkender Bestandteile im Oberflächenbereich können vorhandene Schutzschichten auf dem Metall beschädigt werden.

5.2 Prüfung auf korrosionsbegünstigende Eigenschaften
Testing on corrosive properties

5.2.1 Problemstellung

Die Anforderungen an Papier, Karton oder Pappe, die mit Metalloberflächen in Kontakt gebracht oder zum Schutz von metallhaltigen Gütern verwendet werden, beinhalten den Ausschluß schädigender Einflußnahme. Ziel von vorhergehenden Untersuchungen und Prüfungen ist daher, nachteilige Einflüsse rechtzeitig zu erkennen und ungeeignete Materialien auszuscheiden. Ebenso geben Prüfaussagen zu bereits eingetretenen Schadensfällen wichtige Hinweise für Problemlösungen.

Bei der Bewertung von korrosionsfördernden Eigenschaften von Papieren beschreitet man im wesentlichen zwei Wege. Der erste Weg stützt sich auf Prüfaussagen aufgrund einer möglichst praxisgerechten Simulation von Bedingungen, wie sie auch in der praktischen Anwendung gegeben sind. Der andere Weg orientiert sich an bisher gewonnenen Erfahrungen und stellt die Bewertung nach analytischen Kriterien in den Vordergrund.

Praxisnahe Prüfungen haben den Vorteil, daß auf den Verwendungszweck direkt abgestellt werden kann, und daß die betreffenden Metalloberflächen einbezogen werden können. Besondere Aufmerksamkeit muß allerdings den Prüfbedingungen gewidmet werden, da eine differenzierende Beurteilung unterschiedlicher Materialien möglich sein soll. Dies muß auch bei Kurzzeitprüfungen, bei denen oft verschärfte Prüfbedingungen angewendet werden, gewährleistet sein. Die Einbeziehung von Vergleichsmaterialien, deren Verhalten gegenüber dem vorgegebenen Werkstoff bekannt ist, stellt eine wichtige Interpretationshilfe bei der Auswertung derartiger Untersuchungen dar. Zusätzliche Informationen, z. B. über die korrosionsfördernde Wirkung löslicher Papierbestandteile, lassen sich oft auch durch vergleichende Prüfungen mit gleichem Probenmaterial, aus dem diese Bestandteile z. B. durch eine vorhergehende Wässerung weitgehend entfernt wurden, erhalten.

Die Bewertung des korrosionsfördernden Einflusses nach analytischen Kriterien ist vor allem dann sinnvoll, wenn eindeutige Beziehungen zwischen Ursache und Wirkung erarbeitet worden sind. Daraus abgeleitete Spezifikationswerte können dann für den Papierhersteller wichtige Hilfen bei der Verfahrens- und Qualitätskontrolle sein. Dieser Zielsetzung steht die im Einzelfall unbefriedigende Detailkenntnis über auslösende Faktoren entgegen. Der notwendige analytische Aufwand zur Klärung komplexer Wirkungen und gegenseitiger Beeinflussungen von Spurenstoffen ist hoch und unterliegt praktikablen Begrenzungen. Es ist insbesondere zu berücksichtigen, daß limitierende Konzentrationsangaben Bewertungen sind, die auf einer makroskopischen und durchschnittlichen Betrachtung beruhen. Die im Mikrobereich herrschenden Verhältnisse können dadurch nicht hinreichend genau beschrieben werden.

Es ist aus diesen Gründen verständlich, daß bei der Beurteilung der korrosionsfördernden Eigenschaften von Papieren den Ergebnissen praxisnaher Korrosionsversuche eine vorrangige Bedeutung zugemessen wird. Diese Erwägungen, ergänzt durch praktische Erfahrungen, haben im übrigen 1979 zur Zurückziehung der DIN 53110 von der Fassung von 1966 geführt, die eine Beurteilung nach wenigen analytischen Kriterien vorgesehen hatte. In der neuen Fassung wird auf praxisnahe Prüfmethoden Bezug genommen (s. Abschn. Prüfung nach DIN 53110, S. 258).

5.2.2 Allgemeine Hinweise für praktische Prüfungen

Bei der Durchführung von Korrosionsuntersuchungen sind die in DIN 50905 beschriebenen allgemeinen Grundsätze zu beachten. In diesem Zusammenhang sind besonders hervorzuheben:
- Die Untersuchungsbedingungen sind den Verhältnissen bei der praktischen Verwendung von Papieren in Kontakt mit Metalloberflächen nach Möglichkeit anzupassen.
- In die Untersuchungen sind Vergleichsmuster einzubeziehen.
- Es müssen eine genügende Anzahl von Proben eingesetzt werden, um bei der zu erwartenden Streuung von Prüfergebnissen aussagefähige Mittelwerte zu erhalten.
- Die Kontrolle und Registrierung von Versuchsbedingungen muß auch über längere Zeiträume sichergestellt werden.
- Der zeitliche Verlauf von Korrosionsreaktionen soll nach Möglichkeit erfaßt werden können.
- Die verwendeten Proben und Prüfmaterialien müssen eindeutig gekennzeichnet sein. Der Ausgangspunkt ist zu beschreiben.
- Kriterien für die Auswertung von Versuchen sind festzulegen und nach Möglichkeit auf objektive Beurteilungsgrundlagen einschließlich photographischer Dokumentation abzustützen.

Richtlinien für die Probennahme von Papier und Pappe sind in derDIN 53101 festgelegt. Zur Erzielung eines vergleichbaren Ausgangszustandes sind definierte Probenvorbehandlungen wichtig, die nach DIN 53102 unter konstanten Klimabedingungen (z. B. Normalklima nach DIN 50014) vorgenommen werden können. Ähnliche Konditionierungsbedingungen sind in den ASTM D 685-44 und TAPPI T 402m-49 vorgesehen. Derartige Vorbehandlungen sind auch für die Beschreibung des Ausgangszustandes (Bestimmung der flächenbezogenen Masse nach DIN 53104 oder des Feuchtigkeitsgehaltes nach DIN 53103) erforderlich.

Zum Vortrocknen von Probenmaterial wird eine Lagerung unter 40°C bei 20–35% rel. Luftfeuchte von mindestens 24 h empfohlen, danach ist eine Trocknung bei 60°C von etwa 4 h vorzusehen.

Vielfach sind bei der Durchführung von Prüfungen definierte Klimabedingungen vorgesehen, damit wiederholbare und vergleichbare Ergebnisse erzielt werden können. Allgemeine Erläuterungen und Empfehlungen sind in den Normen DIN 50010–DIN 50017 enthalten.

Die nachfolgend aufgeführten Prüfmethoden stützen sich auf praktische Erfahrungen und Angaben in der einschlägigen Literatur. In den Beschreibungen wird auf Prüfprinzipien, Versuchsanordnungen, Anwendungsbereiche und soweit möglich auch Prüfaussagen abgehoben. Abgesehen von den wenigen Verfahren, die als standardisiert gelten können, sollen die Möglichkeiten für praxisorientierte Prüfungen dokumentiert werden. Wegen der Vielzahl der materialseitigen Variablen kann dem Anwender die Erarbeitung eigener Prüferfahrung nicht erspart werden.

5.2.3 Prüfverfahren

Dauerlagerversuch

Die Prüfung wird als Kontaktprüfung durchgeführt. Eine typische Versuchsanordnung hat folgenden Aufbau:

Auf einer Glasplatte werden zunächst zwei Lagen reines Filtrierpapier und die zu prüfende Papierprobe gelegt. Es folgt dann eine ebene Metallplatte mit reiner, gleichmäßiger Oberfläche und anschließend wieder eine Papierprobe. Nach dem Auflegen von zwei weiteren Lagen Filtrierpapier wird schließlich mit einer weiteren Glasplatte die Prüfanordnung abgedeckt. Die Metallplatte befindet sich demnach in der Mitte und hat beidseitig Kontakt zu den Proben. Die Prüfanordnung wird außerdem mit Auflagegewichten beschwert, um einen gleichmäßigen und innigen Kontakt zwischen Metall und Papier herzustellen. Die Kontaktfläche soll mindestens 80×40 mm betragen, übliche Dimensionen der Metallplatte sind 160×80× 10 mm, ihr Oberflächenzustand soll definiert sein. Anstelle von Auflagegewichten können auch Klammern verwendet werden.

Derartig aufgebaute Prüfanordnungen einschließlich solcher mit Vergleichsproben werden in geschlossenen Behältern oder Räumen unter vorgegebenen Klimabedingungen gelagert. Vorzugsweise wird bei Raumtemperatur und hoher relativer Luftfeuchte (92%) geprüft, zur Beschleunigung der Reaktionen oder zur Simulation von Tropenbedingungen auch bei Temperaturen um 40°C. Zur Einstellung bestimmter Luftfeuchten in geschlossenen Behältern empfehlen sich die üblichen Salzlösungen, z. B. konzentrierte Natriumtartrat-Lösung für 92% relative Luftfeuchte [5.13]. In bestimmten zeitlichen Abständen wird überprüft, ob und in welchem Umfang sich die Oberflächen von Metall und Papier durch Bildung von Korrosionsprodukten verändert haben.

Soll die Grenzzone Papier/Metall in die Bewertung einbezogen werden, empfehlen sich klein dimensionierte Papierabschnitte, so daß an den Randzonen etwa

5 mm Metall unbedeckt bleibt. Im allgemeinen ist in diesem Bereich mit stärkeren Beeinträchtigungen durch Spaltkorrosionen und Belüftungselemente zu rechnen. In der Kontaktzone müssen derartige Erscheinungen durch möglichst faltenfreies, glattes Auflegen der Papiere vermieden werden.

Soll das Verhalten gegenüber Metallfolien oder dünnen Blechen geprüft werden, wird empfohlen, anstelle der Metallplatte mittig eine Glasplatte zu verwenden, die den beidseitig anliegenden Metallflächen zur Stabilisierung dient.

Der zeitliche Aufwand für solche Lagerversuche richtet sich vor allem nach der Korrosionsanfälligkeit der Metalloberflächen und nach den klimatischen Bedingungen. Bei Eisenoberflächen können Ergebnisse in vertretbaren Zeiträumen bis zu einigen Wochen erwartet werden.

Eine modifizierte Prüfanordnung wurde für die Prüfung des Verhaltens gegenüber Aluminiumwerkstoffen vorgeschlagen [5.13]. Zur Verkürzung der Prüfzeiten wird die gegenüber Papieren besonders anfällige Aluminiumgußlegierung G AlSi (9,2% Si, 0,4% Fe, 0,08% Cu) verwendet. Benutzt werden aus Rundstangen geschnittene Metallscheiben von 50 mm Durchmesser und 5 mm Dicke sowie runde Papierproben von 60 mm Durchmesser. Die Prüfanordnung entspricht dem vorstehend geschilderten Aufbau, belastet wird mit 100 g. Nach einer Lagerung von 1−2 Wochen bei 37°C und 92% relativer Luftfeuchte in geschlossenen Behältern können visuelle Beurteilungen des Korrosionsangriffs vorgenommen werden.

Wickelversuch

Bei diesen Prüfanordnungen werden Metallplatten oder -teile in die zu prüfenden Papiere vollständig eingeschlagen. Die so vorbereiteten Proben werden zwischen Glasstäben eingeklemmt, damit guter Kontakt zwischen Papier und Metalloberfläche besteht, gleichzeitig aber auch ungehinderter Austausch mit der atmosphärischen Umgebung gewährleistet ist. Die Prüfanordnungen werden in geschlossenen Gefäßen bei 90−95% relativer Luftfeuchte gelagert.

Klammerversuch

In dieser vom Aufwand her einfachen Prüfmethode kann eine Rostbegünstigung in Kontakt mit Eisen anschaulich nachgewiesen werden [5.17]. Dazu werden als Eisenproben Büroklammern, die gegebenenfalls sorgfältig entkupfert und entfettet werden müssen, verwendet. Die Klammern werden auf etwa 100×40 mm große Abschnitte des zu prüfenden Papiers aufgesteckt und bei 18−19°C in einem Exsikkator über gesättigter Zinksulfat-Lösung (90% relative Luftfeuchte) gelagert. Innerhalb weniger Tage entwickeln sich an den Berührungsstellen Klammer/Papier Rostpunkte, die nach Anzahl und Intensität bewertet werden. Bei farbigen Papieren kann die Erkennung von Rostungen erschwert sein.

Aus den Befunden, daß bei unterschiedlich rauhen Oberflächen eines Papieres die jeweils rauhere Seite raschere und intensivere Rostungen bewirkt, wird deutlich, daß die Struktureigenschaften der Papieroberfläche einen maßgeblichen Einfluß auf das Prüfergebnis besitzen. Dies ist besonders dann zu berücksichtigen, wenn die Wirkung von Papierinhaltsstoffen auf diese Weise beurteilt werden soll.

„Steigbügel"-Versuch

Aus einem Papierabschnitt wird eine U-förmige Schlaufe gebildet, in die ein polierter Stahlstab eingelegt wird. Diese „Steigbügel"-Anordnung wird 3 Tage bei 38°C einer relativen Luftfeuchte von 93% ausgesetzt. Anschließend wird die Bildung von Rost beurteilt [5.18].

Drahtwickelversuch

Bei diesem Prüfverfahren kann die Rostbegünstigung von Papieren in Kontakt mit Eisen quantitativ bewertet werden [5.11].

Mittels einer Wickelvorrichtung wird ein ca. 1 m langer und etwa 0,5 mm dicker Blumendraht in definierter Weise um eine Papierprobe, die um ein Glasrohr gelegt wurde, gewickelt. Der Blumendraht ist zuvor sorgfältig zu reinigen und genau zu wiegen.

Die gewickelte Prüfanordnung wird 4 Tage bei 37°C und 92% relativer Luftfeuchte gehalten. Danach wird der Draht abgewickelt, entrostet und zurückgewogen. Der so ermittelte Massenverlust erlaubt einen hinreichend genauen quantitativen Vergleich von Papieren mit dem Vergleichsmaterial Filtrierpapier. Mit dieser Prüfanordnung läßt sich auch der Einfluß unterschiedlicher Temperatur oder Luftfeuchte bestimmen.

Bei diesem Prüfverfahren ist ebenfalls die Möglichkeit von Spaltkorrosionsmechanismen zu berücksichtigen.

Galvanische Kurzzeitprüfung

Ein in feuchter Luft 1 h konditionierter Papierabschnitt wird zwischen eine Kupfer- und eine Zinkplatte gelegt. Bewertet wird das Ausmaß der anodischen Korrosion an der Zinkoberfläche, die durch die Verstärkung des galvanischen Kopplungsstromes durch Wasseraufnahme und gelöste Inhaltsstoffe bewirkt wird. Ergebnisse können bereits nach wenigen Minuten erhalten werden [5.19].

Prüfung auf Metallverfärbungen

Für Anlaufen von Silber, Kupfer und ihrer Legierungen werden flüchtige Schwefelverbindungen verantwortlich gemacht. Die Bildung dieser Komponenten kann durch höhere Temperaturen beschleunigt werden. Dementsprechend werden bei praktischen Untersuchungen meist Temperaturen von 70°C bevorzugt [5.10].

Die Prüfung wird mit Feinsilberplatten (z. B. 100×30×0,3 mm), die zwischen zu prüfende Papier- oder Pappeproben gelegt werden, durchgeführt. Zur Unter- und Auflage dienen Glasplatten, die Prüfanordnung wird durch eine 150 g-Auflage beschwert. Die Prüfanordnung wird in geschlossenen Behältern bei 70°C (Trockenschrank) einige Tage gelagert. Bewertet werden Veränderungen der Silberoberfläche durch Anlaufen, Schwärzung oder Fleckenbildung. Es empfiehlt sich, einen kleinen Teil der Silberoberfläche durch Klebeband abzudecken, um auch nur geringes Anlaufen sicher beurteilen zu können. Definierte Luftfeuchtebedingungen sind nach ASTM D 2043-64 T und TAPPI T 444 os-68 nicht unbedingt erforderlich.

Bei alkalisch eingestellten, sulfidhaltigen Papieren wird eine Fleckenbildung nur dann beobachtet, wenn die Papierproben zuvor angefeuchtet wurden.

Prüfung nach DIN 53110

Zur Prüfung und Bewertung des korrosionsbegünstigenden Verhaltens von Papier und Pappe gegenüber Metalloberflächen wurde die DIN 53110 neu konzipiert. Anstelle einer Beurteilung der Papiere nach analytischen Kriterien, deren unvermeidliche Verallgemeinerung mit einer Reihe von Praxiserfahrungen nicht in Übereinstimmung zu bringen war, sind für wichtige Anwendungsbereiche praxisnahe Prüfverfahren vorgesehen.

Nach DIN 53110, Teil 1, wird in Kontakt mit Weißblech der Verzinnung E 2,8/2,8 geprüft. Der Anwendungsbereich bezieht sich auf Etikettenpapiere und Umverpackungen aus Papier und Pappe. Prüfprinzip ist ein Stapeltest, in dem mehrere Prüfsätze zusammengefaßt sind. Jeder Prüfsatz besteht aus einem Weißblechabschnitt (120×120 mm) in Kontakt mit einer Papierprobe (100×100 mm), die in definierter Weise mit dest. Wasser befeuchtet wurde. Beim Aufbau des Prüfstapels werden jeweils die einzelnen Prüfsätze durch Folienabschnitte aus Polyethylen voneinander abgegrenzt. Die Prüfstapel werden mit 5 kg gleichmäßig belastet und 24 h bei 20°–23°C und einer relativen Luftfeuchte über 50% gelagert. Danach werden die Papiere, auf denen sich die auf den Weißblechabschnitten hervorgerufenen Korrosionen abgezeichnet haben („Rostbilder"), getrocknet und visuell bewertet. Nach dem Gesamteindruck und den Einzelmerkmalen wird eine Einstufung in 3 Klassen der Rostförderung (gering, mittel, stark) vorgenommen. In der Norm sind für jede Klasse charakteristische „Rostbilder" photographisch dokumentiert, um die Bewertung zu erleichtern.

In einer ebenfalls angegebenen Verfahrensvariante wird bei jedem Prüfsatz zwischen der Weißblechoberfläche und der Papierprobe definiert befeuchtetes reines Filtrierpapier als Zwischenlage und Feuchtigkeitsquelle verwendet. Bei dieser Prüfanordnung werden die gleichen charakteristischen „Rostbilder" auf dem Filtrierpapier erzeugt. Mit dieser Variante können auch farbige oder schwierig zu befeuchtende Proben geprüft werden.

Bei beiden Prüfvarianten wird als Vergleichsmaterial reines Filtrierpapier mitgeprüft.

Der DIN 53110, Teil 1, liegen Merkblatt-Verfahren (s. Abschnitt S. 258) zugrunde, die nach umfangreichen Voruntersuchungen und Ringversuchen ausgearbeitet und erprobt wurden [5.6, 5.14].

In Vorbereitung befindet sich DIN 53110, Teil 2 (Prüfung in Kontakt mit Aluminium). Prüfverfahren in Kontakt mit Kupfer und Zink sind ebenfalls vorgesehen.

Merkblatt-Verfahren

In der Reihe „Merkblätter für die Prüfung von Packmitteln", herausgegeben von den Arbeitsgruppen am Fraunhofer-Institut für Lebensmitteltechnologie und Verpackung in München, wurden bisher Merkblatt 30 „Prüfung von Etiketten aus Papier für Weißblechverpackungen auf rostbegünstigende Eigenschaften" [5.20] und Merkblatt 36 „Prüfung von Umverpackung aus Papier oder Pappe auf rostbegünstigende Eigenschaften gegenüber Weißblech" [5.21] herausgegeben. Diese Merkblatt-Verfahren bilden die Grundlagen der DIN 53110, Teil 1, die vorstehend bereits erläutert wurde.

Bei der im Merkblatt „Prüfung von Papier und Pappe aus korrosionsbegünstigenden Eigenschaften gegenüber Aluminium" vorgeschlagenen Prüfmethode [5.22] wird ebenfalls ein Stapeltest [s. Abschn. „Prüfung nach DIN 53110", S. 258) eingesetzt. Als Werkstoff wird Reinaluminium, weich, Al 99 oder Al 99,5, in Form von Blech- oder Bandabschnitten (0,2–1 mm Dicke) der Abmessungen 120× 120 mm verwendet. Bei jedem Prüfsatz wird eine Papierprobe (100×100 mm) in definierter Weise durchnäßt und mit einem Aluminiumabschnitt abgedeckt. Ein Prüfstapel besteht aus 6 Prüfsätzen. Unter einer Belastung von 5 kg wird 24 h bei 20°–23°C gelagert. Während der Prüfdauer dürfen Abtrocknungen nicht erfolgen, da mögliche Spaltkorrosionen den Einfluß von schädigenden Papierinhaltsstoffen überlagern können. Bewertet werden Ausmaß und Intensität von Oberflächenveränderungen des Metalls, die sich in punktförmigem Angriff, flächigem oder fleckigem Anlaufen bemerkbar machen.

Eine von der Oberflächenstruktur von Papieren beeinflußte Spaltkorrosionsförderung kann mit der gleichen Prüfanordnung nachgewiesen werden, wenn man eine vollständige Abtrocknung, z. B. bei 40°C und Versuchszeiten über 48 h, eintreten läßt.

5.3 Analytische Bestimmungen im Zusammenhang mit korrosionsbegünstigendem Verhalten
Analytical determinations in relation to corrosive properties

Bei einer Vielzahl von Untersuchungen sind Zusammenhänge zwischen Eigenschaften und bestimmten Inhaltsstoffen von Papieren einerseits und dem korrosionsfördernden Verhalten andererseits beobachtet worden. Dies unterstreicht die multifaktoriellen Ursachen der Wechselwirkung von Papieren mit Metalloberflächen. Im Einzelfall sind daher gesicherte Voraussagen bei der Vielfalt der Materialien und Einflußbedingungen nicht zu erwarten, jedoch stellen analytische Kriterien wertvolle Hilfen für die Optimierung und Kontrolle der Produktion dar.

In diesem Zusammenhang sind folgende Bestimmungen zu erwähnen:

— Bestimmung des Feuchtigkeitsgehaltes. Nach DIN 53103, ASTM D 644-55, ASTM D 202-66, ASTM D 2044-64 T. Ein Einfluß ist vor allem im Zusammenhang mit der Schwitzwasserbildung vorhanden.
— Bestimmung der Wasseraufnahme nach Cobb. Nach DIN 53132. Eine geringe Wasseraufnahmefähigkeit scheint Korrosionen zu begünstigen [5.6].

- Bestimmung der Wasserdampfdurchlässigkeit. Gravimetrisches Verfahren nach DIN 53122, ASTM E 96-66.
- Bestimmung der spezifischen elektrischen Leitfähigkeit von wäßrigen Auszügen. Nach DIN 53114. Eine allgemeine Korrosionsförderung durch lösliche Salze wird angenommen [5.23].
- Bestimmung des pH-Wertes. Nach DIN 53124. Gegenüber Eisenwerkstoffen kann eine Rostbegünstigung bei Extrakt-pH-Werten unter 6 angenommen werden [5.24]. Bei Aluminium wirken Papiere mit einem Extrakt-pH-Wert unter 5 korrosionsbegünstigend [5.12, 5.22]. Bei Weißblech hat sich ein deutlicher Zusammenhang der Korrosionsförderung mit Oberflächen-pH-Werten [5.25] ergeben. Über pH 6,5 besteht eine Neigung zu geringer Korrosionsförderung, unterhalb pH 5,5 besteht die Tendenz zu starker Korrosionsförderung [5.15].
- Bestimmung des Gehaltes an titrierbarer Säure/Alkali. Nach ASTM D 548-41, Zellcheming-Merkblatt IV/58/80 [5.26]. Eindeutige Zusammenhänge mit korrosionsbegünstigenden Verhalten konnten bisher nicht erwiesen werden [5.14].
- Bestimmung des Gehaltes an Ameisensäure nach DIN 54382. Ameisensäurespuren werden als korrosionsauslösende Faktoren vor allem bei naßfesten Papieren betrachtet.
- Bestimmung des Chloridgehaltes. Nach DIN 53125, ASTM D 1161-60, TAPPI T 468m-60. Eine korrosionsbegünstigende Wirkung gegenüber Eisenwerkstoffen wird Chloridgehalten über 0,05% NaCl zugeordnet [5.11]. Quantitative Zusammenhänge ließen sich bei Weißblech jedoch nicht bestätigen [5.14, 5.15].
- Bestimmung wasserlöslicher Sulfate. Nach DIN 53127, ASTM D 1099-52, TAPPI T 468m-60. Sulfaten wird im Vergleich zu Chloriden ein geringerer Einfluß zugebilligt. Metallschädigende Konzentrationen gegenüber Eisenwerkstoffen sollen ab 0,3% Na_2SO_4 gegeben sein [5.24]. Bei Weißblech haben sich quantitative Zusammenhänge nicht ergeben [5.14, 5.15].
- Bestimmung von reduzierbaren Schwefelverbindungen. Nach ISO-DP 5648, ASTM D 984-61, TAPPI T 406om-82, [5.27]. Der Zusammenhang mit Metallverfärbungen (Anlaufreaktionen) ist erwiesen. Schädliche Konzentrationen sollen ab 0,0008% Schwefel vorliegen.
- Bestimmung der Luftdurchlässigkeit. Nach DIN 53120, ASTM D 726-58. Das Anlaufen von Metalloberflächen durch atmosphärische Einflüsse wird durch Papiereigenschaften mitbestimmt. Von der Luftdurchlässigkeit abhängige Schutzfunktionen können beurteilt werden.
- Bestimmung von Glätte, Rauhigkeit oder Kontaktanteil. Nach DIN 53107 (Glätte nach Bekk), DIN 53108 (Rauhigkeit nach Bendtsen), Zellcheming-Merkblatt V/25/74 (Kontaktanteil). Für eine Bedeutung dieser Oberflächeneigenschaften sprechen Praxiserfahrungen, systematische Untersuchungsergebnisse liegen allerdings nicht vor.

5.3.1 Normen

DIN-Normen

Werkstoff-, Bauelemente- und Geräteprüfung

DIN 50010 Allgemeines, Begriffe
DIN 50011 Wärmeschränke, Begriffe, Anforderungen
DIN 50012 Beschaffenheit des Prüfraumes, Messen der relativen Luftfeuchtigkeit
DIN 50013 Temperaturstufen
DIN 50014 Normalklimate
DIN 50015 Konstantklima
DIN 50016 Beanspruchung im Feucht-Wechselklima
DIN 50017 Beanspruchung in Schwitzwasser-Klimaten

Korrosion der Metalle

DIN 50900 Begriffe
DIN 50905 Allgemeine Korrosionsuntersuchungen

Prüfung von Papier und Pappe

DIN 53101 Probennahme
DIN 53102 Vorbehandlung der Proben
DIN 53103 Bestimmung des Feuchtigkeitsgehaltes
DIN 53104 Bestimmung der flächenbezogenen Masse
DIN 53107 Bestimmung der Glätte nach Bekk
DIN 53108 Bestimmung der Rauhigkeit nach Bendtsen
DIN 53110 Prüfung von Papier und Pappe auf korrosionsbegünstigendes Verhalten. Teil 1: Prüfung in Kontakt mit Weißblech
DIN 53114 Bestimmung der spezifischen elektrischen Leitfähigkeit von wäßrigen Auszügen
DIN 53120 Bestimmung der Luftdurchlässigkeit
DIN 53122 Bestimmung der Wasserdampfdurchlässigkeit, gravimetrisches Verfahren
DIN 53124 Bestimmung des pH-Wertes
DIN 53125 Bestimmung des Chloridgehaltes
DIN 53127 Bestimmung wasserlöslicher Sulfate in Papier
DIN 53132 Bestimmung der Wasseraufnahme nach Cobb
DIN 54382 Bestimmung des Gehaltes von Ameisensäure, Chromotropsäure-Methode

ISO-Normen

ISO-DP 5648 Paper and Board − Determination of Reducible Sulphur

ASTM-Normen

ASTM D 202-66	Untreated Paper Used for Electrical Insulation, Sampling and Testing
ASTM D 548-41	Acidity or Alkalinity, Water-Soluble, of Paper
ASTM D 644-55	Moisture Content of Paper and Paperboard
ASTM D 685-44	Conditioning Paper and Paper Products for Testing
ASTM D 726-58	Resistance of Paper to Passage of Air
ASTM D 984-61	Sulphur, Reducible, in Paper
ASTM D 1099-52	Sulphates, Water-Soluble, in Paper and Paperboard
ASTM D 1161-60	Chloride Content, Total, of Paper and Paper Products
ASTM D 1305-62	Electrical Insulating Paper and Paperboard − Sulphate or Kraft Soyer Type
ASTM D 2043-64 T	Silver Tarnishing by Paper
ASTM D 2044-64 T	Moisture in Paper and Paperboard by Toluene Distillation
ASTM E 96-66	Water Vapor Transmission of Materials in Sheet Form

TAPPI-Normen

TAPPI T 402m-49	Conditioning Paper and Paperboard for Testing
TAPPI T 406om-82	Reducible Sulphur in Paper and Paperboard
TAPPI T 444os-68	Silver Tarnishing by Paper
TAPPI T 468m-60	Water-Soluble Sulphates and Chlorides in Paper and Paperboard

6 Prüfung von Papier und Pappe – Mikrobiologische Prüfung
Testing of Paper and Board – Microbial Testing

G. CERNY

6.1 Mikrobiologie der Papiere, Kartons und Pappen
Microbiology of paper and board

Der mikrobiologischen Beschaffenheit von Produkten der papiererzeugenden Industrie wird in zunehmendem Maße Bedeutung beigemessen. Bevor im zweiten Abschnitt auf die mikrobiologischen Prüfmethoden zur Untersuchung von Papier, Pappe und Karton eingegangen wird, soll einleitend aufgezeigt werden, wie es zur Verkeimung der genannten Packstoffe kommt und welche negativen Auswirkungen dieser Zustand nach sich ziehen kann.

Für Papiere, Pappen und Kartons gilt, ebenso wie beispielsweise für Lebensmittel, die generelle Feststellung, daß sich ein hygienisch einwandfreier Zustand bei gegebenen Fertigungsbedingungen umso leichter verwirklichen läßt, je geringer bereits die Ausgangsmaterialien verkeimt waren. Deshalb muß bei der Herstellung keimarmer Packstoffe der Verkeimungsgrad der Rohstoffe berücksichtigt werden.

6.1.1 Mikrobieller Zustand der Rohstoffe

Rohstoffe bei der Papier- und Pappeerzeugung sind hauptsächlich Zellstoff, Altpapier und Holzschliff. Der Verwendung von Altpapier kommt in der Papierindustrie große Bedeutung zu: Der Altpapieranteil in Papieren und Pappen liegt in der Bundesrepublik Deutschland bei über 40%.

In jüngster Zeit wird erprobt, ob auch Altpapier aus Müll über Aufbereitungs- und Sortieranlagen gewonnen und zur Papiererzeugung eingesetzt werden kann. Neben den aufgeführten Rohstoffen finden je nach Verwendungszweck der Fertigprodukte zudem Füllstoffe (Silikate, Carbonate, Oxide), Leime, Farb- und Hilfsstoffe (z. B. Retentions- und Antischaummittel) in der Papier- und Pappeerzeugung Verwendung.

Obwohl über die mikrobielle Belastung der bei der Papierherstellung eingesetzten Rohstoffe kaum Publikationen vorliegen und diesbezüglich durchaus kontroverse Ansichten vertreten werden, soll dennoch versucht werden, einige allgemeine Feststellungen über die Verkeimungsgrade der Rohstoffe zu treffen.

Der Zellstoff ist unmittelbar nach der Gewinnung ein sehr keimarmer Stoff. Die Reaktionsbedingungen bei der Zellstoffherstellung unter Einsatz keimtötender Verbindungen (SO_2, Chlor oder anderer chlorhaltiger Bleichmittel) lassen ein

Überleben von Mikroorganismen nicht erwarten. Packstoffe aus nativer Cellulose sind meist recht keimarm. Dennoch kann der Zellstoff bei unsachgemäßer Lagerung und Handhabung durch Reinfektion verkeimt werden.

Der Holzschliff wird auf mechanischem Wege zumeist aus Nadelholz (Fichte, Kiefer) gewonnen. Dabei werden entrindete Stammabschnitte unter Wasserzugabe mittels eines Schleifsteines zu einem Holzbrei vermahlen. Obwohl gesundes Holz sehr keimarm ist, sind die für die Holzschliffproduktion eingesetzten Stammabschnitte stark mit Keimen aus der Rinde und aus der Erde belastet. Zwar wird beim Schleifvorgang aufgrund der auftretenden hohen Temperaturen eine gewisse Keimreduktion erreicht, doch läßt sich eine Wiederverkeimung über größere Holzsplitter nicht vermeiden [6.1]. Holzschliff wird auch zu Packstoffen verarbeitet.

Im Vergleich zu Zellstoff und Holzschliff hat das Altpapier zumeist die höchste Verkeimungsrate aufzuweisen und beeinflußt oft die Keimgehalte der daraus gefertigten Papiere, Pappen und Kartons (v. a. bezüglich der Schimmelpilzkeimbelastung) in starkem Ausmaß. Insbesondere stark verunreinigtes, feucht gelagertes Altpapier kann zu einem Problem werden. Es soll nicht verschwiegen werden, daß auch die Ansicht vertreten wird, daß Altpapier auf die Keimgehalte daraus gefertigter Pappen keinen Einfluß hat [6.2]. Diese Widersprüche liegen vermutlich darin begründet, daß jeweils unterschiedliche Keimarten untersucht wurden.

6.1.2 Beeinflussung der Keimbelastung während des Fertigungsprozesses

Über eine Beeinflussung der Keimzahl beim Durchlauf der im Wasser verteilten Rohstoffe (sog. Halbstoffe) durch Zerfaserungs- bzw. Mahlgeräte sind keine Literaturangaben verfügbar. Hingegen weiß man, daß bereits die Entwässerung der Papierbahn durch die Gautschpressen zu Keimreduktionen führt [6.5]. Noch ausgeprägter ist die Keimerniedrigung durch die Erhitzung der Packstoffbahn auf den Trockenzylindern. Bei diesem Vorgang werden vornehmlich vegetative Keime abgetötet, während Dauerformen (Bacillus- und Clostridiumsporen, sowie Chlamydosporen des Schimmelpilzes *Humicola fuscoatra*) die Trockenpartie weitgehend unbeschadet überstehen.

Die thermische Belastung (an der Packstoffoberfläche werden im Kontakt mit den dampfbeheizten Zylindern Temperaturen bis 130 °C erreicht) reicht offenbar aus, um alle pathogenen Keime auszuschalten [6.6]. Bei starken Verkeimungen der Packstoffbahn (z. B. über das Kreislaufwasser) sind mikrobiologisch einwandfreie Produkte nur schwierig zu erreichen, zumal die Temperatur im Innern der Packstoffbahn häufig 70 °C nicht überschreitet [6.3, 6.7].

Oft werden deshalb dem Halbstoff mikrobizide Stoffe, sog. Schleimbekämpfungsmittel, zugesetzt. Dadurch sollen Produktionsstörungen vermieden und die Keimgehalte der Fertigprodukte vermindert werden. Der Einsatz dieser Stoffe unterliegt strengen Bestimmungen, sofern die gefertigten Papiere, Pappen und Kartons für die Lebensmittelverpackung verwendet werden (XXXVI. Empfehlung zur Beurteilung von Papieren, Pappen und Kartons für die Lebensmittelverpackung, LMBG, Absatz B: Fabrikationshilfsstoffe). Ein Übergang auf das Lebensmittel darf nicht erfolgen; aus diesem Grunde werden im 2. Abschnitt Prüfmethoden zum Nachweis von antimikrobiell wirkenden Verbindungen in Packstoffen aufgeführt, die erkennen lassen, ob ein Übergang der mikrobiellen Hemmstoffe vom Packstoff auf das Füllgut zu befürchten ist.

Die in der Papierfabrikation eingesetzten Füllstoffe, Bindemittel und Leime stellen ebenfalls potentielle Kontaminationsquellen dar, spielen aber im Vergleich zur Verkeimung der Rohstoffe und der geringen zugesetzten Menge eine untergeordnete Rolle.

Bei der Betrachtung der Verkeimung von Papieren, Pappen und Kartons muß dem Brauchwasser größte Aufmerksamkeit geschenkt werden. Eine Testmethode zur Keimzahlbestimmung im Brauchwasser ist im zweiten Abschnitt erläutert. Je nach Herkunft des zur Papierherstellung verwendeten Wassers schwankt die Keimbelastung desselben erheblich, wobei Quellwässer zumeist relativ keimarm sind.

Die zunehmende Schließung von Wasserkreisläufen bei der Papiererzeugung hat für die Verkeimung der Fertigprodukte beträchtliche Auswirkungen [6.3, 6.4]. Da das Kreislaufwasser – unabhängig vom Altpapiereinsatz – gelöste organische Bestandteile aus den Rohstoffen enthält, sind günstige Bedingungen für eine massive Keimvermehrung gegeben, insbesondere, wenn Stickstoffverbindungen im Fabrikationswasser gelöst sind. Stickstoffanreicherungen sind möglich bei der Verarbeitung gebrauchter Düngemittelsäcke oder von Abfällen gestrichener Papiere, die Kasein als Bindemittel enthalten, harnstoffhaltigem Weichmacher, Naßfestmitteln und Flammfestausrüstungsmitteln [6.5]. Die erhöhte Temperatur des Kreislaufwassers fördert zudem das Mikroorganismenwachstum. Durch die Nährstoffanreicherung in Fabrikationswässern kommt es häufig zur Vermehrung produktionsstörender Mikroorganismen, sei es durch Schleimbildung oder Produktion korrosiver Stoffwechselprodukte [6.3]. In sauerstofffreien Kreislaufwässern können sich Clostridien vermehren, die Packstoffe, wie noch gezeigt wird, für bestimmte Einsatzzwecke untauglich machen können.

Die Auswahl der antimikrobiellen Stoffe ist von der vorherrschenden Keimflora und den Betriebsverhältnissen abhängig. Tote Leitungsteile und korrodierte Rohrleitungen stellen häufig Infektionsquellen dar [6.1].

Der Einsatz von Schleimbekämpfungsmitteln sollte nur erfolgen, wenn die Produktionsbedingungen keine andere Wahl zulassen. Nach Möglichkeit sollten Verbindungen eingesetzt werden, die im Produkt nicht mehr in aktiver Form vorliegen [6.5]. Andererseits sollte bei einer bioziden Ausrüstung der Packstoffe (z. B. einer Fungizid-Imprägnierung) ein Schutz vor mikrobiellem Verderb auch bei Feuchtlagerung (Export in tropische Regionen) gewährleistet sein. Die Wirksamkeit einer Biozidausrüstung (z. B. von Seifeneinwicklern) läßt sich mit einigen der im Abschn. 6.2 aufgeführten Prüfverfahren ermitteln.

Das Einbringen von Sauerstoff in das Kreislaufwasser (sog. Aerobisieren) kann insofern zu einer Verbesserung führen, als die dann vorherrschende aerobe Mikroorganismenflora zu weniger Geruchsproblemen Anlaß gibt [6.3].

Eine drastische Verringerung der Keimbelastung von Packstoffen aus Papier, Karton und Pappe kann erreicht werden, wenn die Zerfaserung des Halbstoffes bei 150 °C unter Dampfdruck in Scheibenrefinern oder Heißwellenzerfaserern erfolgt, wie dies von einigen Firmen bereits praktiziert wird. Hierbei findet eine erhebliche thermische Abtötung der Keime statt, wodurch mikrobiell stark entlastete Produkte ermöglicht werden.

6.1.3 Beeinflussung des mikrobiellen Status von Papieren, Pappen und Kartons während der Lagerung

Zur Erhaltung ihrer Qualität sollen Papiere, Pappen und Kartons im mittleren Feuchtbereich gelagert werden. Auch vom mikrobiologischen Standpunkt ist es wichtig, daß Erzeugnisse der Papierindustrie vor übermäßiger Feuchtigkeit geschützt sind. Bei sachgemäßer Lagerung (20 °C; 65% relative Luftfeuchte) ist eine Keimvermehrung in Papieren und Pappen nicht zu befürchten.

Papier ist in trockenem Zustand ein Medium, das für das Wachstum von Bakterien ungeeignet ist [6.6], während es im feuchten Zustand vor allem das Auskeimen von Schimmelpilzen ermöglicht. Deshalb muß bei hohen Luftfeuchtigkeiten ($\geqslant$90%) mit einem Verschimmeln von Papieren und Pappen gerechnet werden. Dieser Fall kann sogar an Pappezuschnitten auftreten, die in Paletten eingeschrumpft sind. Da in die Paletten meist von unten Feuchtigkeit eindringen kann, ist bei Klimaschwankungen im oberen Palettenteil mit Kondenswasserbildung zu rechnen [6.8].

Papiere und Pappen sollten bei trockener Lagerung vor Staub und Luftkeimen geschützt sein, wenn hohe Anforderungen gestellt werden. Es sollte selbstverständlich sein, daß Fertigprodukte nicht in unmittelbarer Nähe von stark verkeimten Rohstoffen (z. B. Altpapier) gelagert werden. Es ist verständlich, daß auch der Mensch zum Keimüberträger werden kann, wodurch auch pathogene Bakterien auf Papiere und Pappen gelangen könnten [6.9]. Häufig werden bereits die Rohstoffe durch unsachgemäße Lagerung zu Keimträgern. Zumeist beziehen die Papierfabriken ihre Rohstoffe von Lieferanten, auf deren Lagerbedingungen sie selbst keinen Einfluß haben. Aus Raum- und Kostengründen erscheint eine sachgemäße Rohstofflagerung in Papierfabriken oft nur unter erschwerten Bedingungen durchführbar.

6.1.4 Bedeutung des Hygienestatus von Papieren, Pappen und Kartons für die Verpackung empfindlicher Güter

Ein Hauptzweck der Verwendung von Papieren, Pappen und Kartons als Verpackungsmaterial von Lebensmitteln ist bekannterweise der Schutz des Packgutes vor äußeren Einflüssen und somit auch vor dem Zutritt unerwünschter Mikroorganismen, falls das Gut durch solche gefährdet ist. Wenn der Packstoff jedoch selbst stark mit Mikroorganismen verunreinigt ist, so kann er zur Gefahrenquelle für das Füllgut werden [6.10]. Dies wird besonders deutlich in Fällen, bei denen der Packstoff mit dem Lebensmittel in direkten Kontakt kommt (z. B. bei Buttereinwicklern). Die Bestimmung der Gesamtkeimzahlen von Papieren und Pappen kann anhand der im Abschn. 6.2 beschriebenen Prüfvorschriften erfolgen. In Fällen, bei denen ein direkter Kontakt zwischen Packstoff und Füllgut nicht gegeben ist, erscheint die Notwendigkeit einer geringen Keimbelastung weniger plausibel. Daß selbst hierbei der mikrobielle Status in gewissen Fällen von Bedeutung sein kann, soll an einigen Beispielen aufgezeigt werden:

Werden Lebensmittel in Stülpdeckelbechern verpackt (z. B. Margarine, Feinkostsalate) und in Umkartons aus Pappe transportiert, so läßt es sich nicht immer vermeiden, daß durch Stoßeinwirkungen ein kurzzeitiges Abheben des Stülpdeckels erfolgt. Besonders betroffen sind die direkt an den Umkarton angrenzenden Becher, da der Stülpdeckel an der Wand des Kartons reiben kann. War die Oberfläche der Pappen stark mit Schimmelpilzen verkeimt, so reichert sich die Luft im Innern der Versandschachtel stark mit Schimmelsporen an, wodurch sie zur Infektionsquelle für das Produkt in den kurzzeitig geöffneten Bechern werden kann [6.7].

Eine Korrelation zwischen der Oberflächenverkeimung von Versandschachteln aus Wellpappe und dem Verderb von darin befördertem Eisalat konnte durch einen Transportversuch im Rahmen der Arbeitsgruppe „Mikrobiologie der Packstoffe" am Fraunhofer-Institut für Lebensmitteltechnologie und Verpackung nachgewiesen werden.

Stark schimmelverkeimte Pappen können in Glaspaletten – als Zwischenlage benutzt – die Glasmündungen so massiv infizieren, daß trotz Heißabfüllung, z. B. von Konfitüren, eine Schimmelbildung nicht verhindert werden kann [6.10]. In ähnlicher Weise können Metallnockenverschlüsse, die offen in Versandschachteln aus Pappe versandt werden, durch Faserabrieb stark schimmelbelastet werden, – insbesondere dann, wenn die Compounds der Dichtungen nicht voll ausgehärtet und somit etwas klebrig sind.

Aus den genannten Gründen zählen Oberflächenkolonienzahlbestimmungen (v. a. bezüglich der Schimmelpilze) bei Papieren, Voll- und Wellpappen zu den wichtigsten mikrobiologischen Untersuchungsverfahren bei Packstoffen.

Bei der Verpackung geruchsempfindlicher Lebensmittel (z. B. Pralinen) in Schachteln aus Karton, welcher stark mit Schimmelpilzen infiziert ist, kann das Produkt – insbesondere bei zu feuchter Lagerung – einen muffig-modrigen Geschmack annehmen.

Über die Möglichkeiten der Geruchsbeeinflussung von Lebensmitteln durch Packstoffe aus Papier und Pappe sei auf die Literatur verwiesen [6.11]. Auch bei massiven Infektionen der Pappen mit bakteriellen Sporenbildnern der Gattung *Clostridium* können unangenehme Geruchsstoffe (Schwefelwasserstoff, Buttersäure) vom Packstoff auf das Lebensmittel übergehen. Prüfverfahren zur Bestimmung von Clostridiensporen in Packstoffen liegen vor und werden ebenfalls im Abschn. 6.2 vorgestellt.

Klebebänder enthalten häufig Klebstoffe (z. B. Stärke), die von Mikroorganismen abgebaut werden können. Sind die Klebebänder selbst oder die zu klebenden Pappen stark mit stärkeabbauenden Keimen verunreinigt, so besteht die Gefahr, daß die Klebebänder nach Feuchtwerden durch die Stoffwechselaktivität der Mikroorganismen ihre Haftfähigkeit verlieren. Eine Biozidausrüstung gefährdeter Klebebänder erscheint oft angeraten. Sie empfiehlt sich auch für gewisse Seifeneinwickler oder Versandschachteln für optische oder elektronische Geräte, die in tropische Regionen verschifft werden. Die Wirksamkeit einer Biozidausrüstung kann mit mehreren aufgezeigten Prüfvorschriften ermittelt werden.

Die genannten Beispiele mögen genügen, um die Notwendigkeit einer mikrobiologischen Überprüfung von Papieren, Pappen und Kartons für bestimmte Einsatzgebiete aufzuzeigen. Wegen der potentiellen Gefährdung verschiedener Produktgruppen sind einige Lebensmittel- und Pharmaproduzenten bereits dazu übergegangen, an die Packstoffe gewisse Auflagen bezüglich deren mikrobiologischer Beschaffenheit zu stellen. Die Einhaltung dieser Spezifikationen wird von den Packstoffverarbeitern stichprobenartig überwacht.

Obwohl – abgesehen von Buttereinwicklern – von amtlicher Seite noch keine Höchstkeimzahlverordnungen bei Papieren, Pappen und Kartons für die Lebensmittelverpackung bestehen, sehen sich die Erzeuger dieser Packstoffe in zunehmendem Maße veranlaßt, ihre Produktion einer mikrobiologischen Fertigungskontrolle zu unterziehen, um Reklamationen von seiten der Abnehmer vorzubeugen.

Im nachfolgenden Abschnitt sind die mikrobiologischen Untersuchungsmethoden für Papiere und Pappen zusammengestellt, die für die Stufen- und Endproduktkontrolle von Bedeutung sind. Dadurch sind die Testvorschriften allen Interessenten, besonders aber den Packstoffproduzenten und -verarbeitern leicht zugänglich gemacht worden.

6.2 Mikrobiologische Untersuchungsmethoden für Papiere, Pappen und Kartons
Microbiological testing methods for paper and board

Die in diesem Abschnitt aufgeführten mikrobiologischen Untersuchungsmethoden für Produkte der papiererzeugenden Industrie sind in Ringversuchen und Kursen wiederholt erprobt worden und haben Eingang in die Praxis gefunden. Zahlreiche dieser Prüfvorschriften sind von der Arbeitsgruppe „Mikrobiologie der Packstoffe" am Fraunhofer-Institut für Lebensmitteltechnologie und Verpackung entwickelt worden. Ein Teil dieser Arbeitsvorschriften liegt heute bereits als DIN-Norm vor, auf die jeweils hingewiesen wird.

Überdies sind auch einige ausländische Methoden aufgeführt, vornehmlich aus den USA (TAPPI-Vorschriften). Die Beschreibung der nachfolgenden Prüfvorschriften setzt einige Erfahrungen im mikrobiologischen Arbeiten voraus (z. B. Probenahme, Anfertigen und Sterilisieren von Nährmedien), wodurch die Vorschriften anschaulicher gehalten werden konnten. Falls erforderlich, kann auf die zitierte Originalvorschrift zurückgegriffen werden.

6.2.1 Gesamtkolonienzahl-Bestimmung

Bakteriologische Untersuchung des Brauchwassers und der Fasersuspension

Vorschrift

TAPPI T 631 os-57 [6.12].

Durchführung der Prüfung

Die Brauchwasserproben werden in sterilen Gefäßen entnommen. 1 ml wird mit einer sterilen Pipette entnommen und mit 99 ml sterilem Wasser verdünnt (dies entspricht einer Verdünnung von 1 : 100). Der Verdünnungsvorgang wird solange wiederholt, bis Verdünnungen von 1 : 1 000 000 vorliegen.

Die Fasersuspension wird ebenfalls mit sterilem Wasser verdünnt (10 g auf 90 ml Wasser; dies entspricht einer Verdünnung von 1 : 10) und der Verdünnungsschritt mehrfach wiederholt.

Es wird empfohlen, die Proben rasch weiterzuverarbeiten, ansonsten müssen sie bei 5°–10 °C gelagert werden.

1 ml aus den jeweiligen Verdünnungsstufen wird in sterilen Petrischalen mit 15–20 ml flüssigem Nähragar (45 °C) unter leichtem Schwenken der Petrischalen ausplattiert. Als Nähragar wird Trypton-Glucose-Extrakt-Agar empfohlen, der von allen Nährbodenproduzenten bezogen werden kann.

Nach zweitägiger Bebrütung bei 36 °C im Brutschrank wird die Anzahl der Bakterienkolonien auf denjenigen Platten ausgezählt, auf welchen sie zwischen 30 und 300 liegt. Über den Verdünnungsfaktor wird die Keimzahl pro ml Brauchwasser bzw. pro g wasserfreie Fasern (über eine zusätzliche Trockengewichtsbestimmung) berechnet.

Bakteriologische Untersuchung des Faserstoffes

Vorschrift

TAPPI T 228 os-57 [6.13].

Die angegebene Methode eignet sich für die bakteriologische Untersuchung von trockenen oder nassen Faserstoffen in Blattform. Die Probenahme erfolgt entweder mit einem sterilen Messer oder einem sterilen Korkbohrer (ca. 5 g Trockensubstanz). Die Proben werden mit sterilem Wasser auf 1 % Fasergehalt verdünnt (dies entspricht bei trockenem Faserstoff einer 1 : 100-Verdünnung) und, falls erforderlich, im Homogenisator zerfasert. In fünf Petrischalen werden jeweils 2 ml der Fasersuspension (u. U. stärker verdünnt als 1 : 100) mit sterilen Pipetten zugegeben und mit Trypton-Glucose-Extrakt-Agar (Bezugsnachweise sind am Ende der Vorschriften aufgeführt) von ca. 45 °C ausplattiert (15–20 ml pro Petrischale). Nach zweitägiger Bebrütung bei 36 °C in einem Brutschrank wird die Anzahl der Bakterienkolonien auf denjenigen Platten ausgezählt, bei denen sie zwischen 30 und 300 liegt und auf denen keine geschwärmten Bakterienkolonien aufgetreten sind. Die erhaltenen Bakterienkeimzahlen werden auf 1 g wasserfreien Faserstoff umgerechnet.

Wegen der hohen Bebrütungstemperatur von 36 °C können eine Reihe von Mikroorganismen nicht erfaßt werden, da sie bei dieser Temperatur nicht mehr vermehrungsfähig sind. Es sei darauf hingewiesen, daß sich die Keimzahl von Faserstoff auch mit der nachfolgend beschriebenen Methode feststellen läßt.

Bestimmung der Gesamtkolonienzahl in Papier, Karton und Vollpappe

Vorschrift

DIN 54 379, Zellcheming-Merkblatt VIII4/68 [6.14]; ähnlich auch ISO/TC 6/SC 2/WG Working Draft No. 5 [6.15].

Mit Hilfe dieser Methode kann auf einfache Weise die Keimbelastung von Papieren, Pappen und Kartons, aber auch von Faserstoff ermittelt werden. Es werden alle Bakterien erfaßt, die in Anwesenheit von Luft auf Standardbakterien-Nährböden wachsen können. Durch Vergleich der Keimzahlen von Biozid-ausgerüsteten Pappen und unbehandelten Pappen kann die Auswirkung der Biozidausrüstung festgestellt werden. (Für die Prüfung, ob unbekannte Packstoffe biozid ausgerüstet wurden und ob die Gefahr eines Übergangs auf das Packgut besteht, sei auf den Abschnitt „Prüfung von Packstoffen auf Zusatz antimikrobieller Bestandteile" hingewiesen). Mit dem nachfolgend beschriebenen Verfahren werden nicht nur Oberflächenkeime, sondern auch solche Keime erfaßt, die im Innern des Packstoffs befindlich sind.

Durchführung der Prüfung

Probenahme nach DIN 53 101: Mit einer sterilen Schere oder einem Korkbohrer werden die Versuchsstücke (15·15 mm) ausgeschnitten. 1 g des zu prüfenden Materials wird in eine sterile Babyflasche gegeben, die mit 99 ml einer sterilen Ringerlösung gefüllt ist. Es werden pro Untersuchungsmaterial 10 Parallelansätze durchgeführt.

Zusammensetzung der Ringerlösung

- 2,25 g   NaCl p.a.;
- 0,105 g   KCl p.a.;
- 0,12 g $CaCl_2$;
- 0,05 g $NaHCO_3$;
- 1000 ml dest. Wasser.

Mit einem sterilen Aufschlaggerät (z. B. Ultra Turrax TP 18/2N) werden die Probestückchen zerfasert (1 min). 1 ml der so erhaltenen Basissuspension wird mit einer sterilen Pipette mit weiter Öffnung in eine Petrischale gegeben und mit 10 ml Nähragar (45°–48 °C) vermischt.

Zusammensetzung des Nähragars

- 3,45 g   Pepton aus Fleisch;
- 3,45 g   Pepton aus Kasein;
- 5,1 g   Natriumchlorid;
- 13 g   Agar-Agar;
- 1000 ml dest. Wasser.

Der Nähragar ist unter der Bezeichnung Standard II-Nähragar (Merck) auch fertig zu beziehen.

Die mit Agar ausgegossenen Petrischalen werden 3 Tage bei 25 °C in einem Brutschrank bebrütet. Bei der Auszählung ist zu beachten, daß nicht versehentlich Fasern mitgezählt werden. Es empfiehlt sich, jede gezählte Bakterienkolonie mit einem Filzstift am Boden der Petrischale zu markieren, um Doppelzählungen zu vermeiden.

Die Keimzahlen von zehn Petrischalen werden addiert und das arithmetische Mittel gebildet. Unter Berücksichtigung des Trockengehaltes (Trockengehaltsbestimmung nach DIN 53 103) wird der Mittelwert auf 1 g ofentrockenes Untersuchungsmaterial umgerechnet. Zudem soll der pH-Wert bestimmt werden (DIN 53 124).

Einige Packstoffe sind so stark verkeimt, daß die Basissuspension vor dem Ausplattieren um den Faktor 100 verdünnt werden muß (1 ml Basissuspension auf 99 ml Ringerlösung). Bei der Berechnung der Gesamtkeimzahl gilt es zu berücksichtigen, daß die Basissuspension bereits eine 1:100-Verdünnung darstellt. Werden beispielsweise in 1 ml der Basissuspension im Mittel 36 Keime aufgefunden, beträgt die Gesamtkeimzahl in 1 g Einwaage $36 \times 100 = 3600$ Keime. Diese Anzahl muß entsprechend dem Wassergehalt der Prüfstücke auf 1 g ofentrockener Probe umgerechnet werden.

Die Gesamtkeimzahlen von Papieren, Pappen und Kartons bewegen sich zwischen Werten unter 100/g und Werten über 10^5/g. Bei unbekannten Proben empfiehlt es sich daher, die Basissuspension noch vor dem Ausplattieren stufenweise weiterzuverdünnen und von den einzelnen Verdünnungen Keimzahlbestimmungen vorzunehmen, da nur Petrischalen mit Keimzahlen zwischen 30 und 300 zur Auswertung geeignet sind. Bei den in Pappe, Karton und Papier aufgefundenen Keimen handelt es sich zumeist um Bacillus-Arten, daneben treten auch Mikrokokken sowie Vertreter von Penicillien und Aspergillen [6.9] auf; in einigen Fällen konnten auch gramnegative Stäbchen aufgefunden werden [6.16].

Vorschrift

TAPPI T 449 os-57 [6.17].
Diese Methode unterscheidet sich von der zuvor genannten vornehmlich durch die Verwendung eines anderen Bakteriennährmediums (Trypton-Glucose-Extrakt-Agar) und abweichenden Bebrütungsbedingungen (2 Tage bei 36 °C) und stimmt weitgehend mit der in Abschnitt „Bestimmung der Gesamtkolonienzahl in Papier, Karton und Vollpappe" beschriebenen Methode überein (vgl. dort).

6.2.2 Oberflächenkolonienzahl-Bestimmungen

Bestimmung der Anzahl von Schimmelpilzen auf der Oberfläche von Karton, Vollpappe und Wellpappen-Rohpapieren

Vorschrift

Zellcheming-Merkblatt VIII/3/68 [6.18], DIN 54 378.

Für bestimmte Verpackungszwecke (vgl. Abschn. 6.1.4) wird gefordert, daß sich keine oder nur wenige Schimmelpilze auf der Oberfläche der Verpackungsmaterialien befinden. Bei feuchter Lagerung können sich auf der Oberfläche von Karton, Vollpappe und Wellpappen-Rohpapieren Schimmelflecken ausbilden, die zu einer erheblichen Gebrauchsminderung derselben führen.

Die Oberflächenkeimzahl gibt im Gegensatz zur Gesamtkeimzahl lediglich die auf der Oberfläche der Packstoffe aufgefundenen Keime an; in diesem Falle werden die Schimmelpilze erfaßt.

Durchführung der Prüfung

Probeentnahme nach DIN 53 101. Aus den Prüfstücken werden mit einer sterilen Schere Flächenabschnitte von 6·6 cm oder mit einem Kreisschneider Flächenabschnitte von 50 cm^2 ausgeschnitten (10 Proben je Entnahmeeinheit). Im allgemeinen wird die dem Packgut zugewandte Seite untersucht.

Zur Bestimmung der Oberflächenkeimzahl (Schimmelpilze) von Karton, Pappe und Wellpappen-Rohpapieren sind zwei verschiedene Prüfverfahren angegeben.

Bei beiden Verfahren wird die Probe mit der zu prüfenden Fläche nach oben in eine Petrischale, die mit 10 ml Sabouraud-Pilznährboden ausgegössen ist, gelegt.

Zusammensetzung des Pilznährbodens nach Sabouraud modifiziert

-   5 g   Pepton aus Kasein, tryptisch verdaut;
-   5 g   Pepton aus Fleisch, tryptisch verdaut;
- 10 g   Glucose;
- 10 g   Maltose;
- 17 g   Agar-Agar;
- 1000 ml dest. Wasser.

Nach dem 1. Prüfverfahren (Probenübergießung) wird die Probe 2 mm hoch mit obengenanntem sterilen Pilznähragar (45°–48 °C) überschichtet. Beim 2. Prüfverfahren (Befeuchten mit Nährsalzlösung) wird die Probe mit einer Sterilspritze mit rechtwinklig gebogener Kanüle mit einer sterilen Nährsalzlösung befeuchtet.

Zusammensetzung der Nährsalzlösung

-   2 g   Ammoniummdihydrogenphosphat;
-   2 g   Kaliumnitrat;
-   0,5 g   Magnesiumsulfat;
-   0,13 g Calciumchlorid-2-Hydrat;
- 1000 ml dest. Wasser.

Für ungeübtes Personal empfiehlt sich das 1. Prüfverfahren, wobei allerdings darauf geachtet werden sollte, daß die Agarschicht nach dem Übergießen der Probe ziemlich genau 2 mm beträgt, weil abweichende Schichtdicken das Ergebnis verfälschen können. Während bei diesem 1. Prüfverfahren (Probenübergießung) vornehmlich Oberflächenschimmelpilze erfaßt werden, findet man beim 2. Prüfverfahren (Befeuchten mit Nährsalzlösung) auch Keime auf, die sich unter der Ober-

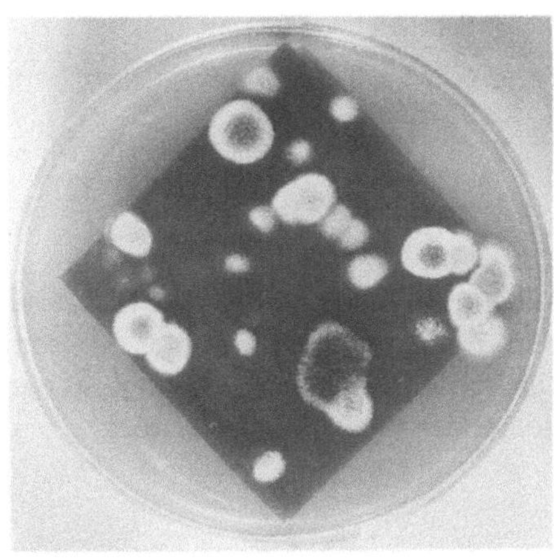

Bild 6.1. Stark mit Schimmelpilz verkeimte Vollpappe. Oberflächenkeimzahl-Bestimmung (s. S. 271) nach der Probenübergießung mit Nähragar und 3-tägiger Inkubation bei 25 °C (Probefläche: 36 cm^2)

fläche befanden und zu ihr durchgewachsen sind. Bei der Durchführung der Prüfung muß darauf geachtet werden, daß soviel Nährsalzlösung zugesetzt wird, wie das Versuchsstück aufsaugt. Da das Wachstum der Schimmelpilze pH-abhängig ist, empfiehlt es sich, den pH-Wert der Probe (Kaltextraktion nach DIN 53 124) anzugeben. Durch den Einsatz einer gepufferten Nährsalzlösung beim 2. Prüfverfahren wird der Einfluß unterschiedlicher pH-Werte des Probematerials abgeschwächt.

Die nach den beiden Prüfverfahren behandelten Proben werden in den Petrischalen bei 25 °C 3 Tage lang bebrütet. Das Ergebnis der Auszählung von 10 Platten wird addiert, das arithmetische Mittel gebildet und die Oberflächenkeimzahl durch Multiplikation mit dem Faktor 2,78 bei 36 cm^2 Probenfläche bzw. mit dem Faktor 2 bei 50 cm^2 Probenfläche auf 100 cm^2 umgerechnet. Schimmelpilze, die am Rand (Schnittkanten) der Probestücke wachsen, sind nicht mitzuzählen. Saubere Pappen weisen Oberflächenkeimzahlen unter 30/100 cm^2 auf. Für einige Einsatzbereiche werden Oberflächenkeimzahlen unter 10/100 cm^2 gefordert. In Bild 6.1 ist ein Pappenabschnitt nach 3tägiger Bebrütung abgebildet (Prüfvorschrift 1).

Bestimmung der Anzahl von Schimmelpilzen auf der Oberfläche von Wellpappe und Wellenpapieren aus fertiger Wellpappe

Vorschrift

Merkblatt 9 des Fraunhofer-Instituts [6.19].

Die Prüfung von Wellpappe auf die Oberflächenkeimzahl von Schimmelpilzen deckt sich mit dem Prüfverfahren auf S. 271, das unverändert auch auf Wellpappen anwendbar ist. Soll jedoch die Oberflächenkeimzahl aus Wellenpapieren von fertiger Wellpappe bestimmt werden, muß die Welle auf der Wellpappe freigelegt werden. Dies kann durch Abziehen der Deckschichten mit einer sterilen Pipette erfolgen. Nach Tränken der Proben mit einer sterilen Hilfslösung (ca. 2 ml auf 50 cm^2 Wellpappe) lassen sich nach ca. 5 min die Wellen leichter freilegen.

Zusammensetzung der Hilfslösung

- 2,25 g   Natriumchlorid;
- 0,105 g Kaliumchlorid;
- 0,12 g   Calciumchlorid;
- 0,05 g   Natriumhydrogencarbonat;
- 0,01 g   Tween 80;
- 100 ml   dest. Wasser.

Die Durchführung der Prüfung entspricht ansonsten ebenfalls der auf S. 271 aufgeführten Vorschrift. Bei den herausgelösten Wellenpapieren muß der Wellenpapiereinzug bei der Berechnung der Oberflächenkeimzahl berücksichtigt werden. Der Wellenpapiereinzug wird in % nach folgender Gleichung berechnet:

$$E\% = \frac{l_1 - l_0}{l_0}100 \; .$$

Hierin bedeuten:

l_0, Länge des Wellenpapiers in der Wellpappe (man geht am besten von einem 10 cm langen Streifen aus);

l_1, Länge des Wellenpapiers nach Herauslösen und Glätten.

War das Versuchsstück (vor Herauslösen des Wellenpapiers) 6×6 cm groß, so berechnet sich die Oberflächenkeimzahl pro 100 cm^2 nach der Formel:

$$\mathrm{OKZ_s}/100\,\mathrm{cm}^2 = \frac{278\,K}{100+\mathrm{E}} \; ,$$

wobei K das arithmetische Mittel der pro Petrischale aufgefundenen Keimzahl darstellt. Bei Verwendung von 50 cm^2-Proben berechnet sich die Oberflächenkeimzahl analog nach der Formel

$$\mathrm{OKZ_s}/100\,\mathrm{cm}^2 = \frac{200\,K}{100+\mathrm{E}} \; .$$

Hierin bedeutet:

E jeweils Wellenpapiereinzug in %.

Bestimmung der Oberflächenkeimzahl (Bakterien, Schimmelpilze, Hefen und coliforme Keime) auf nichtsaugfähigen Packstoffen

Vorschrift

Merkblatt 21 des Fraunhofer-Instituts [6.20].

Das Prüfverfahren ermöglicht die Bestimmung der Oberflächenkeimzahl von Bakterien, Schimmelpilzen, Hefen und coliformen Keimen auf nichtsaugfähigen Packstoffen wie beschichteten, kaschierten oder lackierten Packstoffen aus Papier, Karton, Vollpappe und Wellpappe, aber auch für Kunststoff- und Aluminiumfolien.

Analog zum Verfahren auf S. 271 werden Probeflächen (vorzugsweise 50 cm^2) ausgeschnitten und mit Nähragar überschichtet, wie dort beschrieben (Prüfverfahren 1). Je nach den zu prüfenden Oberflächenkeimen verwendet man verschiedene Nährmedien.

Der Nachweis von Bakterien erfolgt auf einem Nährboden folgender Zusammensetzung

- 1 g   Fleischextrakt;
- 2 g   Hefeextrakt;
- 5 g   Pepton aus Fleisch, tryptisch verdaut;
- 5 g   Natriumchlorid;
- 15 g   Agar-Agar;
- 1000 ml dest. Wasser.

Der Nährboden kann auch von einigen Firmen fertig bezogen werden. Schimmelpilze und Hefen werden auf Sabouraud-Agar nachgewiesen, dessen Zusammensetzung auf S. 272 angegeben ist, während zum Nachweis coliformer Keime Kristallviolett-Neutralrot-Galle-Agar-Verwendung findet:

- 7 g   Pepton aus Fleisch, tryptisch verdaut;
- 3 g   Hefeextrakt;
- 10 g   D(+)-Lactose;
- 5 g   Natriumchlorid;
- 1,5 g   Gallesalzmischung;
- 0,03 g   Neutralrot;
- 0,002 g Kristallviolett;
- 13 g   Agar;
- 1000 ml dest. Wasser.

Auch dieser Nährboden kann von einigen Firmen als Trockennährboden bezogen werden.

Die jeweiligen Nährmedien werden in sterile Petrischalen ausgegossen, die Prüfstücke mit der zu prüfenden Seite nach oben daraufgelegt und mit flüssigem Nähragar (45°−48 °C) gleichmäßig 2 mm hoch überschichtet. Bei der Prüfung auf Bakterien wird 3 Tage bei 25 °C inkubiert, ebenso bei Schimmelpilzen und Hefen (Sabouraud-Agar), während zum Nachweis von coliformen Keimen eine Bebrütung von 1 Tag bei 37 °C ausreicht. Es wird die Anzahl der Keime auf den Prüfstücken ausgezählt und das arithmetische Mittel über 10 Platten gebildet. Daraus wird die Oberflächenkeimzahl, bezogen auf 100 cm^2 durch Multiplikation mit dem Faktor 2 (bei 50 cm^2 Probefläche) berechnet. Werden auf einem Packstoff coliforme Keime, insbesondere *E. coli* gefunden, so ist der Verdacht auf eine fäkale Verunreinigung gegeben. Diese Packstoffe dürfen nicht für die Lebensmittelverpackung eingesetzt werden. Packstoffe, die für die aseptische Verpackung eingesetzt werden, sollten möglichst keimarm sein, um die Sterilisation der Oberflächen in der Aseptikanlage zu erleichtern. Bei Aluminium- und Polyethylenfolien liegen die Oberflächenkeimzahlen (Bakterien+Schimmelpilze) in günstigen Fällen unter 1/100 cm^2 und können bei starker Kontamination Werte von 50/100 cm^2 übersteigen. Keime an den Schnittkanten (insbesondere bei Kombinationspackstoffen mit Kartonzwischenlagen wie bei der Milchverpackung) sind nicht mitzuzählen.

Prüfung von Buttereinwicklern (Keimzahlbestimmung)

Vorschrift

DIN 10 050, Blatt 3.

Die Prüfung dient zur Oberflächenkeimzahlermittlung bei Buttereinwicklern, insbesondere deren Belastung mit Schimmelpilzen. Dunkle, makroskopisch sicht-

bare, nicht abwaschbare Flecke werden als Stockflecke bezeichnet und separat ausgezählt.

Durchführung der Prüfung

$50\,cm^2$-Flächenabschnitte des Buttereinwicklers (10 Parallelansätze je Probe) werden mit der Innenseite nach oben in Petrischalen, die mit 10 ml modifiziertem Sabouraud-Agar (Zusammensetzung vgl. Abschn. 2.2.1) gefüllt sind, aufgelegt und
mit einem sterilen Drigalski-Spatel (vgl. Bild 6.2) leicht an das Nährmedium ange-
drückt. Sodann · wird die Probe 2 mm hoch mit flüssigem Sabouraud-Agar
(45°−48 °C) überschichtet. Die Proben müssen nach dem Überschichten glatt liegen bleiben. Proben, die sich zusammenrollen, sind zu verwerfen.

Nach 3-tägiger Bebrütung bei 25 °C wird die Anzahl der Schimmelpilzkolo-
nien, der Hefen und Bakterien ausgezählt und auf $100\,cm^2$ umgerechnet. Ein
Keimwachstum auf dem Druckbild und den Schnittkanten wird gesondert ver-
merkt. Bei Verdacht auf Stockfleckenbildung (dunkle Flecke auf den Proben) wird
insgesamt 10 Tage bei 25 °C bebrütet. Die vom Nährmedium befreite Probe wird
intensiv mit kaltem Leitungswasser gespült. Verbleiben die Flecke, wird unter dem
Mikroskop (ca. 250-fache Vergrößerung) geprüft, ob Mycelien und Gemmen den
Stockfleckenverdacht bestätigen.

Nach DIN 10082 dürfen bei Buttereinwicklern folgende Grenzwerte nicht überschritten werden:
− 6 Bakterien und Hefen/$100\,cm^2$ und
− 2 Schimmelpilze/$100\,cm^2$.
− Stockflecken dürfen nicht beobachtet werden.

Aufgrund der Zusammensetzung des vorgegebenen Nährmediums (niedriger pH-
Wert), können mit der obg. Vorschrift nicht alle Bakterien auf Buttereinwicklern
erfaßt werden, sondern nur ein Teil der säuretoleranten Arten.

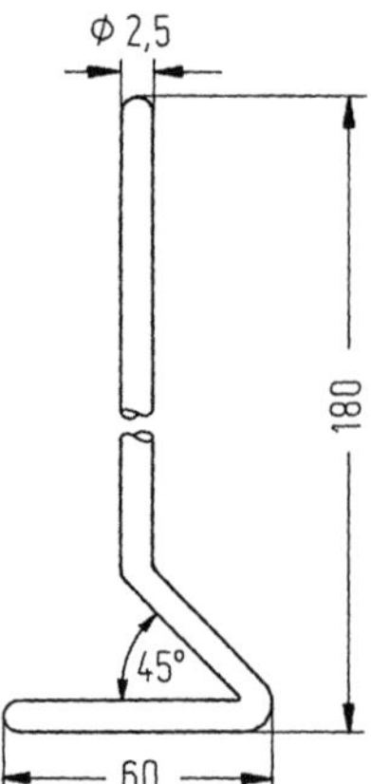

Bild 6.2. Drigalski-Spatel aus Glas, der bei der Prüfung von Buttereinwicklern benötigt wird

6.2.3 Hemmstoffprüfungen

Hemmstoffprüfungen im Biotest erfordern den sorgsamen Umgang mit Testmikroorganismen. Hierzu sind gewisse Erfahrungen unabdingbar. Über die Arbeit mit Testkeimen geben die Merkblätter 43 [6.21] und 44 [6.22] Hilfestellung.

Prüfung von Packstoffen auf Zusatz antimikrobieller Bestandteile

Vorschrift

DIN 54380, Merkblatt 18 des Fraunhofer-Instituts [6.23].

Zur Beurteilung von Verpackungen im Rahmen des Lebensmittelgesetzes liegen Empfehlungen vor. Die XXXVI. Empfehlung behandelt Papiere, Kartons und Pappen für die Lebensmittelverpackung. Ein Übergang von antimikrobiellen Stoffen (Schleimbekämpfungsmitteln, Konservierungsstoffen, Bioziden) ist nicht statthaft.

Das nachfolgend erläuterte Testverfahren ermöglicht eine Prüfung, ob antimikrobielle Zusätze aus dem Packstoff ins Lebensmittel übergehen können. Werden die Packstoffe nicht für die Lebensmittelverpackung eingesetzt, so ist eine antimikrobielle Ausrüstung von Papieren, Pappen und Karton häufig angebracht, da die Packstoffe somit widerstandsfähiger gegen Mikroorganismenbefall werden. Die Effizienz der biozoiden Ausrüstung kann mit dem beschriebenen Verfahren überprüft werden. Dabei wird die Widerstandsfähigkeit von Packstoffen danach beurteilt, ob der zu prüfende Packstoff im Test das Mikroorganismenwachstum zuläßt oder hemmt. Die Bildung einer wachstumsfreien Hemmzone um das Prüfstück gibt einen Hinweis darauf, daß der Packstoff wasserlösliche antimikrobielle Bestandteile abgeben kann. Der Durchmesser der wachstumsfreien Hemmzone kann als Kriterium für das Ausmaß der Abgabe von Hemmstoffen betrachtet werden. Wasserunlösliche Biozide hemmen den Bewuchs des Packstoffes durch Mikroorganismen, verursachen jedoch keine Hemmhöfe um die Prüfstücke.

Zur Durchführung der Prüfung ist es erforderlich, zunächst Impfsuspensionen der beiden Testmikroorganismen *B. subtilis* ATCC 6663 und *Aspergillus niger BL 89* (= DSM 1957) herzustellen. Die Mikroorganismen sind von Stammsammlungen zu beziehen (vgl. Bezugsnachweise S. 290).

Herstellung der Impfsuspension von B. subtilis

B. subtilis wird auf der Oberfläche von Nähragar folgender Zusammensetzung gezüchtet:

-   1 g   Fleischextrakt;
-   2 g   Hefeextrakt;
-   5 g   Pepton aus Fleisch, tryptisch verdaut;
-   5 g   Natriumchlorid, reinst;
- 15 g   Agar;
- 1000 ml dest. Wasser.

Der Nährboden soll einen pH-Wert von 7,4 aufweisen. Er wird nach dem Sterilisieren in schräggestellte Reagenzröhrchen abgefüllt. Nach dem Erstarren des Agars in diesen Schrägagar-Röhrchen wird die Oberfläche durch Ausstreichen mit einer Impföse mit *B. subtilis*-Keimen beimpft. Nach siebentägiger Bebrütung bei 30 °C werden zu jedem Schrägagar-Röhrchen 3 ml einer sterilen physiologischen Kochsalzlösung zupipettiert und die Keime abgeschwemmt. Diese Keimsuspension kann zum Beimpfen weiterer Nähragar-Gefäße (Rouxkolben oder Petrischalen) verwendet werden. Nach siebentägiger Bebrütung werden die Keime erneut mit steriler physiologischer Kochsalzlösung abgeschwemmt, mehrmals (3mal) abzentrifugiert und mit der physiologischen Kochsalzlösung resuspendiert. Die so erhaltene Suspension wird im Photometer auf 80% Transmission (546–600 nm) eingestellt. Soll die Impfsuspension länger im Kühlschrank aufbewahrt bleiben (bis zu 14 Tage), empfiehlt es sich, die Suspension einem Pasteurisierprozeß zu unterziehen (30 min bei 65 °C erhitzen). Die Impfsuspension kann von der Fa. Merck auch fertig bezogen werden (Nr. 10 649).

Herstellung der Impfsuspension von A. niger BL 89 (= DSM 1957)

A. niger wird auf Sabouraud-Agar (vgl. S. 272) bis zur massiven Konidienbildung gezüchtet (ca. 3 Wochen bei 25 °C). Mit einer abgeflammten und mit steriler physiologischer Kochsalzlösung angefeuchteten Impföse werden durch Abstreichen Konidien entnommen und in ein Reagenzglas mit 10 ml steriler physiologischer Kochsalzlösung (mit 0,01% Tween 80-Zusatz) zugegeben. Die Impfsuspension ist ca. 2 Wochen bei Kühlschranktemperaturen haltbar.

Durchführung der Prüfung

Der Bakteriennährboden (vgl. oben) bzw. Sabouraud-Pilznährboden (vgl. S. 272) wird nach dem Sterilisieren in Erlenmeyerkolben in einem Wasserbad auf 60 °C abgekühlt. Pro 300 ml Nährboden werden 2 ml der jeweiligen Impfsuspensionen unter Schütteln zugegeben. Nach dem Ausgießen und Erstarren der Agarmedien in Petrischalen werden jeweils 3 Probeplättchen (∅ 10 mm, aus dem Prüfstück mittels eines Korkbohrers ausgestanzt) mit einer sterilen Pipette so aufgelegt, daß sich keine Luftblasen ausbilden können. Ober- und Unterseite werden getrennt getestet. Die Proben werden zunächst 2 h bei 5 °C gelagert, damit ggf. der wasserlösliche Hemmstoff in den Agar diffundieren kann (bei 5 °C können die zugesetzten Testkeime nicht wachsen). Sodann werden die Petrischalen 3 Tage bei 30 °C (*B. subtilis*) bzw. 7 Tage bei 25 °C (*A. niger*) bebrütet. Zeigen die Kontrollpetrischalen mit Testkeimen, aber ohne Packstoffproben, keinen oder nur schwachen Bewuchs, so ist der Versuch mit einer neuen Impfsuspension zu wiederholen.

Versuchsauswertung

Proben, die Hemmzonen aufweisen (Bild 6.3) entsprechen nicht der XXXVI. Empfehlung B, VIII. Es wird der Durchmesser der Hemmzone in mm angegeben.

Zeigen die Prüfstücke nach 3 (*B. subtilis*) oder 7 (*A. niger*) Tagen Bebrütung Bewuchs, so gilt der Packstoff als nicht widerstandsfähig gegen die Testkeime. Ist nach 3 bzw. 7 Tagen kein Mikroorganismenwachstum auf den Prüfblättchen festzustellen, so gilt der Packstoff als bedingt widerstandsfähig. Weist die Probe nach 6 (Bakterien) bzw. 14 (Schimmelpilze) Tagen keinen Bewuchs auf, so gilt der Packstoff als widerstandsfähig gegen die Testkeime.

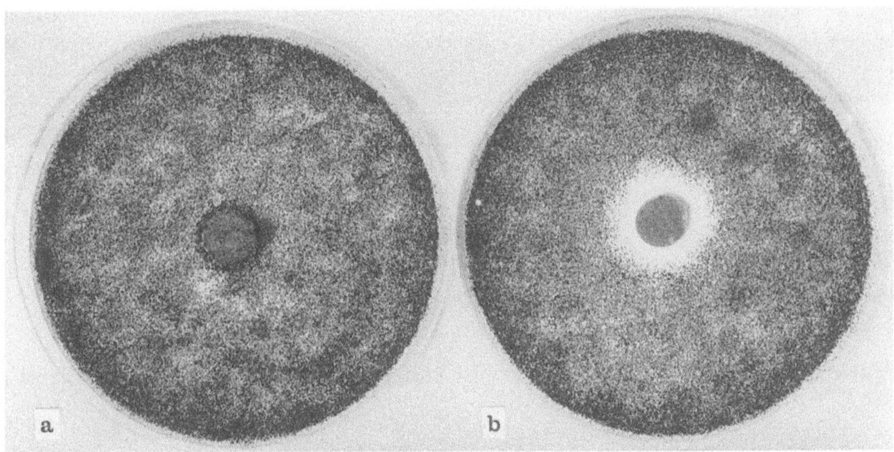

Bild 6.3. Prüfung auf Zusatz antimikrobieller Bestandteile (s. S. 277). Bei der Pappeprobe b ist eine fungizide Imprägnierung nachweisbar (Testpilz: *A. niger* BL 89 = DSM 1957)

Vorschrift

TAPPI T 487-Ls 54 [6.24].

Diese Methode eignet sich für die Prüfung fungizid ausgerüsteter Papiere und Pappen auf Beständigkeit gegen Pilzbefall und entspricht im Prinzip der vorgenannten Prüfmethode mit dem Unterschied, daß nur Schimmelpilze (*Chaetomium globosum ATCC 6205*, *Aspergillus terreus QM 827* und *Aspergillus niger BL 89* = DSM 1957) als Testkeime eingesetzt werden. Die Testorganismen werden auf Schrägagar-Kulturen (Kartoffel-Glucose-Agar) 14 Tage bei 28 °C gezüchtet und danach mit 5 ml sterilem Wasser überschichtet. Mit einer Impfnadel werden die Sporen abgelöst und im Wasser verteilt, das nach dem Abgießen als Sporensuspension dient.

Das Prüfstück (13 cm^2) wird auf Mineralsalzagar aufgelegt.

Zusammensetzung des Mineralsalz-Agars

- 3 g   Ammoniumnitrat;
- 1,4 g   Di-Kaliumhydrogenphosphat;
- 0,25 g Kaliumchlorid;
- 0,25 g Magnesiumsulfat (·7 H$_2$O);
- 10 g   Agar;
- 1000 ml dest. Wasser.

Sodann wird das Prüfstück mit 0,5 ml der Sporensuspension beimpft, wobei diese mit einem Drigalski-Spatel (vgl. Bild 6.2) über die Oberfläche verteilt wird.

Alternativ dazu kann die Beimpfung des Prüfstückes auch dadurch erreicht werden, daß man dieses mit einer auf Weizenkleie gezüchteten Pilzkultur schüttelt.

Jede Probe sollte in drei Parallelen gegen alle drei Pilze getestet werden. Die Inkubation soll bei 28 °C stattfinden.

Die Beständigkeit der Papiere und Pappen wird visuell ermittelt. Die Proben sollten in der ersten Bebrütungswoche mehrmals auf Pilzwachstum geprüft werden. Die Gesamtdauer beträgt 2 Wochen.

Ist das Prüfstück nach einer Woche verschimmelt, wird der Versuch beendet und das Prüfstück als ungenügend pilzbeständig eingestuft. Wenn die Probe erst nach zwei Wochen von Pilzen bewachsen ist, wird sie als unzureichend pilzbeständig eingestuft. Ist ein Pilzwachstum auch nach zweiwöchiger Bebrütung nicht zu erkennen, so gilt die Probe als pilzbeständig.

Der Prüfbericht sollte die Namen der Testpilze, die Beimpfungsmethode und ggf. die Zahl der Tage bis zum Schimmelbefall verzeichnen.

Prüfung von Packstoffoberflächen auf fungistatisch wirkende Verbindungen

Vorschrift

Merkblatt 46 des Fraunhofer-Instituts [6.25].

Diese relativ arbeitsaufwendige Vorschrift dient vornehmlich der Prüfung von Packstoffen, die mit Fungiziden ausgerüstet sind und daher nicht in der Lebensmittelverpackung eingesetzt werden, wie z. B. Seifeneinwickler. Von der zuvor erläuterten Prüfvorschrift nach DIN 54 380 unterscheidet sich diese Prüfmethode in mehreren Punkten: Zum einen wird ein breiteres Spektrum an Schimmelpilzen als Testmikroorganismen eingesetzt, zum anderen werden zur Prüfung mehrere Nährmedien eingesetzt, welche eine Variation des a_w-Wertes und des pH-Wertes ermöglichen. Zudem wird die Prüfung bei zwei verschiedenen Temperaturen durchgeführt.

Durch die komplexen Versuchsbedingungen ist eine bessere Abschätzung der Wirksamkeit fungistatischer Verbindungen in Packstoffen möglich, die Prüfvorschrift verlangt jedoch eine sorgfältige Versuchsplanung.

Bemerkung

Der a_w-Wert (a_w = Wasseraktivität) stellt ein Maß für die Verfügbarkeit von Wasser für Mikroorganismen in Lebensmitteln dar. Der a_w-Wert ist definiert durch das Verhältnis des Wasserdampfdrucks über dem Lebensmittel (p) zum Dampfdruck reinen Wassers (p_0) bei gleicher Temperatur: $a_w = p/p_0$.

Durchführung der Prüfung

Aus den zu untersuchenden Packstoffproben werden mit einer sterilen Schere Prüfblättchen der Abmessung 2·2 cm ausgeschnitten, wobei von jeder Probe 60 Versuchsblättchen benötigt werden. Diese Prüfblättchen werden in Petrischalen auf drei verschiedene Nähragar-Medien gelegt, wobei unter sterilen Bedingungen die Hälfte der Proben mit der Oberseite (z. B. bedruckte Seite), die andere Hälfte mit der Unterseite (z. B. unbedruckte Seite) in die Mitte der Petrischalen auf den Nähragar gelegt wird. Von jedem Nähragar werden für jede Packstoffprobe 20 Petrischalen benötigt.

Zusammensetzung der drei Nähragar-Medien

1. Pilznährboden nach Sabouraud, modifiziert:

- 5,0 g　　Pepton aus Kasein, tryptisch verdaut;
- 5,0 g　　Pepton aus Fleisch, tryptisch verdaut;
- 40 g　　　D(+)-Glucose;
- 10−15 g Agar-Agar;
- 1000 ml dest. Wasser.

Der pH-Wert des Nährbodens soll 5,4±0,1 betragen und muß erforderlichenfalls mit verdünnter Salzsäure bzw. Natronlauge auf diesen Wert eingestellt werden.

2. Pilznährboden nach Sabouraud, modifiziert (a_w-Wert 0,95):

　　Der Nähragar unterscheidet sich vom vorgenannten Nährboden (1) nur durch die zusätzliche Zugabe von 169 g Glycerin, wodurch ein erniedrigter a_w-Wert von 0,95 resultiert. Die pH-Wert-Einstellung erfolgt wie unter 1 beschrieben.

3. Schimmel-(Mildew)-Test-Agar:

- 3,0 g　　Natriumnitrat ($NaNO_3$);
- 1,0 g　　di-Kaliumhydrogenphosphat ($K_2 PO_4$);
- 0,5 g　　Magnesiumsulfat ($MgSO_4 \cdot 7 H_2O$);
- 0,5 g　　Natriumchlorid ($NaCl$);
- 10−15 g Agar-Agar;
- 1000 ml dest. Wasser.

Der pH-Wert wird mit verdünnter Salzsäure bzw. Natronlauge auf 6,8±0,1 eingestellt.

Die vorgenannten Nährböden 1, 2, 3 werden bereitet, im Dampfautoklaven sterilisiert und à 15−20 ml in Petrischalen abgefüllt. Nach dem festen Erstarren des Agars können die Prüfblättchen − wie bereits erläutert − aufgelegt werden.

Die Petrischalen mit den Prüfblättchen werden anschließend unter dem Abzug gleichmäßig mit den Testkeimen besprüht, wobei die Nähragar-Medien 1 und 3 mit der Impfsuspension I, das Nährmedium 2 (a_w = 0,95) mit der Impfsuspension II beaufschlagt werden. Zum Besprühen werden Sprühgeräte (Shandon Spray Gun oder vergleichbare Vorrichtungen) eingesetzt, wobei darauf zu achten ist, daß die Düsen nicht verstopfen.

Zur Herstellung der zuvor erwähnten Impfsuspension I werden die Testmikroorganismen
- *Aspergillus niger* (DSM 1957),
- *Aspergillus versicolor* (DSM 1943) und
- *Hormoconis resinae* (DSM 1835)

auf vorgenanntem Agar 1 in Schrägagar-Röhrchen einzeln kultiviert und 7 Tage bei 25 °C bebrütet. Zu jedem der Schimmel-Schrägagar-Röhrchen werden 5 ml einer sterilen Ringerlösung (Zusammensetzung vgl. S. 270) gegeben und die Oberfläche unter Zuhilfenahme einer sterilen Impföse abgeschwemmt. Die so erhaltenen einzelnen Schimmelpilz-Suspensionen werden zur Impfsuspension I zusammengeführt.

Zur Herstellung der Impfsuspension II wird in gleicher Weise verfahren, wobei als Testkeime
- *Penicillium verrucosum* (DSM 1836),
- *Penicillium chrysogenum* (DSM 895) und
- *Aspergillus repens* (DSM 62631)

verwendet werden. Diese Schimmelpilze werden jedoch auf Nähragar 2 in Schräg-agar-Röhrchen kultiviert, da sie bevorzugt bei erniedrigten a_w-Werten wachsen. Die zusammengeführte Suspension dieser drei Testschimmelpilze wird als Impfsuspension II zur Besprühung der Probeblättchen auf Nähragar 2 ($a_w = 0{,}95$) benutzt.

Die mit Prüfblättchen belegten und mit den zugehörigen Impfsuspensionen I und II kurz besprühten Petrischalen mit Nähragar werden mit den Deckeln verschlossen und für jede Probe zweimal à 10 Stück (5 Prüfblättchen mit Oberseite, 5 mit Unterseite nach oben!) in Polyethylenbeutel eingeschweißt, so daß zwei Parallelansätze für jeden Nährboden erhalten werden. Von den zwei Parallelansätzen wird die Hälfte bei 25 °C, die andere bei 35 °C bebrütet. Die Inkubationsdauer in den Brutschränken beträgt für:
– Sabouraud-Agar, modifiziert (Nährboden 1) 6 Wochen,
– Schimmel-Mildew-Platten (Nährboden 3) 6 Wochen,
– Sabouraud-Agar mit Glyzerin-Zusatz (Nährboden 2) 3 Wochen.

Die Auswertung der Petrischalen erfolgt nach folgendem Bewertungsschema:
– 0 kein Wachstum auf den Proben und Hemmhofbildung um die Proben,
– 10 Wachstumshemmung ohne Hemmhofbildung um die Proben,
– 20 sichtbares ungleichmäßiges Wachstum,
– 30 mäßiges Wachstum auf der ganzen Probe,
– 40 starkes Wachstum auf der ganzen Probe und,
– 50 Probe vollkommen überwachsen.

Prüfung von Wellpappen oder Mehrschichtpapieren auf Beständigkeit gegen Schimmelpilze

Vorschrift

FEFCO Working Draft, Testing Method Nr. 12, 1969.
Die Methode gestattet eine Prüfung von Pappen bezüglich ihrer Widerstandsfähigkeit gegenüber deren Befall durch Schimmelpilze. Die Gefahr des Befalls durch Schimmelpilze ist besonders gegeben, wenn Pappen unter warmen, feuchten Bedingungen gelagert werden oder mit feuchter Erde in Berührung kommen.
Als Testmikroorganismen werden die Schimmelpilze
– *Aspergillus niger* (DSM 1957),
– *Aspergillus terreus* (DSM 1958),
– *Chaetomium globosum* (DSM 1962) und
– *Trichoderma viride* (DSM 63065) eingesetzt.

Diese Testkeime werden auf je zwei Schrägagar-Röhrchen bei 28 °C für die Dauer von 14 Tagen kultiviert. Danach wird in die Röhrchen jeweils 10 ml steriles Wasser zugegeben und die Oberflächenkultur mittels einer sterilen Impföse vorsichtig abgekratzt. Diese Mycelsuspension wird in einem Erlenmeyerkolben, der 90 ml steriles Wasser und 3 Tropfen eines Netzmittels (Tween 80) enthält, zugegeben.

Der zur Anzucht der Testkeime benötigte Nähragar hat folgende Zusammensetzung:

- 5,0 g   Glucose;
- 3,0 g   Ammoniumnitrat;
- 1,4 g   Di-Kaliumhydrogenphosphat;
- 0,25 g   Kaliumchlorid;
- 0,25 g   Magnesiumsulfat;
- 10 g   Agar;
- 1000 ml dest. Wasser.

Vom vorgenannten Agar werden nach Autoklavensterilisation desselben nicht nur Schrägagar-Röhrchen zur Anzucht der Testkeime gegossen, sondern auch sterile Petrischalen (à 20 ml) beschickt.

Wenn der Nähragar in den Petrischalen fest geworden ist, können diese mit den zu prüfenden Pappen belegt werden. Hierzu werden Quadrate der Abmessungen 2,5 · 2,5 cm ausgeschnitten, und pro Petrischale jeweils ein Abschnitt auf den Agar aufgelegt (5 Ansätze pro Probe).

Diese Prüfstücke werden sodann mit Hilfe einer sterilen Pipette mit 0,5 ml der zuvor erhaltenen Suspension der Testkeime (Sporen-Mycelgemisch) getränkt, wobei jede der 5 Proben mit einem anderen Testkeim beladen wird.

Die Petrischalen mit den beimpften Prüfabschnitten werden 2 Wochen bei 28 °C in feuchter Atmosphäre inkubiert (Schale mit Wasser in den Brutschrank stellen!). Die erste Prüfung erfolgt nach 7 Tagen.

Die Beständigkeit der Pappen gegen Schimmelwachstum wird visuell ausgewertet.

Wenn die Proben nach 7 Tagen mit den Testkeimen bewachsen sind, wird die Probe als nicht schimmelbeständig bewertet.

Sind die Proben nach 1 Woche Bebrütung nicht mit Schimmelpilzen bewachsen, so werden diese eine weitere Woche inkubiert. Ist sodann einer oder mehrerer Ansätze mit Testkeimen bewachsen, so wird die Probe als unzureichend schimmelbeständig eingestuft.

Wenn die Proben nach einer Woche nicht mit Schimmeln bewachsen sind und nach zweiwöchiger Bebrütung nur spärliches Schimmelwachstum zeigen, werden diese als mäßig schimmelbeständig bezeichnet.

Nur wenn auch nach zweiwöchiger Bebrütung weder Wachstum der Testkeime noch sonstige Mikroorganismen festgestellt werden konnte, sind die Proben als schimmelbeständig einzuordnen.

Das Wachstum von anderen Keimen als den verwendeten Testkeimen ist gesondert zu vermerken.

Bestimmung der „Minimalen Hemmkonzentration (MHK)" von Bioziden in der Papierfabrikation

Vorschrift

Merkblatt 31 des Fraunhofer-Instituts [6.26].

Die Prüfmethode beschreibt ein Verfahren zur Wirksamkeitsprüfung von Bioziden, die in der Papierindustrie im Reihenverdünnungstest eingesetzt werden. Als

„Minimale Hemmkonzentration" (MHK) wird die niedrigste Konzentration des Biozides in µg/ml angegeben, bei der nach der vorgeschriebenen Bebrütungszeit im Reihenverdünnungstest kein Wachstum der Testmikroorganismen zu beobachten ist. Der Test kann auch auf Kreislaufkeime angewandt werden und ermöglicht so die Auswahl des geeignetsten Biozides im Hinblick auf die antimikrobielle Wirkung.

Das Prinzip des Tests ist das folgende: Man verdünnt das Biozid stufenweise und ermittelt, ab welcher Verdünnung keine Hemmwirkung auf Mikroorganismen mehr zu beobachten ist. Je wirksamer ein Biozid ist, umso stärker läßt es sich verdünnen, ohne seine antimikrobiellen Eigenschaften einzubüßen.

Durchführung der Prüfung

0,1 g des zu prüfenden Biozides wird in einen Meßkolben genau eingewogen und mit sterilem dest. Wasser auf 100 ml aufgefüllt. Sterile Reagenzgläser werden mit jeweils 5 ml sterilem dest. Wasser gefüllt. (Soll die Wirkung des Biozides gegen Keime des Kreislaufwassers getestet werden, füllt man 5 ml Kreislaufwasser pro Reagenzglas ein.) Für einen Reihenverdünnungstest werden 10 Reagenzgläser benötigt. Ein weiteres dient der Wachstumskontrolle.

Von der Biozid-Lösung werden 5 ml steril zum ersten Reagenzglas zugegeben. Nach dem Mischen überträgt man 5 ml in das zweite Reagenzglas usw., so daß mit jeder Stufe die Konzentration halbiert wird. (Dem Wachstumskontrollröhrchen wird keine Biozid-Lösung zugegeben.) Der letzten Verdünnungsstufe werden 5 ml entnommen und verworfen. Somit enthalten alle Reihenverdünnungsröhrchen 5 ml Biozid-Lösung in folgender Konzentrationsabstufung: 500; 250; 125; 62,5; 31,25; ca. 16; ca. 8; ca. 4; ca. 2 und schließlich ca. 1 µg/ml.

Sodann werden die Nährlösungen für die Mikroorganismen hergestellt und sterilisiert.

Zusammensetzung der Bakterien-Nährlösung

- 6,0 g   Fleischextrakt;
- 10 g   Pepton aus Fleisch, tryptisch verdaut;
- 1000 ml dest. Wasser, pH 7,0–7,6.

Zusammensetzung der Nährlösung für Schimmelpilze

- 10 g   Pepton aus Fleisch, tryptisch verdaut;
- 10 g   Pepton aus Kasein, tryptisch verdaut;
- 40 g   D(+)-Glucose;
- 1000 ml dest. Wasser, pH 5,4.

Nach dem Sterilisieren wird die abgekühlte Bakteriennährlösung mit 0,1 ml einer Impfsuspension von *E. coli* oder *P. aeruginosa* angeimpft. Die Herstellung dieser Impfsuspensionen erfolgt analog zur Herstellung der *B. subtilis*-Impfsuspensionen, wie sie auf S. 277 (DIN 54 380) beschrieben ist. In gleicher Weise wird auch die Nährlösung für Schimmelpilze mit *A. niger* oder *Humicola fuscoatra* beimpft [Herstellung der Impfsuspension, vgl. S. 278 (DIN 54 380)). Die Zugabe von Testkeimen zu den Nährlösungen erübrigt sich, wenn Kreislaufwasser in den Test eingesetzt wurde.

Die mit den Testkeimen versetzten Nährlösungen werden nun zu den Biozid-Reihenverdünnungs-Röhrchen zugegeben, und zwar 5 ml pro Reagenzglas. Zum Wachstumskontroll-Röhrchen müssen ebenfalls 5 ml beimpfter Nährbouillon zugesetzt werden. Somit befinden sich letztlich pro Reagenzglas 10 ml Nährbouillon-Biozid-Lösung. Die Biozid-Konzentration wurde durch die Zugabe der Nährlösung halbiert, so daß sich folgende Endkonzentrationen ergeben: 250; 125; 62,5; 31,25; ca. 16; ca. 8; ca. 4; ca. 2; ca. 1 und ca. 0,5 µg/ml. (Die letztgenannte Verdünnung kann auch weggelassen werden.) Da auch die Nährlösung 1 : 2 verdünnt wird, ist bei der Zusammensetzung derselben bereits die doppelte Einwaage berücksichtigt worden. Die Verdünnungsreihen für den Bakterientest werden 24 und 72 h bei 37 °C und für den Schimmelpilztest 3 und 7 Tage bei 25 °C bebrütet.

Versuchsauswertung

Die Verdünnungsreihen werden nach Ablauf der Bebrütungszeiten dem Brutschrank entnommen. In der Regel sind die Röhrchen mit Bakterien- bzw. Pilzbewuchs bei niedrigen Biozid-Konzentrationen aufgrund der Trübung oder des Bodensatzes visuell leicht erkennbar. Das vorhergehende klare Röhrchen gibt die „Minimale Hemm-Konzentration" (MHK) in µg/ml an. Diese Konzentration empfiehlt es sich beim Einsatz von Bioziden in der Papiererzeugung dem Brauchwasser zuzusetzen, geringere Konzentrationen bringen keinen Hemmeffekt. Der Einsatz von Kreislaufwasser in dem oben beschriebenen Test hat den Vorteil, daß Stoffe im Fabrikationswasser, die eine Abschwächung der bioziden Wirkung bedingen, im Hemmtest miterfaßt werden und als Testkeime die für die Papiererzeugung relevanten Keime herangezogen werden. Zeigen die Reagenzgläser mit der Wachstumskontrolle keinen Bewuchs, so ist die Prüfung zu wiederholen.

Bemerkung

Einige Biozide sind wasserunlöslich und müssen in organischen Lösungsmitteln gelöst werden, bevor sie mit Wasser verdünnt werden. In diesen Fällen muß der Wachstumskontrolle ein aliquoter Anteil des organischen Lösungsmittels zugesetzt werden, um auszuschließen, daß die beobachtete Hemmwirkung durch das Lösungsmittel hervorgerufen wurde.

6.2.4 Spezielle mikrobiologische Prüfverfahren

Bestimmung von Bakteriensporen in Papier, Karton, Vollpappe und Wellpappe

Vorschrift

Merkblatt 39 des Fraunhofer-Instituts [6.27].

Zur Bestimmung aerober Sporenbildner (Bacillus-Sporen-Keimzahl) wird nach der Methode S. 270 (DIN 54 379) verfahren mit der Modifikation, daß die Basissuspension vor dem Ausplattieren 30 min bei 75 °C pasteurisiert wird. Diesen Prozeß überleben bevorzugt Bakteriensporen, die nach 30 °C Bebrütung auskeimen und wie beschrieben ausgezählt werden können.

Anaerobe Sporenbildner können ausgezählt werden, wenn man die pasteurisierte Basissuspension in Clostridien-Agar ausplattiert.

Zusammensetzung des Clostridien-Agars (RCM-Medium)

- 3,0 g   Hefeextrakt;
- 10 g   Fleischextrakt;
- 10 g   Pepton aus Kasein;
- 5,0 g   D(+)-Glucose;
- 1,0 g   Stärke;
- 5,0 g   Natriumchlorid;
- 3,0 g   Natriumacetat;
- 0,5 g   L(+)-Cysteiniumchlorid;
- 12,5 g   Agar-Agar;
- 1000 ml dest. Wasser.

Der Nährboden kann als Trockennährboden von allen Nährbodenherstellern (u. a. BBL, Merck, Oxoid, Difco) bezogen werden. Die ausgegossenen Petrischalen müssen anaerob bebrütet werden. Es empfiehlt sich dazu das Gas Pak-System von Becton & Dickinson, der Anaerobic Jar von Oxoid oder andere begasbare Anaerobiertöpfe.

Eine Zugabe von 4 µg Lysozym/ml Nährboden (45 °C) durch Sterilfiltration hemmt zusätzlich fakultativ anaerobe Keime und läßt hauptsächlich Clostridien zur Entwicklung gelangen. Nach 3tägiger Bebrütung unter Luftausschluß bei 30 °C kann die Zahl anaerober Sporenbildner (vornehmlich Clostridien) ausgezählt werden.

Bei nur geringen Clostridienkeim-Gehalten der Pappen empfiehlt sich die nachfolgende Methode, bei welcher nicht anaerob bebrütet werden muß, so daß Anaerobiersysteme hierzu nicht benötigt werden.

Bestimmung von Clostridiensporen in Papier, Karton, Vollpappe und Wellpappe

Vorschrift

DIN 54 368, Merkblatt 28 des Fraunhofer-Instituts [6.28].

Die Vorschrift beschreibt ein Prüfverfahren zur Bestimmung von Clostridien in Papier, Karton, Voll- und Wellpappe. Clostridien sind ausschließlich anaerob lebende Bakterien, deren Sporen in Packstoffe gelangen können. Das Prüfverfahren läßt sich sinngemäß auch auf Stoffsuspensionen und Fabrikationswässer anwenden. Zunächst wird eine Clostridien-Differential-Nährlösung folgender Zusammensetzung hergestellt (bezogen auf 1 l Medium):

- 5,0 g Pepton aus Fleisch;
- 5,0 g Pepton aus Kasein;
- 8,0 g Fleischextrakt;
- 5,0 g Natriumacetat, kristallin, p. a.;

- 1,0 g Hefeextrakt;
- 1,0 g Stärke, wasserlöslich;
- 1,0 g Glucose;
- 0,5 g L-Cysteiniumchlorid.

Die Bestandteile der Nährlösung werden in 1 l dest. Wasser aufgekocht, wobei Glucose und Cystein erst zuletzt zugegeben werden. Die Stärke wird in einem kleinen Volumen Wasser gelöst und dem Nährboden getrennt zugegeben. Der pH-Wert wird auf 7,1 eingestellt. Jeweils 10 ml der Nährlösung werden in Reagenzgläsern sterilisiert (121 °C, 15 min). Am Tag, an dem das Medium gebraucht wird, werden gleiche Teile 4%ige Natriumsulfit-Lösung und 7%ige Eisen(III)-Citrat-Lösung gemischt und 0,2 ml dieser Mischung jedem Reagenzglas zugegeben. Die beiden Lösungen sind zuvor durch Membranfiltration sterilisiert worden (Porendurchmesser des Membranfilters 0,45 µm).

1,5 g des Prüfmaterials wird mit einer sterilen Schere vorzerkleinert und mittels eines Aufschlaggerätes (z. B. Ultra Turrax TP 18/2N) in einer Babyflasche mit 99 ml 0,1%iger Pepton-Lösung zerfasert (ca. 1 min). Jeweils 0,1; 0,25; 0,5; 0,75; 1,0; 1,5; und 2 ml dieser Basissuspension werden zu den 10 ml Nährlösung in den Reagenzgläsern zugegeben und mit einem Reagenzglasschüttler (z. B. Whirlimix) gleichmäßig verteilt. (Es kann sicherheitshalber mit 1 ml vorsterilisiertem Paraffin DAB 6 überschichtet werden, was aber nicht unbedingt erforderlich ist). Die Reagenzröhrchen werden sodann 30 min bei 75 °C pasteurisiert. Dadurch werden alle vegetativen Keime abgetötet, so daß nur Bacillus- und Clostridiumsporen überleben. Beim eingestellten Redoxpotential der Nährbouillon haben die Clostridien begünstigte Wachstumsbedingungen. Durch eine biochemische Reaktion, die zur Eisensulfid-Bildung führt, wird eine Schwarzfärbung des Nährmediums bewirkt. Die Reagenzröhrchen werden nach 3-tägiger Bebrütung bei 30 °C ausgewertet. Die niedrigste Verdünnungsstufe, bei der noch eine Schwarzfärbung beobachtet werden kann, wird registriert und auf die entsprechende Packstoffmenge in g (Trockengewicht) umgerechnet. Es ist zu beachten, daß die Reagenzgläser während der Bebrütung nicht gasdicht verschlossen sind, da durch bakterielle Gasbildung ein Überdruck entstehen kann, der die Röhrchen zum Zerplatzen bringt.

Sollen mehr als 2 ml Basissuspension untersucht werden, so kann durch Membranfiltration (Porengröße 0,45 µm) ein größeres Probevolumen geprüft werden. Hierbei wird das gewünschte Volumen der pasteurisierten Basissuspension über Membranfilter filtriert und das Filter mit sterilen Pinzetten aufgerollt in die Reagenzröhrchen mit der Nährlösung eingebracht.

Bei der Durchführung der Testvorschrift ist größte Achtsamkeit angeraten, da unter den Clostridien auch pathogene Arten (Wundstarrkrampf-, Botulismus-, Gasbranderreger) vorkommen. Die Röhrchen sind nach dem Ablesen zu sterilisieren, bevor sie gereinigt bzw. verworfen werden.

Prüfung der Bakteriendichtigkeit von Sterilisationspapieren

Vorschrift

DIN 58 953, Teil 6.

Zur Prüfung von Papieren auf Bakteriendichtigkeit bestehen z. Zt. noch wenige Prüfvorschriften. Eine davon ist die Prüfung von Sterilisationspapier für Beutel und Schlauchverpackungen, die vom Normenausschuß Medizin ausgearbeitet wurde. Bei der Prüfung von Papieren auf Bakteriendichtigkeit muß man unterscheiden zwischen der Dichtigkeit unter feuchten Bedingungen und unter trockenen Bedingungen. Zumeist werden an Papiere nur Anforderungen bezüglich Bakteriendichtigkeit in Luft, d. h. unter trockenen Bedingungen, gestellt, so z. B. bei sog. „Peel-off"-Papieren im Pharma-Bereich.

In DIN 58 953, Teil 6, werden die Sterilisationspapiere sowohl unter feuchten als auch unter trockenen Bedingungen auf Bakteriendichtigkeit geprüft.

Prüfung auf Keimdichtigkeit bei Feuchte

Das Prinzip des Verfahrens beruht darauf, daß Mikroorganismen in Wassertropfen auf die Probestücke gebracht werden und nach Antrocknen der Wassertropfen geprüft wird, ob Mikroorganismen auf die Unterseite der Probestücke durchgetreten sind.

Hierzu werden aus dem zu prüfenden Sterilisationspapier Quadrate mit 50 mm Kantenlänge geschnitten. Die Proben (zunächst 5 Stück pro Charge) werden bei 134 °C in Sattdampf 10 min sterilisiert und danach in Vakuum 10 min bei ca. 100 mbar getrocknet, da feuchtes Sterilisationspapier falsche Werte liefert.

Je ein Probestück wird sodann mit der Seite, die bei Anwendung kontaminiert werden kann, nach oben auf eine sterile Unterlage gelegt (z. B. in den Boden einer Petrischale). Auf die Probestücke werden 5 Tropfen à 0,1 ml einer Staphylokokken-Suspension aufgebracht, so daß die Tropfen gleichmäßig verteilt sind und einander nicht berühren. Die Staphylokokken-Suspension — verwendet wird *Staphylococcus aureus* SG 511 — wird durch Animpfen von 6 ml Traubenzuckerbouillon mit dem Testkeim und Bebrüten bei 37 °C für 16 h gewonnen. Um zu überprüfen, ob die für den Test erforderliche Keimdichte (10^7/ml) erzielt wurde, sind Reihenverdünnungen und Ausplattierungen in Blutagar-Platten oder geeigneten anderen Nährmedien erforderlich. (Bezüglich der Zusammensetzung der erforderlichen Nährmedien bzw. Bezugsquellen für diese und die Testkeime sind der DIN-Vorschrift nähere Angaben zu entnehmen.)

Die mit der Staphylokokkensuspension belegten Probestücke werden bei Raumtemperatur (20°–25 °C) bei einer Luftfeuchtigkeit von 40–60% r. F. gelagert, wobei die Tropfen nach 6 h abgetrocknet sein sollen.

Nun werden die Probestücke mit der beimpften Fläche nach oben auf die Oberfläche eine Blutagar-Platte (1,5% Agar) gelegt, — derart, daß die gesamte Papierfläche dem Agar aufliegt. Nach 5 bis 6 sec Kontaktzeit wird das Sterilisationspapier mit einer sterilen Pinzette entfernt, die Blutagar-Platten sodann bei 37 °C für 16–24 h bebrütet.

Wenn alle 5 Probestücke des Sterilisationspapiers einer Charge nach dem Auflegen auf Blutagar und anschließendem Bebrüten zu keinem Mikroorganismenwachstum geführt haben, so ist das Sterilisationspapier als keimdicht einzustufen. Sind hingegen auf den Platten nicht mehr als insgesamt 5 Kolonien gewachsen, wird der Versuch mit 20 Probestücken wiederholt, wobei nicht mehr als insgesamt 5 Kolonien auf allen 20 Blutagar-Platten wachsen dürfen.

Prüfung auf Keimdichtigkeit bei Luftdurchgang

Das Prinzip des Verfahrens beruht darauf, daß durch Abkühlung der Luft im Keimdurchlässigkeits-Prüfgerät (Laborglasflasche mit Dichtring und Schraubkappe), das mit dem zu prüfenden Sterilisationspapier verschlossen ist, ein Luftstrom (Sog) in die Laborglasflasche gelangt, der ggf. keimhaltige Partikel durch das Sterilisationspapier transportiert, nachdem dieses vor dem Abkühlen mit Sporenerde beschickt wurde. Eventuell durch das Sterilisationspapier durchtretende Sporen fallen auf einen Nähragar in der Glasflasche und können mikrobiologisch erfaßt und ausgewertet werden.

Hierzu werden aus dem zu prüfenden Sterilisationspapier kreisförmige Probestücke mit einem Durchmesser von 42 mm ausgeschnitten oder ausgestanzt, wobei für jede Prüfung 10 Probestücke bereitzustellen sind. Zu prüfen ist diejenige Seite des Sterilisationspapiers, die bei der Anwendung kontaminiert werden kann.

Als Keimdurchlässigkeits-Prüfgerät werden Laborglasflaschen mit einem Nennvolumen von 250 ml und einem Gewinde DIN 168-61 45·4 Schraubkappe, sterilisierbar, mit einem Gewinde nach DIN 168, Teil 1, und einer Bohrung von 34 mm verwendet. Dabei muß sichergestellt sein, daß die Schraubkappen bei der Sterilisation keine Stoffe freisetzen, die das zu prüfende Sterilisationspapier bzw. die Testsporen schädigen. Ferner wird ein Dichtring aus Polytetrafluorethylen (PTFE) oder PTFE-beschichtetem Material benötigt (Innendurchmesser 34 mm). Die Dichtringe müssen sterilisierbar sein und dürfen ebenfalls keine schädigenden Stoffe abgeben.

In die gereinigten obg. Laborglasflaschen werden 20 ml des auf S. 277 wiedergegebenen Nähragars (zur Anzucht von *Bacillus subtilis*) eingefüllt (Einfülltemperatur $\geqslant 50\,°C$) und erstarren gelassen.

Das Probestück wird zwischen 2 Dichtungsringen auf den Rand der Laborglasflasche gelegt und mit der Schraubkappe so fixiert, daß das Probestück mit den Dichtungsringen fest an den Flaschenrand gepreßt wird. (Werden einseitig beschichtete Dichtringe verwendet, so muß die beschichtete Seite zum Papier zeigen.)

Das so vorbereitete Keimdurchlässigkeits-Prüfgerät wird bei 120 °C 20 min im Dampfautoklaven sterilisiert, wobei zuvor die Schraubkappen mittels Aluminiumfolie abgedeckt wurden.

Nach der Sterilisation und Abkühlung des Keimdurchlässigkeits-Prüfgerätes wird das Probestück mit 0,25 g künstlich infiziertem Quarzpulverstaub gleichmäßig beschichtet und mit Filtrierpapier abgedeckt.

Der infizierte Quarzpulverstaub wird erhalten, indem 100 g vorsterilisiertes Quarzpulver (Korngröße 40–150 μm) mit 100 ml einer alkoholischen Suspension (96%ig) von *B. subtilis, var. globigii*-Sporen mit einer Sporenanzahl von ca. 10^6/ml gemischt und anschließend 16 h bei 50 °C getrocknet werden.

Das mit infiziertem Quarzpulverstaub beladene Keimdurchlässigkeits-Prüfgerät (Prüfpapier und Sporenpulver sollten trocken sein) wird anschließend bis zur Erwärmung auf 50 °C in den Brutschrank gestellt und anschließend bei 10 °C im Kühlschrank gelagert, bis das Gerät sich auf diese Temperatur abgekühlt hat. Der Vorgang des Erwärmens auf 50 °C und Abkühlens auf 10 °C wird insgesamt 5mal durchgeführt. Es empfiehlt sich, die erforderlichen Anheiz- bzw. Abkühlzeiten in

Vorversuchen zu ermitteln. Die Prüfung sollte möglichst erschütterungsfrei durchgeführt werden.

Anschließend wird das Keimdurchlässigkeits-Prüfgerät bei 37 °C für die Dauer von 24 h bebrütet.

Durch das Sterilisationspapier gesaugte *B. subtilis var. globigii*-Sporen fallen auf den im Prüfgerät befindlichen Nähragar und wachsen beim Bebrüten zu Bakterienkolonien aus, die ausgezählt werden.

Das Sterilisationspapier wird als ausreichend keimdicht erachtet, sofern bei den insgesamt 10 Parallelansätzen einer Charge höchstens 15 Kolonien erkennbar sind. Dabei darf die Zahl der Kolonien bei jedem einzelnen Probestück (d. h. pro Keimdurchlässigkeits-Prüfgerät) die Zahl 5 nicht überschreiten.

6.3 Bezugsnachweise
Sources of supply

Bakteriennährböden können u. a. von folgenden Firmen bezogen werden: Oxoid GmbH, Wesel; Merck AG, Darmstadt; Becton & Dickinson, Heidelberg; Difco über Biotest GmbH, Frankfurt.

Membranfilter und -filtrationsvorrichtungen können u. a. von den Firmen Sartorius GmbH, Göttingen oder Millipore GmbH, Neu-Isenburg, bezogen werden.

Anaerobiersysteme werden von obg. Firmen Oxoid, Becton & Dickinson, sowie Merck vertrieben.

Testmikroorganismen können über die Deutsche Sammlung von Mikroorganismen und Zellkulturen GmbH, Mascheroder Weg 1 b, 3300 Braunschweig bestellt werden.

Literatur

Kapitel 1

1.1   Norm DIN 54 351: Prüfung von Zellstoff. Bestimmung des Trockengewichts von Zellstoff in Ballen. Bestimmung auf Grund der Untersuchung von Einzelballen

1.2   Norm ISO 638: Pulps − Determination of dry matter content

1.3   Norm DIN 54 352: Prüfung von Zellstoff. Bestimmung des Trockengehaltes von Zellstoffproben

1.4   Merkblatt Zellcheming IV/42/67: Prüfung von Zellstoff. Bestimmung des Trockengehaltes von Zellstoffproben

1.5   Norm TAPPI T 210 m-58: Weighing, sampling and testing pulp for moisture

1.6   Norm SAN-C 3:61: Dry matter in pulp

1.7   Norm TAPPI T 208 os-78: Moisture in wood, pulp, paper and paperboard by toluene distillation

1.8   Norm ISO 302: Pulps − Determination of Kappa number

1.9   Norm DIN 54 357: Prüfung von Zellstoff. Bestimmung der Kappa-Zahl

1.10   Merkblatt Zellcheming IV/37/80: Prüfung von Zellstoff. Bestimmung der Kappa-Zahl

1.11   Norm TAPPI T 236 os-76: Kappa number of pulp

1.12   Norm SCAN-C1:59: Kappa number of pulp

1.13   Berzins, V.: A rapid procedure for the determination of Kappa number. TAPPI 48 (1965) 1, 15−20

1.14   TAPPI Useful Method 246: Micro Kappa number

1.15   TAPPI Useful Method 224: Pulp bleachability test. (Time to discolor $KMnO_4$)

1.16   Tasman, J. E.; Berzins, V.: The permanganate consumption of pulp materials. I. Development of a basic procedure. TAPPI 40 (1957) 9, 691−695

1.17   Tasman, J. E.; Berzins, V.: The permanganate comsumption of pulp materials. II. The Kappa number. TAPPI 40 (1957) 9, 695−699

1.18   Tasman, J. E.; Berzins, V.: The permanganate consumption of pulp materials. III. The relationship of the Kappa number to the lignin content of pulp materials. TAPPI 40 (1957) 9, 699−704

1.19   Sarkanen, K. V.; Ludwig, C. H. (Eds.): Lignins. New York: Wiley-Interscience 1971

1.20   Krause, Th.: Untersuchungen über die Bleiche von Zellstoff mit Kaliumpermanganat. Cellul. Chem. Technol. 5 (1971) 1, 83−92

1.21   Korn, R.; Burgstaller, F. (Hrsg.): Handbuch der Werkstoffprüfung. Bd. 4. Papier- und Zellstoffprüfung. Berlin Göttingen Heidelberg: Springer 1953

1.22   Klauditz, W.: Zur Zellstoffkennzeichnung im Betrieb. Papierfabrikant 38 (1940) 213−216

1.23   Colombo, P.; Corbetta, D.; Pirotta, A.; Ruffini, G.: Chlorine number as a method for evaluation of lignin content of a pulp. Pulp Pap. Can. 63 (1962) T126−T135

1.24   Kyrklund, B.; Strandell, G.: A modified chlorine number for evaluation of the cooking degree of high-yield pulps. Pap. Puu 49 (1967) 3, 99−101, 103−106

1.25   Kyrklund, B.; Strandell, G.: Applicablity of the chlorine number for evaluation of the lignin content of pulp. Pap. Puu 51 (1969) 49, 299−305

1.26   Norm ISO 3260: Pulps − Determination of chlorine consumption (Degree of delignification)

1.27 Norm DIN 54 353: Prüfung von Zellstoff. Bestimmung des Chlorverbrauchs (Delignifizierungsgrad)

1.28 Merkblatt Zellcheming IV/53/71: Prüfung von Zellstoff. Bestimmung des Chlorverbrauchs

1.29 Norm TAPPI T 253 om-81: Hypo number of pulp

1.30 Norm SCAN-C 29:72: Chlorine consumption of pulp

1.31 Fiehn, G.: Die Hypochloritzahl − eine Schnellmethode zur Aufschlußgradbestimmung und zur Abschätzung des Ligningehaltes. Zellst. Pap. 19 (1970) 7, 196−200

1.32 Singh, R. P. (Ed.): The bleaching of pulp. 3. Ed., Atlanta: Tappi Press 1979

1.33 Chemisch-technische Untersuchungsmethoden, Zellstoff und Papier. Weinheim: Verlag Chemie 1957 (vergr.)

1.34 Baldauf, G. H.; Lehto, B. O.: Chlorine demand of pulps. TAPPI 44 (1961) 6, 415−419

1.35 TAPPI Useful Method 206 (Formerly RC 239): Bleachability of pulp

1.36 TAPPI Useful Method 207 (Formerly RC 238): Bleachability of pulp (Hot test with bleach liquor)

1.37 Korn, R.; Burgstaller, F. (Hrsg.): Handbuch der Werkstoffprüfung. Bd. 4. Papier- und Zellstoffprüfung. Berlin Göttingen Heidelberg: Springer 1953

1.38 Kleinert, Th. N.; Roberge, J. M.: Characterization of unbleached pulps by their bromine consumption. TAPPI 42 (1959) 7, 281−288

1.39 Kleinert, Th. N.: Über den Bromverbrauch chloritgebleichter Zellstoffe. Holzforsch. Holzverwert. 24 (1972) 1, 12−14

1.40 Töppel, O.: Zur Bestimmung des Aufschlußgrades von Zellstoff. Das Papier 24 (1970) 10 A, 698−711

1.41 a Klason: In: Papier-Ztg 35 (1910) 3781

1.41 b Hägglund, E.: Holzchemie. 2. Aufl., Leipzig: Akademische Verlagsanstalt 1939

1.42 Norm TAPPI T 222 m 54: Acid-insoluble lignin in wood pulp

1.43 Halse, O. M.: Bestimmung von Zellstoff und Holzstoff in Papier. Papierfabrikant 24 (1926) 41, 631

1.44 Jayme, G.; Knolle, H.; Rapp, G.: Entwicklung und endgültige Fassung der Ligninbestimmungsmethode nach Jayme-Knolle. Das Papier 12 (1958) 17/18, 464−467

1.45 Böttger, J.; Türkmenoglu, T.; Krause, Th.: Restlignin in ungebleichten Zellstoffen − Isolierung und Charakterisierung. Das Papier 38 (1984) 10A, V1−V7

1.46 Norm TAPPI Useful Method 250: Acid-soluble lignin in wood and pulp

1.47 Plonka, A. M.; Surewicz, W.; Wandelt, P.: Die Bestimmung des Gesamtligningehaltes in Faserstoffen. Zellst. Pap. 23 (1974) 11, 327−332

1.48 Marton, J.: Determination of lignin in small pulp and paper samples using the acetyl bromide method. TAPPI 50 (1967) 7, 335−337

1.49 Marton, J.; Sparks, H. E.: Determination of lignin in pulp and paper by infrared multiple internal reflectance. TAPPI 50 (1967) 7, 363−368

1.50 Norm DIN 54 354: Prüfung von Zellstoff. Bestimmung des Dichlormethanextraktes

1.51 Merkblatt Zellcheming IV/43/67: Prüfung von Zellstoff. Dichlormethan-Extrakt

1.52 Norm TAPPI T 204 os-76: Alcohol-benzene and dichlormethane solubles in wood and pulp

1.53 Norm SCAN-C7:62: Dichlormethane extract of pulp

1.54 Norm ISO 624: Pulps − Determination of dichlormethane soluble matter

1.55 Norm SCAN-C8:62: Ethanol extract of pulp

1.56 Browning, B. L.: Methods of wood chemistry (Vol. 1). New York London Sidney: Interscience Publishers 1967

1.57 Chapman, R. A.; Nugent, H. M.; Bolker, H. I.; Manchester, D. F.; Lumsden, R. H.; Redmond, W. A.: An improved method for the analysis of wood extractives and its application to Jack Pine (Pinus Banksiana Lamb.). Can. Pulp Paper Ass., Trans. Techn. Sect. Canada 1 (1975) 4, 113−122

1.58 Mutton, D. B.: Hardwood resin. TAPPI 41 (1958) 11, 632−643

1.59 Levitin, N.: The extractives of birch aspen, elm and maple: Review and discussion. Pulp Pap. Mag. Can. (1970) 16, TR 361−TR 364

1.60   Kahila, S. K.; Rinne, A. Y.: Investigations relating to extract of betula verrucosa and of sulphite pulp. Pap. Puu 39 (1957) 11, 526−528, 530

1.61   Paasonen, P. K.: On the extractives of birch wood and birch sulphate pulp. Pap. Puu 49 (1967) 1, 3−6, 8−15

1.62   Allen, L. H.: Pitch in wood pulps. A study of occurrence and properties of pitch found in pulps. Pulp Pap. Can. 76 (1975) 5, T139−T146

1.63   Back, E.: The mechanism of pulp resin accumulation at solid surfaces. Studies in pitch troubles. Sven. Papperstidn. 63 (1960) 17, 556−564

1.64   Allen, L. H.: Mechanisms and control of pitch deposition in newsprint mills. TAPPI 63 (1980) 2, 81−87

1.65   Ogait, A.: Eine Schnellmethode zur Bestimmung des schädlichen Harzes in Nadelholzzellstoffen. Das Papier 15 (1961) 1, 10−16

1.66   Kress, O.; Nethercut, Ph. E.: Evaluation and reduction of pitch trouble in sulphite pulp and pulping. Tech. Assoc. Pap., Ser. 29 (1946) 297−300

1.67   Edge, S. R. H.: The laboratory investigation of pitch problems. Proc. Techn. Sect. PMA 15, Part 2 (1935) 283

1.68   Farrington, J. F.: A relative measurement of depositable pitch. TAPPI 39 (1956) 1, 136A−137A

1.69   Gustafsson, Ch.; Tammela, V.; Kahila, S.: On pitch troubles caused by sulphite pulp. Pap. Puu 34 (1952) 4a, 121−126, 128

1.70   Mehnert, E.: Die spektrophotometrische Bestimmung des „schädlichen Harzes" (Teil I). Zellst. Pap. 12 (1963) 7, 194−196

1.71   Larkin, J.: Pitch measurement and control. TAPPI 44 (1961) 6, 145A

1.72   Laamanen, L.: Some aspects of the use of thin layer chromatography (TLC) in the analysis of wood pulp extractives. Pap. Puu 66 (1984) 9, 517−519

1.73   Cross, C. F.; Bevan, E. J.: Researches on cellulose III. London: Longman 1912

1.74   Jentgen, H.: Laboratoriumsbuch für Kunstseide und Ersatzfaserstoffindustrie. Berlin: 1922

1.75   Schwalbe, C. G.: Die Bestimmung der Alpha-Cellulose. Papierfabrikant 23 (1925) 44, 697−705

1.76   Schwalbe, C. G.: Die Bestimmung der α-Cellulose. Papierfabrikant 26 (1928) 13, 189−198

1.77   Merkblatt Zellcheming IV/29/A: Bestimmung der Alpha-Cellulose und des laugenunlöslichen Anteils von Zellstoffen

1.78   Merkblatt Zellcheming IV/39/67: Prüfung von Zellstoff. Beständigkeit von Zellstoff gegen Natronlauge (Alkaliresistenz)

1.79   Norm DIN 54 355: Prüfung von Zellstoff. Bestimmung der Beständigkeit von Zellstoff gegen Natronlauge (Alkaliresistenz)

1.80   Norm SCAN-C 34:80: Chemical Pulps. Alkali resistance

1.81   Norm TAPPI T 203 os-61: Alpha-, beta-, and gamma-cellulose in pulp

1.82   Norm TAPPI T 212 os-76: One per cent sodium hydroxide solubility of wood and pulp

1.83   Krause, Th.; Weber, H.: Die Hemicellulosen in der übermolekularen Struktur von Papierfasern. Das Papier 30 (1976) 10A, V10−V18

1.84   Charles, F. R.: A cellulose yield test overcoming the inadequacies of the alpha test. TAPPI 37 (1954) 4, 148−156

1.85   Samsel, E. P., Swinehart, R. W.: The rayon cellulose method applied to the steeping of pulp in 35, 50, and 73% caustic. TAPPI 39 (1956) 12, 889−896

1.86   Porrvik, G.: Bestimmung von Alpha-, Beta- und Gamma-Cellulose. Papierfabrikant 26 (1928) 6, 81−85; 26 (1928) 10, 131−157; 26 (1928) 12, 179−183

1.87   Améen, W.; Karlsson, B.: Studium av celluloşans alkalilöslighet och metoder för dess bestämning. Sven. Papperstidn. 43 (1940) 302−307, 314−316

1.88   Norm DIN 54 356: Prüfung von Zellstoff. Bestimmung der Alkalilöslichkeit von Zellstoff

1.89   Merkblatt Zellcheming IV/44/67: Prüfung von Zellstoff. Alkalilöslichkeit

1.90   Norm SCAN-C2:61: Alkali solubility of pulp

1.91   Norm TAPPI T 235 os-76: Alkali solubility of pulp at 25 °C

1.92   Norm ISO 692: Pulps − Determination of alkali solubility

1.93   Merkblatt Zellcheming IV/9/67: Prüfung von Zellstoff. „Holzgummizahl" von Zellstoff

1.94   Ohlsson, K.-E.: The alkali solubility of pulps. I. Method. Sven. Papperstidn. 55 (1952) 10, 347−357

1.95   Simmons, J. R.: The chemical nature of the alpha, beta and gamma fractions of bleached coniferous chemical woodpulps. Pap. Maker London 124 (1952) 6, 497−498, 500, 502, 506

1.96   Rånby, B. G.: The physical characteristics of alpha-, beta- and gamma-cellulose. Sven. Papperstidn. 55 (1952) 4, 115−124

1.97   Wilson, K.; Ringström, E.; Hedlund, I.: The alkali solubility of pulp. Sven. Papperstidn. 55 (1952) 2, 31−37

1.98   Iwanow, I.; Hahn, R.: Zur Bestimmung der Alkalilöslichkeit von Zellstoffen. Zellst. Pap. 4 (1955) 5, 131−137; 6 (1955) 164−174; 11 (1955) 324−337; 7 (1958) 1, 3−5

1.99   Sadler, H.; Trantina, O.: Alkalilöslichkeit und papiertechnische Eigenschaften von Sulfit-zellstoffen. Das Papier 10 (1956) 19/20, 459−467

1.100   Norm TAPPI T 201 su-70: Cellulose in pulp (Cross and Bevan method)

1.101   Jayme, G.: Über die Herstellung von Holocellulosen und Zellstoffen mittels Natriumchlorit. Cellul. Chem. 20 (1942) 2, 43−49

1.102   Wise, L. E.; Murphy, M.; D'Addieco, A. A.: Chlorite holocellulose, its fractionation and bearing on summative wood analysis and on studies on the hemicelluloses. Pap. Trade J. 122 (1946) 3, TAPPI Section 11−19

1.103   Erickson, H. D.: Some aspects of methods in determining cellulose in wood. TAPPI 45 (1962) 9, 710−719

1.104   Uprichard, J. M.: The alpha-cellulose content of wood by the chlorite procedure. Appita 19 (1965) 2, 36−39

1.105   Haas, H.; Schoch, W.; Ströle, U.: Herstellung von Skelettsubstanzen mit Peressigsäure. Das Papier 9 (1955) 19/20, 469−475

1.106   Stevens, W. P.; Marton, R.: Effect of peracetic acid on the properties of high yield pulps. TAPPI 49 (1966) 10, 452−456

1.107   Clermont, L. P.; Bender, F.: Effect of solutions of nitrogen dioxide, sulfur dioxide, hydrogen sulfide, and chlorine in dimethylformamide and dimethylsulfoxide on wood. Pulp Pap. Mag. Can. 62 (1961) Techn. Sect. T28−T34

1.108   Kürschner, K.; Popik, M. G.: Zur Analyse von Hölzern. Holzforschung 16 (1962) 1, 1−11

1.109   Seifert, K.: Über ein neues Verfahren zur Schnellbestimmung der Rein-Cellulose. Das Papier 10 (1965) 13/14, 301−306

1.110   Hamilton, J. K.; Quimby, G. R.: The extractive power of lithium, sodium, and potassium hydroxide solutions for the hemicelluloses associated with cellulose and holocellulose from Western Hemlock. TAPPI 40 (1957) 9, 781−786

1.111   Fengel, D.: Versuche zur alkalischen Extraktion von Polyosen aus Fichten-Holocellulose. Das Papier 34 (1980) 10, 428−433

1.112   Krause, Th.; Weber, H.: Die Hemicellulosen in der übermolekularen Struktur von Papierfasern. Das Papier 30 (1976) 10A, V10−V18

1.113   Stone, W. E.; Tollens, B.: Über Bildung von Furfurol und Nichtbildung von Lävulinsäure aus Arabinose − Furfurolbildung ist eine Reaktion auf Arabinose (Holzzucker und ähnliches). Bildung von Arabinose und Holzzucker aus Biertrebern. Justus Liebigs Annalen der Chemie. Bd. 249 (1888) 227−245

1.114   Norm SCAN-C4:61: Pentosans in pulp

1.115   Norm TAPPI T 223 os-78: Pentosans in wood and pulp

1.116   Jayme, G.; Sarten, P.: Über die quantitative Bestimmung von Pentosanen und Pentosen mittels Bromwasserstoffsäure. 1. Mitteilung: Ausführung der Bestimmung. Biochem. Z. 308 (1941) 109. 2. Mitteilung: Fehlerquellen bei der Bestimmung und Bildung des Furfurols. Biochem. Z 310 (1941) 1. 3. Mitteilung: Bestimmung von Methyl- und Oxymethylfurfurol. Biochem. Z. 312 (1942) 78

1.117   Norm DIN 54 361: Prüfung von Zellstoff. Bestimmung des Pentosangehaltes. Furfurol-Verfahren

1.118   Norm ISO/DIS 3259: Pulps − Determination of pentosans content − Furfural method

1.119   Merkblatt Zellcheming IV/35/71: Prüfung von Zellstoff. Pentosangehalt (Furfurol-Methode)

1.120   Wilson, W.K.; Mandel, J.: Determination of Pentosans. Interlaboratory comparison of the aniline acetate, orcinol, and bromination methods. ACS-ASTM-TAPPI-ICCA-Pentosans task group. TAPPI 43 (1960) 12, 993–1004

1.121   Bethge, P.O.: Determination of pentosans. Part I. UV-spectrophotometrie method for determination of furfural and 5-hydroxy-methylfurfural in distillates after Tollen's distillation. Sven. Papperstidn. 59 (1956) 10, 372–376
Bethge, P.O.; Persson, R.-M.: Part 2: The use of barbituric acid for determination of furfural. Sven. Papperstidn. 59 (1956) 15, 535–539
Bethge, P.O.: Part 3. Bromatometric determination of furfural. Sven. Papperstidn. 61 (1958) 9, 267–271
Part 4. Bromatometric method for the determination of furfural and of 5-hydroxymethylfurfural in Tollen's distillates. Sven. Papperstidn. 61 (1958) 18, 565–567
Bethge, P.O.; Eggers, J.H.: Part 5. Colorimetric determination of furfural in the presence of 5-hydroxymethylfurfural. Sven. Papperstidn. 63 (1960) 21, 745–748
Bethge, P.O.: Part 6. Differential UV-spectrophotometric method for the determination of furfural and 5-hydroxymethylfurfural in Tollen's distillates. Sven. Papperstidn. 63 (1960) 22, 813–816

1.122   Bethge, P.O.: Determination of pentosans. Part 7. A new apparatus for Tollen's distillations. Sven. Papperstidn. 67 (1964) 9, 392–394
Part 8. Comparison of distillation procedures. Sven. Papperstidn. 67 (1964) 21, 873–877

1.123   Jayme, G.; Büttel, H.: Vergleich verschiedener Verfahren zur Pentosanbestimmung einschließlich einer neuen ISO-Methode. Das Papier 22 (1968) 5, 249–253

1.124   Saeman, J.F.; Moore, W.E.; Mitchell, R.L.; Millett, M.A.: Techniques for the determination of pulp constituents by quantitative paper chromatography. TAPPI 37 (1954) 8, 336–343

1.125   Norm TAPPI T 250 pm-75: Chromatographic analysis of purified pulp

1.126   Norm TAPPI T 249 pm-75: Carbohydrate composition of extractive-free wood and wood pulp by gas-liquid chromatography

1.127   Fengel, D.; Wegener, G.; Heizmann, A.; Przyklenk, M.: Trifluoressigsäure zur schnellen und schonenden Hydrolyse von Cellulose und anderen Polysacchariden. Holzforschung 31 (1977) 3, 65–71

1.128   Fengel, D.; Wegener, G.; Heizmann, A.; Przyklenk, M.: Analyse von Holz und Zellstoff durch Totalhydrolyse mit Trifluoressigsäure. Cellul. Chem. Technol. 12 (1978) 1, 31–37

1.129   Browning, B.L.: Method of wood chemistry. Vol. II. New York: Interscience Publishers (1967)

1.130   Wolfrom, M.L.; de Lederkremer, R.M.; Schwab, G.: Quantitative thin-layer chromatography of sugars on microcrystalline cellulose. J. Chromatogr. 22 (1966) 474–476

1.131   Poller, S.; Unger, A.: Qualitative Dünnschichtchromatographie wichtiger Monosaccharide: Faserforsch. Textiltechn. 24 (1973) 12, 513–520

1.132   Unger, A; Poller, S.: Quantitative Auswertung von Dünnschichtchromatogrammen wichtiger Monosaccharide. Faserforsch. Textiltechn. 25 (1974) 6, 268–270

1.133   Kringstad, K.: Direct densitometry of thin-layer chromatograms of some carbohydrates. Norsk Skogind. 6 (1967) 6, 210–219

1.134   Bethge, P.O.; Holmström, C.; Juhlin, S.: Quantitative gas chromatography of mixtures of simple sugars. Sven. Papperstidn. 69 (1966) 3, 60–63

1.135   Laver, M.L.; Root, D.F.; Shafizadeh, F.; Lowe, J.C.: An improved method for the analysis of the carbohydrates of wood pulps through refined conditions of hydrolysis, neutralization, and monosaccharide separation. TAPPI 50 (1967) 12, 618–622

1.136   Petersson, G.: Gas chromatography – Mass spectromety of sugars and related hydroxy acids as trimethylsilyl derivatives. Sven. Papperstidn. 78 (1975) 1, 27–31

1.137   Esterbauer, H.; Hayn, M.; Tuisel, H.: GC- und HPLC-Trennung von Kohlenhydraten in cellulosehaltigen Rohstoffen. Das Papier 36 (1982) 12, 589–595

1.138   Borchardt, L.G.; Piper, C.V.: A gas chromatographic method for carbohydrates as alditol acetates. TAPPI 2, 257–260

1.139   Sjöström, E.: Gas chromatographic determination of carbohydrates in wood and pulp. Cellul. Chem. Technol. 5 (1971) 139–145

1.140 Janson, J.: Analytik der Polysaccharide in Holz und Zellstoff. Faserforsch. Textiltechn. 25 (1974) 9, 375–382

1.141 Borchardt, L. G.; Easty, D. B.: Improvements in the gas chromatographic method for carbohydrates as alditol acetates. TAPPI 65 (1982) 4, 127–128

1.142 McDonald, K. L.; Garby, A. C.: Gas chromatography for carbohydrates. TAPPI 66 (1983) 2, 100

1.143 Vidal, T.; Pastor, J. F. C.: Determination of carbohydrates as alditol acetates by gas chromatography. TAPPI 67 (1984) 9, 132

1.144 Arwidi, B.; Samuelson, O.: Automated chromatographic determination of the carbohydrate composition in wood and wood pulp. Sven. Papperstidn. 68 (1965) 9, 330–333

1.145 Goel, K.; Ayroud, A. M.: Use of the autoanalyzer for determining the sugar content of wood and pulp. Pulp. Pap. Mag. Can. 73 (1972) 6, Techn. Paper T146–T149

1.146 Sinner, M.; Simatupang, M. H.; Dietrichs, H. H.: Automated quantitative analysis of wood carbohydrates by borate complex ion exchange chromatography. Wood Sci. Technol. 9 (1975) 307

1.147 Simatupang, M. H.; Hoffmann, P.; Augustin, H.: Einfluß der Versuchsbedingungen bei der ionenaustauschchromatographischen Bestimmung neutraler Zucker in Holz- und Zellstoffhydrolysaten. Holz Roh. Werkst. 34 (1976) 289–293

1.148 Paice, M. G.; Jurasek, L.; Desrochers, M.: Simplified analysis of wood sugars. TAPPI 65 (1982) 7, 103–106

1.149 Schwalbe, C. G.: Zur Bestimmung des Bleichgrades. Z. angew. Chem. 23 (1910) 924

1.150 Braidy, H.: Influence of the various operations of chlorination on the copper index of cotton. Rev. gén. mat. color 25 (1921) 35

1.151 Hägglund, E.: Studien über die Bestimmung der Kupferzahl. Cellul. Chem. 11 (1930) 1, 1–4

1.152 Merkblatt Zellcheming IV/8/70: Prüfung von Zellstoff. Bestimmung der Kupferzahl

1.153 Norm SCAN-C 22:66: Copper number of pulp

1.154 Norm TAPPI T 215 m-50: Copper number of pulp

1.155 Bethge, P. O.; Nevell, T. P.: The copper number of cellulose pulps. Sven. Papperstidn. 67 (1964) 2, 37–42

1.156 Lindberg, B.; Misiorny, A.: Quantitative analysis of reduceable carbohydrates by means of sodium borohydride. Sven. Papperstidn. 55 (1952) 1, 13–14

1.157 Lindberg, B.; Theander, O.: Quantitative determination of carbonyl groups in oxycellulose by means of sodium borohydride. Sven. Papperstidn. 57 (1954), 3, 83–85

1.158 Lidman-Safwat, S.; Theander, O.: Determination of carbonyl groups in modified celluloses – A comparison of the borohydride and copper number methods. Sven. Papperstidn. 61 (1958) 2, 42–46

1.159 Ellefsen, Ø.; Vardheim, S. V.: The relationship between copper number and sodium borohydride reduction of bleached sulphite pulps. Norsk Skogind. 13 (1959) 4, 111–116

1.160 Norstedt, I.; Samuelson, O.: Determination of carbonyl groups in bleached wood pulps. Sven. Papperstidn. 69 (1966) 13, 441–446

1.161 Albertsson, U.; Nordung, F.: Bestimmung von Carbonylgruppen in technischen Zellstoffen mit der Hydrazinmethode. Faserforsch. Textiltechn. 18 (1967) 9, 445–446

1.162 Rehder, W.; Philipp, B.; Lang, H.: Ein Beitrag zur Analytik der Carbonylgruppen in Oxycellulosen und technischen Zellstoffen. Das Papier 19 (1965) 9, 502–509

1.163 Merkblatt Zellcheming IV/54.2/81: Prüfung von Zellstoff, Papier und Pappe. Bestimmung des Stickstoffgehaltes. Teil 2. Fotometrische Verfahren

1.164 Ströle, U.: Bestimmung der Aldehydgruppen in oxydierter Cellulose. Das Papier 11 (1957) 19/20, 453–459

1.165 Wilson, W. K.; Padgett, A. A.: Reaction of sodium chlorite with some aldoses and modified cellulose. TAPPI 38 (1955) 5, 292–300

1.166 Ant-Wuorinen, O.; Visapää, A.: The base-binding capacity of cellulose as a measure of its carboxyl and lactone group content. Pap. Puu 43 (1961) 11, 699–710

1.167 Weber, O. H.: Carboxylbestimmung in Cellulosen nach der „Reversibel-Methylenblau-Methode". Das Papier 9 (1955) 1/2, 16–18

1.168   Rebek, M.; Beck, H.: Kolorimetrische Messung des Verbrauchs von Kristallviolettbase durch die aciden Gruppen der Cellulose. Das Papier 12 (1958) 9/10, 201–203

1.169   Rebek, M.; Kirnbauer, A.; Semlitsch, M. F. K.: Zur Carboxylgruppenbestimmung in Cellulosen. Das Papier 14 (1960) 10A, 510–517

1.170   Samuelson, O.; Törnell, B.: Determination of carboxyl groups in cellulose. Sven. Papperstidn. 64 (1961) 5, 155–159

1.171   Norstedt, I.; Samuelson, O.: Determination of carboxyl groups in bleached wood pulps. Sven. Papperstidn. 69 (1966) 12, 417–420

1.172   Sjöström, E.; Haglund, P.: Studies on factors affecting the determination of carboxyl groups in cellulose. Sven. Papperstidn. 64 (1961) 11, 438–446

1.173   Davidson, G. F.: The acidic properties of cotton cellulose and derived oxycelluloses. Part II. The absorption of methylene blue. J. Text. Inst. 39 (1948) T65

1.174   Sobue, H.; Okubo, M.: Determination of carboxyl group in cellulosic materials with the „Dynamic Ion-Exchange Method". TAPPI 39 (1956) 6, 415–417

1.175   Doering, H.: Carboxylgruppenbestimmungen in Zellstoffen mit Komplexon. Das Papier 10 (1956) 7/8, 140–141

1.176   Wilson, K.: Determination of carboxyl groups in cellulose. Sven. Papperstidn. 69 (1966) 11, 386–390

1.177   Jayme, G.; Neuschäffer, K.: Über die Bestimmung des Carboxylgruppengehaltes von Zellstoffen. Das Papier 9 (1955) 7/8, 143–152

1.178   Wilson, W. K.; Mandel, J.: Determination of carboxyl in cellulose. Comparison of various methods. TAPPI-ACS-ASTM-ICCA subcommittee on determination of carboxyl. TAPPI 44 (1961) 2, 131–137

1.179   Philipp, B.; Rehder, W.; Lang, H.: Zur Carboxylbestimmung in Chemiezellstoffen. Das Papier 19 (1965) 1, 1–9

1.180   Norm TAPPI T 237 su-63: Carboxyl content of cellulose

1.181   Vollmert, B.: Grundriß der Makromolekularen Chemie. Berlin Göttingen Heidelberg: Springer 1962

1.182   Gruber, E.; Gruber, R.; Viskosimetrische Bestimmung des Polymerisationsgrades von Cellulose. Das Papier 35 (1981) 4, 133–141

1.183   Merkblatt IV/30/62: Verein der Zellstoff- und Papier-Chemiker und -Ingenieure. Schnellbestimmung der Kupferviskosität von Zellstoffen (Betriebsmethode)

1.184   Traube, W.: Behavior of metallic hydroxides to alkylenediamine solutions. Ber. 44 (1911) 3319–3324

1.185   Straus, F. L.; Levy, R. M.: Cupri-ethylene diamine disperse viscosity of cellulose. Pap. Trade J. 114 (1942) 3, 31–34

1.186   Norm ISO 5351/1–1981: Cellulose in dilute solutions – Determination of limiting viscosity number. Part 1: Method in cupri ethylene-diamine (CED) solution

1.187   TAPPI Standard Method T 230 om-82. Viscosity of pulp (Capillary viscosimeter method)

1.188   Jayme, G.; Verburg, W.: Über ein neues alkalisches Lösungsmittel für Cellulose: das System Cellulose-Eisen (III)-hydroxyd-Weinsäure-Natriumhydroxyd. Reyon, Zellwolle u. a. Chemiefas. 32 (1954) 4, 193–199; 32 (1954) 5, 275–279

1.189   Jayme, G.; El-Kodsi, G.: Über ein neues Verfahren zur Herstellung praktisch sauerstoffunempfindlicher Cellulose-$EWNN_{mod}$-Lösungen für Viskositätsmessungen und damit erhaltene Ergebnisse. Das Papier 22 (1968) 3, 120–124

1.190   Jayme, G.; El-Kodsi, G.: Bericht über die Tätigkeit der Arbeitsgruppe für die Viskositätsbestimmung cellulosehaltiger Stoffe im Verein Zellcheming von 1964 bis 1969. Das Papier 24 (1970) 8, 501–509

1.191   Merkblatt IV/50/69: Verein der Zellstoff- und Papier-Chemiker und -Ingenieure. Prüfung von Cellulose. Bestimmung der Grenzviskositätszahl $[\eta]$ in Eisen-III-Weinsäure-Natriumkomplex, $EWNN_{mod(NaCl)}$

1.192   Norm ISO 5351/2-1981: Cellulose in dilute solutions-Determination of limiting viscosity number. Part 2: Method in iron (III) sodium tartrate complex ($EWNN_{mod\ NaCl}$) solution

1.193   TAPPI Useful Method 227. Cuprammonium viscosity of pulp

1.194   TAPPI Standard Method T 206 os-63. Cuprammonium disperse viscosity of pulp

1.195   Staudinger, H.: Über hochpolymere Verbindungen. Kolloid-Z. 51 (1930) 1, 71–89

1.196   Vollmert, B.: Grundriß der Makromolekularen Chemie. Berlin Göttingen Heidelberg: Springer 1962

1.197   Datenblatt D III/1/72: Verein der Zellstoff- und Papier-Chemiker und -Ingenieure. Umrechnung verschiedener Grenzviskositätszahlen in P_w-Werte

1.198   Hamann, K.: Die Chemie der Kunststoffe. Berlin: de Gruyter 1967

1.199   Sieber, R.: Die chemisch-technischen Untersuchungsmethoden der Zellstoff- und Papierindustrie. 2. Aufl. Berlin Göttingen Heidelberg: Springer 1951

1.200   Schulz, G. V.: Über die Kinetik der Kettenpolymerisation. V. Der Einfluß verschiedener Reaktionsarten auf die Polymolekularität. Z. phys. Chem. B43 (1939) 25−46

1.201   Broughton, G.: Methods for the determination of cellulose chainlength distribution. TAPPI 37 (1954) 2, 61−65

1.202   Marx-Figini, M.: Methodisches zur Ermittlung des Molekulargewichtes und der Molekulargewichtsverteilung an Cellulosenitraten. Das Papier 13 (1959) 23/24, 572−578

1.203   Philipp, B.; Linow, K.-J.: Über eine Routinemethode zur Kettenlängenfraktionierung von Zellulosenitraten aus Holzzellstoffen, Alkalicellulosen und Regeneratfasern. Zellst. Pap. 1 (1965) 11, 321−326

1.204   Arbeitsblatt A III/2/73: Verein der Zellstoff- und Papier-Chemiker und -Ingenieure. Bestimmung der Kettenlängenverteilung von Cellulose in EWNN

1.205   Schempp, W.: Molekulargewichtsverteilung cellulosischer Materialien. Mitteilungen der Fachausschüsse des Vereins der Zellstoff- und Papier-Chemiker und -Ingenieure 23 (1975) 1/2, 17−21

1.206   Glöckner, G.: Polymercharakterisierung durch Flüssigkeitschromatographie. Heidelberg: Hüthig 1982

1.207   Krässig, H.: Probleme der Ermittlung der Molekulargewichtsverteilung von Cellulose mittels Gelpermeationschromatographie (GPC). Das Papier 25 (1971) 12, 841−848

1.208   Marx-Figini, M.: Bestimmung der Molekulargewichtsverteilung von Cellulosenitrat mittels Gelpermeationschromatographie und Fällungsfraktionierung. Das Papier 36 (1982) 12, 577−582

1.209   Ashmawy, A. E.; Danhelka, J.; Kössler, J.: Determination of molecular weight distribution of cellulosic pulps by conversion into tricarbanilat, elution fractionation and GPC. Sven. Papperstidn. 77 (1974) 16, 603−608

1.210   Valtasaari, L.; Saarela, K.: Determination of chain length distribution of cellulose by gel permeation chromatography using the tricarbanilat derivative. Pap. Puu 57 (1975) 1, 5−10

1.211   Schroeder, L. R.; Haigh, F. C.: Cellulose and wood pulp polysaccharides. Gel permeation chromatographic analysis. TAPPI 62 (1979) 10, 103−105

1.212   Cael, J. J.: GPC and low angle laser light scattering for determinations of cellulose molecular weight distributions. In: International Dissolving Pulps Conference Wien: Österr. Vereinigung d. Zellstoff- u. Papier-Chemiker u. -Techniker; Tappi Dissolving Pulps Committee 1980

1.213   Körner, H.-U.; Gottschalk, D.; Puls, J.: Anwendbarkeit der Gel-Permeations-Chromatographie zur Bestimmung der Molekulargewichtsverteilung und des Polymerisationsgrades von Cellulosen. Das Papier 38 (1984) 6, 255−261

1.214   Valtasaari, L.: Model experiments on dextran and sephadex for gel chromatography of cellulose dissolved in FeTNa. Pap. Puu 49 (1967) 8, 517−524

1.215   Agg, G.; Yorke, R. W.: The determination of cellulose molecular weight distribution by gel permeation chromatography and its application in pulp and viscose production. In: International Dissolving Pulps Conference Wien: Österr. Vereinigung d. Zellstoff- u. Papier-Chemiker u. -Techniker: TAPPI Dissolving Pulps Committee 1980

1.216   Eriksson, K.-E.; Johanson, F.; Pettersson, B.: Molecular weight fractionation of cellulose by gel filtration chromatography. Sven. Papperstidn. 70 (1967) 19, 610−611

1.217   Almin, K. E.; Eriksson, K.-E.; Pettersson, B. A.: Determination of the molecular weight distribution of cellulose on calibrated gel columns. J. Appl. Polymer Sci. 16 (1972), 2583−2593

1.218   Bobleter, O.; Schwald, W.: Gelpermeationschromatographie zur Ermittlung der Molekulargewichtsverteilung von in Cadoxen gelösten, underivatisierten Cellulosen. Das Papier 39 (1985) 9, 437−441

1.219   Tripp, V. W.: Measurements of cristallinity. In: Bikales, M.; Segal, L. (Eds.): Cellulose and cellulose derivatives (Vol. 5) New York: Wiley-Interscience 1971

1.220   Wadsworth, L. C.; Cuculo, J. A.: Determination of accessibility and crystallinity of cellulose. In: Rowell, R. M.; Young, R. A. (Eds.): Modified Cellulosics. New York: Academic Press 1978

1.221   French, A. D.: Physical and theoretical methods for determining the supramolecular structure of cellulose. In: Nevell, T. P.; Zeronian, S. H. (Eds.): Cellulose chemistry and its applications. Chicester: Ellis Horwood 1985

1.222   Ahtee, M.; Hattula, T.; Mangs, J.; Paakkari, T.: An x-ray diffraction method for determination of crystallinity in wood pulp. Pap. Puu 65 (1983) 8, 475–480

1.223   Blackwell, J.: Infrared and raman spectroscopy of cellulose. In: Jett, C. A. (Ed.): Cellulose Chemistry and Technology. Washington: American Chemical Society 1977

1.224   Philipp, B.; Kunze, J.; Nehls, I.: Einige Anwendungsmöglichkeiten der NMR-Spektroskopie in der Celluloseforschung. Das Papier 36 (1982) 12, 571–577

1.225   Atalla, R. H.; Ranua, J.; Malcolm, E. W.: Raman spectroscopic studies of the structure of cellulose: A comparison of kraft and sulfite pulps. TAPPI 67 (1984) 2, 96–99

1.226   Carles, J. E.; Scallan, A. M.: The determination of the amount of bound water within cellulosic gels by NMR spectroscopy. J. Appl. Polym. Sci. 17 (1973) 1855–1865

1.227   Child, T. F.; Jones, D. W.: Broad-line NMR measurement of water accessibility in cotton and woodpulp celluloses. Cellul. Chem. Technol. 7 (1973) 5, 525–534

1.228   Platt, W. N.; Atalla, R. H.: Effects of refining on the molecular structure – An NMR study of cellulose and water. In: Intern. Paper Physics Conf. Atlanta: TAPPI Press 1983

1.229   Schneider, R.; Töppel, O.: Anwendungen der Thermoanalyse in der Zellstoff- und Papierindustrie. Das Papier 25 (1971) 12, 849–860

1.230   Hatakeyama, H.; Nakamura, K.; Hatakeyama, T.: Thermal properties of water adsorbed on lignocellulosic compounds. In: Intern. Paper Physics Conference 1979. Montreal: CPPA/Technical Sect. 1979

1.231   Hatakeyama, T.; Hatakeyama, H.: Differential scanning calorimetric studies on cellulose and lignin. In: The Ekman-Days 1981. (Vol. 5) Stockholm: 1981

1.232   Schultz, T. P.; McGinnis, G. D.; Bertran, M. S.: Estimation of cellulose crystallinity using fourier transform-infrared spectroscopy and dynamic thermogravimetry. J. Wood Chem. Technol. 5 (1985) 4, 543–557

1.233   Jayme, G.; Rothamel, L.: Versuche zwecks Schaffung einer Einheitsschleudermethode für die Bestimmung des Quellwertes von Zellstoffen. Das Papier 2 (1948) 1/2, 7–18

1.234   Höpner, Th.; Jayme, G.; Ulrich, J. C.: Bestimmung des Wasserrückhaltevermögens (Quellwertes) von Zellstoffen. Das Papier 9 (1955) 19/20, 476–482

1.235   Merkblatt IV/33/57: Verein der Zellstoff- und Papier-Chemiker und -Ingenieure. Fachausschuß Faserstoffanalysen. Bestimmung des Wasserrückhaltevermögens (Quellwertes) von Zellstoffen

1.236   Jayme, G.; Ghoneim, A.-F.; Krüger, H.: Verbesserte Messung des Wasserrückhaltevermögens hochgemahlener Zellstoffe. Das Papier 12 (1958) 5/6, 90–92

1.237   Jayme, G.; Büttel, H.: Über die Bestimmung und Bedeutung des Wasserrückhaltevermögens (WRV-Wert) verschiedener gebleichter und ungebleichter Zellstoffe. II. Beziehung zwischen dem WRV-Wert und anderen Zellstoffeigenschaften. Wochenbl. Papierfabr. 96 (1968) 6, 180–187

1.238   Jayme, G.; Roffael, E.: Über ein neues Verfahren zur Bestimmung der Mercerisierbarkeit von Cellulosen auf der Basis von WRV-Messungen. Das Papier 24 (1970) 4, 181–186

1.239   Jayme, G.; Roffael, E.: Über eine neue Methode zur Charakterisierung der Feinstruktur der Cellulose mit Hilfe von WRV-Kurven. Das Papier 24 (1970) 10, 614–618

1.240   Jayme, G.: Bestimmung und Bedeutung der Kristallinität der Cellulose. Cellul. Chem. Technol. 9 (1975), 477–492

1.241   Käufer, M.: Beziehungen zwischen Alkalisiergeschwindigkeit und Ordnungszustand von Zellstoffen. Das Papier 38 (1984) 12, 583–589

1.242   Abson, D.; Gilbert, R. D.: Observations on water retention values. TAPPI 63 (1980) 9, 146–147

1.243   TAPPI, Useful Test Method UM 256, 1981. Water retention value (WRV)

1.244 Blechschmidt, J.; Vogel, J.: Zur Bestimmung des Wasserrückhaltevermögens von Faser-
       stoffen. Zellst. Pap. 30 (1981) 1, 24–27

1.245 Blechschmidt, J.; Naujock, H.-J.; Vogel, J.: Zur Charakterisierung von Papierfaserstoffen
       durch den WRV-Wert. Zellst. Pap. 31 (1982) 2, 63–66

1.246 Aggebrandt, L. G.; Samuelson, O.: Penetration of water-soluble polymers into cellulose fi-
       bers. J. Appl. Polym. Sci. 8 (1964) 2801

1.247 Stone, J. E.; Scallan, A. M.: A structural model for the cell wall of water swollen wood
       pulp fibers based on their accessibility to macromolecules. Cellul. Chem. Technol. 2 (1968)
       3, 343–358

1.248 Stone, J. E.; Scallan, A. M.: The effect of component removal upon the porous structure
       of the cell wall of wood. TAPPI 50 (1967) 10, 496–501

1.249 Stone, J. E.; Scallan, A. M.; Abrahamson, B.: Influence of beating on cell wall swelling and
       internal fibrillation. Sven. Papperstidn. 71 (1968) 19, 687–694

1.250 Böttger, J.; Le Thi, P. C.; Krause, Th.: Untersuchungen zur Porenstruktur von Zellstoff-
       fasern. Das Papier 37 (1983) 10A, V14–V21

1.251 Krause, Th.; Le Thi, P. C.: Faserstruktur, Wasserbindung, Trocknung. Das Papier 39 (1985)
       10A, V24–V31

1.252 Le Thi, P. C.: Untersuchungen zur Bestimmung des Porenvolumens und der Porengrößen-
       verteilung in Zellstoffasern. Dissertation. TH Darmstadt, 1986

1.253 Brunauer, S.; Emmett, P. H.; Teller, E. J.: The adsorption of gases in multimolecular layers.
       J. Am. Chem. Soc. 60 (1938) 309

1.254 Haselton, W. R.: Gas adsorption by wood, pulp, and paper. I. The low-temperature ad-
       sorption of nitrogen, butane, and carbon dioxide by sprucewood and its components.
       TAPPI 37 (1954) 9, 404–412

1.255 Merchant, M. V.: A study of water-swollen cellulose fibers which have been liquid-ex-
       changed and dried from hydrocarbons. TAPPI 40 (1957) 9, 771–781

1.256 Stone, J. E.; Nickerson, L. F.: A dynamic nitrogen adsorption method for surface area
       measurements of paper. Pulp. Pap. Can. 64 (1963) 3, T155–T161

1.257 Stone, J. E.; Scallan, A. M.: A study of cell wall structure by nitrogen adsorption. Pulp.
       Pap. Can. 66 (1965) 8, T407–T414

1.258 Stamm, A. J.: Adsorption in swelling versus nonswelling systems. I. Contact area. TAPPI
       40 (1957) 9, 761–765

1.259 Hernádi, A.: Accessibility and specific surface of cellulose measured by water vapour
       sorption. Cellul. Chem. Technol. 19 (1984) 2, 115–124

1.260 Schwertassek, K.: Beschreibung der Methode zur Bestimmung der Jodsorption, der redu-
       zierten Jodsorption und der Normalmercerisation. Faserforsch. Textiltechn. 3 (1952) 3,
       87–95

1.261 Lewin, M.; Guttman, H.; Saar, N.: New aspects of the accessibility of cellulose. Appl.
       Polym. Symp. (1976) 28, 791–808

1.262 Dechant, J.: Eine Methode zur Bestimmung der Zugänglichkeit von Cellulose durch Deu-
       teriumaustausch. Faserforsch. Textiltechn. 18 (1967) 6, 263–265

1.263 Stamm, A. J.: Wood and cellulose science. Chap. 11: Internal surface and accessibility.
       New York: Ronald Press 1964, 186–200

Kapitel 2

2.1   Toepsch, O.: Bindemittelbestimmung an gestrichenen Papieren. Wochenbl. Papierfabr. 98
      (1970) 788–790

2.2   Proksch, A.: Bestimmung von chemischen Hilfs- und Veredelungsmitteln durch Schnellme-
      thoden. Allg. Pap. Rundsch. 35 (1969) 1207–1208

2.3   Jäschke, L.: Qualitative chemische Nachweismethoden für Kunststoffe bei Papierbeschich-
      tungen. Vortrag gehalten bei Fachausschuß Zellcheming „Veredelte Verpackungspapiere"
      (1968), unveröffentlicht

2.4   Boasl, W.H.; Trossel St. W.: Adhaesion 7 (1963) 355–362

2.5   Norm DIN 53112, Teil 2: Prüfung von Papier und Pappe, Zugversuch an gewässerten Proben. Berlin: Beuth

2.6   Broniatowski, A.: Analyse organischer Zusätze, Streichmassen und Oberflächenbehandlungsprodukte im Papier. Sven. Papperstidn. 69 (1966) 100–106

2.7   Korn, R.; Burgstaller, F.: Papier- und Zellstoffprüfung. In: Siebel, E. (Hrsg.): Handbuch der Werkstoffprüfung, Bd. 4. Berlin, Göttingen, Heidelberg: Springer 1953

2.8   Browning, B.L.: Analysis of Paper. New York: Marcel Dekker 1969

2.9   El-Kodsi, G.; Schurz, J.: Chemische Charakterisierung von Hochpolymeren. Papier 28 (1974) 101

2.10   Brabetz, H.; Vetter, I.: 3.5.4 Polyvinylalkohol (qualitativer Nachweis). In: Methoden zur Untersuchung von Papieren, Kartons und Pappen für Lebensmittelverpackungen. Göttingen: Erich Goltze 1978

2.11   Norm TAPPI T 417 os-68: Proteinaceous nitrogenous materials in paper. Atlanta (USA)

2.12   Norm TAPPI T 505: Qualitative identification of glue in paper. Atlanta (USA)

2.13   Untersuchung von Bedarfsgegenständen aus Silicon, 43. Mitteilung zur Untersuchung von Kunststoffen BGesundhBl. 22 (1979) 339

2.14   Hummel-Scholl: Atlas der Polymer-Kunststoffanalyse, Bd. 1–3, 2. Aufl. Weinheim: Verlag Chemie 1968

2.15   Unveröffentlichte Mitteilung des Herstellers

2.16   Jayme, G.; Traser, G.: Infrarotspektroskopische Untersuchung an gestrichenen Papieren mit Hilfe der ATR- und FMIR-Technik. Papier 23 (1969) 694–700

2.17   Seiler, N.; Wiechmann, M.: Quantitative Bestimmung von Aminen und von Aminosäuren als 1-Dimethylamino-naphthalin-5-sulfonsäure-amide auf Dünnschichtchromatogrammen. Fresenius Z. Anal. Chem. 220 (1965) 109–127

2.18   Wieczorek, H.: Untersuchung von Bedarfsgegenständen aus Hochpolymeren. Berlin: (MvP-Bericht 1/1982) D. Reimer

2.19   Schulten, H.R.; Plage, B.; Gundermann, H.: Identification von Polymeren in Verpackungsmaterialien durch Pyrolyse-Massenspektrometrie. Neue Verpack. 11 (1988) 114–121

2.20   Norm DIN 53622, Teil 1: Dünnschichtchromatographische Analyse. Begriffe und allgemeine Grundlagen. Berlin: Beuth

2.21   Bayer Farben Revue 4/2: Färben von Papier (1984)

2.22   Verband Deutscher Papierfabriken (Hrsg.): Untersuchung von Papieren, Kartons und Pappen für Lebensmittelverpackungen. Göttingen: Erich Goltze 1979

2.23   Norm TAPPI 408 am-82: Rosin in paper and paperboard. Atlanta (USA)

2.24   Marton, J.; Marton, T.; Bever, T.N.: Accuracy of TAPPI T-408om-83: Rosin size Determination method. Atlanta (USA)

2.25   Kamutzki, W.; Krause, Th.: 3.4.1 Dialkyldiketene. In: Methoden zur Untersuchung von Papieren, Kartons und Pappen für Lebensmittelverpackungen. Göttingen: Erich Goltze 1979

2.26   Amtliche Sammlung von Untersuchungsverfahren nach § 35 LMBG, Methode 23.04 1 (EG): Bestimmung des Erukasäuregehaltes. Berlin: Beuth

2.27   Jäschke, L.; Petermann, E.; Vetter, I.: 3.4.1. Tierleim. In: Methoden zur Untersuchung von Papieren, Kartons und Pappen für Lebensmittelverpackungen. Göttingen: Erich Goltze 1979

2.28   Norm TAPPI 504 os-74: Glue in paper (Quantitative Determination). Atlanta (USA)

2.29   Norm DIN 54604, Teil 1: Bestimmung des Gehaltes an Stärke. Enzymatische Bestimmung von nativer Stärke. Berlin: Beuth

2.30   Petermann, E.; Vetter, I.: 3.4.1 Stärke. In: Methoden zur Untersuchung von Papieren, Kartons und Pappen für Lebensmittelverpackungen. Göttingen: Erich Goltze 1979

2.31   Keppler, D.; Decker, K.: Methoden der enzymatischen Analyse. Bergmeyer, H.U. (Hrsg.) Bd. 2. Weinheim: Verlag Chemie 1974

2.32   Norm TAPPI 419 om-85: Starch in paper. Atlanta (USA)

2.33   Norm DIN 52924, Teil 2: Prüfung von Papier und Pappe. Bestimmung von Paraffin. Berlin: Beuth

2.34   Norm DIN 52924, Teil 3: Prüfung von Papier und Pappe. Bestimmung von Wachs. Berlin: Beuth

2.35 Amtliche Sammlung von Untersuchungsverfahren nach § 35 LMBG, Methode L oo.oo 13: Nachweis von natürlichen Dickungsmitteln in Lebensmitteln. Berlin: Beuth

2.36 Friese, P.: Analytische Charakterisierung von Verdickungsmitteln auf Polysaccharidbasis. Fresenius Z. Anal. Chem. 301 (1980) 389

2.37 Friese, P.: Analytische Charakterisierung von Verdickungsmitteln auf Polysaccharidbasis. Fresenius Z. Anal. Chem. 305 (1981) 337

2.38 Ostromow, H.: Persönliche Mitteilungen. Analytisches Labor, Farbwerke Hoechst AG 1979

2.39 Petermann, E.; Vetter, I.: 3.3.2, 3.4.2 Aluminium. In: Methoden zur Untersuchung von Papieren, Kartons und Pappen für Lebensmittelverpackungen. Göttingen: Erich Goltze 1979

2.40 Kakác, B.; Vejdelek, Z. J.: Handbuch der photometrischen Analyse organischer Verbindungen. Weinheim: Verlag Chemie 1974

2.41 Norm DIN 54 382: Prüfung von Papier und Pappe. Bestimmung des Gehaltes an Ameisensäure, Chromotropsäure-Methode. Berlin: Beuth

2.42 Ibuchi, S.; Minoda, Y.; Yamad, K.: Hydrolyzing pathway, substrate specificity and inhibition of tannin acyl hydrolase. Agr. Biol. Chem. 36 (1972) 1553–1562

2.43 Reed, G.: Encymes in food processing. 2. Aufl. New York, London: Academic Press 1976

2.44 Dadic, M.; Van Gheluwe, J. E. A.; Weaver, R. L.: Thin layer densitometric determination of gallic acid and gallotannins in wine and cider. J. AOAC 63 (1980) 1

2.45 Petermann, E.; Vetter, I.: 3.2.2.3.1 Gesamt-Methanal. In: Methoden zur Untersuchung von Papieren, Kartons und Pappen für Lebensmittelverpackungen. Göttingen: Erich Goltze 1979

2.46 Wieczorek, H.: Persönliche Mitteilung. Bundesgesundheitsamt Berlin 1989

2.47 Hintze, G.: Dünnschicht-Chromatographie von Schieferölprodukten. Erdöl und Kohle, Erdgas Petrochem. 29 (1976) 467

2.48 Petrowitz, H.-J.: Chromatographie und chemische Konstitution. BAM-Berichte Nr. 7 (1971)

2.49 v. Raven, A.; Weigl, J.: Elektrolytinduzierte Produktionsstörungen und Maßnahmen zu ihrer Vermeidung. Vortragsband PTS-WAF-Symposium für Wasser- und Umwelttechnik, 19. – 21.4.1983

2.50 Dietz, F.: Gewässerbelastung durch EDTA. Korrespondenz Abwasser 32 (1985) 988–989

2.51 Dietz, F.: Zur Frage der Remobilisierung von Schwermetallen durch Nitrilotriessigsäure (NTA). Korrespondenz Abwasser 29 (1982) 692–693

2.52 Linckens, A. H. M.; Reichert, J. K.: Nitrilotriessigsäure als Phosphatersatzstoff. Vom Wasser 58 (1982) 27–33 (hier auch weitere Literaturhinweise). Weinheim: Verlag Chemie

2.53 Analysenmethoden der Arbeitsgruppe, Analytik des CEPAC-Ausschusses reglementation sanitaire des materiaux et objets en papiers et cartons pour contact alimentaire. In Vorbereitung CEN TC172WG3

2.54 Norm DIN 38409, Teil 26: Deutsche Einheitsverfahren zur Wasser-, Abwasser- und Schlammuntersuchung. Bestimmung des Bismut-Komplexierungs-Index. Berlin: Beuth

2.55 Norm DIN 38413, Teil 5: Deutsche Einheitsverfahren zur Wasser-, Abwasser- und Schlammuntersuchung. Bestimmung von Nitrilotriessigsäure mittels Polarographie. Berlin: Beuth

2.56 Dietz, F.: Persönliche Mitteilung. Ruhrverband. Essen 1989

2.57 Dietz, F.: Neue Meßergebnisse über die Belastung von Trinkwasser mit EDTA. gwf. – wasser/abwasser 128 (1987) 286–288

2.58 Norm DIN 38413, Teil 3: Deutsche Einheitsverfahren zur Wasser-, Abwasser- und Schlammuntersuchung. Gemeinsam erfaßbare Stoffe. Berlin: Beuth

2.59 Amtliche Sammlung von Untersuchungsverfahren nach § 35 LMBG, Methode K 84.00 7 (EG): Nachweis und quantitative Bestimmung des freien Formaldehyds. Berlin: Beuth

2.60 Norm DIN 54381, Teil 1: Prüfung von Papier und Pappe. Bestimmung von Methanal (Formaldehyd). Berlin: Beuth

2.61 Weigl, J.: Elektrokinetische Grenzflächenvorgänge. Weinheim: Verlag Chemie 1977

2.62 Arbeitgeberverbände der Schweizerischen und Deutschen Papierindustrie (Hrsg.): Papiermacherhandbuch. Heidelberg: Dr. Curt Haefner 1983

2.63 Verband der Textilhilfsmittel-, Lederhilfsmittel-, Gerbstoff- und Waschrohstoff-Industrie e.V. – TEGEWA (Hrsg.): Zur Nomenklatur der Textilhilfsmittel, Leder- und Pelzhilfsmittel. Papierhilfsmittel und Tenside. Frankfurt 1987

2.64 Altieri, A. M.; Wendell, J. W.: Deinking of Wastepaper. In: TAPPI Monograph Serie 31. Atlanta (USA)

2.65 Martin, W.: Einführung in die moderne Flüssigkeits-Chromatographie. Angewandte Chromatographie 39 (1982)

2.66 N. N.: Untersuchung von Bedarfsgegenständen aus weichmacherfreiem Polyvinylchlorid, weichmacherfreien Vinylchlorid-Mischpolymerisaten und -Polymerisatgemischen. 30. Mitteilung zur Untersuchung von Kunststoffen: BGesundhBl. 17 (1974) 276

2.67 N. N.: Fettalkohole; Rohstoffe, Verfahren und Verwendung. Henkel KG aA, Düsseldorf, Zentralressort Organische Produkte

2.68 Köhler, M.: Persönliche Mitteilung. Fa. Stockhausen, Krefeld 1989

2.69 Björkqvist, B.; Toivonen, H.: Separation and determination of alipathic alcohols by HPLC with UV detection. J. Chromatogr. 153 (1978) 265–270

2.70 Derra, R.; Hagenauer, U.: 3.4.5 Ligninsulfonsäure sowie deren Calcium-, Magnesium-, Natrium- und Ammoniumsalze. In: Methoden zur Untersuchung von Papieren, Kartons und Pappen für Lebensmittelverpackungen. Göttingen: Erich Goltze 1985

2.71 Eberle, S.; Schweer, H.: Bestimmung von Huminsäure und Ligninsulfonsäure im Wasser durch Flüssigextraktion. Vom Wasser 41 (1973) 27. Weinheim: Verlag Chemie

2.72 Fengel, D.; Wegener, G.; Feckl, J.: Beitrag zur Charakterisierung analytischer und technischer Lignine. Holzforschung 35 (1981) 111–118

2.73 Böttger, J.; Krause, Th.; Schurz, J.: Isolierung reiner Ligninsulfonate aus Sulfitablaugen. Papier 29 (1975) 305–308

2.74 Sontheimer, H.; Wagner, I.: Zur Bestimmung von Huminsäuren und Ligninsulfonsäuren aus den UV-Spektren. Z. Wasser- und Abwasser-Forschung 10, No. 3/4 (1977)

2.75 Götz, R.: Zur spektralphotometrischen Bestimmung von Ligninsulfonsäuren und Huminsäuren in Wässern. Fresenius. Z. Anal. Chem. 296 (1979) 406–407

2.76 Jayme, G.; Traser, G.: Anwendung der FMIR-Technik zur infrarotspektroskopischen Identifizierung von beschichteten Folien und Papieren. Angewandte Makromolekulare Chemie 315 (1972) 87–104

2.77 N. N.: Untersuchung von Bedarfsgegenständen aus Siliconen. 43. Mitteilung zur Untersuchung von Kunststoffen, BGesundhBl. 22 (1979) 339

2.78 Kästner, M.: 3.5.4 Polysiloxan (qualitativer Nachweis). In: Methoden zur Untersuchung von Papieren, Kartons und Pappen für Lebensmittelverpackungen. Göttingen: Erich Goltze 1979

2.79 Merck (Hrsg.): FT-IR Atlas. Darmstadt 1988

2.80 BASF (Hrsg.): BASF Feinchemikalien, Kollidon-Marken. Ludwigshafen 1985

2.81 Römpps Chemie Lexikon, Bd. 5, 8. Auflage (1987) 3325

2.82 Junge, Ch.; Wieczorek, H.: Quantitative Bestimmung von Polyvinylpyrrolidon in wäßrig-alkoholischem Medium. Dtsch. Lebensm. Rundsch. 68 (1972) 137

2.83 Mücke, L.: Persönliche Mitteilung. Farbwerke Hoechst AG 1989

2.84 Derra, R.: Persönliche Mitteilung. Aschaffenburg 1989

2.85 Gilbert, J.; Shepherd, M. J.; Wallwork, M. A.; Sharman, M.: A survey of trialkyl and triaryl phosphates in United Kingdom total died samples. Food addit. contam. 3 (1986) 2, 113–122

2.86 Berth, P.; Jeschke, P.: Tenside in Wasch- und Reinigungsmitteln. Tenside Deterg. 25 (1988) 78–85

2.87 Goßler, K.; Miess, R.: Verhalten von linearen Alkylbenzolsulfonaten aus Haushaltswaschmitteln bei der Abwasserbehandlung – Literaturstudie, Veröffentlichungen des Bereichs Materialprüfung – Materialprüfungsamt, Landesgewerbeanstalt Bayern, 5 (1987)

2.88 Wickbold, R.: Zur analytischen Bestimmung kleiner Mengen nichtionischer Tenside. Tenside Deterg. 10 (1973) 148–150

2.89 Wickbold, R.: Zur Bestimmung nichtionischer Tenside in Fluß- und Abwasser. Tenside Deterg. 9 (1972) 143–147

2.90 Wickbold, R.: Anreicherung und Abtrennung der Tenside aus Oberflächenwässern durch Transport in der Grenzfläche Gas/Wasser. Tenside 8 (1971) 140–142

2.91   Petermann, E.; Vetter, I.: 3.2.2.3.2 Nichtionogene Tenside. In: Methoden zur Untersuchung von Papieren, Kartons und Pappen für Lebensmittelverpackungen. Göttingen: Erich Goltze 1978

2.92   N. N.: Verordnung über die Abbaubarkeit anionischer und nichtionischer grenzflächenaktiver Stoffe in Wasch- und Reinigungsmitteln. Bundesgesetzblatt I vom 30. Januar 1977, 244

2.93   Norm ISO/DIS 7875: Water quality − Determination of anionic and non-ionic surfactants. Genf

2.94   Kunkel, E.: Neuere Entwicklung bei der Analyse geringer Mengen von Tensiden. Mikrochim. Acta II (1977) 227−240

2.95   Kunkel, E.: Beitrag zur Analytik carboxymethylierter Oxethylate. Tenside Deterg. 17 (1980) 10−12

2.96   Norm DIN 38409, Teil 23: Deutsche Einheitsverfahren zu Wasser-, Abwasser- und Schlammuntersuchungen. Bestimmung der methylenblauaktiven und der bismutaktiven Substanzen. Berlin: Beuth

2.97   N. N.: Monographie. Die Analytik der Tenside, 160-4 Bestimmung der kationaktiven Tenside mit Disulfinblau nach Kunkel. Hüls: Chemische Fabrik Hüls 1977

2.98   Kunkel, E.; Peitscher, G.; Espeter, K.: Neuere Entwicklung bei der Spuren- und Mikroanalyse von Tensiden. Tenside Deterg. 14 (1977) 199−202

2.99   Norm DIN 38409, Teil 20: Deutsche Einheitsverfahren zu Wasser-, Abwasser- und Schlammuntersuchungen. Tensid kationaktiv; Photometrische Bestimmung mit Bromphenolblau. Berlin: Beuth

2.100 Linhart, K.: Bestimmung von Emulgatoren auf mit Silicon beschichteten Gebrauchsgegenständen durch die Polarographie. Dtsch. Lebensm. Rundsch. 71 (1975) 417−422

2.101 Windaus, G.; Petermann, E.: Papierhilfsmittel und die Empfehlung zum Lebensmittelgesetz. Wochenbl. Papierfabr XXXVI. (1977) 283−286

2.102 Norm DIN 38409, Teil 18: Deutsche Einheitsverfahren zu Wasser-, Abwasser- und Schlammuntersuchung. Bestimmung von Kohlenwasserstoffen

2.103 N. N.: Bestimmung von Mineralölen und Treibstoffen in Oberflächengewässern. D. Gewässerkundl. Mitteilg. 13 (1969) 9−24

2.104 Geyer, D.; Martin, P.; Adisan, P.: Die Mineralölbestimmung in Abwässern in Anwesenheit von Lösemitteln. gwf-wasser/abwasser 119 (1978) 72−74

2.105 Goeben, H. G.; Brockmann, J.: Die Anwendung der Dünnschichtchromatographie in der Abwassertechnik am Beispiel der Bestimmung schwerflüchtiger Mineralöl-Kohlenwasserstoffe. Vom Wasser 48 (1977) 167−178. Weinheim: Verlag Chemie

2.106 Kunz, P.; Frietsch, G.: Mikrobizide Stoffe in biologischen Kläranlagen. Berlin, Heidelberg, New York, Tokyo: Springer 1986

2.107 Radt, W.: Die Anwendung neuer Schleimbekämpfungsmittel − ein Kompromiß zwischen den verschiedenen Forderungen des Umweltschutzes. Wochenbl. Papierfabr. 109 (1981) 405−406

2.108 Graf, E.; Raschle, P.: Bemerkungen zur Prüfung antimikrobieller Ausrüstungen. Separatdruck aus Textilveredlung 18 (1982) 57−63

2.109 Wenzel, D. J. H.: Zum Problem biologischer und nichtbiologischer Ablagerungen in Zellstoff- und Papierfabriken. Allg. Pap. Rundsch. 48 (1969) 1721−1733

2.110 Petermann, E.: Untersuchung der minimalen Hemmkonzentration an Schleimbekämpfungsmitteln. Verband Deutscher Papierfabriken e.V. (1981). Unveröffentlicht.

2.111 Henkels, W. D.; Schenker, A.; Schuetz, J. F.: Entlastung der Kreislaufwässer durch Einsatz fortschrittlich formulierter Schleimbekämpfungsmittel. Wochenbl. Papierfabr. 112 (1984) 869−870

2.112 Piluso, A.: Identifying and controlling paper mill microbiological corrosion problems. Pap. Trade J. (1972)

2.113 N. N.: Empfehlung XVI. Kunststoff-Dispersionen, 170. Mitteilung BGBl. 28 (1985) 305

2.114 Arbeitsgruppe „Mikrobiologie der Packstoffe" der Industrievereinigung für Lebensmitteltechnologie und Verpackung e.V. am Fraunhofer-Institut für Lebensmitteltechnologie und Verpackung: Der Einsatz von Klebstoffen zur Herstellung von Papiersäcken unter Berücksichtigung mikrobieller Auswirkungen. Verpack. Rundsch. 38 (1967), Techn.-wiss. Beilage 6−8

2.115 Ghosh, A.N.; Srivatsa, N.; Nirmala, S.T.R.: Development and application of fungistatic wrappers in food preservation. J. Food Sci. Technol. 14 (1977) 261–264

2.116 Bekanntmachung der Neufassung der Kosmetik-Verordnung vom 19.6.1985. Bundesgesetzblatt I, 1082–1121

2.117 Norm DIN 54 380: Prüfung von Papier und Pappe. Prüfung auf Zusätze von antimikrobiellen Bestandteilen. Berlin: Beuth

2.118 Petermann, E.; Cerny, G.: 4.2.3 Hemmhoftest auf konservierende Wirkung von Packstoffen. In: Methoden zur Untersuchung von Papieren, Kartons und Pappen für Lebensmittelverpackungen. Göttingen: Erich Goltze 1979

2.119 Henkels, W.D.; Schenker, A.: Vergleichende Gegenüberstellung der mikrobiologischen Methoden zur Systemüberwachung von Papierfabrikationswässern. Wochenbl. Papierfabr. 115 (1987) 3–7

2.120 Baumeister, M.; Hofmann, P.; Kästele, X.: Die Biolumineszenz-Messung von mikrobiell erzeugtem Adenosintriphosphat (ATP) zur Steuerung der Schleimbekämpfung. Wochenbl. Papierfabr. 108 (1980) 941–949

2.121 Prasad, D.Y.: Using catalase activity to measure microbiological activity in pulp and paper systems. TAPPI 72 (1989) 135–137

2.122 Bringmann, G.: Bestimmung der biologischen Schadwirkung wassergefährdender Stoffe aus der Hemmung der Glucose-Assimilation des Bakterium Pseudomonas fluorescens. Gesund.Ing. 94 (1973) 366–369

2.123 Matériaux au contact des aliments et dentrées destinés à l'alimentation humaine. Journal Officiel de la République Française, N° 1227 (1983) 126

2.124 Schwarz, G.: Zur Analyse antimikrobiell wirksamer Waschmittelzusätze. Fette, Seifen, Anstrichm. 71 (1969) 223

2.125 Franck, R.: Kunststoffe im Lebensmittelverkehr. Köln, Berlin, Bonn, München: Carl Heymanns 1987

2.126 Petermann, E.; Vetter, I.; Henniger, G.: 3.4.8 Ameisensäure. In: Methoden zur Untersuchung von Papieren, Kartons und Pappen für Lebensmittelverpackungen. Göttingen: Erich Goltze 1979

2.127 Fuller, S.J.; Denyer, S.P.; Hugo, W.B.; Pemberton, D.; Woodcock, P.M.; Buckley, A.J.: The mode of action of 1,2-benzoisothiazolin-3-on on Staphylococcus aureus. Appl. Microbiol. 1 (1985) 13–15

2.128 Derra, R.; Derra, R.; Hagenauer, U.: 4.3.2.6 1,2-Benzoisothiazolin-3-on. In: Methoden zur Untersuchung von Papieren, Kartons und Pappen für Lebensmittelverpackungen. Göttingen: Erich Goltze 1985

2.129 Petermann, E.: Untersuchung der minimalen Hemmkonzentration an Schleimbekämpfungsmitteln. Verband Deutscher Papierfabriken e.V. (1981). Unveröffentlicht. Anlage

2.130 Amtliche Sammlung von Untersuchungsverfahren nach § 35 LMBG, Methode, 00.00-9: Untersuchung von Lebensmitteln, Bestimmung von Konservierungsstoffen in fettarmen Lebensmitteln. Berlin: Beuth

2.131 Hagenauer-Hener, U.; Hener, U.; Dettmar, F.; Mosandl, A.: LiChrospher 60RP-select B in der HPLC-Analytik von Lebensmitteln. Kontakte (Darmstadt) 1 (1989) 24–29

2.132 Rother, H.-J.; Petermann, E.; Vetter, I.: 3.4.8 Benzylalkohol. In: Methoden zur Untersuchung von Papieren, Kartons und Pappen. Göttingen: Erich Goltze 1979

2.133 Gaschromatographische Bestimmung von o-Phenylphenol, Teil 7 9 F. Mitteilung zur Untersuchung von Kunststoffen, BGesundhBl. 15 (1972) 215

2.134 Derra, R.; Baron-Hamdou, M.; Otter, R.: 4.3.2.6 2-Brom-4′-hydroxyacetophenon. In: Methoden zur Untersuchung von Papieren Kartons und Pappen für Lebensmittelverpackungen. Göttingen: Erich Goltze 1979

2.135 Derra, R.; Derra, R.: 4.3.2.6 2-Brom-2-nitropropandiol (1,3). In: Methoden zur Untersuchung von Papieren, Kartons und Pappen für Lebensmittelverpackungen. Göttingen: Erich Goltze 1983

2.136 Derra, R.; Derra, R.: 4.3.2.6 β-Brom-β-nitrostyrol. In: Methoden zur Untersuchung von Papieren, Kartons und Pappen für Lebensmittelverpackungen. Göttingen: Erich Goltze 1985

2.137 Ostromow, H.: Persönliche Mitteilung. Farbwerke Hoechst AG 1978

2.138 Derra, R.; Baron-Hamdou, M.; Denkel, E.; Petermann, E.: 4.3.2.6 5-Chlor-2-methyl-4-iso-thiazolin-3-on und 2-Methyl-4-isothiazolin-3-on (photometrisches Verfahren). In: Methoden zur Untersuchung von Papieren, Kartons und Pappen. Göttingen: Erich Goltze 1980

2.139 Eckert, W. R.; Sagredos, A. N.; Wagner, H.; Beume, U.: 4.3.2.6 5-Chlor-2-methyl-4-isothia-zolin-3-on und 2-Methyl-4-isothiazolin-3-on (GC-Verfahren). In: Methoden zur Untersu-chung von Papieren, Kartons und Pappen für Lebensmittelverpackungen. Göttingen: Erich Goltze 1980

2.140 Hern, E. L.: 4.3.2.6 1,2-Dibrom-2,4-dicyanobutan. In: Methoden zur Untersuchung von Pa-pieren, Kartons und Pappen für Lebensmittelverpackungen. Göttingen: Erich Goltze 1988

2.141 Helbling, A. M.: 4.3.2.6 2,2-Dibrom-3-nitril-propionamid. In: Methoden zur Untersuchung von Papieren, Kartons und Pappen für Lebensmittelverpackungen. Göttingen: Erich Goltze 1982

2.142 Brunner, S.; Piringer, O.: 4.3.2.6 4,5-Dichlor-1,2-dithiol-3-on. In: Methoden zur Untersu-chung von Papieren, Kartons und Pappen für Lebensmittelverpackungen. Göttingen: Erich Goltze 1988

2.143 Arbeitsgruppe „Pestizide", 5. Mitteilung: Analytik von Dithiocarbamat-Rückständen. Le-bensmittelchem. gerichtl. Chem. 31 (1977) 25 – 27

2.144 Bestimmung von 3,5-Dimethyl-tetrahydro-1,3,5-thiadiazin-2-thion, 9 E. Mitteilung zur Un-tersuchung von Kunststoffen, Teil 6. BGesundhBl. 15 (1972) 135

2.145 Hamm, U.: Persönliche Mitteilung. IfP Darmstadt 1989

2.146 Fung, K.; Grosjean, D.: Determination of nanogram amounts of carbonyls as 2,4-Dinitrophenylhydrazones by high-performance liquid chromatography. Anal. Chem. 53 (1981) 168 – 171

2.147 Mladenovic, P.: 4.3.2.6 Glutardialdehyd. In: Methoden zur Untersuchung von Papieren, Kartons und Pappen für Lebensmittelverpackungen. Göttingen: Erich Goltze 1987

2.148 Derra, R.; Derra, R.: 4.3.2.6 Kalium-N-hydroxymethyl-N'-methyl-dithiocarbamat. In: Me-thoden zur Untersuchung von Papieren, Kartons und Pappen für Lebensmittelverpackun-gen. Göttingen: Erich Goltze 1986

2.149 Norm DIN 54600,Teil 8: Prüfung von Papier und Pappe. Prüfung auf antimikrobielle Zu-satzstoffe, Bestimmung des Gehaltes an Methylen-bis-thiocyanat. Berlin: Beuth

2.150 Derra, R.; Petermann, E.; Vetter I.: 4.3.2.6 Methylen-bis-thiocyanat. In: Methoden zur Un-tersuchung von Papieren, Kartons und Pappen für Lebensmittelverpackungen. Göttingen: Erich Goltze 1978

2.151 Derra, R.; Petermann, E.; Vetter, I.: 4.3.2.6 2-Oxo-2(4'-hydroxyphenyl)acethydroximsäu-rechlorid. In: Methoden zur Untersuchung von Papieren, Kartons und Pappen für Lebens-mittelverpackungen. Göttingen: Erich Goltze 1978

2.152 DIN 54 600: Prüfung von Papier und Pappe. Prüfung auf antimikrobielle Zusatzstoffe, Teil 11: Bestimmung des Gehaltes an 2-Oxo-2(4'-hydroxiphenyl)-acethydroximsäurechlorid. Ber-lin: Beuth

2.153 BUA-Stoffbericht 2: Pentachlorphenol. Weinheim: Verlag Chemie 1985

2.154 9. Mitteilung zur Untersuchung von Kunststoffen. BGesundhBl. 10 (1967) 101, 302, BGe-sundhBl. 11 (1968) 11, 25, 292, 293

2.155 Werner, W.; Barber, O.: 4.4.4 Pentachlorphenol. In: Methoden zur Untersuchung von Papie-ren, Kartons und Pappen für Lebensmittelverpackungen. Göttingen: Erich Goltze 1985

2.156 Bestimmung von Peroxidsauerstoff (aktivem Sauerstoff), 40. Mitteilung. BGesundhBl. 21 (1978) 35

2.157 Gallati, H.: Peroxidase aus Meerrettich. Kinetische Studien sowie Optimierung der Aktivi-tätsbestimmung mit den Substraten H_2O_2 und 2,2'-Azino-di-(3-ethylbenzthiazolinsulfon-säure-6) (ABTS), J. Clin. Chem. Clin. Biochem. 17 (1979) 1 – 7

2.158 Henniger, G.; Petermann, E.; Vetter, I.: 3.4.7 Wasserstoffperoxid. In: Methoden zur Unter-suchung von Papieren, Kartons und Pappen für Lebensmittelverpackungen. Göttingen: Erich Goltze 1979

2.159 Norm DIN 38 409, Teil 15: Deutsche Einheitsverfahgren zur Wasser-, Abwasser- und Schlammuntersuchung. Bestimmung von Wasserstoffperoxid (Hydrogenperoxid) und sei-nen Addukten. Berlin: Beuth

2.160 Amtliche Sammlung von Untersuchungsverfahren nach § 35 LMBG, Methode 52.01.01 – 15: Bestimmung der Essigsäure in Tomatenketchup und vergleichbaren Erzeugnissen (enzymatische Methode). Berlin: Beuth

2.161 Norm DIN 38409, Teil 16: Deutsche Einheitsverfahren zur Wasser-, Abwasser- und Schlammuntersuchung. Bestimmung des Phenol-Index. Berlin: Beuth

2.162 Koppe, P.; Dietz, F.; Traud, J.; Rübelt, Ch.: Nachweis und photometrische Bestimmung von 126 Phenolkörpern mit 4 gruppenspezifischen Reagenzien in Wasser. Fresenius Z. Anal. Chem. 285 (1977) 1 – 19

2.163 Rübelt, Ch. et al.: Phenole. In: DFG (Hrsg.): Schadstoffe in Wasser, Bd. II: Boppard: DFG 1982

2.164 Horbach, A.: 4.3.2.6 Phenyl-(2-chlor-2-cyan-vinyl)sulfon. In: Methoden zur Untersuchung von Papieren, Kartons und Pappen für Lebensmittelverpackungen. Göttingen: Erich Goltze 1985

2.165 Horbach, A.: 4.3.2.6 Phenylsulfonylacetonitril. In: Methoden zur Untersuchung von Papieren, Kartons und Pappen. Göttingen: Erich Goltze 1985

2.166 Kamutzki, W.; Krause, Th.: 4.3.2.6 Tetramethyl-thiuram-disulfid. In: Methoden zur Untersuchung von Papieren, Kartons und Pappen. Göttingen: Erich Goltze 1981

2.167 Schmitt, A.; Niebergall, H.: Hydrolyse von Tetramethylthiuramdisulfid in Lebensmitteln. Deutsche Lebensm. Rundsch. 84 (1988) 347 – 351

2.168 Otteneder, H.; Hezel, U.: Quantitative routine determination of thiabendazole by fluorimetric evaluation of thin-layer chromatograms. J. Chromatogr. 109 (1975) 181 – 187

2.169 Perkow, W.: Wirksubstanzen der Pflanzenschutz- und Schädlingsbekämpfungsmittel. Berlin, Hamburg: Paul Parey 1983

2.170 25. Mitteilung über die Untersuchung von Kunststoffen: Untersuchung von Zellglas. BGesundhBl. 15 (1972) 370

2.171 Stahl, E.: Dünnschichtchromatographie, 2. Aufl. Berlin, Heidelberg, New York: Springer 1967

2.172 Petermann, E.; Vetter, I.; Henniger, G.: 3.5.2 Glycerin. In: Methoden zur Untersuchung von Papieren, Kartons und Pappen für Lebensmittelverpackungen. Göttingen: Erich Goltze 1979

2.173 Franck, R. (Hrsg.): Untersuchung von Zellglas. In: Kunststoffe im Lebensmittelverkehr. Köln, Berlin, Bonn, München: Carl Heymanns 1989

2.174 Petermann, E.; Vetter, I.; Henniger, G.: 3.5.2 Harnstoff. In: Methoden zur Untersuchung von Papieren, Kartons und Pappen für Lebensmittelverpackungen. Göttingen: Erich Goltze 1979

2.175 Petermann, E.; Vetter, E.; Henniger, G.: 3.5.2 D-Sorbit. In: Methoden zur Untersuchung von Papier, Karton und Pappen. Göttingen: Erich Goltze 1979

2.176 N. N.: Verpackung in der Milchwirtschaft, 3. Mitteilung: Prüfmethoden. Verpack. Rundsch. 4 (1962)

2.177 Petermann, E.; Vetter, I.; Henniger, G.: 3.5.2 Saccharose, Glukose. In: Methoden zur Untersuchung von Papieren, Kartons und Pappen für Lebensmittelverpackungen. Göttingen: Erich Goltze 1979

2.178 Amtliche Sammlung von Untersuchungsverfahren nach § 35 LMBG, Methode 02.00/12: Bestimmung des Gehaltes an Saccharose und Glucose in Milchprodukten und Speiseeis; Enzymatisches Verfahren. Berlin: Beuth

2.179 Kretschmar, R.; Kretschmar, T.: Enzymatische Nitratbestimmung in kommunalem Abwasser. Vom Wasser 70 (1988) 15 – 24, Weinheim: Verlag Chemie

2.180 Deutsches Arzneibuch, Ausgabe 9, Govi Verlag GmbH 1986

2.181 Bürger, K.: Spurennachweis und quantitative Bestimmung von grenzflächenaktiven Polyäthylenoxidverbindungen und von Polyäthylenglykolen. Fresenius Z. Anal. Chem. 196 (1963) 251 – 259

2.182 N. N.: Polyglykole, Eigenschaften und Anwendungsgebiete. Hoechst AG: Frankfurt/a. M. 1981

2.183 Bürger, K.: Die dünnschichtchromatographische Kennzeichnung von Polyäthylenglykolen. Fresenius Z. Anal. Chem. 224 (1967) 421 – 425

308   Literatur

2.184 Shaffer, C.B.; Critchfield, F.H.: Solid Polyethylene Glycols (Carbowax Compounds). Anal. Chem. 19 (1947) 32–34
2.185 ASTM Official Method, D 2959 Annual Book of ASTM-Standards
2.186 34. Mitteilung zur Untersuchung von Kunststoffen. BGesundhBl. 18 (1975) 262
2.187 Troemel, G.: Naßfestmittel – Grundlagen und optimale Anwendungen. Wochenb. Papierfabr. 108 (1980) 944–947
2.188 Kakác, B.; Vejdelek, Z.J.: Handbuch der photometrischen Analyse organischer Verbindungen, Bd. 1. Weinheim: Verlag Chemie 1974
2.189 Derra, R.; Petermann, E.; Vetter, I.: 4.3.2.2 Glyoxal. In: Methoden zur Untersuchung von Papieren, Kartons und Pappen für Lebensmittelverpackungen. . Göttingen: Erich Goltze 1978
2.190 Frind, H.; Hensel, R.; Pommer, W.: 3.4.1 Melamin aus Melamin-Formaldehydharz. In: Methoden zur Untersuchung von Papieren, Kartons und Pappen für Lebensmittelverpackungen. Göttingen: Erich Goltze 1982
2.191 Frind, H.; Hensel, R.; Pommer, W.: Bestimmung von Melamin in naßfesten Papieren. Papier 36 (1982) 318
2.192 Hartford, C.G.; Corrado, J.A.: Determination of Dialdehyde Starch in Paper. TAPPI 50 (1967) 115A
2.193 Kay, D.J.; Hammerstrand, G.E.; Hofreiter, B.T.: Rapid Photometric Determination of Dialdehyde Starch in Paper. TAPPI 45 (1962) 943
2.194 Theidel, H.: Qualitative thin layer chromatography of fluorescent whitening agents. In: Coulston, F.; Korte, F. (Eds.): Environmental quality and safety. Suppl. Vol. IV, Stuttgart: Georg Thieme 1975
2.195 Anders, G.: Limits of accuracy obtainable in the direct determination by fluirimetry of fluorescent whitening agents on thin layer chromatograms. In: Coulston, F.; Korte, F. (Eds.): Environmental quality and safety. Suppl. Vol. IV, Stuttgart: Georg Thieme 1975
2.196 Theidel, H.: Direct determination of fluorescent whitening agents by absorption measurement in situ on thin layer chromatograms. In: Coulston, F.; Korte, F. (Eds.): Environmental quality and safety. Suppl. Vol. IV, Stuttgart: Georg Thieme 1975
2.197 Theidel, H.; Schmitz, G.: Zur chromatographischen Analyse optischer Aufheller. J. Chromatogr. 27 (1967) 413–422
2.198 Bloching, H.; Holtmann, W.; Otten, M.: Zur Analytik von Weißtönern in Waschmitteln. Seifen Öle Fette Wachse 105 (1979) 33 f

Kapitel 3

Allgemeine Literatur

3.01 Ammann, D.: Ion-Selective Microelectrodes. Principles, Design and Application, Berlin Heidelberg New York Tokyo: Springer 1986
3.02 Analytiker-Taschenbuch, Berlin Heidelberg New York Tokyo: Springer Band 1: Kienitz, H. et al. (Hrsg.) 1980, Band 2: Bock, R. et al. (Hrsg.) 1981, Band 3: Bock, R. et al. (Hrsg.) 1983, Band 4: Fresenius, W. et al. (Hrsg.) 1984 Band 5: Fresenius, W. et al. (Hrsg.) 1985, Band 6: Fresensius, W. et al. (Hrsg.) 1986
3.03 Analytikum, Methoden der analytischen Chemie und ihre theoretischen Grundlagen. 6. Aufl., Von einem Autorenkollektiv. Leipzig: Deutscher Verlag für Grundstoffindustrie 1984
3.04 Bock, R.: A Handbook of Decomposition Methods in Analytical Chemistry. London: International Textbook Comp. 1979

3.05   Bock, R.: Methoden der Analytischen Chemie – Eine Einführung. Band 1: Trennungsmethoden 1974, Band 2: Nachweis- und Bestimmungsmethoden, Teil 1, 1980, Teil 2: 1984. Weinheim: Verlag Chemie

3.06   Browning, B. L.: Analysis of Paper. Second Ed., New York Basel: Marcel Dekker 1977

3.07   Brümmer, O. (Hrsg.): Mikroanalyse mit Elektronen- und Ionensonden. 2. Aufl., Leipzig: VEB Deutscher Verlag f. Grundstoffindustrie 1980

3.08   Cammann, K.: Das Arbeiten mit ionenselektiven Elektroden. Eine Einführung. 2. Aufl., Berlin Heidelberg New York: Springer 1977

3.09   Cantle, J. E.: Atomic Absorption Spectrometry. Amsterdam New York: Elseviers 1982

3.010 Chromatographie unter besonderer Berücksichtigung der Papierchromatographie. Darmstadt: E. Merck

3.011 Dahmen, E. A. M. F.: Electroanalysis, Amsterdam New York: Elseviers 1986

3.012 Doerffel, K.: Statistik, K.: Statistik in der analytischen Chemie, Weinheim: Verlag Chemie 1984

3.013 Engelhardt, H.: Hochdruckflüssigkeits-Chromatographie. 2. Aufl., Heidelberg Berlin New York: Springer 1977

3.014 Feigl, F.; Anger, V.: Spot Tests in Inorganic Analysis, Amsterdam New York: Elseviers 1972

3.015 Fengel, D.; Wegener, G.: Wood Chemistry, Ultrastructure, Reactions. Berlin New York: de Gruyter-Verlag 1984

3.016 Franke, W. et al.: Größen und Einheiten für die Papier- und Zellstoffindustrie auf der Grundlage des Internationalen Einheitensystems (SI). In: Schriften des Vereins der Zellstoff- und Papier-Chemiker und -Ingenieure. Band 33. Darmstadt: Zellcheming 1978

3.017 Fries, J.: Spurenanalyse. Erprobte photometrische Methoden. Darmstadt: E. Merck 1971

3.018 Fries, J.; Getrost H.: Organische Reagenzien für die Spurenanalyse. Darmstadt: E. Merck 1975

3.019 Fritz, J. S.: Gjerde, D. T.; Pohlandt, C.: Ion Chromatography. Heidelberg Basel New York: Hüthig Verlag 1982

3.020 Geißler, M.: Polarographische Analyse. Weinheim: Verlag Chemie 1981

3.021 Henze, G.; Neeb, R.: Elektrochemische Analytik, Berlin Heidelberg New York Tokyo: Springer 1986

3.022 Heske, F. (Hrsg.): Sicherheit in chemischen und verwandten Laboratorien. Weinheim: Verlag Chemie 1983

3.023 Heyrovský, J.: Polarographisches Praktikum. 2. Aufl., Berlin Göttingen Heidelberg: Springer-Verlag 1960

3.024 Hofmann, H.; Jander, G.: Qualitative Analyse, 4. Aufl., Sammlung Göschen Band 7247. Berlin New York: de Gruyter 1972

3.025 Hoffmann, M.; Krömer, H.; Kuhn, R.: Polymeranalytik I und II, Makromolekulare Strukturen, physikalische Methoden, Anwendungskriterien. Stuttgart: Georg Thieme Verlag 1977

3.026 Iwantscheff, G.: Das Dithizon und seine Anwendung in der Mikro- und Spurenanalyse. 2. Aufl., Weinheim: Verlag Chemie 1972

3.027 Koch, O. G.; Koch-Dedic, G. A.: Handbuch der Spurenanalyse. Die Anreicherung und Bestimmung von Spurenelementen unter Anwendung chemischer, physikalischer und mikrobiologischer Verfahren. 2. Aufl., Berlin Heidelberg New York: Springer 1974

3.028 Komplexometrische Bestimmungsmethoden mit Titriplex. 2. Aufl., Darmstadt: E. Merck

3.029 Kortüm, G.: Kolorimetrie, Photometrie und Spektrometrie. Eine Anleitung zur Ausführung von Absorptions-, Emissions-, Fluorescenz-, Streuungs-, Trübungs- und Reflexionsmessungen. 4. Aufl., Berlin Göttingen Heidelberg: Springer 1962

3.030 Köster, H. M.: Die chemische Silikatanalyse. Spektralphotometrische, komplexometrische und flammenspektrometrische Analysenmethoden. Berlin Heidelberg New York: Springer 1979

3.031 Lange, B.; Vejdelek, Z. J.: Photometrische Analyse, 7. Aufl., Weinheim: Verlag Chemie 1980

3.032 Mannkopf, R.; Friede, G.: Grundlagen und Methoden der chemischen Emissions-Spektralanalyse. Eine Einführung mit praktischen Arbeitshinweisen. Weinheim: Verlag Chemie 1975

3.033 Merian, E. et al. (Hrsg.): Metalle in der Umwelt, Verteilung, Analytik und biologische Relevanz. Weinheim: Verlag Chemie 1984

3.034 Perkampus, H. H.: UV-VIS-Spektroskopie und ihre Anwendung. Berlin Heidelberg New York Tokyo: Springer 1985

3.035 Petzold, W.: Die Cerimetrie und die Anwendung der Ferroine als maßanalytische Redoxin-dikatoren. E. Merck (Hrsg.) Darmstadt Weinheim: Verlag Chemie 1955

3.036 Sager: Spurenanalytik des Thalliums. Stuttgart: Thieme-Verlag 1986

3.037 Sansoni, B.: Instrumentelle Multielementanalyse. Weinheim: Verlag Chemie 1985

3.038 Smith, F.C.; Chang, R.C.: The Practice of Ion Chromatography John Wiley & Sons 1984

3.039 Schnelltest Handbuch. Darmstadt: E. Merck, 1986

3.040 Schröder, B.; Rudolf, J. (Hrsg.): Physikalische Methoden in der Chemie. Weinheim: Verlag Chemie 1985

3.041 Schwarzenbach, G.: Die komplexometrische Titration. 2. Aufl., Stuttgart: Enke 1956

3.042 Schwedt, G.: Ionenchromatographie. Würzburg: Vogel 1984

3.043 Schwedt, G.: Chromatographische Praxis in der anorganischen Analyse. Stuttgart: Thieme 1982

3.044 Schwedt, G.: Fluorimetrische Analyse. Methoden und Anwendungen. Weinheim: Verlag Chemie 1981

3.045 Seel, F.: Grundlagen der analytischen Chemie. Unter besonderer Berücksichtigung der Che-mie in wäßrigen Systemen. 7. Aufl., Weinheim: Verlag Chemie 1979

3.046 Seith, W.; Ruthardt, K.: Chemische Spektralanlayse. 6. Aufl., Berlin Heidelberg New York: Springer 1970

3.047 Temming, H.; Grunert, H.: Temming-Linters et al.: Technische Informationen über Baum-wollcellulose. 2. Aufl., Glückstadt: Peter Temming 1972

3.048 Weiß, J.: Handbuch der Ionenchromatographie. Weinheim: Verlag Chemie 1985

3.049 Weitkamp, H.; Barth, R.: Einführung in die quantitative Infrarot-Spektrophotometrie. Stuttgart: Georg Thieme 1976

3.050 Welz, B.: Atom-Absorptions-Spektroskopie. 3. Aufl., Weinheim: Verlag Chemie 1983

3.051 Welz, B.: Fortschritte in der atomspektrometrischen Spurenanalytik, Band 1. Weinheim: Verlag Chemie 1984

3.052 Williams, D.B.: Practical Analytical Electron Microscopy in Materials Science. Weinheim: Verlag Chemie 1984

3.053 Woldseth, R.: X-Ray Energy Spectrometry. Burlingame, California, Kevex Corp. 1973

3.054 Wünsch, G.: Optische Analysenmethoden zur Bestimmung anorganischer Stoffe. Samm-lung Göschen, Band 2606, Berlin: de Gruyter 1976

Spezielle Literatur

3.1   Töppel, O.; Nationale und internationale Normungsbestrebungen. Jahrbuch der Papier- und Zellstoffindustrie. Darmstadt: Roether 1970/71, 227–244

3.2   Töppel, O.: Zur Analytik der Papierzellstoffe im Vergleich zu Chemiezellstoff-Eignungsprü-fungen. Das Papier 20 (1966) 1/2, 6–9

3.3   Töppel, O.; Faserstoffanalyse für den Papiermacher. Das Papier 22 (1968) 1, 11–16

3.4   Verband der Chemischen Industrie (Hrsg.): Cadmium und Umwelt. Fakten und Hintergrün-de. In: Schriftenreihe Chemie + Fortschritt (1981) 3

3.5   Hamm, U.; Geller, A.; Göttsching, L.: Schwermetalle in Holz, Primärfaserstoffen, Alt-papier und Papier. Das Papier 40 (1986) 10A, V37–V46

3.6   Bremer, H.: Druckfarben – wirklich eine Schwermetallquelle im Altpapier? Papier 40 (1986) 10A, V46–V52

3.7   Wilken, R.; Strauss, J.: Grundlegende Untersuchungen über klebende Verunreinigungen im wiederverwendeten Altpapier. Teil I: Bestandaufnahme und Analysenmethoden. Allg. Pap. Rundsch. (1984) 11/12, 292–307

3.8   Weigl, J.; Mix, K.; Toile, M: Grundlegende Untersuchungen über klebende Verunreinigun-gen im wiederverwendeten Altpapier. Teil II: Arten und Ursachen von Störungen. Allg. Pap. Rundsch. (1985) 11/12, 256–260

3.9   Philipp, B.; Lukanoff, T.; Schleicher, H.: Untersuchungen zur Viskosierbarkeit einheimi-scher Textilzellstoffe gleicher Provenienz. Zellst. Pap. 14 (1965) 289–297

3.10   Schleicher, H.; Lang, H.: Über den Zusammenhang verschiedener analytisch ermittelter Parameter bei Viskosezellstoffen. Zellst. Pap. 17 (1968) 207–211

3.11   Rehder, W.: Einfluß von Karboxylgruppen in Zellstoffen auf deren Aschegehalt und Asche-
       komponenten. Zellst. Pap. 14 (1965) 9, 267–272, 298–302
3.12   Bartunek, R.: Beiträge zur Frage der Aschenbestimmung in Zellstoffen. Das Papier 21
       (1967) 7, 397–400
3.13   Schulz, G.; Viehweg, C.: Entwicklung einer Prüfmethode zur Bestimmung von Kupfer im
       Zellstoff und im Pergamentpapier. Zellst. Pap. 10 (1961) 11, 416–419
3.14   Lagerström, O.; Haglund, H.: Determination of Cobalt in Pulp. Sven. Papperstidn. 67
       (1964) 1, 4–5
3.15   Schwalenstöcker, H.: Acetylier-Eignungsprüfung. Das Papier 20 (1966) 1/2, 26–27
3.16   Whiting, P.; Pitcher, J.M.; Manchester, D.F.: Factors affecting the use of chelating agents
       to aid the brightening of mechanical pulp. J. Pulp Pap. Sci. 10 (1984) 5, J119–127
3.17   Bambrick, D.R.: The effect of DTPA on reducing peroxide decomposition. TAPPI 68
       (1985) 6, 96–100
3.18   Petermann, E.P.: Die Untersuchung von Papieren, Kartons und Pappen für die Lebensmit-
       telverpackung. Das Papier 34 (1980) 10A, V55-V59
3.19   Scholz, A.; Frigge, J.; Hermann, P.; Rathleff, D.; Schwarz, G.: Analytik von Spurenelemen-
       ten. Staub Reinhalt. Luft 45 (1985) 10, 467–472
3.20   Schulz, W.; Kotz, L.: Systematische Fehler bei der extremen Elementspurenanalyse. Chem.
       Labor Betr. 33 (1982) Nr. 11
3.21   Mücke, G.: Wieviel kann Nichts sein? Zum Problem der Nachweisgrenzen bei behördlichen
       Regelungen. Vortrag Kolloquium „Statistische Methoden in der experimentellen For-
       schung", WS 1984/85, TU Berlin, 20.11.1984
3.22   Phan-Tri, D.; Göttsching, L.: Eingangskontrolle von Altpapier. Teil 1: Probenahme aus Alt-
       papierballen mit dem IfP-Kernbohrer. Wochenbl. Papierfabr. 112 (1984) 6, 167–174
3.23   Töppel, O.: Bestimmung der Feuchtigkeit mit infrarotem Licht. Papiermacher (1974) 8,
       117–119
3.24   Töppel, O.: Bestimmung des Trockengehaltes von Zellstoffballen mit Neutronen und Ent-
       wicklungen zur Kennzeichnung des Aufschlußgrades von Zellstoff durch die Methode der
       Neutronengrundmoderation und der β/γ-Spektrometrie. Das Papier 23 (1969) 10A,
       682–688
3.25   Töppel O,: i.V.
3.26   Phifer, L.H.; Maginnis, J.B.: Dry ashing of pulp and factors which influence it. TAPPI 43
       (1960) 1, 38–44
3.27   Weigl J.; Waltner B.; Weyh, E.: Verschleißerscheinungen durch anorganische Füllstoffe bei
       der Herstellung von Papier. Ursachen und Meßmethoden. Wochenbl. Papierfabrik. 105
       (1977) 13, 500–510
3.28   Donetzhuber, A.; Wallenius, E.: Rapid method for ash determination in paper, paperboard
       and coated paper. Sven. Papperstidn. 74 (1971) 238–240
3.29   N.N.: Schnellmethode zur Bestimmung des Glührückstandes (Aschegehalt) von Papier.
       Allg. Pap. Rundsch. (1980) 3, 56
3.30   N.N.: Asche- und Füllstoffgehalt von Papier. Der Papiermacher (1964) 9, 138–139
3.31   Sennett, P.; Brodhag, E.E.; Morris, H.H.: Use of low temperature ashing/techniques in the
       study of coated and filled papers. TAPPI 55 (1972) 6, 918–923
3.32   Hess, C.T.: A laboratory ash gage for low basis weight paper. TAPPI 57 (1974) 12, 150–151
3.33   N.N.: Portable analyzer determines concentrations in minutes. Pulp Pap. (1986) 2, 143
3.34   Dorner, W.G.: Aufschlußmethoden in der Spurenanalyse. GIT Fachz. Lab. 6 (1982)
       750–754; Dorner, W.G.: Der Aufschluß in der Spurenanalyse. Chem. Rundsch (1983) 31/32
3.35   Seiler, H.: Neues Probenvorbereitungssystem für die Spurenelementanalytik. Lab. Prax. 3
       (1979) 6
3.36   Kotz, I.; Kaiser, G.; Tschöpel, P.; Tölg, G.: Aufschluß biologischer Matrices für die Bestim-
       mung sehr niedriger Spurenelementgehalte bei begrenzter Einwaage mit Salpetersäure unter
       Druck in einem Teflongefäß. Z. Anal. Chem. 260 (1972) 3, 207–209
3.37   Sicherer Umgang mit Perchlorsäure. Merck Spectrum (1986) 1, 31
3.38   Phifer, L.H.: Rapid sulfuric acid-hydrogen peroxide wet ashing of cellulose and cellulose
       derivates. TAPPI 53 (1970) 3, 504
3.39   Knezevic, G.; Mitteilung an den Zellcheming-Fachausschuß IV, 1983

3.40 Huber, O.; Die Bestimmung des Weißpigments Titandioxyd in Papier, Karton, Preßmassen und mattierten Fasern, Autoklavenmethode. Wochenbl. Papierfabr. 88 (1960) 23, 1070–1078

3.41 Döring, H.: Carboxylgruppenbestimmungen in Zellstoffen mit Komplexionen. Das Papier 10 (1956) 7/8, 140–141

3.42 Philipp, B.; Hoyme, H.: Einsatz der komplexometrischen Maßanalyse in der Zellstoffindustrie. Zellst. Pap. (1957) 7, 205–208

3.43 Sjölin, L.: Determination of Calcium in Cellulose with EDTA. Sven. Papperstidn. 59 (1956) 18, 623–628

3.44 Kühne, H.; George, J.: Bestimmung ausgewählter Kationen im Glührückstand von Zellstoffen und Papieren. Zellst. Pap. (1983) 5, 212–213

3.45 Sato, H.; Momoki, K.: Successive photometric titration of calcium and magnesium. Anal. Chem. 44 (1972) 11, 1778–1780

3.46 Fineman, I.; Ljunggren, K.; Erwall L. G.; Westermark, T.: Scintillation spectrometry applied to activation analysis with special regard to copper and manganese. Sven. Papperstidn. 60 (1957) 4, 132–134

3.47 Gasche, U.; Orehult, B.: Die Bestimmung von Eisen im Zellstoff. Mitteilungen d. Fachausschüsse des Vereins der Zellstoff- und Papier-Chemiker und -Ingenieure Darmstadt 15 (1967) 1, 8–11

3.48 Hahmann, P.; George, J.; Trojna, G.: Untersuchungen zur spektrophotometrischen Eisenbestimmung in Zellstoffglührückständen. Zellst. Pap. (1982) 6, 258–259

3.49 Philipp, B.; Hoyme, H.: Zur komplexometrischen Eisenbestimmung in Zellstoffen. Faserforsch. Textiltechn 8 (1957) 1, 34–35

3.50 Borchardt, L. G.; Butler, J. P.: Determination of trace amounts of copper. Anal. Chem. 29 (1957) 3, 414–419

3.51 Derra, R.; Ottenstroer, K.: Spektalphotometrische Bestimmung von Kupfer und Eisen in Verpackungspapieren. Verpack. Rundsch. 19 (1968) 9, 1002–1005 vgl. Verpack. Magaz. (1969) 13, 14–15

3.52 Griebenow, W.; Werthman, B.; Töppel, O.: Die Anwendung der Atom-Absorptions-Spektroskopie auf dem Zellstoff- und Papiergebiet. Teil 1: Grundlagen der AAS und spezielle Anwendungen auf dem Zellstoff- und Papiergebiet. Das Papier 31 (1977) 12, 503–508

3.53 Töppel, O.; Griebenow, W.; Werthmann, B.: Die Anwendung der Atom-Absorptions-Spektroskopie auf dem Zellstoff- und Papiergebiet. Teil 1/2: Entwicklungen und Arbeiten zur Schaffung und Einführung genormter AAS-Methoden für die Untersuchung und Prüfung von Zellstoff und Papier. Das Papier 31 (1977) 12, 508–512

3.54 Knezevic, G.: Zur Problematik der Schwermetallbestimmung. In: PTS-Lehrgang: Untersuchung von Papier, Karton und Pappe für Lebensmittelverpackungen und sonstige Bedarfsgegenstände. Papiertechnische Stiftung, München 1987, 6.1–6.9

3.55 Knezevic, G.: Zur Problematik der Bestimmung von Schwermetallen in Halbstoffen und Papier. In: PTS-Lehrgang: Chemische Untersuchungsmethoden für Papier, Halb- und Füllstoffe. Papiertechnische Stiftung, München 1986, 11.1–11.10

3.56 Dunlop, R. S.: Das Brill'sche Schnellverfahren zur quantitativen Bestimmung von Titandioxyd im Papier. Wochenbl. Papierfabr. 84 (1956) 7, 223–225

3.57 Thomas, L. W.; Heitur, I. H.: X-Ray fluorescence spectroscopy its use in paper and coating analysis. TAPPI 61 (1978) 5, 57–60

3.58 Baumann, H. D.: Rapid analysis of TiO_2-content. Pulp Pap. Int. (1972) 11, 57–58

3.59 Knezevic, G.: Methode zur Metallbestimmung in Papierhilfsstoffen mittels flammenloser AAS. Das Papier 34 (1980) 6, 226–228

3.60 Knezevic, G.: Methode zur Arsenbestimmung in Papierhilfsstoffen mit der Hydrid-Technik. Das Papier 36 (1982) 11, 534–536

3.61 Knezevic, G.: Quecksilberbestimmung in Papierhilfsstoffen mit der Kaltdampftechnik. Das Papier 38 (1984) 430–431

3.62 Lee, D. C.; Laufmann, W.: Determination of submicrogram quantities of mercury in pulp and paperboard by flameless atomic spectrometry. Anal. Chem. 43 (1971) 8, 1127–1129

3.63 Carlson, O. T.; Bethge, P. O.: Determination of mercury in pulp and paper. Sven. Papperstidn. 57 (1954) 11, 405–408

3.64 Westermark, T.; Sjöstrand, B.; Bethge, P.O.: Activation analysis of mercury in cellulose products. Sven. Papperstidn. 63 (1960) 8, 258–262

3.65 Davis, D.E.; Linke, K.: The determination of traces of mercury in paper mill products. AP-PITA Proc. 8 (1954) 251–263

3.66 Croce, A.; Brizzi, P.: Determinazione del mercurio nelle carte mediante spettrofotometria d'assorbimento atomico con sistema MHS-1. Ind. Carta 20 (1972) 12, 369–371

3.67 Borchardt, L.G.; Browning, B.L.: Determination of microgram quantities of mercury in paper. TAPPI 41 (1958) 11, 669–671

3.68 D'Angiuro, L.; Croce, A.; Tonini, C.; Cantafi, S.: Confronto tra diverse metodologie analitiche per la determinazione di metalli presenti in piccole quantita. Ind. Carta 23 (1975) 12, 489–497

3.69 Morris, N.M.; Tripp, V.W.: Determination of metals in wood pulps with the graphite furnace. TAPPI 59 (1976) 4, 146–147

3.70 Knezevic, G.; Kurfürst, U.: Schwermetallbestimmung in Papieren – Ein Methodenvergleich. Fresenius Z. Anal. Chem. 322 (1985) 717–718

3.71 Grobecker, K.H.; Klüssendorf, B.: Routinebestimmung von Spurenmetallen mit der ZAAS. Lab. Prax. (1985) 1306–1313

3.72 Griebenow, W.; Werthmann, B.; Schwarz, B.: Über die Cadmiumgehalte von Papieren zur Lebensmittelverpackung und im Haushaltsbereich. Das Papier 39 (1985) 3, 105–109

3.73 Lautenschläger, W.; Wagner, R.; Bernhard, A.: Neues Elementbestimmungssystem in Feststoffproben mit AAS. Lab. Prax. (1986) Sept., 1004–1013

3.74 Brown, A.A.; Dymott, T.C.: Analytical method development in graphite furnace atomic adsorption spectrometry. LabMate (1985) 13–18

3.75 Knezevic, G.: Zur Problematik der Bestimmung von Schwermetallen in Papier und Papiererzeugnissen. GIT Fachz. Lab. 28 (1984) 178–181

3.76 Knezevic, G.: Schwermetallspuren in Papier und Papiererzeugnissen. Verpack. Rundsch. 37 (1986) 6

3.77 Knezevic, G.: Zur Problematik der Bestimmung von Cd, Cu und Fe in Papier und Zellstoff unter Berücksichtigung der bestehenden Aufschlußmethoden. In: Fortschritte in der atomspektrometrischen Spurenanalytik. Weinheim: Verlag Chemie 1984

3.78 Knezevic, G.: Schwermetalle in Lebensmitteln, 4. Mitteilung: Über den Gehalt an Nickel in Rohkakao-Halb-und Fertigprodukten. Dtsch. Lebensm. Rundsch. 81 (1985) 11, 362–364

3.79 Schulze, H.; Skegg, C.: Modern trace metal determination. Int. Lab. (1984) Okt., 24–32

3.80 Völlkopf, U.; Lehmann, R.; Weber, D.: Metallspurenbestimmung in Kunststoffen mit der „Cup-in-Tube"-Technik. Lab Prax (1985) Sept., 990–1005

3.81 Besse, A.; Rosopulo, A.; Busche, C.; Küllmer, G.: Feststoff-AAS mit Deuterium-Untergrundkompensation. Lab. Prax. (1986) Jan./Feb., 64–72

3.82 Bayer, R.; Jäschke, S.: Rationeller Einsatz eines automatisierten Atomabsorptionsspektrophotometers in einem Sulfitzellstoffwerk. Zellst. Pap. 21 (1972) 9, 259–263

3.83 Schrader, W.: Prinzip, apparative Aspekte und Anwendungsmöglichkeiten der ICP-Atom-Emissions-Spektroskopie (CP-AES). GIT Fachz. Lab. 26 (1982) 324–334, 429–440

3.84 Welz B.: Bevorzugte Einsatzgebiete von AAS und ICP und ihre relativen Vorteile. Chem. Technik 9 (1980) 161–170

3.85 Langmyhr J.F.; Thomassen, J.; Massoumi, A.: Atomic absorption spectrometric determination of copper, lead, cadmium and manganese in pulp and paper by direct atomisation technique. Anal. Chim. Acta 88 (1974) 305–309

3.86 Kurfürst, U.: Untersuchungen über die Schwermetallanalyse in Feststoffen mit der direkten Zeeman-Atomabsorptionsspektroskopie. Fresenius Z. Anal. Chem. 314 (1983) 1–5, 304–320; 316 (1983) 1–7; 319 (1983) 540–546

3.87 Grobecker, K.H.; Kurfürst, U.: Bevorzugte Einsatzmöglichkeiten der Feststoffanalyse mit der Zeeman-Atomabsorptionsspektroskopie. In: Fortschritte in der atomspektrometrischen Spurenanalytik. Weinheim: Verlag Chemie 1984

3.88 Kurfürst, U.; Grobecker, K.H.: Feststoffanalytik mit der Zeeman-AAS. Lab. Prax. 5 (1981) Jan/Feb

3.89 Zinger, M.: Zeeman corrected electrothermal AA spectrophotometer. Int. Lab. (1985) Mai, 80–86

3.90 Schulze, H.: Die neue Qualität der Routine-AAS. Lab. Prax. (1986) Dez., 1516–1521
3.91 Pohl, B.; Voth-Beach, L. M.: Die Plattformtechnik und ihre Anwendung. GIT Fachz. Lab. (1987) 12–17
3.92 VDI 2267 Stoffbestimmung an Partikeln in der Außenluft, Teil 4: Messen von Blei, Cadmium und deren anorganischen Verbindungen als Bestandteile des Staubniederschlages mit der Atomabsorptionsspektrometrie (Entwurf 02.85)
3.93 Ant-Wuorinen, O.; Visapää, A.: Determination by X-ray-fluorescence of manganese in cellulose. Pap. Puu 51 (1969) 5, 449–460
3.94 Ant-Wuorinen, O.; Visapää, A.: Determination by X-ray-fluorescence of calcium in cellulose. Pap. Puu 51 (1969) 12, 883–890
3.95 Ant-Wuorinen, O.; Visapää, A.: Determination of the total sulphur content of cellulose by X-ray-fluorescence. Pap. Puu 48 (1966) 4a, 129–144
3.96 Ant-Wuorinen, O.; Visapää, A.: Determination of iron in cellulose by means of X-ray-fluoresence. Pap. Puu 45 (1963) 9, 445–456
3.97 Ant-Wuorinen, O.; Visapää, A.: Determination of the copper-content of cellulose by X-ray-fluorescence. Pap. Puu 49 (1967) 9, 599–612
3.98 Ant-Wuorinen, O.; Visapää, A.: Determination by X-ray-fluorescence of lead in cellulose. Pap. Puu 50 (1968) 8, 451–466
3.99 Ant-Wuorinen, O.; Visapää, A.: Determination by X-ray-fluorescence of aluminium in cellulose. Pap. Puu 51 (1969) 4a, 285–294
3.100 Norm DIN 51001: Prüfung oxidischer Roh- und Werkstoffe, Röntgenfluoreszens-Analyse, Teil 1, Allgemeine Arbeitsgrundlagen
3.101 Müller, R.: Selektive On-line-Füllstoffmessung. Das Papier 41 (1987) 6, 269–272
3.102 Fa. Oxford Analytical, Oxford Instruments Deutschland GmbH, Wandersmannstr. 39, D 6200 Wiesbaden
3.103 Lipp, E. D.; Rzyrkowski, P. S.; Geiger, R. F.: Comparison of X-ray-fluorescence with other techniques for the quantitative analysis of silicone paper coatings. TAPPI 70 (1987) 5, 95–98
3.104 Kernbach, K.: Das Rasterelektronenmikroskop – ein Instrument für den Papiermacher? Das Papier 38 (1984) 10A, V31–V40
3.105 Analysis of clay using a new standardless XRF method. Analyst, a publication of Kevex Corp (1986) 12, 12–13, Kevex Corp, 1101 Chess Drive, Foster City, AC 94404
3.106 Weigl, J.; Kästner, M.: Anwendungsbeispiele der Rasterelektronenmikroskopie und Röntgenmikroanalyse bei der Papierherstellung und Papierveredelung. Wochenbl. Papierfabr. 108 (1980) 18, 719–730
3.107 Weigl, J.: Papierfüllstoffe. Das Papier 35 (1981) 11, 489–499
3.108 Weigl, J.; Klingele, H.: Das REM als Hilfsmittel bei der Suche nach Produktionsstörungen. Adhäsion (1974) 9, 276–282 und 11, 330–332
3.109 Klingele, H.; Weigl, J.: Beurteilung von Papieren und chemischen Hilfsmitteln am Rasterelektronenmikroskop. Wochenbl. Papierfabr. 100 (1972) 10, 355–359
3.110 Gordon, L.; Eichenlaub, R. L.; Donofrio, C. P.: Polarographic determination of reducible sulphur in paper, TAPPI 36 (1953) 5, 204–206
3.111 Prui, B. K.; Gupta, A. K.; Katyal, M.; Satake, M.: AA determination of cadmium and lead complexes absorbed on naphthalene. Int. Lab. (1986) Nov/Dec 60–66
3.112 Franklin, G. O.: Development and applications of ion chromatography. Int. Lab. (1985) Jul/Aug 56–67
3.113 Harrison, K.; Beckham, W. C.; Yates, T.; Carr, C. D.: Rapid, cost-effective ion chromatography. Int. Lab (1986) Apr 90–94
3.114 Enke, M.; Förster, H.: Zerstörungsfreie Bestimmung des Siliciumdioxides und Alumiumoxides in Zellstoffen durch Generatoraktivierungsanalyse. Zellst. Pap. 31 (1982) 1, 9–10
3.115 Johanson, M.; Fogelberg, B. C.: Application of neutron activation analysis for the determination of trace amounts of bromine in pulp. Pap. Puu 53 (1971) 5, 315–322
3.116 Werthmann, B.; Kallmann, A.: Zur Bestimmung geringerer Silicium-IV-Oxidmengen in Zellstoffen und Papieren. Mitteilungen der Fachausschüsse des Vereins der Zellstoff- und Papier-Chemiker und -Ingenieure, Darmstadt 18 (1970) 1/2, 14–16
3.117 Hüpfl, J.: Mitteilung an den Zellcheming-Fachausschuß IV, 13.5.1983

3.118 Maurice, M. J.: Die Bestimmung von Spuren von Metallen und Silizium in Zellstoffen. 1. Eucepa-Symposium, Darmstadt (1958) 77–87

3.119 Rehder, W.; Phillip, B.; Lang, H.: Ein Beitrag zur Analytik der Carbonylgruppen in Oxycellulosen und technischen Zellstoffen. Das Papier 19 (1965) 9, 502–509

3.120 Zwahlen, K.; Gasche, U.; Jonsson, K.: Zur Bestimmung der Carbonylgruppen in Zellstoffen. Mitteilungen der Fachausschüsse des Vereins der Zellstoff- und Papier-Chemiker und -Ingenieure, Darmstadt 15 (1967) 2, 15–21

3.121 Bucher-Johnsson, K.; Gasche, U.; Sieber, F.: Zur Bestimmung der Carbonylgruppen in Zellstoff. Mitteilungen der Fachausschüsse des Vereins der Zellstoff- und Papier-Chemiker und -Ingenieure, Darmstadt 18 (1970) 1/2, 16–17

3.122 Nippe, W.: Zur Frage der Charakterisierung von Sulfitzellstoffen mit Hilfe der Aminzahl. Das Papier 21 (1967) 4, 165–170
Nippe, W.: Aminzahl als Maß der Sulfitierung von Sulfitzellstoffen. Das Papier 22 (1968) 2, 57–59

3.123 Zurschmiede, F.; Miescher, A.: Beitrag zur Bestimmung von Stickstoff in Zellstoff. Mitteilungen der Fachausschüsse des Vereins der Zellstoff- und Papier-Chemiker und -Ingenieure. Darmstadt 20 (1972) 1/2, 16–18

3.124 N.N.: Schnelle Ammonium-Bestimmung. Labor Praxis (1986) Nov. 1377–78

3.125 Franklin, G.O.: Development and applications of ion chromatography. Internat. Laboratory (1985) July/August, 56–67

3.126 Harrison, B.; Beckham, W.C.; Yates, T.; Carr, C.D.: Rapid, cost-effective ion chromatography. Internat. Laboratory (1986) April, 90–94

3.127 Jones, V.K.; Tarter, J.G.: Simultaneous analysis of anions and cations in water samples using ion chromatography. Internat Laboratory (1985) 9, 36–39

3.128 Hernandez, H.A.: Total bound nitrogen determination by pyrochemiluminescence. Antec Instruments; 6005, North Freeway, Houston, Texas, USA

3.129 Bethge, P.O.; Troeng, T.: Determination of chlorine in wood, pulp and paper. Sven. Papperstidn. 62 (1959) 17, 598–601

1.130 Donetzhuber, A.; Wilde, M.: On the determination of extractive bound chlorine in pulp. Sven. Papperstidn. 71 (1968) 17, 596–598

3.131 Rioux, J.P.; Hurtubise, F.G.: Determination of chloride ions in pulp and paper. Combination of oxygenflask and automatic potentiometric titration techniques. TAPPI 48 (1965) 1, 11–14

3.132 Willard, H.H.; Winter, O.B.: Volumetric method for determination of fluorine. Ind. Eng. Chem. Anal. Ed. 5. (1933) 1, 7–10

3.133 Apparat für die Fluor-Bestimmung, Büchi Laboratoriumstechnik, CH 9230 Flawil/Schweiz

3.134 Kretzschmar, H.J.; Groß, D.; Kelm, J.: Zur Analyse von Fluorkunststoffen. Kunststoffe 69 (1979) 3, 154–157

3.135 Bast, J.C.: Die Bestimmung von Fluorid mittels einer fluoridempfindlichen Elektrode. Chem. Ztg. 96 (1972) 2, 108–110

3.136 N.N.: Ionenselektive Bestimmung von Fluorid. Lab. Prax. (1987) Mai, 454–455

3.137 Weigl, J.; Hofer, H.H.: Aluminiumsulfat. Das Papier 33 (1979) 10A, V105–V110

3.138 Weigl, J.: Zur Bestimmung von Al-Ionen in Fabrikationswässern mit ionenselektiven Elektroden. PTS-Lehrgang: Untersuchung von Papier, Karton und Pappe für Lebensmittelverpackungen und sonstige Bedarfsgegenstände, PTS-München 1986, 26/275

3.139 Zeilinger, H.: Arbeiten mit ionenselektiven Elektroden. PTS-Lehrgang: Chemische Untersuchungsmethoden für Papier, Halb- und Füllstoff. Papiertechnische Stiftung, München 1986, 10.1–10.18

3.140 PTS-Lehrgang: Chemische Untersuchungsmethoden für Papier, Halb- und Füllstoff. Papiertechnische Stiftung, Heßstr. 130a, 8000 München 40, vom 14.10. bis 16.10.1986

3.141 Chazin, J.D.: Colorimetric determination of reducible sulfur in paper and paperboard. TAPPI 53 (1970) 8, 1514–1520

3.142 Sobolev, I.; Bhargava, R.; Geacintov, N.; Russel, R.: Colorimetric determination of reducible sulphur in pulp and paper. TAPPI 39 (1956) 9, 628–630

3.143 Gordon, L.; Eichenlaub, R.L.; Donofrio, C.P.: Polarographic determination of reducible sulphur in paper. TAPPI 36 (1953) 5, 204–206

3.144 Huber, O.; Kolb, H.; Weigl, J.: Quantitative Bestimmung von elementarem Schwefel im μg-Bereich in Papieren und Cellulosefasern. Z. anal. Chem. 227 (1967) 6, 416–423

3.145 Hernandes, H.; McGregor, R.: Determination of total sulfur in solid liquid, and gaseous matrices by pyro-fluorescence. Antec Instruments, 6005 North Freeway, Houston, Texas, USA

3.146 Norm DIN 51 724: Prüfung fester Brennstoffe, Bestimmung des Schwefelgehaltes, Teil 1, Gesamtschwefel (09.86)

3.147 Töppel, O.: pH-Oberflächenreaktion von gestrichenen und beschichteten Papieren. Das Papier 21 (1967) 10A, 797–811

3.148 Chêne, M.; Martin-Borret, O.: Sur l'acidité ou l'alcalinité des papiers. Mesures de pH d'extraits aqueux. ATIP 7 (1953) 7, 700–702

3.149 Grant, J.: The determination of the pH value of paper. Proc. Techn. Sect. Paper Makers' Assoc. 36 (1955) 3, 473–479

3.150 Müller, R.; Ulrich, J.: Die Bestimmung des pH-Wertes von Papier mit Farbindikatoren. Text. Rundsch. 14 (1959) 12, 703–704

3.151 Barrow, W. J.: Hot vs. cold extraction methods for making a pH determination. TAPPI 46 (1963) 8, 468–472

3.152 Sève, R.; Pouradier, J.: Recherches sur l'acidite fixée par les papiers. ATIP 9 (1955) 4/5, 143–158. Vgl.: Über den Säuregehalt von Papier. Wochenbl. Papierfabr. 84 (1956) 12, 588–598

3.153 Agster, A.: Wie bestimmt man den pH-Wert von Fasermaterial? Melliand Textilber. 40 (1959) 1448–1451

3.154 Langwell, W. H.: Determining the approximate pH value of air-dry paper. Pap. Technol. 3 (1962) 1, 21–22

3.155 DBP 1 229 757, Verfahren zur Beurteilung des Säuregrads von Papieroberflächen. Anm.: Zschimmer & Schwarz, Lahnstein Oberlahnstein/Rhein

3.156 Rommel, K.: Leitfähigkeitsmessungen in Elektrolyten. Die Wahl der richtigen Frequenz. Labo-Hoppenstedt, 12 (1981) 5

3.157 Rommel, K.: Leitfähigkeitsmessung einfach und präzise. Lab. Prax. 4 (1980) 18–21

3.158 Rommel, K.: Auswahl und Einsatz von Leitfähigkeitsmeßzellen. Lab. Prax. 8 (1984) 3

3.159 Ainscough, J. R.; Bridge, F.: The determination of water soluble chlorides and sulphates in paper. Proc. Tech. Sect. Paper Makers'Assoc. 36 (1955) 449–471

3.160 Webb, W. R.; Aylward, P. J.: A survey of chlorides in eucalypt wood species in Gippsland. Appita 36 (1983) 4, 293–297

3.161 Easty, D. B.; Johnson, J. E.; Webb, A. A.: Analysis of bleaching liquors by ion chromatography. Pap. Puu 68 (1986) 5, 415–417

3.162 Griebenow, W.; Werthmann, B.; Borowski, R.: Bestimmung des Chloridgehaltes in wäßrigen Extrakten mittels einer ionenselektiven Elektrode. Das Papier 39 (1985) 9, 447–453

3.163 N.N.: Chlorid-Bestimmung in Wasserproben mit CISA. Lab. Prax. (1986) März, 265

3.164 Balaba, W.M.; Subramanian, R. V.: The acidity of bound wood acid: a new method for determining the acidity of insuluble acids. Holzforschung 38 (1984) 6, 309–312

3.165 Griebenow, W.; Werthmann, B.: Bestimmung wasserlöslicher Nitrate in Papier mit einer ionenselektiven Elektrode. Materialprf. 17 (1975) 4, 107–110

3.166 Heanes, D. L.: Nitrate determination in plant material and soil. Int. Lab. (1986) April, 64–72

3.167 Schwedt, G.; Seo, B. C.; Dreyer, S.; Ruhdel, E. U.: Nitrit, Nitrat in Wässern. Photometrische Schnellverfahren und Ionenchromatographie im Vergleich. Lab. Prax. (1986) Nov., 1308–1310

3.168 Huber, O.: Messung von pH-Werten an der Papieroberfläche. Das Papier 18 (1964) 2, 45–53

3.169 Flynn, J. H.; Smith, L. El.: Comparative pH measurements on papers by water extraction and glass electrode spot tests. TAPPI 44 (1961) 3, 223–227

3.170 Hudson, F. L.; Milner, W. D.: The use of flat headed glass electrodes for measuring the pH of paper. Sven. Papperstidn. 62 (1959) 3, 83–84

3.171 Geissler, A.: Die Bestimmung der pH-Reaktion auf der Oberfläche von Papieren. Zellst. Pap. (1970) 12, 368–370

3.172 Schneider, W.: Methoden und Probleme der pH-Messung auf der Papieroberfläche. Das Papier 40 (1986) 9, 437–443

3.173 Hollaender, J.: Mitteilung an den Zellcheming-Fachausschuß IV, 1982

3.174 Petermann, E. P.: Mitteilung an den Zellcheming-Fachausschuß IV, 1982

3.175 PTS-Lehrgang Untersuchung von Papier, Karton und Pappe für Lebensmittelverpackungen und sonstige Bedarfsgegenstände, Papiertechnische Stiftung, Heßstr. 130a, 8000 München 40, vom 26.5. bis 27.5.1987

3.176 Wieczorek, H.: Lebensmittelverpackungen und die dafür relevante Gesetzgebung. PTS-Lehrgang: Untersuchung von Papier, Karton und Pappe für Lebensmittelverpackungen und sonstige Bedarfsgegenstände. Papiertechnische Stiftung, München 1987, 1.1.–1.5

3.177 Untersuchung von Papieren, Kartons und Pappen für Lebensmittelverpackungen (gemäß Empfehlung XXXVI der Kunststoffkommission des Bundesgesundheitsamtes). Im Einvernehmen mit der Kunststoffkommission des Bundesgesundheitsamtes. Zusammengestellt vom Technisch-Wissenschaftlichen Arbeitskreis des Ausschusses Lebensmittelverpackung im Verband Deutscher Papierfabriken e.V. Bonn VDP, Göttingen: Erich Goltze 1977 (bis 1987:7 Ergänzungslieferungen)

3.178 Gürtler, A.: Darstellung des Analysenganges bei der Untersuchung von Papier, Karton und Pappen für Lebensmittelverpackungen. PTS-Lehrgang: Untersuchung von Papier, Karton und Pappe für Lebensmittelverpackungen und sonstige Bedarfsgegenstände. Papiertechnische Stiftung, München 1987

3.179 Denkel E.: Erfahrungen mit der Analytik der Packstoffe. (Papieranalytik). Neue Verpackung (1981) 6, 1020–1022

3.180 Wächter, G.: Untersuchung von Papier, Karton und Pappe für Lebensmittelverpackungen gemäß Empfehlung XXXVI. PTS-Lehrgang: Chemische Untersuchungsmethoden für Papier, Halb- und Füllstoff. Papiertechnische Stiftung, München 1986, 15.1.–15.8

3.181 Wieczorek, H. (Hrsg.): Untersuchung von Bedarfsgegenständen aus Hochpolymeren. Berlin: Dietrich Reimer 1982

3.182 Norm DIN ISO 3856 T 3 Lacke und Anstrichstoffe; Bestimmung des „löslichen Metallgehaltes", Teil 3. Bestimmung des Bariumgehaltes; identisch mit ISO 3856/3 Ausgabe 1984

3.183 Bluhm, T.L.; Jones, A.V.; Deslandes, Y.: The internal-standard method for quantitative X-ray determination of inorganic fillers. TAPPI 67 (1984) 7, 96–97

3.184 Lange, B.: Kolorimetrische Analyse. Weinheim: Verlag Chemie 1956

3.185 TWAK: Untersuchungsmethode zur Bestimmung des Chlorit-Gehaltes

3.186 Zimmermann, K.: Photometrische Metall- und Wasseranalyse. Stuttgart: Wissenschaftliche Verlagesgesellschaft 1961

3.187 George, J.; Hübner, D.; Müller, E.; Trojna, G.: Ein Verfahren zur Spurenbestimmung von löslichem Cadmium in Produkten der Zellstoff- und Papierindustrie. Zellstoff u. Papier 35 (1986) 6, 216–219

Kapitel 4

Allgemeine Literatur

4.01 Huber, O.; Weigl, J.: Die Füllstoff- und Pigmentqualität und ihr Einfluß auf das Papier. Das Papier 26 (1972) 10A, 545–554

4.02 N.N.: Physical Chemistry of Pigments in Paper Coating. TAPPI Press (1977), Technical Association of the Pulp and Paper Industry, Inc. One Dunwoody Park, Atlanta 30341, Georgia

4.03 Weigl, J.: Papierfüllstoffe. Das Papier 35 (1981) 11, 489–499

4.04 Huber, O.: Kennzeichnung von Füllstoffen. Das Papier 21 (1967) 10A, 787

4.05 Huber, O.: Überblick über anorganische Rohstoffe der Papierfabrikation. Wochenbl. Papierfabr. 98 (1970) 7, 321–328

4.06 Weigl, J.: Füllstoffretention. Das Papier 33 (1979) 10A, V105–110

318   Literatur

4.07   Brecht, W.; Pfretzschner, H.: Wechselwirkung zwischen dem Füllstoffgehalt der Papiere und deren technologischen Eigenschaften. Papierfabr. 34 (1936) 46, 417
4.08   Möbius, C. H.: Füllstoffe in der Papiererzeugung. Papiermacher (1979) 5, 74−79

Spezielle Literatur

4.1   Huber, O.; Weigl, J.: Die Füllstoff- und Pigmentqualität und ihr Einfluß auf das Papier. Das Papier 26 (1972) 10A, 545−554
4.2   Kilpper, W.: Holzschliff und Füllstoff in ihrer Wirkung auf einige Eigenschaften von Druckpapieren. Das Papier 23 (1969) 7, 365−369
4.3   Weigl, J.: Papierfüllstoffe. Das Papier 35 (1981) 11, 489−499
4.4   Brecht, W.; Volk, W.: Die Opazität des Papiers in Theorie und Praxis. Wochenbl. Papierfabr. 96 (1968) 23/24, 821
4.5   Kubelka, Munk: Ein Beitrag zur Optik der Farbanstriche. Z. techn. Phys. (1931) 11, 593
4.6   Beazley, K. M.; Petereit, H.: Die Einflüsse von China Clay und Calciumcarbonat auf die Papiereigenschaften. Wochenbl. Papierfabr. 103 (1975) 4, 143−147
4.7   Bown, R.: Eine Untersuchung der optischen Eigenschaften gefüllter Papiere. Wochenbl. Papierfabr. 109 (1981) 8, 263−266
4.8   Huber, O.: Kennzeichnung von Füllstoffen. Das Papier 21 (1967) 10A, 787
4.9   N. N.: Paper Coating Pigments. TAPPI Monogr. S. Nr. 30
4.10   Sennett, P.; Drexel, R. J.; Morris, H.: Effect of pigment particle shape on the surface profile of lightweight coated sheets. TAPPI 50 (1967) 11, 560
4.11   Brecht, W.; Pfretzschner, H.: Wechselwirkung zwischen dem Füllstoffgehalt der Papiere und deren technologischen Eigenschaften. Papierfabr. 34 (1936) 46, 417
4.12   Weigl, J.; Waltner, G.; Weyh, G.: Untersuchungen von Produktionsstörungen. Wochenbl. Papierfabr. 104 (1976) 23/24, 881−890
4.13   Casey, J. P.: Pulp and paper chemistry and chemical technology, Vol. 1. New York: Interscience Publisher Ing. (1960)
4.14   Huber, O.: Überblick über anorganische Rohstoffe der Papierfabrikation. Wochenbl. Papierfabr. 98 (1970) 7, 321−328
4.15   Weigl, J.; Waltner, G.; Weyh, E.: Der Einfluß der spezifischen Oberfläche auf die Qualitätsmerkmale (II). Allg. Pap. Rundsch. 16 (1978) 1 und Allg. Pap. Rundsch. 96 (1978) 5
4.16   Weigl, J.: Zur Problematik der Papierherstellung mit calciumcarbonathaltigen Systemen im schwach sauren und alkalischen pH-Bereich. Wochenbl. Papierfabr. 110 (1982) 23/24, 857−866
4.17   Weigl, J.; Baumeister, H.: Bedeutung des Zeta-Potentials bei Adsorptionsvorgängen. Wochenbl. Papierfabr. 105 (1977) 23/24, 961
4.18   Auhorn, W.; Melzer, J.: Untersuchung von Störsubstanzen in geschlossenen Kreislaufsystemen. Wochenbl. Papierfabr. 107 (1979) 13, 493−502
4.19   Weigl, J.; Waltner, G.; Weyh, E.: Verschleißerscheinungen durch anorganische Füllstoffe bei der Herstellung von Papier − Ursachen und Meßmethoden. Wochenbl. Papierfabr. 105 (1977) 13, 500−510
4.20   Raczynska, Z.: Optimierung der Füllstoffretention mit Hilfe chemischer Mittel. Eucepa-Symposium 1978, Warschau, S. 199
4.21   Weigl, J.: Füllstoffretention. Das Papier 33 (1979) 10A, V 105−V 110
4.22   Weigl, J.: Elektrokinetische Grenzflächenvorgänge. Weinheim: Verlag Chemie 1977
4.23   Weigl, J.; Baumeister, M.: Einflußgrößen und ihre Auswirkung auf die Strichmorphologie. D. Papierwirt. (1980) 3, 147−162
4.24   Weigl, J.; Waltner, G.; Weyh, E.: Beeinflussung der Strichmorphologie und deren Auswirkung auf die Strichqualität. Wochenbl. Papierfabr. 106 (1978) 6, 225−230
4.25   Huggenberger, L.: Calciumcarbonate-Einsatzmöglichkeiten und Grenzen. Wochenbl. Papierfabr. 102 (1974) 10, 353−362

4.26 Senger, F.: Korngrenzflächen und Bindemittelbedarf in Streichfarben. Wochenbl. Papier-
      fabr. 103 (1975) 6, 220−224

4.27 Reinbold, J.; Ullrich, H.: Streichen von Papier bei Feststoffgehalten über 60%. Papier 31
      (1977) 10A, V38−48

4.28 Galsworthy, A. M. J.: Versorgung und Nachfrage bei Streichpigmenten. Vorschau bis 1983.
      Wochenbl. Papierfabr. 107 (1979) 23/24, 915−921

4.29 N. N.: Pulp and Paper as a market for industrial minerals. Ind. Minerals (1977) Dez., 17−48

4.30 Heckmann, D.: Aufschwung am Monte Kaolino durch gestrichene Papiere. D. Papierwirt.
      (1978) 3, 79−84

4.31 Möbius, C. H.: Füllstoffe in der Papiererzeugung. Papiermacher (1979) 5, 74−79

4.32 Kenaga, D. L.: Mit Mikrosphären gefülltes Papier. TAPPI 56 (1973) 12, 157−160

4.33 Tlach, H.; Farrington, M.: Pergopak M − ein neues organisches Weißpigment für Papier
      und Karton. Pap. Tech. 15 (1974) 3, 164−169

4.34 Physical Chemistry of Pigments in Paper Coating. TAPPI Press (1977). Technical Associa-
      tion of the Pulp and Paper Industry, Inc. One Dunwoody Park, Atlanta 30341, Georgia

4.35 Huggenberger, L.; Kogler, W.; Arnold, M.: Natürliches Calciumcarbonat-Streichen mit ho-
      hem Feststoffgehalt. Wochenbl. Papierfabr. 107 (1979) 23/24, 909−914

4.36 Eklund, D.; Sarelin, U.: Herstellung und Eigenschaften von Satinweiß. Wochenbl. Papier-
      fabr. 104 (1976) 11/12, 452

4.37 Zellcheming Merkblattempfehlung V/27.0/75: Prüfung von Füllstoffen und Pigmenten für
      Papier, Karton und Pappe − Übersichtsmerkblatt

4.38 DIN 55 944: Farbmittel-Einteilung. (Nov. 73)

4.39 DIN 55 945, Blatt 1: Anstrichstoffe und ähnliche Beschichtungsstoffe − Begriffe. (Nov. 68)

4.40 DIN 53 242, Teil 4: Rohstoffe für Anstrichstoffe, Pigmente; Probennahme. (Jan. 80)

4.41 TAPPI-Standard T 645 wd-71: Analysis of clay

4.42 DIN 53 198: Prüfung von Pigmenten; Bestimmung des Gehaltes an bei 105°C flüchtigen
      Anteilen. (Nov. 74)

4.43 DIN 50 011, Teil 1: Wärmeschränke. (Jan. 78)

4.44 DIN/ISO 3733: Bestimmung des Wassergehaltes durch Destillation

4.45 ISO/R 787 − 1968: General methods of test for pigments (Allgemeine Prüfverfahren für
      Pigmente), Part III

4.46 ISO/R 787 − 1968: General methods of test for pigments (Allgemeine Prüfverfahren für
      Pigmente) Part VIII

4.47 DIN 53 197: Prüfung von Pigmenten; Bestimmung des Gehaltes an wasserlöslichen Antei-
      len. (Nov. 71)

4.48 DIN 53 200: Prüfung von Pigmenten; Bestimmung des pH-Wertes von wäßrigen Pigment-
      Suspensionen. (Dez. 78)

4.49 DIN 53 202: Prüfung von Pigmenten; Bestimmung der Acidität oder Alkalität. (Dez. 73)

4.50 DIN 53 193: Bestimmung der Dichte. (Jan. 79)

4.51 DIN 4188, Teil 1: Drahtgewebe für Prüfsiebe-Maße (Okt. 77)

4.52 Weigl, J.; Waltner, G.; Weyh, E.: Der Einfluß der spezifischen Oberfläche auf die Qualitäts-
      merkmale (I). Allg. Pap. Rundsch. (1977) 51/52, 1597

4.53 Weigl, J.; Möbius, C. H.: Der Einfluß der spezifischen Oberfläche von Füllstoffen und Pig-
      menten auf die Papierherstellung und -verarbeitung. D. Papierwirt. (1975) 3, 102

4.54 Huber, O.: Die spezifische Oberfläche gestrichener Papiere und ihr Einfluß auf die Bedruck-
      barkeit. Budapest: 14. Eucepa-Konferenz 1971

4.55 Weigl, J.; Waltner, G.; Weyh, E.: Der Einfluß der spezifischen Oberfläche auf die Qualitäts-
      merkmale (III). Allg. Pap. Rundsch. (1978) 5, 96

4.56 DIN 66 131: Bestimmung der spezifischen Oberfläche von Feststoffen durch Gasadsorption
      nach Brunauer, Emmet und Teller (BET) (Okt. 73)

4.57 DIN 66 132: Bestimmung der spezifischen Oberfläche von Feststoffen durch Stickstoffad-
      sorption. (Juli 75)

4.58 Sears, G. W.: Determination of specific surface area of colloidal silica by titration with sodi-
      um hydroxide. Anal. Chem. 12 (1956) 1981

4.59 Meffert, A.; Langenfeld, A.: Bestimmung der Oberfläche von hochdisperser Kieselsäure durch
      automatische potentiometrische Titration mit Natronlauge. Anal. Chem. 249 (1970) 231

4.60   Hofmann, N.; Schaller, D.; Kotterhahn, H.: Die Adsorption von Methylenblau an Kaolin, Ton und Bentonit. Gießerei 4 (1967) 98

4.61   Donnert, D.; Eberle, S. H.: Untersuchungen über die Adsorption von Ligninsulfonsäure an Aluminiumoxid. Inst. für Radiochemie, Karlsruhe 1975

4.62   Benesi, H. A.; Bonnar, R. U.; Lee, C. F.: Determination of pore volume of solid catalysts. Analytical Chem. 27 (1955) 12, 1963−1965

4.63   Huggenberger, L.; Nießner, G.: Mattgestrichene Papiere. Wochenbl. Papierfabr. 100 (1972) 23/24, 878−887

4.64   Baumeister, M.; Kraft, K.: Quality optimization by control of coating structure. TAPPI 64 (1981) 1, 85−89

4.65   Grebe, W.; Buhlmann, S.: Meßtechnische Möglichkeiten der Teilchengrößenanalyse. GIT 18 (1974) 12, 1223

4.66   Rumpf, H.; Alex, W.; Johne, R.; Leschowski, K.: Korngrößenanalyse feiner Teilchen, eine kritische Betrachtung der Methoden. Ber. Bunsenges. phys. Chem. 71 (1967) 253

4.67   Becker, H.; Rechmann, H.; Tillmann, P.: Beitrag zur sedimentationsanalytischen Korngrößenbestimmung im Äquivalentdurchmesserbereich von 0,1 bis 10 μm. Kolloid Z. 169 (1959) 1−2

4.68   Rumpf, H.: Untersuchungen zur Genauigkeit der Kornanalyse. Staub-Reinhaltung − Luft 256 (1960) 20

4.69   DIN 51 033, Blatt 1: Bestimmung der Korngröße durch Siebung und Sedimentation (Verfahren nach Andreasen) (Aug. 62)

4.70   DIN 66 115: Sedimentationsanalyse im Schwerefeld (Pipette Verfahren) (Nov. 73)

4.71   Zellcheming Merkblattempfehlung V/27.2/82: Prüfung von Füllstoffen und Pigmenten für Papier, Karton und Pappe − Bestimmung der Korngrößen durch Sedimentation

4.72   Weigl, J.; Waltner, G.; Weyh, E.: Der Einfluß von Dispergiermitteln auf das Sedimentations- und Dispergierverhalten von Füllstoffen und Streichpigmenten. Wochenbl. Papierfabr. 104 (1976) 11/12, 439

4.73   ISO/TC 35/WG A Nr. 55: Determination of particle size. (Juli 69)

4.74   Bachmann, D.; Gerstenberg, H.: Korngrößenbestimmungen an Kunststoffpulvern. Chemie, Ingenieur, Technik 29 (1957) 589

4.75   Sennett, P.; Drexel, R. J.; Harris, H. H.: Einfluß der Form von Pigmentpartikeln auf das Oberflächenprofil von gestrichenen Papieren mit niedrigem Flächengewicht. TAPPI 50 (1967) 11, 560−571

4.76   Weigl, J.; Klingele, H.: Die Rasterelektronen-Mikroskopie als Hilfsmittel bei der Suche nach Produktionsstörungen. Adhäsion (1974) 9, 276

4.77   Weigl, J.; Kästner, M.: Anwendungsbeispiele der Rastermikroskopie und Röntgen-Mikroanalyse bei der Papierherstellung und -veredelung. Wochenbl. Papierfabr. 108 (1980) 18, 719−730

4.78   Klingele, H.; Weigl, J.: Raster-Elektronenmikroskopie − Möglichkeiten der Papierbeurteilung. Wochenbl. Papierfabr. 101 (1973) 7, 197

4.79   Zellcheming-Merkblatt V/27.3/75: Prüfung von Füllstoffen und Pigmenten für Papier, Karton und Pappe; Farbmessung nach dem Dreibereichsverfahren

4.80   DIN 53 145, Teil 1: Meßgrundlagen zur Bestimmung des Reflexionsfaktors; Messung an nicht fluoreszierenden Proben. (Aug. 78)

4.81   DIN 53 194: Prüfung von Pigmenten und anderen pulverförmigen oder granulierten Erzeugnissen; Bestimmung des Stampfvolumens und der Stampfdichte. (April 75)

4.82   DIN 53 208: Prüfung von Pigmenten; Bestimmung der elektrischen Leitfähigkeit und des spezifischen Widerstandes von wäßrigen Pigment-Extrakten. (Aug. 72)

4.83   Huber, O.; Weigl, J.: Die Eigenschaften der Flüssigkeits-Festkörper-Grenzfläche in Abhängigkeit von der elektrokinetischen Aufladung und deren Auswirkungen auf die Papierfabrikation. Das Papier 23 (1969) 10A, 663

4.84   Weigl, J.: Der Einfluß der elektrokinetischen Aufladung von Feststoffteilchen bei Dispergier- und Flockungsvorgängen. Adhäsion (1975) 4, 105

4.85   Schempp, W.: Bericht über das Rundgespräch der Cellulosechemiker „Grenzflächen und Zeta-Potential" in Baden-Baden 1975. Das Papier 29 (1975) 12, 513

4.86   Frankle, W. G.; Penniman, J. G.: Zeta Potential Measuring by Laser − The Key to One-Pass Retention. Pap. Trade J. (1973) 6, 30

4.87   Zellcheming Merkblatt V/27.4/76: Prüfung von Füllstoffen und Pigmenten für Papier, Karton und Pappe; Bestimmung des Naßsiebrückstandes NSR

4.88   DIN 50 320: Verschleiß; Begriffe, Systemanalyse von Verschleißvorgängen, Gliederung des Verschleißgebietes. (Dez. 79)

4.89   Breunig, A.; Küster, K.; Schopper, J.: Untersuchungen mit einem neuen Abrasions-Prüfgerät. Wochenbl. Papierfabr. 99 (1971) 7, 225−232

4.90   Weigl, J.; Waltner, G.; Weyh, E.: Wirkungsmechanismen und Einflußgrößen beim Verschleiß von Kunststoffsieben bei der Herstellung stark füllstoffhaltiger Papiere. Wochenbl. Papierfabr. 107 (1979) 9, 317−324

4.91   Weigl, J.; Baumgarten, H.-L.: Möglichkeiten zur Verlängerung der Laufzeit von Kunststoff-Papiermaschinensieben. Allg. Pap. Rundschau (1980) 1, 16−17

4.92   Brecht, W.; Schödel, H.: Praxisnahe Modellversuche über den Verschleiß von Papiermaschinensieben. Das Papier 19 (1965) 10A, 664

4.93   Breunig, A.: Praktische Erfahrungen mit einem Abrasionsprüfgerät. Wochenbl. Papierfabr. 101 (1973) 19, 723

4.94   Zellcheming Merkblatt V/27.5/75: Prüfung von Füllstoffen und Pigmenten für Papier, Karton und Pappe; Bestimmung der Verschleißwirkung von Füllstoffen und Pigmenten in wäßriger Suspension nach Breunig

4.95   Bidwell, I. L.: Der Einfluß der Oberflächenchemie auf das rheologische Verhalten der Clay. Streicherei-Information Nr. 22 der Forschungsabteilung der English Clays Lovering St. Austell

4.96   Magnol, I.: Aufbereiten, Dosieren und Verteilen der in der Papierindustrie verwendeten Pigmente. Wochenbl. Papierfabr. 110 (1982) 22, 806−808

4.97   Hemstock, G. A.; Swanson, J. W.: Clay-deflocculation and its effect on the flow properties of clay slips. TAPPI 39 (1956) 1, 35

4.98   Rohmann, M. E.: Die Wirkungsweise der Dispergiermittel in der Papierstreicherei. Wochenbl. Papierfabr. 101 (1973) 3, 79

4.99   Schurz, J.: Struktur Rheologie. Berliner Union-Kohlhammer 1974

4.100 Schempp, W.; Schurz, J.: Rheologische und elektrokinetische Untersuchungen an Pigmentdispersionen und Streichmassen. Wochenbl. Papierfabr. 103 (1975) 19, 699

4.101 Schurz, J: Die Bedeutung der Rheologie beim Streichen. Wochenbl. Papierfabr. 106 (1978) 3, 116

4.102 Robinson, J. V.: The Dispersion of Pigments for Coating Color Concept and Theory. TAPPI 42 (1959) 6, 432

4.103 Robinson, J. V.: Pigmented Coating Process. TAPPI Monog. S. 28 (1965)

4.104 Weigl, J.; Waltner, G.; Weyh, E.: Der Einfluß der spezifischen Oberfläche auf die Qualitätsmerkmale (II). Allg. Pap. Rundschau (1978) 1, 16

4.105 Huber, O.; Kolb, H.; Weigl, J.: Die Verwendung von phosphatierter Cellulose zur Anreicherung von Kationen und deren Nachweis durch Tüpfelreaktionen hoher Empfindlichkeit. Das Papier 20 (1966) 4, 173

4.106 DIN 51 070, Teil 1: Prüfung keramischer Roh- und Werkstoffe; Chemische Analyse von feuerfesten Stoffen mit den Hauptbestandteilen Aluminiumoxid und Silicium-(V)-oxid, Allgemeine Anforderungen, Prüfbericht, Erläuterungen. (Feb. 66)

4.107 DIN 51 070, Teil 2: Prüfung keramischer Roh- und Werkstoffe; Chemische Analyse von feuerfesten Stoffen mit den Hauptbestandteilen Aluminiumoxid und Silicium(V)-oxid, Bestimmung von Silicium(V)-oxid. (Febr. 66)

4.108 DIN 51 070, Teil 3: Prüfung keramischer Roh- und Werkstoffe; Chemische Analyse von feuerfesten Stoffen mit den Hauptbestandteilen Aluminiumoxid und Silicium(IV)-oxid, Bestimmung von Aluminiumoxid. (Febr. 66)

4.109 DIN 51 070, Teil 4: Prüfung keramischer Roh- und Werkstoffe; Chemische Analyse von feuerfesten Stoffen mit den Hauptbestandteilen Aluminiumoxid und Silicium(IV)-oxid, Bestimmung von Titan(IV)-oxid. (Febr. 66)

4.110 DIN 51 070, Teil 5: Prüfung keramischer Roh- und Werkstoffe; Chemische Analyse von feuerfesten Stoffen mit den Hauptbestandteilen Aluminiumoxid und Silicium(IV)-oxid, Bestimmung von Gesamteisenoxid, berechnet als Eisen(III)-oxid. (Febr. 66)

4.111 DIN 51 070, Teil 6: Prüfung keramischer Roh- und Werkstoffe; Chemische Analyse von feuerfesten Stoffen mit den Hauptbestandteilen Aluminiumoxid und Silicium(IV)-oxid, Bestimmung von Mangan(II)-oxid. (Febr. 66)

4.112 DIN 51 070, Teil 7: Prüfung keramischer Roh- und Werkstoffe; Chemische Analyse von feuerfesten Stoffen mit den Hauptbestandteilen Aluminiumoxid und Silicium(IV)-oxid, Bestimmung von Calcium- und Magnesiumoxid. (Febr. 66)

4.113 DIN 51 070, Teil 8: Prüfung keramischer Roh- und Werkstoffe; Chemische Analyse von feuerfesten Stoffen mit den Hauptbestandteilen Aluminiumoxid und Silicium(IV)-oxid, Bestimmung von Kalium-, Natrium- und Lithiumoxid. (Febr. 66)

4.114 Zellcheming Merkblatt V/27.1/75: Prüfung von Füllstoffen und Pigmenten für Papier, Karton und Pappe-Bestimmung der freien Kieselsäure (Quarz) in Kaolin nach dem Phosphorsäure-Aufschlußverfahren

4.115 Neff, H.: Grundlagen und Anwendungen der Röntgenfeinstrukturanalyse. München: R. Oldenbourg-Verlag 1959

4.116 Bunn, C. W.: Chemical Crystallography. An Introduction to Optical and X-Ray Methods. Oxford: Clarendon Press 1961

Kapitel 5

Allgemeine Literatur

5.01 Evans, U. R.: The corrosion and oxidation of metals. London: Edward Arnold 1960. Einführung in die Korrosion der Metalle. Übersetzt und bearbeitet von E. Heitz, Weinheim: Verlag Chemie 1965

5.02 Kaesche, H.: Die Korrosion der Metalle. Berlin Heidelberg New York: Springer 1966

5.03 Schikorr, G.: Häufige Korrosionsschäden an Metallen und ihre Vermeidung. Stuttgart: Konrad Wittner 1960

5.04 Tödt, F.: Korrosion und Korrosionsschutz. 2. Aufl., Berlin: Walter de Gruyter & Co 1961

5.05 Uhlig, H. H.: The corrosion handbook. New York London: John Wiley & Sons 1963

5.06 Wiederholt, W.; Elze, J.: Taschenbuch des Metallschutzes. Stuttgart: Wissenschaftliche Verlagsgesellschaft mbH 1960

Spezielle Literatur

5.1 Heidemann, G.: Kein Rost mit Papier. Oberfläche + JOT (1981) 530, 531

5.2 Schikorr, G.: Zeitweiliger Korrosionsschutz durch Fette und Öle, abziehbare Überzüge und Korrosionsschutz-Papiere. Verpack. Rundsch. 8 (1957) Beil. 33−36

5.3 Hottenroth, B.: Prüfungen und Korrosionsgefahr und Korrosionsschutz im Versand verpackter Metallwaren. Verpack. Rundsch. 9 (1958), Beil. 17−23

5.4 Schikorr, G.: Über die Schwitzwasserbildung aus der natürlichen Feuchtigkeit von Papier auf verpacktem Eisen. Werkst. und Korros. 4 (1953) 81−86

5.5 Middlehurst, J.; Parker, N. S.: Vermeidung von Kondenswasserbildung auf Konserven in ISO-Behältern. Ind. Obst Gemüseverwert. 63 (1978) 585−592

5.6 Wilhelm, H.; Petermann, E. P.: Außenrostung etikettierter Weißblechdosen. Verpack. Rundsch. 28 (1977), Techn.-wiss. Beilage, 11−17

5.7 Eschke, R.: Äußere Korrosion an Weißblechdosen − Ein Literaturbericht. Neue Verpack. 29 (1976) 226−230

5.8 Herold, J.: Korrosionsschäden an Blechen bei Lagerung, Versand und Verarbeitung. Mitt. Dtsch. Forsch.-ges. Blechverarbeitung 20 (1969) 49

5.9   Huber, O.: Physikalisch-chemischer Nachweis korrosionsaktiver Bestandteile in Papier und Karton. Österr. Papier-Ztg. 66 (1960) 11–16

5.10 Schikorr, G.; Volz, K.: Über das Anlaufen von Silber, Kupfer und Kupfer-Zinklegierungen in Gegenwart von Pappe und Papier. Metall 14 (1960) 1073–1076

5.11 Schikorr, G.; Volz, K.: Über die Rostbegünstigung durch Papier, im besonderen ein Verfahren zu ihrer quantitativen Prüfung. Das Papier 10 (1956) 142–148

5.12 Angel, T. H.: Corrosion of aluminium in contact with paper. paper box bag maker (1956) 214, 216

5.13 Schikorr, G.; Volz, K.: Über aluminiumschädliche Anteile im Papier. Aluminium 38 (1962) 722–724

5.14 Hollaender, J.: Zur Prüfung von Papier und Pappe auf korrosionsbegünstigende Eigenschaften. Verpack. Rundsch. 30 (1979), Techn.-wiss. Beilage, 9–13

5.15 Hollaender, J.: Korrosion durch Papier. Das Papier 33 (1979) 10A, 67–71

5.16 Hollaender, J.: Zur Prüfung von korrosionsbegünstigenden Eigenschaften von Papier, Karton und Pappe gegenüber Aluminium. Verpack. Rundsch. 38 (1987), Techn.-wiss. Beilage, 67–73

5.17 Schikorr, G.: Ein einfacher Rostversuch zur Prüfung des schädlichen Einflusses von Papier und Pappe auf Eisen. Das Papier 7 (1953) 18, 19

5.18 Prüfverfahren im Forest Products Laboratory, Madison, Wisconsin

5.19 Prüfverfahren nach Dalén, zitiert in Herzberg, S.: Metallschädliche Bestandteile in Papier. Mitt. Mat. Prüf. (1929), Sonderheft VI, 18

5.20 Merkblätter für die Prüfung von Packmitteln, Merkblatt 30 „Prüfung von Etiketten aus Papier für Weißblechverpackungen auf rostbegünstigende Eigenschaften", September 1976. Verpack. Rundsch. 28 (1977) 284–286

5.21 Merkblätter für die Prüfung von Packmitteln, Merkblatt 36 „Prüfung von Umverpackung aus Papier und Pappe auf rostbegünstigende Eigenschaften gegenüber Weißblech", Februar 1978. Verpack. Rundsch. 30 (1979), Techn.-wiss. Beilage, 13–16

5.22 Merkblätter für die Prüfung von Packmitteln, Merkblatt 56 „Prüfung von Papier und Pappe auf korrosionsbegünstigende Eigenschaften gegenüber Aluminium", September 1987. Verpack. Rundsch. 38 (1987), Techn.-wiss. Beilage, 73–74

5.23 Wallenberg, E.; Jarnhall, B.: The electrolyte content in paper and other packaging materials as a cause of corrosion in packaged iron articles. Sven. Papperstidn. (1955) 1–8

5.24 Schikorr, G.; Volz, K.: Über die Prüfung von Papier auf rostbegünstigende Eigenschaften. Das Papier 8 (1954) 431–434

5.25 Huber, O.: Messung von pH-Werten an der Papieroberfläche. Das Papier 18 (1964) 45–53 (Zellcheming-Merkblatt V/17/62)

5.26 Zellcheming-Merkblatt IV/58/80: Prüfung von Papier, Karton und Pappe, Säure- und Alkaligehalt in wäßrigen Extrakten

5.27 Huber, O.; Kolb, H.; Weigl, J.: Bestimmung von Schwefel in verschiedenen Oxidationsstufen in Papieren und Fasern auf Cellulosebasis. Z. anal. Chem. 227 (1967) 420–423
Quantitative Bestimmung von elementarem Schwefel im µg-Bereich in Papieren und Cellulosefasern. Z. anal. Chem. 227 (1967) 416–420

Kapitel 6

6.1   N. N.: Handbuch der Papier- und Pappenfabriken, Bd. 2. Niederwalluf: Dr. Martin Sändig oHG, Verlagsabteilung 1971

6.2   PIRA NEWS 107 (1976) 1

6.3   Geller, A.: Mikrobiologie und Papierfabrikation. Verp.-Rdsch. 34 (1983) 1, Techn.-wiss. Beil. 1–6

6.4   Jung, W. K.: Mikroorganismen im Fabrikationswasser von Papierfabriken. Das Papier 32 (1978) 12, 550–553

6.5   Windaus, G.; Petermann, E. P.: Untersuchungen an Vollpappe zur Oberflächenkeimzahl-
      bestimmung und Vorschlag für eine einheitliche Arbeitsmethode. Das Papier 19 (1965)
      817−827

6.6   Fachausschuß AP-Packpapier der Treuhandstelle der Zellstoff- und Papierindustrie: Das Ver-
      halten von Packpapieren verschiedener Provenienz gegenüber Bakterien. Das Papier 7 (1953)
      209−210

6.7   Roeder, I.: Bakteriologische Bedeutung und Beuteilung von Kartonage als Versandkartons
      für Margarine-Fertigware. Das Papier 19 (1965) 828

6.8   Petermann, E. P.: Mikrobiologie der Packstoffe aus Zellstoff. ZFL 30 (1979) 5, 209−211

6.9   N. N.: Hands off paper and boards. Packaging News (1977) colour suppl. p. 11

6.10 Cerny, G.: Mikrobiologische Probleme bei der Lebensmittelverpackung. Lebensmitteltechnik
      14 (1982) 6, 274−280

6.11 Robinson, L.: Sensorische Beurteilung von Packstoffen. Zucker- und Süßwaren Wirtsch. 1
      (1977)

6.12 TAPPI T 631 os-57: Bacteriological examination of process waters and slush pulp

6.13 TAPPI T 228 os-57: Bacteriological examination of pulp

6.14 Verein der Zellstoff- und Papier-Chemiker und -ingenieure (Zellcheming): Prüfung von Pa-
      pier, Karton und Vollpappe. Merkblatt VIII/4/68

6.15 ISO/TC 6/SC 2/WG 13, Working Draft No 5: Microbiological properties of paper and
      board-determination of microbiological properties. Part 1: Total plate count

6.16 von Bockelmann, I.; v. Bockelmann, B.: Die Mikroflora in Papier. Alimenta 13 (1974)
      181−183

6.17 TAPPI T 449 os-57: Bacteriological examination of paper and paperboard

6.18 Verein der Zellstoff- und Papier-Chemiker und -ingenieure (Zellcheming): Prüfung von Pa-
      pier, Karton und Vollpappe. Merkblatt VIII/3/68

6.19 Fraunhofer-Institut f. Lebensmitteltechnologie und Verpackung, Merkblatt 9: Bestimmung
      der Anzahl von Schimmelpilzen auf der Oberfläche von Wellpappe und auf Wellenpapieren
      aus fertiger Wellpappe. Verp.-Rundsch. 22 (1971) 8, Techn.-wiss. Beil. 70−72

6.20 N. N.: Bestimmung der Oberflächenkeimzahl (Bakterien, Schimmelpilze, Hefen und colifor-
      me Keime) auf nicht saugfähigen Packstoffen. Verp.-Rundsch. 25 (1974) 7, Techn.-wiss. Beil.
      53−55

6.21 Fraunhofer-Institut f. Lebensmitteltechnologie und Verpackung, Merkblatt 43: Bereitstellung
      von Stamm- und Gebrauchskulturen von Pilzen für mikrobiologische Prüfverfahren. Verp.-
      Rundsch. 32 (1981) 11, Techn.-wiss. Beil. 83−86

6.22 Fraunhofer-Institut f. Lebensmitteltechnologie und Verpackung, Merkblatt 44: Bereitstellung
      von Stamm- und Gebrauchskulturen von Bakterien für mikrobiologische Prüfverfahren.
      Verp.-Rundsch. 32 (1981) 11, Techn.-wiss. Beil. 87−90 (Bezugsnachweise s. Abschn. 6.3)

6.23 Fraunhofer-Institut f. Lebensmitteltechnologie und Verpackung, Merkblatt 18: Prüfung auf
      antimikrobielle Bestandteile in Packstoffen. Verp.-Rundsch. 25 (1974) 1, Techn.-wiss. Beil.
      5−8

6.24 TAPPI T 487 − Ls 54: Fungus resistance of paper and paperboard

6.25 Fraunhofer-Institut f. Lebensmitteltechnologie und Verpackung, Merkblatt 46: Prüfung von
      Packstoffoberflächen auf fungistatisch wirkende Verbindungen. Verp.-Rundsch. 34 (1983) 11,
      Techn.-wiss. Beil. 84−86

6.26 Fraunhofer-Institut f. Lebensmitteltechnologie und Verpackung, Merkblatt 31: Bestimmung
      der minimalen Hemm-Konzentration (MHK) von Bioziden der Papierfabrikation.
      Verp.-Rundsch. 28 (1977) 4, Techn.-wiss. Beil. 486−492

6.27 Fraunhofer-Institut f. Lebensmitteltechnologie und Verpackung, Merkblatt 39: Bestimmung
      von Bakteriensporen in Papier, Karton, Vollpappe und Wellpappe. Verp.-Rundsch. 30 (1979)
      9, Techn.-wiss. Beil. 66−68

6.28 Fraunhofer-Institut f. Lebensmitteltechnologie und Verpackung, Merkblatt 28: Bestimmung
      von Clostridiensporen in Papier, Karton, Vollpappe und Wellpappe. Verp.-Rundsch. 27 (1976)
      10, Techn.-wiss. Beil. 82−84

Sachverzeichnis
Subject Index